水圏生化学の基礎

渡部終五 編

恒星社厚生閣

はじめに

　生命の誕生は海で，その後の生物の進化もほとんどが海を舞台として行われてきた．海は生き物のゆりかごといわれるゆえんである．現在でも海を含む水圏環境には進化を異にした多種多様な生物が生息する．私たち人間はこの水圏の生物資源を利用して多くの恵みを得ている．

　私たちはこの海からの恵みは無尽蔵と一時は考えた．しかしながら，過剰漁獲努力による資源の枯渇化や，人間活動に伴う沿岸環境の劣化などにより，海からの恵みは有限であることがはっきりと認識されてきた．

　わが国では古くから栄養価の高い動物性タンパク質源のほとんどを魚介類に依存してきたが，畜産物を多く消費するようになった今日においても動物性タンパク質の約半分が魚介類から供給されている．したがって，わが国においては水産物の供給は国民の健康を守るための重要な課題である．一方，魚介類さらには海藻を含めた水産物には人間の健康を増進する成分が多く含まれていることが明らかとなり，水産物の需要はますます増しており，この傾向は世界的なものになっている．

　この課題に対処するためには水産資源の維持とともに，無駄のない利用を考えなければならない．そのためには水生生物の特徴を生体分子のレベルから知る必要がある．たとえば魚介類で可食部のほとんどを占める筋肉に含まれているタンパク質は果たして研究の進んでいる陸上高等動物のものと同じ性質をもっているのであろうか？　その利用方法は科学的に行われているのであろうか？　効率的な利用を図るための漁獲方法は適当であろうか？　利用や流通の立場からみて増養殖に改善の余地はないであろうか？　生態や環境の特徴を利用した資源の維持管理が行われているであろうか？　など，いずれも水生生物の生体分子を知らなければよい回答は得られない．

　このような立場から魚介類を中心とした水生生物の生体分子の特徴をとりまとめた成書が従来から多くある．一方，近年の科学技術の進歩は著しく，それに対応して生体分子に関する新しい知見が数多く報告されている．とくに先端的な機器分析，分子生物学的および細胞生物学的な技術を用いた成果は著しい．残念ながら水生生物を対象とした知見の蓄積は陸上高等生物のものに比べてはるかに少ないが，基本的な性質は水生生物においても当てはまるものと考えられる．すなわち，生命が海で誕生して以来，生物は同じ遺伝暗号を使って進化し，各生物に適応した代謝を構築して子孫を増やしてきた．その方法は今後も変わらないと思われる．

　そこで本書は水生生物の生体分子の基本的な特徴をもう一度整理して生化学の

基礎としてまとめ，水生生物を特徴付けている変温性，系統進化的多様性，生息環境の多様性などが，水生生物の生体分子にどのように反映されているのかを知るための糧となることを目指した．したがって，本書は水生生物を分子レベルから理解しようとする生物，化学のあらゆる立場の人の参考になるような内容を企画した．本書が環境との調和がとれた水生生物の利用に役立ち，地球上で年々大きくなっている人口問題や人間活動に伴う環境変化の改善に少しでも貢献することができれば幸いである．

　本書は執筆担当者の意気込みもあり多少難しいところもあるが，ご容赦頂きたい．最後になるが，国立の高等教育機関や研究所が法人化されるという，高等教育研究で大きな変革が行われている中で，編者，著者とも種々の雑用に煩わされ，ときどき執筆をあきらめかけたところであったが，この困難な中で情熱をもって本書の完成まで支えて頂いた出版社の小浴さんには心より感謝申し上げる．

2008年6月

渡部　終五

執筆者紹介 (50音順)

板橋　豊　　　1949 年生，北海道大学大学院（水・博）修了．
　　　　　　　現在，（公財）日本食品油脂検査協会理事長，北海道大学名誉教授．

伊東　信　　　1953 年生．九州大学大学院（農・博）修了．
　　　　　　　現在，九州大学大学院農学研究院特任教授．九州大学名誉教授．

潮　秀樹　　　1964 年生，東京大学大学院（農・博）修了．
　　　　　　　現在，東京大学大学院農学生命科学研究科教授．

大島敏明　　　1954 年生，東京水産大学大学院（水・修）修了．
　　　　　　　現在，東京海洋大学名誉教授．

岡田　茂　　　1964 年生，東京大学大学院（農・博）中退．
　　　　　　　現在，東京大学大学院農学生命科学研究科准教授．

緒方武比古　　1949 年生，東京大学大学院（農・博）中退．
　　　　　　　現在，北里大学名誉教授．

尾島孝男　　　1956 年生，北海道大学大学院（水・博）中退．水博．
　　　　　　　現在，北海道大学大学院水産科学研究院教授．

落合芳博　　　1957 年生，東京大学大学院（農・修）修了．農博．
　　　　　　　現在，東北大学大学院農学研究科教授．

柿沼　誠　　　1970 年生，東京大学大学院（農・博）修了．
　　　　　　　現在，三重大学大学院生物資源学研究科教授．

木下滋晴　　　1974 年生，東京大学大学院（農・博）修了．
　　　　　　　現在，東京大学大学院農学生命科学研究科准教授．

近藤秀裕　　　1974 年生，東京大学大学院（農・博）修了．
　　　　　　　現在，東京海洋大学学術研究院海洋生物資源学部門教授．

豊原治彦　　　1955 年生，京都大学大学院（農・博）修了．
　　　　　　　現在，摂南大学農学部教授．

松永茂樹　　　1957 年生，東京大学大学院（農・博）修了．
　　　　　　　現在，東京大学大学院農学生命科学研究科教授．

山下倫明　　　1963 年生，京都大学農学部卒（農・博）．
　　　　　　　現在，水産研究・教育機構水産大学校教授．

※渡部終五　　1948 年生，東京大学大学院（農・博）修了．
　　　　　　　現在，北里大学海洋生命科学部特任教授．東京大学名誉教授．

※編集者

水圏生化学の基礎　目次

はじめに ……………………………………………………………（渡部終五）

第1章　序　論 ……………………………………（渡部終五）……… 1
§1. なぜ生化学か ……………………………………………………… 1
§2. 一般成分と各種成分 ……………………………………………… 2
§3. 食物連鎖 …………………………………………………………… 4
§4. 筋肉と代謝 ………………………………………………………… 4
§5. 変温性と物質構造 ………………………………………………… 7
§6. 藻類の生理機能 …………………………………………………… 8

第2章　生体分子の基礎 ………………………（松永茂樹）……… 10
§1. 物理化学の基礎 …………………………………………………… 10
　1-1　共有結合(10)　1-2　共有結合によらない原子間・分子間相互作用(10)　1-3　水(12)　1-4　緩衝液(14)
§2. 有機化学の基礎 …………………………………………………… 14
　2-1　化学構造式(14)　2-2　異性体(15)　2-3　化学反応の分類(17)　2-4　官能基とその化学反応(18)

第3章　タンパク質 …………………（尾島孝男・落合芳博）……… 28
§1. アミノ酸の種類と構造 …………………………………………… 28
§2. タンパク質の構造 ………………………………………………… 31
　2-1　アミノ酸からタンパク質へ(31)　2-2　一次構造(32)　2-3　高次構造(33)　2-4　立体構造を支える結合の分類(34)　2-5　タンパク質のフォールディングと変性(36)　2-6　構造安定性と機能のバランス(38)　2-7　タンパク質の構造・機能解析の流れ(38)
§3. 酵　素 ……………………………………………………………… 39
　3-1　タンパク質としての酵素(40)　3-2　酵素の分類(42)　3-3　酵素特性の解析(43)
§4. タンパク質の代謝 ………………………………………………… 45
　4-1　タンパク質のフォールディングと分子シャペロン(45)　4-2　タンパク質輸送(47)　4-3　細胞内でのタンパク質分解(48)

§5. タンパク質の種類および機能 50
　　5-1 分類(50)　5-2 筋肉の構造(50)　5-3 筋肉タンパク質の性状と機能(53)　5-4 その他のタンパク質(56)

第4章　脂　質 ....(板橋　豊・大島敏明・岡田　茂)............ 60
§1. 脂質の種類，構造および分布 60
　　1-1 脂肪酸の種類と構造(61)　1-2 魚類筋肉脂質の脂肪酸組成(61)　1-3 単純脂質(63)　1-4 複合脂質(68)　1-5 誘導脂質(71)
§2. 脂質の化学的変化 75
　　2-1 酸化(75)　2-2 魚類筋肉脂質の加水分解(75)
§3. 脂肪酸の代謝と機能 77
　　3-1 脂肪酸の異化(77)　3-2 脂肪酸の生合成(79)　3-3 脂肪酸の機能(83)
§4. ステロールおよびカロテノイドの生合成 86
　　4-1 イソペンテニル二リン酸と3,3-ジメチルアリル二リン酸の生合成(87)　4-2 テルペン炭素鎖の伸長反応(89)　4-3 ステロール骨格の生合成(90)　4-4 ステロールの代謝(92)　4-5 カロテノイドの生合成および代謝(93)

第5章　糖　質 ....(伊東　信・潮　秀樹・柿沼　誠)............ 99
§1. 糖質の分類と構造 99
　　1-1 単糖(99)　1-2 少糖（オリゴ糖）(103)　1-3 多糖(104)　1-4 複合糖質(106)
§2. 水生生物に存在する糖質 109
　　2-1 海藻の多糖(109)　2-2 水生動物の多糖(110)　2-3 水生動物のグリコサミノグリカン(111)　2-4 水生動物の糖タンパク質(111)　2-5 水生動物の糖脂質(112)
§3. 糖類の代謝 113
　　3-1 魚類における糖代謝(113)　3-2 無脊椎動物における糖代謝(118)
§4. 光合成 118
　　4-1 藻類とその光合成器官(119)　4-2 藻類の光合成色素(121)　4-3 光合成のエネルギー変換(129)　4-4 光合成の炭酸同化系(130)

第6章　ミネラル・微量成分 ....(緒方武比古・渡部終五)............ 135
§1. ミネラルおよび微量元素の種類，構造および分布 135

§ 2. ミネラルの機能と代謝 ……………………………………………… 138
  2-1 鉄（*138*） 2-2 銅（*140*） 2-3 亜鉛（*141*）
  2-4 カルシウム（*142*） 2-5 マグネシウム（*145*）
  2-6 その他の微量元素（*145*）
§ 3. 水生生物の微量元素 ……………………………………………… 146
§ 4. 重金属の毒性 ……………………………………………………… 147

第7章 低分子有機化合物 ……（潮 秀樹・松永茂樹・渡部終五）……… 150
§ 1. 低分子有機化合物の種類，構造および分布 …………………… 150
  1-1 エキス窒素（*150*） 1-2 遊離アミノ酸（*150*）
  1-3 ペプチド（*151*） 1-4 ヌクレオチドおよび関連化合
  物（*152*） 1-5 グアニジノ化合物（*153*） 1-6 オピン
  類（*153*） 1-7 アンモニア化合物（*154*） 1-8 有機酸
  （*155*） 1-9 臭気成分（*156*） 1-10 色素（*157*）
  1-11 ビタミン（*158*）
§ 2. 低分子有機化合物の機能と代謝 ………………………………… 160
  2-1 核酸関連物質（*160*） 2-2 遊離アミノ酸（*162*）
  2-3 ペプチド（*165*） 2-4 グアニジノ化合物（*166*）
  2-5 アンモニア化合物（*166*） 2-6 オピン類（*167*）
  2-7 色素（*167*）
§ 3. 水生生物の特殊成分（二次代謝産物）………………………… 168
  3-1 有毒成分（*168*） 3-2 有用成分（*174*）

第8章 核酸と遺伝子 ……………………………（木下滋晴・豊原治彦）……… 177
§ 1. 遺伝子研究の歴史的背景 ………………………………………… 177
  1-1 遺伝現象（*177*） 1-2 遺伝子の本体の解明（*178*）
§ 2. 核酸の構造と機能 ………………………………………………… 178
  2-1 DNAの構造（*178*） 2-2 RNAの構造（*184*）
§ 3. ゲノムの構造と格納機構 ………………………………………… 186
  3-1 ゲノムの構造とサイズ（*186*） 3-2 ゲノムの格納
  機構（*189*）
§ 4. 遺伝子の発現調節 ………………………………………………… 190
  4-1 遺伝子の発現（*190*） 4-2 転写の調節（*191*）
  4-3 転写産物のプロセシング（*193*） 4-4 RNAによる
  転写の調節（*195*） 4-5 核外へのmRNAの輸送（*196*）
  4-6 mRNAの安定性（*196*） 4-7 翻訳の調節（*197*）
  4-8 遺伝子発現の解析（*199*）
§ 5. 分子進化 …………………………………………………………… 199

5-1 分子進化(*199*)　5-2 オルソロガス遺伝子とパラロガス遺伝子(*199*)　5-3 分子時計仮説(*200*)　5-4 分子進化の中立説(*201*)　5-5 分子系統解析(*202*)

第9章　細胞の構造と機能 ……………………(近藤秀裕・山下倫明)……203

§1. 細胞の構造 …………………………………………………………………203
1-1 細胞の基本構造(*203*)　1-2 細胞膜および細胞小器官(*204*)　1-3 細胞骨格(*207*)　1-4 細胞接着と細胞外マトリックス(*208*)

§2. 細胞の代謝と機能 …………………………………………………………209
2-1 食作用と分泌作用(*209*)　2-2 細胞内輸送(*211*)　2-3 細胞（質）分裂と細胞周期(*212*)　2-4 アポトーシス(*213*)

§3. 細胞の情報伝達 ……………………………………………………………214
3-1 Gタンパク質共役型受容体(*214*)　3-2 酵素会合型受容体(*216*)　3-3 その他の受容体(*220*)　3-4 核内受容体(*220*)　3-5 その他の情報伝達(*221*)

解　　説 ……………………………………………………………………………223

第1章 序　論

　生物体を突き詰めてゆくとその成分は水素，酸素，炭素，窒素などの限られた元素に絞られてゆくが，これらの元素から構成される無機物と異なるところは，生物が遺伝と代謝の仕組みを構築し，いわゆる生命を維持していることである．無機物のみでできていた地球からどのように生命が誕生したのかについては未だ多くの謎が残されているが，海を含めた水圏がその舞台であったことはほぼ間違いないようである．それ以来，水圏とくに地球上で大きな領域を占める海洋では生物進化が絶え間なく繰り返され，異なる環境に適応した系統進化学的に異なる多種多様な生物が海洋に存在することになった．その多くが海の恵みとして私たち人間の食料に供されているが，とくに四方を海に囲まれているわが国ではその恩恵は大きい．このような生物の多様性は水圏生物を特徴付ける代表的な1つである．さらに，生物の進化の過程で動植物は陸上に生息範囲を広げ，恒温性を獲得した動物は繁栄している．その典型はヒトである．一方，水圏にとどまった生物は陸上から水圏に戻ったとされる水生哺乳類を除いて変温性のまま現在にまで至っている．水生生物といえども遺伝，代謝の機能維持は生物に与えられた課題である．生体内の化学反応の基本は恒温動物と大きく変わることはできない．この変温性が水生生物を特徴付ける第2のものである．さらに，光合成を行う植物においては，水は光を吸収する物質で，光のエネルギーを水中でも確保するための戦略がなければ生存できない．また，塩分，水圧，水素イオン濃度など，陸上生物が経験しない多くの物理的，化学的な環境要因がある．このような水生生物を取り囲む種々の要因が水生生物の生体成分にどのように反映されているのか，生化学の立場からみた概略を述べる．

§1．なぜ生化学か

　水圏生化学は水生生物の生命科学の本質を知る重要な学問分野であるが，関連する分野の基礎知識がなければ理解は難しい．すなわち，水圏生化学は水生生物を対象とする有機化学や分子生物学のほか，生理学，細胞生物学などの基礎知識をもつことによって初めて理解でき，生命科学の本質を知るための有効な学問となる．その中心課題は生体分子の働きを明らかにして細胞，組織，個体各レベルの生命機能を知ることである．そして，その応用科学は水生生物の生体分子の特性を生かした生物生産や，漁獲方法，漁獲処理，利用加工などの改善，高度化である．

　生化学は有機化学を土台として生命を生体分子のレベルからみようとする分野であるが，1953年のワトソン・クリックによるDNA二重らせん構造の発見以来，分子生物学も取り入れた研究分野へ大きく変換した．しかしながら，生命現象を遺伝子ですべて説明できるわけではなく，やは

り生体成分の主要成分であるタンパク質（protein），脂質（lipid），糖質（sugar），核酸（nucleic acid）などの性質やその代謝は生命現象を理解する上で欠くことができない．とくに水生生物には系統進化学的に異なる種々の生物が含まれていることや，水界といった特殊の環境下にあること，水界が生命の起源であることなどから，ヒトを含めた哺乳類の研究においてさえ，水生生物の生化学的研究の成果が期待されている．近年，とくに分子生物学的手法を取り入れた遺伝子工学的研究が進展してきているが，その多くは他書に譲ることにする．

前述のように，水圏には多くの生物種が存在しており，これらを区別するには学名が有効である．一方，生体成分の変化をみる生化学の場合には必ずしも細かな生物分類までは要求されないが，ときとして極めて近縁な生物種の間においても生体内反応が大きく異なる場合がある．後述するように水生生物が変温動物であること，環境水温に長い年月をかけて適応して近縁種が異なる生息場所を開拓してきた歴史をもつことなどが理由である．したがって，水生生物の生化学的な特徴を理解するにはできるだけ対象とする生物種を明確にできるとよい．一方，分子レベルで生命現象を理解するためにはやはり物質の構造式をある程度理解する必要がある．代謝とは物質の生体内における反応のことであり，その理解には基本的な化学構造の理解は欠かせない．その意味で本書は基本的な生体成分の構造とその反応を重要視した．

§2．一般成分と各種成分

水生生物の代表は魚貝類☞であり，ほとんどは約80％が水分で占められているが，無脊椎動物では90％程度の生物種も存在する．生体組織が水分を主体とすることは生体機能においては重要である．水なしでは種々の生体内反応は進行しない．すなわち，光合成をはじめとするエネルギーの生産やそのエネルギーを運動などの生命活動に用いるための生体内反応，成長や子孫の再生産のための細胞の発生，分化が，基本的には水が存在することによって初めて可能になる．水を除くと，魚貝類の主要成分はタンパク質，脂質，糖質，核酸などで，その中でもタンパク質が20％程度と最も多い（表1-1）．

魚貝類の生体成分の大きな特徴は季節変化が著しいことである．典型的な例が脂質含量の季節変化で，マイワシの例にみるように，10〜40％で大きく変化する（図1-1a）．この間，タンパク質総量の変化はほとんどみられず，したがって，水分が大きく減少する．しかしながら，詳細にみるとタンパク質の中にはクロアワビ筋肉のコラーゲン（collagen）含量にみるように，東京近辺で旬（美味になる季節）といわれる夏にはコラーゲン含量が最も低くなり，このとき最も柔らかくなる（図1-1b）．また，マガキのグリコーゲン（glycogen）も旬の冬，産卵期直前に蓄積が著しい（図1-1c）．これらの変化は水

> **☞ 魚介類と魚貝類**
>
> 魚介類の介類は元来，堅い外皮のある動物，すなわちエビ，カニ，貝を指すが，海藻を含める場合もある．一般には食品対象の水生無脊椎動物およびその加工品をイメージする場合が多い．これに対して近年，平易な言葉の貝類を水生無脊椎動物の意味で用いる魚貝類も多く使用される．本書では食品のイメージが強い場合を除き，魚貝類という用語を用いた．

§2. 一般成分と各種成分

表1-1 代表的な魚貝類筋肉の成分組成

種名	水分	タンパク質	脂質	糖質	灰分	ナトリウム	カリウム	カルシウム	リン	鉄	レチノール	αカロテン	βカロテン	B$_1$	B$_2$	ナイアシン	C	備考
	(g)					(mg)					(μg)			(mg)				
アジ	74.4	20.7	3.5	0.1	1.3	120	370	27	230	0.7	10	Tr	Tr	0.10	0.20	5.4	Tr	マアジ
アユ (天然)	77.7	18.3	2.4	0.1	1.5	70	370	270	310	0.9	35	(0)	(0)	0.13	0.15	3.1	2	
アユ (養殖)	72.0	17.8	7.9	0.6	1.7	55	360	250	320	0.8	55	(0)	(0)	0.15	0.14	3.5	2	
イワシ	64.4	19.8	13.9	0.7	1.2	120	310	70	230	1.8	40	Tr	Tr	0.03	0.36	8.2	Tr	マイワシ
ウナギ	62.1	17.1	19.3	0.3	1.2	74	230	130	260	0.5	2,400	0	1	0.37	0.48	3.0	2	
カツオ	72.2	25.8	0.5	0.1	1.4	43	430	11	280	1.9	5	0	0	0.13	0.17	19.0	Tr	春獲り
サケ	72.3	22.3	4.1	0.1	1.2	66	350	14	240	0.5	11	0	0	0.15	0.21	6.7	1	シロサケ
サバ	65.7	20.7	12.1	0.3	1.2	140	320	9	230	1.1	24	0	0	0.15	0.28	10.4	Tr	マサバ
サンマ	55.8	18.5	24.6	0.1	1.0	130	200	32	180	1.4	13	0	0	0.01	0.26	7.0	Tr	
タイ	72.2	20.6	5.8	0.1	1.3	55	440	11	220	0.2	8	0	0	0.09	0.05	6.0	1	マダイ (天然)
タラ	80.4	18.1	0.2	0.1	1.2	130	350	41	270	0.4	56	0	0	0.07	0.14	1.1	0	スケトウダラ
ニシン	66.1	17.4	15.1	0.1	1.3	110	350	27	240	1.0	18	0	0	0.01	0.23	4.0	Tr	
ヒラメ	76.8	20.0	2.0	Tr	1.2	46	440	22	240	0.1	12	0	0	0.04	0.11	5.0	3	天然
フグ	78.9	19.3	0.3	0.2	1.3	100	430	6	250	0.2	3	0	0	0.06	0.21	5.9	Tr	トラフグ (天然)
ブリ (天然)	59.6	21.4	17.6	0.3	1.1	32	380	5	130	1.3	50	—	—	0.23	0.36	9.5	2	
ブリ (養殖)	60.8	19.7	18.2	0.3	1.0	37	310	12	200	0.9	28	0	0	0.16	0.19	9.1	2	
マグロ (赤身)	70.4	26.4	1.4	0.1	1.7	49	380	5	270	1.1	83	0	0	0.10	0.05	14.2	2	クロマグロ
マグロ (脂身)	51.4	20.1	27.5	0.1	0.9	71	230	7	180	1.6	270	0	0	0.04	0.07	9.8	4	クロマグロ
アサリ	90.3	6.0	0.3	0.4	3.0	870	140	66	85	3.8	2	1	21	0.02	0.16	1.4	1	
ハマグリ	88.8	6.1	0.5	1.8	2.8	780	160	130	96	2.1	7	0	25	0.08	0.16	1.1	1	
ホタテガイ	82.3	13.5	0.9	1.5	1.8	320	310	22	210	2.2	10	1	150	0.05	0.29	1.7	3	
イカ	79.0	18.1	1.2	0.2	1.3	300	270	14	250	0.1	13	0	0	0.05	0.04	4.2	1	スルメイカ
エビ	76.1	21.6	0.6	Tr	1.7	170	430	41	310	0.5	0	0	49	0.11	0.06	3.8	Tr	クルマエビ
カニ	84.0	13.9	0.4	0.1	1.6	310	310	90	170	0.5	Tr	—	—	0.24	0.60	8.0	Tr	ズワイガニ
タコ	81.1	16.4	0.7	0.1	1.7	280	290	16	160	0.6	5	0	0	0.03	0.09	2.2	Tr	マダコ
ナマコ	92.2	4.6	0.3	0.5	2.4	680	54	72	25	0.1	0	0	5	0.05	0.02	0.1	0	

Tr : 微量に含まれているが最小記載量に達していない.
(0) : 測定していないが文献などにより含まれていないと推定されるもの.
— : 測定しなかったもの，または測定困難なもの.

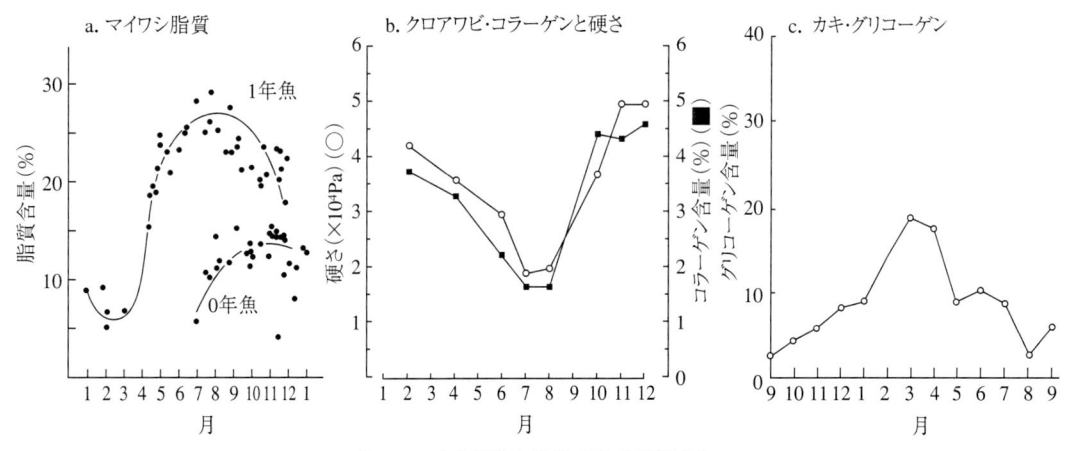

(五訂増補 日本食品成分表, 2005 より一部改変)

図1-1 水生動物の生体成分の季節変化
(堀口，1981；木村ら，1997；鴻巣ら，1992 より)

a. マイワシ脂質
b. クロアワビ・コラーゲンと硬さ
c. カキ・グリコーゲン

生生物の産卵などの再生産活動や，水温など環境要因の変化に伴うものと考えられる．このような生体成分の変化は生物学的にも食品学的にも重要である．

§3．食物連鎖

水界，とくに海洋は広くつながっており，仕切を設定することができない．したがって，水生生物は絶えず多種多様な生物群と接触する宿命にあり，その影響から逃れられない．細胞膜を構成するリン脂質では炭素の二重結合が多い高度不飽和脂肪酸（highly unsaturated fatty acid）が魚貝類に多く含まれているが，その起源は餌のプランクトンや腸内細菌である．また，魚貝類にはテトロドトキシン（tetrodotoxin）やサキシトキシン（saxitoxin）などの自然毒が含まれているが，最初の生産生物は細菌あるいはプランクトンで，その毒が下等動物から魚類へと食物連鎖を通して伝わって行く（図1-2）．そのほか，重金属などの有害成分を含めて多くの外界物質がこのような食物連鎖を通じて水生生物に広範囲に伝わって行き，食物連鎖の頂点にある大型回遊魚，水生哺乳類などに蓄積されて行く．

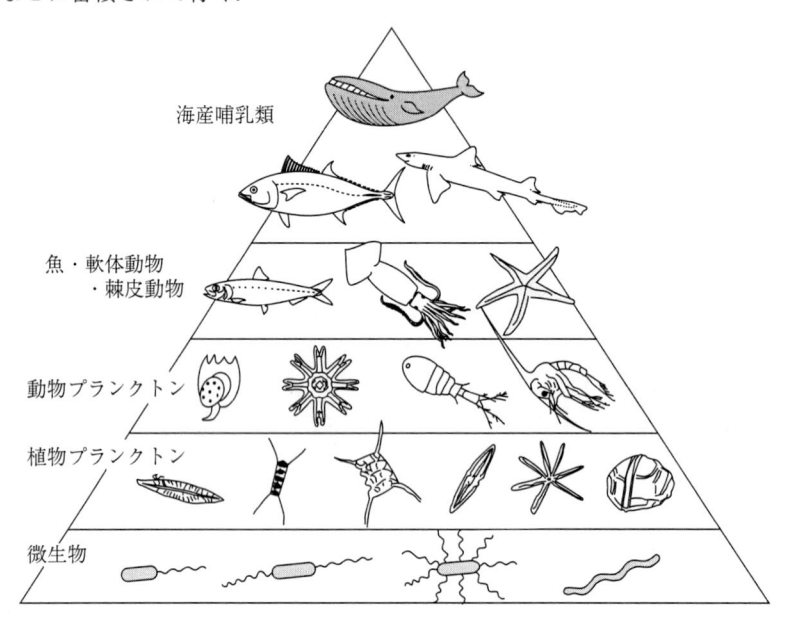

図1-2　海洋における食物連鎖

§4．筋肉と代謝

水生生物を食料資源としてみると，水生植物に比べて水生動物の方が圧倒的に多く利用されている．しかしながら近年，水生植物，すなわち藻類の食品としての機能性が注目されている．食料資源としてより重要な水生動物は魚貝類で，その中でも可食部のほとんどを占める筋肉はわが国では動物性タンパク質の約半分を供給しており，その特性を知ることは運動生態を知る上で重

要であるばかりでなく，食品学的にも大切である．筋肉は発生学的には中胚葉を起源とするが，魚類では中胚葉性の筋節が終生保存されており，表皮をはがすと横W状のパターンがみられる（図1-3）．また，骨格筋に属する主要な2種類の筋肉，普通筋と血合筋が明瞭に区別できることも哺乳類などの高等脊椎動物と異なるところである．骨格筋は光学顕微鏡で明暗の縞模様が観察されるところから，横紋筋と呼ばれている．心筋も横紋筋の一種である．魚類の普通筋（ordinary muscle）および血合筋（dark muscle）は生理学的にはそれぞれ速筋（fast muscle）および遅筋（slow muscle）に属しており，それぞれ急激な運動およびゆっくりとした継続的な巡航遊泳に使われる．また，軟体動物などの無脊椎動物では横紋構造の未発達な斜紋筋がみられる．

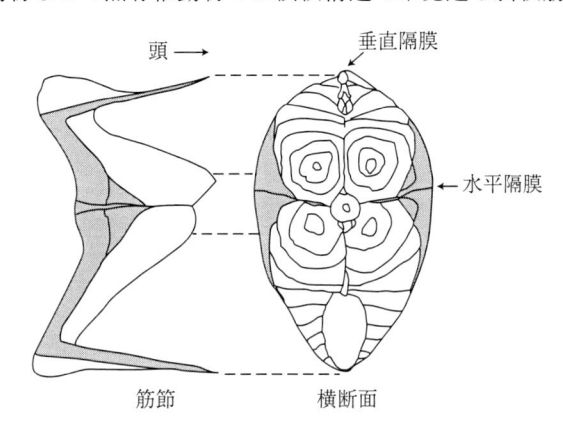

図1-3 マサバ筋肉の構造（■部分は血合筋を表す）（鴻巣ら，1992より）

　生化学において生体内の物質代謝は基本である．グルコース（glucose）やグリコーゲン，脂肪酸（fatty acid）を出発物質とするエネルギー生産反応経路ではピルビン酸（pyruvate）が鍵物質となっている（図1-4）．生体内に酸素が十分にあるときの代謝（好気的代謝）ではピルビン酸はミトコンドリアに存在するクエン酸回路（citric acid cycle）で酸化還元反応を受け，次いで酸化的リン酸化により，酸素を必要としない代謝（嫌気的代謝）の解糖に比べてはるかに多くの高エネルギーリン酸化合物アデノシン5'-三リン酸（adenosine 5'-triphosphate, ATP）を産生する．ATPは3つあるリン酸基の中，末端（γ位）のリン酸基を解離するときにATP 1モル当たり7.3 kcalの自由エネルギーを生ずる．これが種々の生体内反応に利用される．一方，食物由来のタンパク質や生体内で役割を終えたタンパク質はリソソーム（lysosome）で分解されて遊離アミノ酸

アデノシン5'-三リン酸

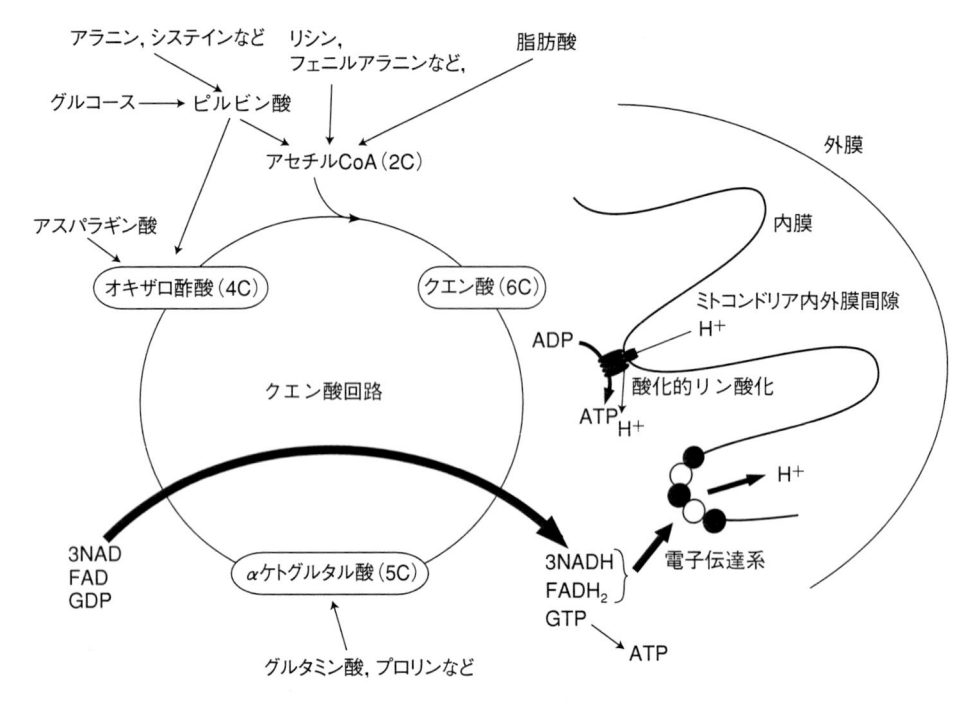

図1-4 生体のエネルギー代謝
ADP：アデノシン5'-二リン酸，ATP：アデノシン5'-三リン酸，NAD：ニコチンアミドアデニンジヌクレオチド，NADH：NAD還元型，FAD：フラビンアデニンジヌクレオチド，FADH2：FAD還元型，GDP：グアノシン5'-二リン酸，GTP：グアノシン5'-三リン酸，CoA：補因子A，2Cから6C：化合物炭素数．（潮　秀樹）

（free amino acid）となり，一部はタンパク質合成に使われるとともに，他の一部はケト酸誘導体となってクエン酸回路に取り込まれる．好気的および嫌気的ないずれのエネルギー代謝の過程も補酵素A（coenzyme A, CoA）が重要な役割を果たす．魚類では哺乳類と同様な上述したエネルギー産生機構をもつが，水生無脊椎動物の代謝ではクエン酸回路が十分に働かないなどの特殊性がみられる．生物の進化を考える立場からみると興味深い．

　筋運動はグルコースやグリコーゲンを出発物質として代謝されて得られるATPを利用する．筋肉の主要成分であるミオシンがATPの末端リン酸基を分解するときに得られる化学的エネルギーを物理的エネルギーに変換する．それではATPを魚貝類はどのような経路で得ているのであろうか？　先に述べたグルコースやグリコーゲンは植物が光合成で生産した糖（単糖）が出発物質である．また，脂肪酸の分解，β酸化（β oxidation）や，魚貝類に豊富に含まれる遊離アミノ酸もATPを生産するエネルギー産生物質といえる．魚貝類の死後は分解により窒素化合物が放出され，植物の栄養源として使われる．また魚貝類の生存中に放出される二酸化炭素は植物の光合成に使われる（図1-5）．このように，生体成分の物質代謝あるいは物質循環は生態学的にも重要であり，人類の福祉に利用することができる限りある水生生物資源を考えると筋肉はその頂点にある組織であることがわかる．

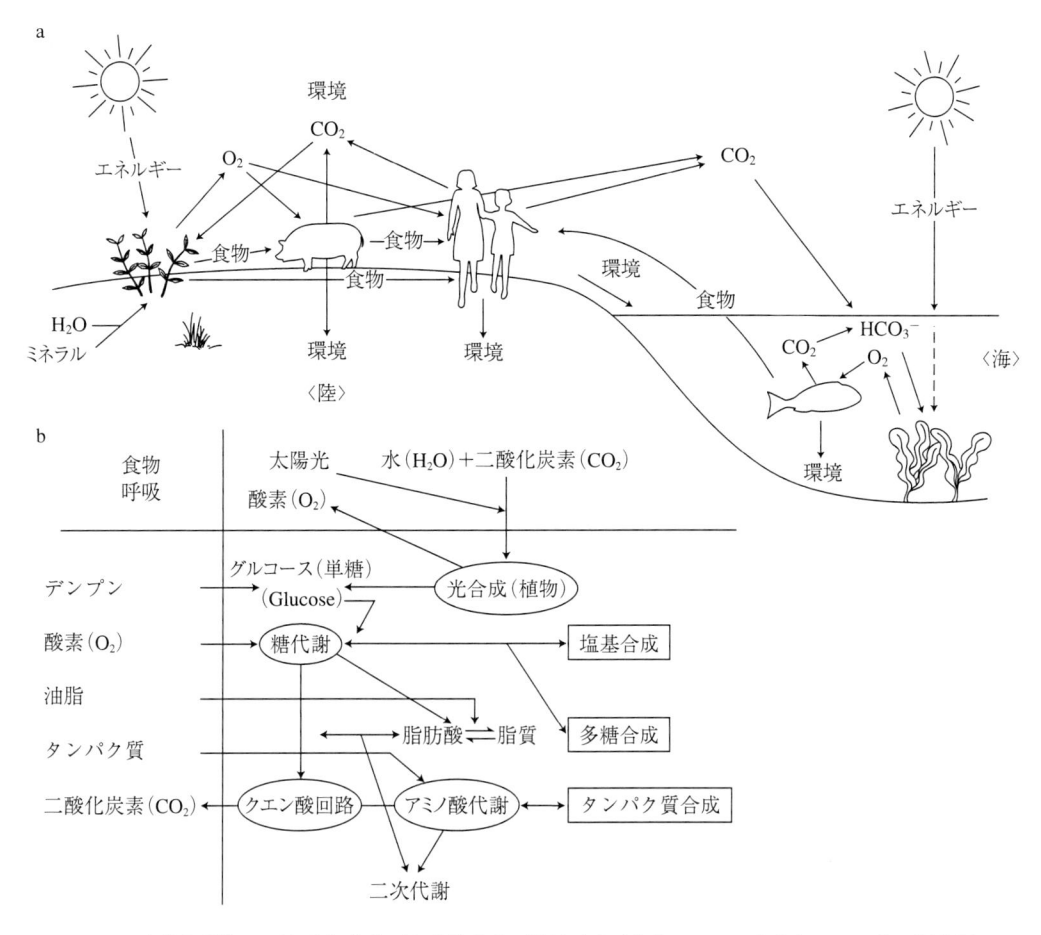

図1-5 生物と環境の関係（a）と主要な生体成分の関係（b）（落合，1991；鈴木ら，1988を一部改変）

§5．変温性と物質構造

　水生生物の生体分子は基本的にはヒトあるいはモデル生物のものと変わらないが，水界がもつ種々の特性，すなわち空気に比べて高い粘性，高い比熱，高い水圧，水による光の吸収などの環境要因が水生生物の生体分子に種々の特性をもたらしている．さらに，水生生物はほとんどが変温生物で生体内温度は環境温度の変化に伴って変化する．したがって，陸上の恒温動物が概ね37℃の体温を保っているのに比べて，水生生物のほとんどはそれ以下の生体内温度を示す．水生生物の多くは代謝的には陸上の恒温動物と大きくは変わらないことが知られていることから，温度変化に対する恒常性の維持，あるいは低温における生体内反応の維持，のために何らかの補償機構を持ち合わせていなくてはならない．このような物理的，生理学的特性が水生生物の生体分子の生化学的特性をもたらす．例えば水生生物の酵素タンパク質は低温でも恒温動物と同様な触媒活性を保つため，構造を柔軟にして対処する一方，温度安定性を犠牲にしている．その結果，同じ温度で比較するとタンパク質の変性は水生生物の方ではるかに速やかにおこる．これらの変

化は同一魚種でも季節的な水温変動に伴って生じており，生息水温と機能タンパク質の構造特性の関係をよく理解できる（図1-6）．また，先述の高度不飽和脂肪酸を多く含み，低温でも細胞膜が柔軟性を保って種々の生体内反応を可能にしている．タンパク質，脂質とも，水温の変化に伴って質的に大きく変化する．

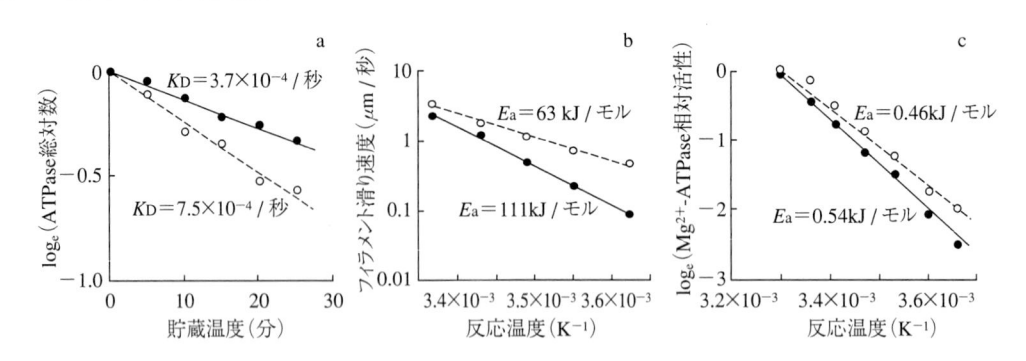

図1-6　タンパク質の構造安定性と機能の関係
10℃（○）および30℃（●）馴化コイ普通筋ミオシンの30℃における変性速度恒数（a），ミオシンフィラメントとアクチンフィラメントの滑りに必要な活性化エネルギー（b），アクトミオシンMg^+-ATPaseの活性化エネルギー（c）．aで数値が大きいほど変性が速いことから構造がより柔軟であることを表す．bおよびcはミオシンの機能を表し，bは筋収縮，cはATP分解によるエネルギーの産生の指標．数値が低いほど反応がより進みやすいことを表す．（Watabe, 2002）

温度と並んで塩分も水生生物の代謝に大きな影響を与えるが，水生生物は独特の分子機構で浸透圧調節を行って高塩分に適応している．その方法の1つは遊離アミノ酸の蓄積である．詳細は後述の章に譲る．

§6．藻類の生理機能

藻類は陸上植物の場合と同様に，生態的には水生動物にエネルギー源，動物が合成できないアミノ酸や脂肪酸などを供給する重要な位置を占める．藻類が陸上植物と異なるところは，太陽光線が容易に吸収され，光合成に必要な光エネルギーが不足しがちになる水界に生息している点である．そのため，藻類には陸上植物にはみられない特殊の光補足用の色素が存在する．また，藻類には特異な代謝系が存在し，陸上植物にはみられない構造をもつ多種類の糖類を合成する．寒天（agar），アルギン酸（alginic acid），フコイダン（fucoidan）などがその典型例である．これらは陸上植物の糖類とは異なる生理機能をもつことが考えられ，藻類の高度利用の面からも注目されている．

（渡部終五）

文献

木村　茂編（1997）：魚介類の細胞外マトリックス，水産学シリーズ114，恒星社厚生閣，110pp.

鴻巣章二・橋本周久編（1992）：水産利用化学，恒星社厚生閣，403pp.

落合栄一郎（1991）：生命と金属，共立出版，111pp.

堀口辰司（1981）：水産加工マニュアルNO.1（多獲性魚利用高度化指導事業経営・技術マニュアル作成検討会編），全漁連．

鈴木敦士・渡部終五・中川弘毅編（1998）：タンパク質の科学，朝倉書店，206pp.

Watabe, S.（2002）：Temperature plasticity of contractile proteins in fish muscle. *J. Exp. Biol.*, **205**, 2231-2236.

参考図書

鴻巣章二編（1984）：水産食品と栄養（水産学シリーズ52），恒星社厚生閣，134pp.

山口勝己編（1991）：水産生物化学，東京大学出版会，236pp.

第2章　生体分子の基礎

　水圏生化学の研究対象となる生体分子は，水生動植物またはそれらの加工品に含まれる有機化合物である．その中には，遊離アミノ酸や単糖のような分子量が100程度の低分子化合物からタンパク質や核酸のような生体高分子まで，また，水に溶けにくい（親油性，疎水性）脂質から水に溶けやすい（親水性）アミノ酸や糖質まで，多様な性質を示す化合物が含まれる．本章では，生体分子を化学的に理解するために必要となる基礎的な事項を述べる．まず，§1．で化学結合と溶質である水に関する物理化学の基礎についてふれ，§2．で化学反応を理解するために必要な有機化学の基礎について述べる．

§1．物理化学の基礎

1-1　共有結合

　炭素原子が形成する共有結合（covalent bond）の多様性が，膨大な種類の生体分子を生み出している．共有結合は，2個の原子が電子を1個ずつ出し合って，1対の電子を共有することにより形成される．生体分子の骨格は互いに共有結合を形成した炭素，酸素，窒素およびリンなどの原子により構成される．

1-2　共有結合によらない原子間・分子間相互作用

　細胞膜は，水溶液中で多数の脂質分子が，分子間相互作用で安定化することにより形成される．このような共有結合以外の結合が，核酸やタンパク質などの生体高分子の立体構造の安定化をもたらす．酵素反応およびこの反応が制御する転写，翻訳，複製などの生命現象も，共有結合によらない相互作用の寄与により円滑に進行する．

　1）静電結合（静電的相互作用）　電荷をもった基☞（または分子，本章2-4項参照）が，それと逆符号の電荷をもった基（または分子）と，クーロン力により引き合って形成する結合を静電結合［electrostatic bond，別名，イオン結合（ionic bond）あるいは塩橋結合（salt bridge）］という．電荷をもった基は，正イオンも負イオンも水中では水和☞しており（本

☞ **基**

化合物の中に含まれる原子団で，化学反応の際に分解せず，一団となって反応にあずかるもの．（化学辞典）

☞ **水和**

水溶液中で，溶媒の水分子が溶質（分子またはイオン）に強く引きつけられる現象．その際，双極子−双極子相互作用（1-2-2項参照）あるいは電荷−双極子相互作用などが支配的である．（化学辞典）

章1-3-2項参照），これらのイオンが静電結合を形成するためには，それぞれから水分子が除かれる必要がある．ここで，水和エネルギーの合計と静電結合形成による安定化エネルギーはほぼ同等である．したがって，荷電部位が分子表面にある場合，水溶液中での静電結合の形成による分子の安定化の度合いは大きくない．

2）**分子間力**（intermolecular force）　分子間で働く力は，静電結合によるものを除き以下の3つに大別できる．

i）**永久双極子間の相互作用**　ペプチド結合（タンパク質中で，アミノ酸同士をアミノ基とカルボキシル基でつなぐ結合，第3章2-1項参照）のC＝O基やNH基は，構成原子の電気陰性度（互いに結合した2つの原子において，相手の電子を引きつける強さを表す尺度．酸素，窒素，炭素，および水素の電気陰性度は，それぞれ3.5，3.0，2.5，および2.1である．）が異なるため部分的に分極（共有結合を形成する電子対☞が一方の原子にかたよっている状態）している．このように分極している（極性を示す）

> ☞ **電子対**
>
> 2個の原子軌道から構成される分子軌道に入った電子対は，原子間の共有結合（あるいは電子対結合）の生成に寄与する（1-1項参照）．また，ひとつの原子上に局在し，共有結合の形成に寄与しない電子対を非共有電子対，非結合電子対，または孤立電子対という．（化学大事典）

基を永久双極子（permanent dipole）という．2個の永久双極子が近接するとき，両者は2個の磁石と同じように相互作用する．

1つの水素原子が2つ以上の他原子（通常は酸素または窒素）と相互作用することにより形成される結合を水素結合（hydrogen bond）という．水素結合には方向性があり，水素原子をはさんだ3つの原子が同一直線上に位置するとき，結合が最も強くなる．タンパク質のαヘリックスやβシート（図2-1a，第3章2-3項参照）や，DNAの二重らせん（図2-1b）（第8章2-1-1項参

(a) αヘリックス構造　逆平行βシート構造　平行βシート構造

代表的なタンパク質の二次構造

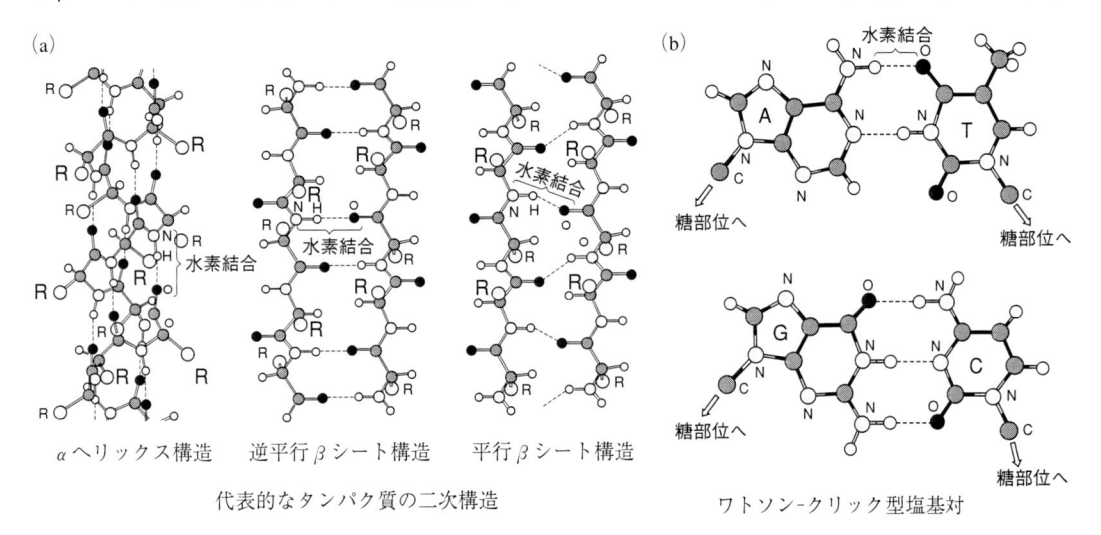

(b) ワトソン-クリック型塩基対

図2-1　(a)は代表的なタンパク質の二次構造，Rはアミノ酸の側鎖を表す．(b)はワトソン-クリック塩基対，A＝アデニン，T＝チミン，G＝グアニン，C＝シトシン．（岩岡，2003）

照）は，分子内あるいは分子間の規則的な水素結合により安定化している．水素結合は，強い方向性をもった双極子－双極子相互作用ともいえる．水素原子のサイズが特別に小さいため，この相互作用は他の永久双極子間の相互作用よりはるかに強い．

ii）**永久双極子と無極性分子の相互作用**　永久双極子が無極性分子（nonpolar molecule）を分極させることにより生じた誘起双極子（induced dipole，無極性分子に一時的に生じる電子分布の偏り）が，永久双極子との間に示す相互作用である．

iii）**無極性分子間の相互作用**　無極性分子であっても，ある一瞬について考えると，電子の運動に由来する電子分布の偏りがある（正負の荷電が生じる）．2つの分子が隣接する場合，片方の電子分布の偏りを打ち消すように，他方の分子に誘起双極子が生じる（図2-2a）．ついで，両分子は全体のエネルギーが低くなるよう再配向される（図2-2b）．このようにして，2つの分子の間には引力が働く．このような力を，ロンドン力（London force）という．折りたたまれたタンパク質の形を決めるために，ロンドン力が大きく寄与している．ロンドン力，分散力（dispersion force）およびファンデルワールス力（van der Waals force）の厳密な定義はそれぞれ異なるが，いずれも無極性分子間に働く力を意味することが多い．

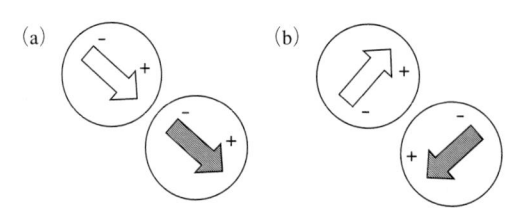

図2-2　ロンドン力

1-3　水

水はすべての生物の主構成成分で，生体内の化学反応はほとんどすべて水を媒質とする．水分子が示す以下の性質が，生命の維持に重要な役割を担う．

1）**極性と凝集性**　水分子中の水素原子と酸素原子の2つの結合の結合角は105°で，酸素原子の方が水素原子より電気陰性度が大きいため，電子をより多く引きつける（図2-3a，本章2-1-2項参照）．したがって，水分子は電気的に極性をもち，分子間で効率よく水素結合を形成する．溶液では3.4個，固体の氷（図2-3b）では4個のほかの水分子と水素結合を形成する．

2）**溶解力と疎水性相互作用**　ある液体（溶媒）と固体（溶質）を混ぜたとき，溶質同士の相互作用より溶媒と溶質の相互作用の方が強いと，溶質は溶媒に溶解する．水を溶媒とすると，それ自身が，溶質の極性化合物相互間のイオン結合や水素結合と取って代わることができるので，水は極性物質のよい溶媒となる．

水と水素結合を形成できないような疎水性分子が水中にあるとき，疎水性分子を包み込むように水分子がその周囲を取り囲む．疎水性分子に隣接する水分子は自由に運動できないため，このような状態はエネルギー的に不利である．複数の疎水性分子が水中にあるとき，それらが別個に存在するより集合した方が，疎水性分子表面の面積が小さくなり，系が安定化する．このように

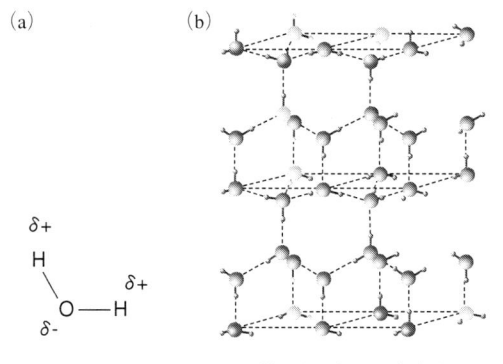

氷の構造と3次元的水素結合

図2-3　(a)：水分子の分極，(b)：氷の構造と三次元的水素結合（竹内，1999）

して，疎水性分子（または疎水性基）が水中で会合することを，疎水性相互作用（hydrophobic interaction）という（図2-4a）．リン脂質のように分子内に疎水部と親水部の両方を含む化合物（両親媒性物質）は，水中でミセル（micelle, 図2-4b, 多数の分子がその疎水性部を内側に，親水性部を外側にして集合して形成される粒子）や二重膜（bilayer, 図2-4c, 親水部同士，疎水部同士が同方向に並列した2つの膜状構造が，疎水部同士で結合した構造，二重膜の外側は親水部で覆われる）などの集合体を形成する．どちらの集合体でも，疎水部同士が疎水性相互作用により並列し，水と接する部分は親水部で覆われる形となる．

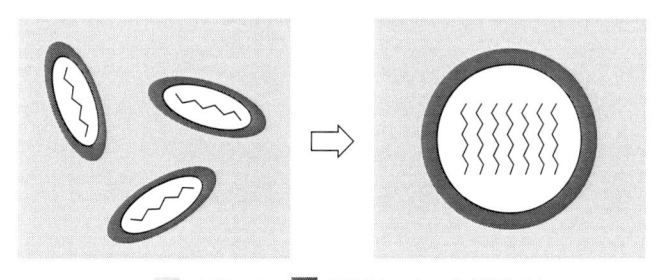

溶媒の水　　規則性の高い水（構造水）

図2-4a　疎水性相互作用．水中の疎水性分子の周りに形成される構造水の割合が最小になるように，非極性分子が会合する．（菅原，2003）

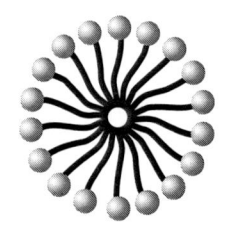

図2-4b　ミセルの模式図
両親媒性分子が水中で形成する安定な構造．（Atkins and Paula, 2006, By permission of Oxford University Press）

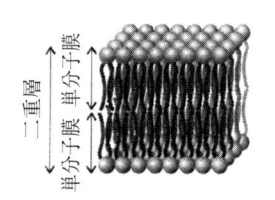

図2-4c　二重膜の模式図
（Atkins and Paula, 2006, By permission of Oxford University Press）

1-4 緩衝液

酸，アルカリを加えても溶液のpH（水溶液中の水素イオン濃度の指標となる値）がほとんど変化しない性質をもつ溶液を緩衝液（buffer）という．細胞質基質（細胞内の諸構造の間を埋めている部分）や体液には，緩衝作用がある．

1）水の電離　水はごくわずかに電離（イオンに解離する現象）していて，中性でのプロトン（水素イオン）（H^+）と水酸化物イオン（OH^-）の濃度は等しく，25℃で1.0×10^{-7}（モル/l）となる．

$$H_2O \rightleftarrows H^+ + OH^-$$

2）酸と塩基　相手にプロトンを与える物質を酸（acid），相手からプロトンを受け取る物質を塩基（base）という（ブレンステッドとローリーの定義）．酸はプロトンを与えた後に共役塩基となり，塩基はプロトンを受け取ると共役酸となる．

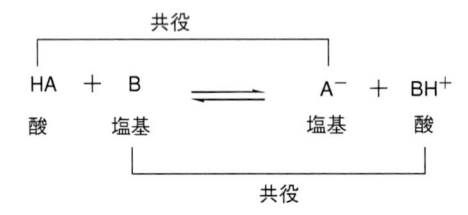

```
           共役
       ┌────────────┐
   HA + B  ⇌  A⁻ + BH⁺
   酸   塩基     塩基   酸
       └────────────┘
           共役
```

3）緩衝液　弱酸（水に溶かしたとき，電離する分子の割合が少ない酸）とその共役塩基〔または弱塩基（水に溶かしたとき，電離する分子の割合が少ない塩基）とその共役酸〕が共存する溶液に，少量の酸あるいは塩基を加えても溶液のpHはわずかしか変化しない．このような溶液を緩衝液，また，このような作用を緩衝作用という．緩衝作用は，水の電離平衡に加え，弱酸（または弱塩基）に関しても電離平衡が成立することにより生じる．

§2．有機化学の基礎

2-1 化学構造式

化学構造式は化合物ごとに割り当てられた登録番号のようなものではない．化学構造式には，化合物の形，安定性，化学反応性あるいは溶解性などの情報が含まれる．

1）線形表示法　分子に含まれるすべての構成成分を元素記号で表し，かつ各構成成分間の共有結合を線で結ぶことで分子の化学構造式を表記することができる．この方法を用いると，複雑な分子の表記が煩雑になるため，水素原子を省略し，線の末端と屈折点が炭素原子を表し，それ以外の原子は元素記号で表す線形表示法が用いられることが多い．

イソプロピルアルコール　　2-シクロヘキセノン

§2. 有機化学の基礎

2) 有機電子論と電子の動きの矢印表記　有機電子論は，化学反応の進み方を電子対の授受により体系的に説明することを目的としており，化合物中の置換基（原子団）によってもたらされる結合の分極に基づいて，化合物の反応性が記述される．

異なる原子間の共有結合では，電気陰性度が大きい原子に電子が偏る（電子密度が高い）ため，この原子は部分的に負に荷電し（$\delta-$と表す），他方の原子は部分的に正に荷電（$\delta+$と表す）する．部分的または完全に負に荷電した原子を求核性原子，部分的または完全に正に荷電した原子を求電子性原子という．

部分的または完全に負に荷電した原子は，他分子（または同一分子内の別の場所）の部分的または完全に正に荷電した原子に引き寄せられ，正と負の原子間で電子の再分配による電子対の共有が起きる．すなわち，化学反応により新しい結合が形成される．逆に，結合が切断される時は，2つの原子によって共有されていた電子が，一方の原子に移る．このように結合の形成と切断の際の電子対の移動を矢印で表すことは，化学反応を系統的に理解するために有用である．

矢印は以下の規則に基づいて記される．（1）1つの両羽矢印（⟶）は電子対（2つの電子）の移動を表す（とくに1つの電子の移動を記したいときは，片羽矢印（⟶）を使う）．（2）矢印は非共有電子対をもつ求核性原子から出発し，求電子性原子に向かう．（3）電子の移動後，出発点の非共有電子対は新たな結合の形成に使われ消失する．

・は電子，・・は電子対を表す．

2-2　異性体

1) 構造異性体　分子式が同一で化学構造が異なる物質を互いに異性体（isomer）という．異性体のうちで，分子中の原子の結合順が異なるものを構造異性体という．構造異性体には炭素原子の配列が異なる骨格異性体，官能基（本章2-4項参照）の結合位置が異なる位置異性体および官能基の種類が異なる官能基異性体がある．

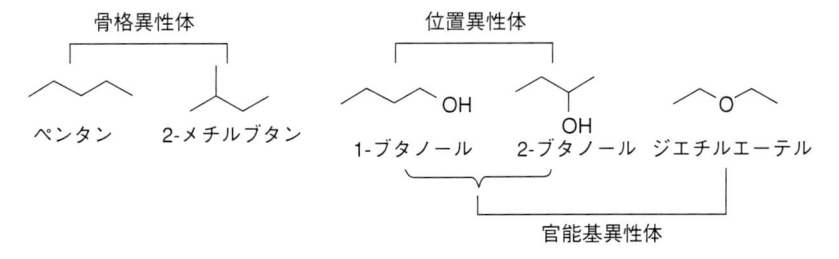

2) 立体異性体　分子を構成する原子の結合順が同じで，空間内の配置が異なるものを立体異性体（stereoisomer）という．立体異性体には幾何異性体（geometrical isomer），鏡像異性体（enantiomer），ジアステレオマー（diastereomer），配座異性体（conformational isomer）など

がある．

 i) **幾何異性体** 二重結合（原子間結合が2本の共有結合で出来ている結合）を形成するπ結合（本章2-4-4項参照）を切断することなく二重結合を回転することができないため，分子内の二重結合の配置（シス型またはトランス型）が異なると別個の物質が生じる．これらを幾何異性体という．

トランス-2-ブテン　　シス-2-ブテン

 ii) **鏡像異性体（光学異性体）** 4つの異なる原子または原子団（置換基）と結合する炭素原子を不斉炭素という．4つの置換基の不斉炭素への結合の仕方は2通りあり，それらの構造式は実物と鏡像の関係にあるので，互いに鏡像異性体という．鏡像異性体は旋光性およびキラルな試薬（分子内に不斉炭素原子を含む反応剤）との反応性を除くと，すべての物理的性質，化学的性質が等しい．鏡像異性体は旋光性の絶対値が等しく符号が反対であるため，光学異性体ともいう．

D-乳酸　　L-乳酸

 iii) **ジアステレオマー** 立体異性体のうちで，幾何異性体でも鏡像異性体でもないものをジアステレオマーという．分子内に2つの不斉炭素をもつ化合物において，1つの不斉炭素の立体配置が同一で他方の不斉炭素の立体配置が異なるものはジアステレオマーの関係にある．ジアステレオマーの物理化学的性質は互いに異なる．

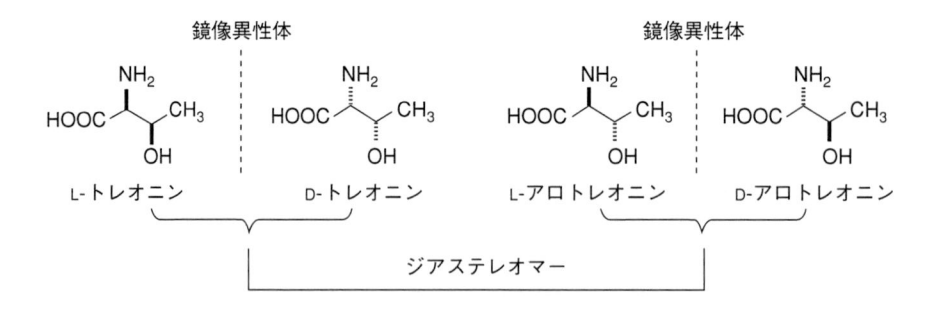

鏡像異性体　　　　　　鏡像異性体

L-トレオニン　D-トレオニン　L-アロトレオニン　D-アロトレオニン

ジアステレオマー

 iv) **配座異性体** 単結合（σ結合）はその周りの回転が原理的に可能であるため，エタンのように簡単な分子でも原子相互間の位置関係は無限通りある．その中で，隣接する炭素上の水素間の距離がお互いに最も離れた形（ねじれ型配座）が，エネルギーが最も低く安定になる．一方，隣接炭素上の水素どうしが最も近づく重なり型配座は，最も不安定である．単結合の回転に由来する分子の空間内での配置を立体配座といい，同じ分子で立体配座のみが異なるものを配座異性体という．配座異性体の存在を分光学的に予想することはできるが，それらを個々に分離することは通常はできない．立体配座を示すためにニューマン投影式（図2-5）が用いられる．

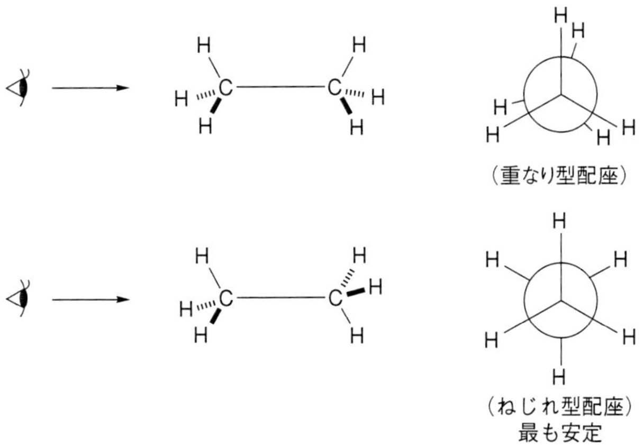

(重なり型配座)

(ねじれ型配座)
最も安定

図2-5 ニューマン投影式

2-3 化学反応の分類

化学反応は，5つの型に大きく分類できる．すなわち，置換反応，付加反応，脱離反応，酸化還元反応，および異性化・転移反応である．

1) 置換反応　着目する炭素原子の配位数［飽和炭素（単結合のみをもつ炭素原子）なら4，二重結合上の炭素なら3，三重結合上の炭素なら2］が変化することなく，その炭素原子と結合している原子あるいは原子団が別の原子あるいは原子団で置き換えられる反応を置換反応（substitution reaction）といい，芳香族炭素上でおきる求電子置換反応（electrophilic substitution reaction）と，飽和炭素上でおきる求核置換反応（nucleophilic substitution reaction）に大別できる．求核置換反応において，求核試薬との新しい結合の生成と脱離基の遊離が，ほぼ同時に起こるものをS_N2反応，先に脱離基が遊離して活性中間体が生じ，これと求核試薬が反応するものをS_N1反応という．

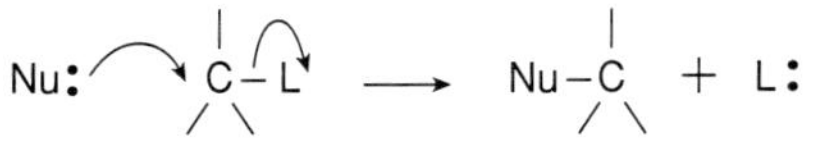

$$\text{Nu:} \curvearrowright \overset{|}{\underset{|}{C}} - L \longrightarrow \text{Nu} - \overset{|}{\underset{|}{C}} + L:$$

（Nuは求核試薬，Lは脱離基）

2) 付加反応と脱離反応　これらの反応は，不飽和結合（二重結合，三重結合など）の消失あるいは生成に関わる化学反応で，反応の結果，着目している炭素原子の配位数が増加する反応を付加反応（addition reaction）という．

$$H_2C=CH_2 + H_2O \longrightarrow CH_3CH_2OH$$

一方，着目している炭素原子の配位数が減少する反応を脱離反応（elimination reaction）といい，付加反応の逆反応に相当する．

$$CH_3CH_2Br \longrightarrow H_2C=CH_2 + HBr$$

3) 酸化還元反応　着目する炭素原子の酸化状態が増加したり減少したりする反応を，それぞれ，酸化（oxidation）および還元（reduction）という．

$$CH_3CH_2OH \longrightarrow CH_3COOH \quad (酸化)$$
$$CH_3CH(OH)CH_3 \longrightarrow CH_3CH_2CH_3 \quad (還元)$$

4）異性化反応・転位反応 ある分子がその構造異性体あるいは立体異性体に変化する反応を異性化（isomerization）という．構造異性体への変化は炭素骨格の変化を伴うため，これを特に転位（rearrangement）という．

2-4 官能基とその化学反応

有機化合物のおおよその形は炭素骨格によって決まるが，化合物の溶解性や化学反応性に大きな影響をおよぼす酸素，窒素，硫黄などの原子が構成する基および不飽和結合を官能基（functional group）という．生体分子は通常複数の官能基をもつ．官能基はそれ自身で特有の化学的性質を示す．

1）ヒドロキシ基（ヒドロキシル基，水酸基と呼ぶこともある）をもつ化合物（アルコール） アルコールは水の水素原子の1つが四面体構造の炭素で置換された化合物で，残された酸素－水素結合がアルコールに特有の性質を与える．酸素の方が水素や炭素より電気陰性度が大きいので，$C\delta+ - O\delta-$，$O\delta- - H\delta+$と分極する．O-H結合の水素は水素結合に与ることができる．ただし，アルコールのヒドロキシ基は電離がわずかであるためアルコールは中性を示す．

アルコールの代表的な反応を以下に示す．

i）脱水反応 酸触媒存在下，加熱すると第二級および第三級アルコール（ヒドロキシ基の結合している炭素原子に，他の炭素原子が0または1個結合したアルコールを第一級アルコール，2個結合したものを第二級アルコール，3個結合したものを第三級アルコールという）から水が失われて（脱水反応，dehydration）アルケン（本章2-4-4項参照）が生じる．

ヒドロキシ基が結合した炭素（α炭素）に隣接する炭素（β炭素）上の水素（β水素）が複数種存在する場合は，脱水反応により複数種のアルケンが生成する．

ii）ハロゲン化水素との反応 アルコールはハロゲン化水素（塩化水素，臭化水素，ヨウ化水素）と反応して，ハロゲン化物を与える．第三級アルコールの反応はカルボカチオン（正に荷電した炭素原子）を経由するS_N1機構で進行するが，第一級アルコールの反応は炭素が5配位の遷移状態を経由するS_N2機構（本章2-3-1項参照）で進行する．第二級アルコールの反応はS_N2機

（第三級アルコール）第三ブタノール + H-Br → 2-ブロモ-2-メチルプロパン + H$_2$O

（第一級アルコール）ブタノール + H-Br → 1-ブロモ-ブタン + H$_2$O

構で進行することが多い．

iii）**酸化** 第一級および第二級アルコールは，6価クロム試薬と反応してカルボニル化合物（本章2-4-5項参照）を生成する．第一級アルコールではまずアルデヒドが生成するが，反応溶媒に水が含まれると，アルデヒドが抱水型ケトンを経てカルボン酸（本章2-4-6項参照）にまで酸化される．第三級アルコールは，同様の条件では酸化されない．

（第二級アルコール）2-ペンタノール $\xrightarrow[\text{H}_2\text{SO}_4, \text{H}_2\text{O}]{\text{Na}_2\text{Cr}_2\text{O}_7}$ ペンタン-2-オン

（第一級アルコール）ブタノール $\xrightarrow[\text{H}_2\text{SO}_4, \text{H}_2\text{O}]{\text{Na}_2\text{Cr}_2\text{O}_7}$ （アルデヒド）ブチルアルデヒド $\xrightarrow{\text{H}_2\text{O}}$ （抱水型ケトン） $\xrightarrow[\text{H}_2\text{SO}_4, \text{H}_2\text{O}]{\text{Na}_2\text{Cr}_2\text{O}_7}$ （カルボン酸）酪酸

アルケンの二重結合上の水素原子をヒドロキシ基で置き換えた化合物をエノールという．エノールは一般に不安定で，熱力学的に安定なケト型として存在する．芳香族炭化水素（本章2-4-4項参照）の水素原子をヒドロキシ基で置き換えた化合物をフェノールという．フェノールはエノールの特殊な形と見なすことができる．フェノールの場合，ケト型は芳香族性による安定化を失うため存在比は低く，平衡は圧倒的にエノール型（フェノール）にかたよっている．フェノールがプロトンを失って生じるアニオンは，ベンゼン環のπ電子との共鳴効果により安定化されるため，フェノールはアルコールより強い酸である．

（エノール型）⇄（ケト型） フェノール　　フェノールのアニオンの共鳴構造

2）エーテル結合をもつ化合物 水の2つの水素がいずれも炭素に置き換わった化合物がエーテル（ether）で，アルコールと似た化学構造をもつ．エーテルにはO-H結合がないため，化

学反応性が低く安定である．エーテル結合は塩酸中で加熱しても切断されないが，ヨウ化水素（HI）中で加熱するとアルコールとヨウ化物が生成する．

エチルイソプロピルエーテル　　　　　　　　　　　　　　　　　イソプロピルアルコール　ヨウ化エチル

　エーテル結合を含む生体成分は少ない．リン脂質（第4章1-4項参照）には，エステル結合（本章2-4-7項参照）の代わりにエーテル結合をもつ脂質が含まれる．また，酸素が結合する炭素の片方が飽和炭素で他方が二重結合上の炭素の場合，その結合をエノールエーテル結合という．エノールエーテル結合をもつリン脂質も生体に存在する．エノールエーテル結合はエーテル結合ほど安定ではなく，酸触媒の存在下加水分解を受け，アルコールとアルデヒドを生じる．

　3）アミノ基をもつ化合物（アミン，amine）　　アンモニアの水素のうち1つが炭素に置き換わった化合物を第一級アミン，2つあるいは3つが置き換わった化合物をそれぞれ第二級および第三級アミンという．第三級アミンの窒素原子上の非共有電子対が，さらに炭素と結合した化合物を第四級アンモニウム塩という．窒素原子の非共有電子対がプロトンと反応し易いため，アミンは塩基性を示す．

　第一級アミンと第二級アミン（およびアンモニア）は酸塩化物または酸無水物と反応して，アミド（本章2-4-7項参照）を与える．

　アミンとハロゲン化アルキルの反応では，導入されたアルキル基の数が異なるアミンの混合物を与える．しかし，ハロゲン化アルキルを大過剰に用いると第四級アンモニウム塩のみが得られる．

ブチルアミン　　　　　　　　　　　　　　　　ブチル-トリメチルアンモニウム

　4）炭素－炭素二重結合をもつ化合物（アルケン，alkene）　　二重結合は，各々1つのσ結合とπ結合から形成される（図2-6）．π結合の結合エネルギーはσ結合のものより小さく，π結合を形成する電子（$2P_z$）が結合の上下に広く分布するため，二重結合の反応性は高い．

　2個の二重結合が1つの単結合を通してつながる状態を共役二重結合という．共役二重結合は，互いの二重結合のπ電子の相互作用により安定化されているため，孤立した二重結合より化学反応性が低い．芳香族化合物（$4n+2$個のπ結合からなる単環式共役化合物）には共役二重結合があるが，芳香族性（芳香族化合物は大きな共鳴エネルギーをもつため熱力学的に非常に安定である）による安定化への寄与が大きいため，芳香族化合物は共役二重結合をもつ化合物よりさらに安定で，化学反応性

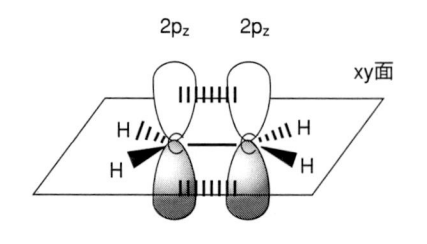

図2-6　エチレンのπ結合
　　　　（林，2003）

が低い．

i) **ハロゲン化** アルケンは塩化水素，臭化水素およびヨウ化水素と速やかに反応して，付加生成物のハロゲン化アルキルを与える．

$$\text{プロペン} + \text{HCl} \longrightarrow \text{2-クロロプロパン}$$

$$\text{イソブテン} + \text{HBr} \longrightarrow \text{2-ブロモ-2-メチルプロパン}$$

$$\text{1-メチルシクロヘキセン} + \text{HI} \longrightarrow \text{1-ヨード-1-メチルシクロヘキサン}$$

この付加反応は位置選択的である．すなわち，ハロゲンは置換基の多い方の炭素原子に結合する．これをマルコウニコフ則と呼ぶ．

アルケンと塩素や臭素との反応を水の存在下で行うと，それぞれクロロヒドリンおよびブロモヒドリンと呼ばれる，トランス配置のハロゲン化アルコールが得られる．

$$\text{シクロヘキセン} \xrightarrow{\text{Cl}_2,\ \text{H}_2\text{O}} \text{2-クロロ-シクロヘキサノール}$$

ii) **ヒドロキシ化** アルケンをボラン（BH_3）と反応させるとトリアルキルボランが得られ，これを塩基性条件下，過酸化水素（H_2O_2）で酸化するとアルコールになる．この反応では，置換基の少ない方の炭素にヒドロキシ基が結合する．

$$\text{RCH=CH}_2 \xrightarrow{\text{BH}_3} (\text{RCH}_2\text{CH}_2)_3\text{B} \xrightarrow[\text{NaOH}]{\text{H}_2\text{O}_2} \text{RCH}_2\text{CH}_2\text{OH}$$

（アルケン）　（トリアルキルボラン）　（アルコール）
（Rはアルキル基）

アルケンと酢酸水銀（II）[$Hg(OAc)_2$]を反応させると酢酸アルキル水銀が得られ，これを水素化ホウ素ナトリウム（$NaBH_4$）で還元するとアルコールになる．この反応では，置換基の多い方の炭素にヒドロキシ基が結合する．

$$\text{RCH=CH}_2 \xrightarrow{\text{Hg(OAc)}_2} \text{RCH(OH)CH}_2\text{-HgOAc} \xrightarrow{\text{NaBH}_4} \text{RCH(OH)CH}_3$$

（アルケン）　（酢酸アルキル水銀）　（アルコール）

アルケンを四酸化オスミウム（OsO_4）と反応させると二重結合を形成していた炭素の両方にヒドロキシ基が結合した化合物[1,2-ジオール（互いに隣接した炭素にヒドロキシ基が結合している化合物）]ができる．この反応で生成する1,2-ジオールのヒドロキシ基はシス配置である．

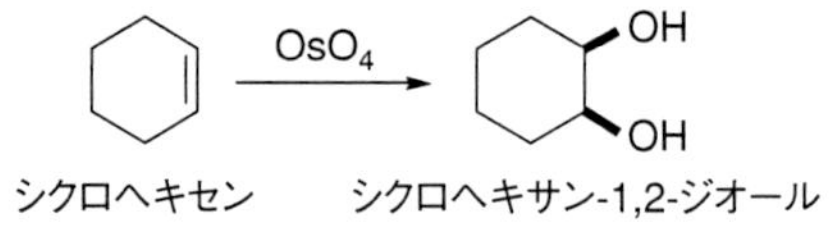
OsO4
OH
OH
シクロヘキセン
シクロヘキサン-1,2-ジオール

iii）**エポキシ化（オキシラン環の生成）**　アルケンをメタクロロ過安息香酸（MCPBA）などの過酸（C(O)OOH基をもつ化合物）と反応させると，3員環（3つの原子で構成される環）構造をもつエーテルのエポキシドが生成する．エポキシドはオキシランとも呼ばれる．エポキシドは他のエーテルと異なり，求核試薬に対する反応性に富み開環反応を起こす．エポキシドが水と反応して生成する1, 2-ジオールは，トランス配置である．

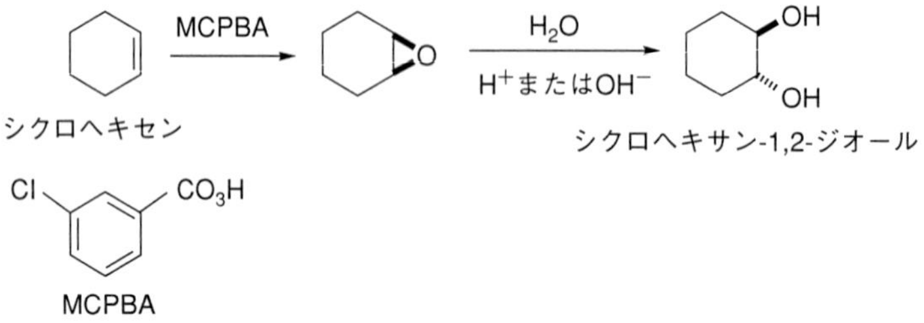
MCPBA
O
H2O
H+またはOH−
OH
OH
シクロヘキセン
シクロヘキサン-1,2-ジオール
Cl
CO3H
MCPBA

iv）**オゾン分解**　アルケンとオゾンの反応によりオゾニドが生じる．オゾニドは酸化剤（例えば過酸化水素水）または還元剤（例えばジメチルスルフィド）との処理で切断される．

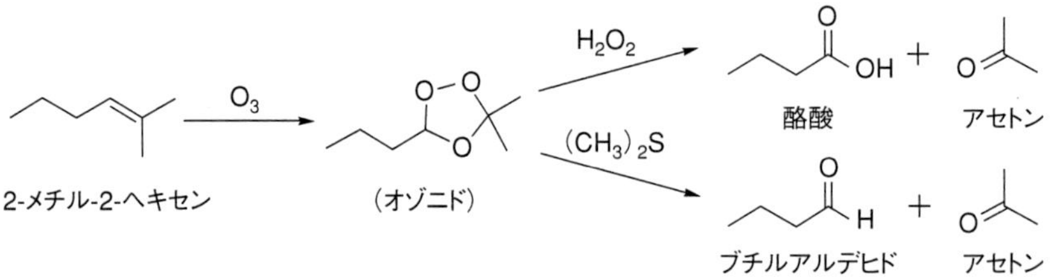
O3
O–O
O
H2O2
(CH3)2S
O
OH
+
O
酪酸
アセトン
O
H
+
O
2-メチル-2-ヘキセン
（オゾニド）
ブチルアルデヒド
アセトン

v）**水素化（水素添加）**　パラジウム炭素（Pd/C）や酸化白金（PtO_2）の存在下，アルケンは速やかに水素と反応しアルカンを与える．

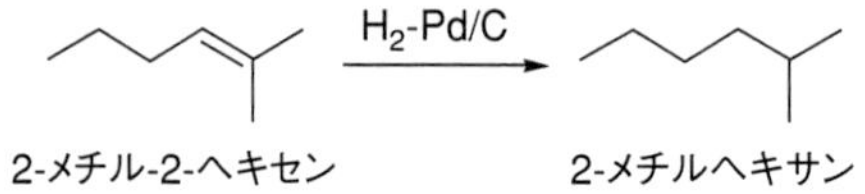
H2-Pd/C
2-メチル-2-ヘキセン
2-メチルヘキサン

vi）**ディールス・アルダー反応**　エステルなどの電子吸引性基（結合原子から電子を引きつける性質をもった置換基）で置換されたアルケンと共役ジエン（共役二重結合をもつ化合物）は，速やかに反応し環化生成物を与える．この反応はディールス・アルダー反応（Diels-Alder reaction）と呼ばれる．

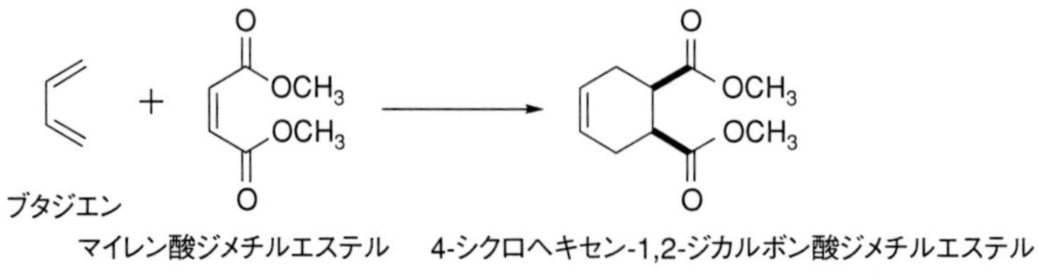
+
O
OCH3
OCH3
O
O
OCH3
OCH3
O
ブタジエン
マイレン酸ジメチルエステル
4-シクロヘキセン-1,2-ジカルボン酸ジメチルエステル

5）アルデヒド基あるいはケト基をもつ化合物（カルボニル化合物）　炭素－酸素二重結合をカルボニル基（carbonyl group）という．カルボニル基に少なくとも1つ水素が結合した基をアルデヒド基（aldehyde group），2つの炭素が結合した基をケト基（またはケトン基）という．カルボニル基は強く分極しているため，その炭素原子は求核試薬に対して高い反応性を示す．

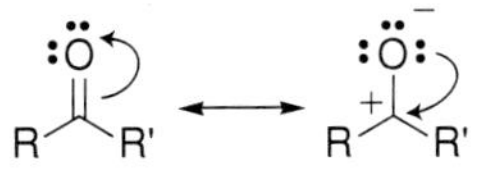

カルボニル基の分極

隣接する炭素（α炭素）の上に水素原子があるカルボニル基は，少量のエノール型と平衡にある．エノール化は酸によってもアルカリによっても促進される．したがって，α炭素が不斉炭素でそこに水素原子が結合している化合物は，酸性および塩基性溶液中で，エノール型を経由したラセミ化（1つの不斉炭素をもつ光学活性化合物が，鏡像体どうしの等量混合物に変化すること）がおこる［カルボン酸（本章2-4-6項参照）およびその誘導体では，エノール型の割合が非常に小さいのでラセミ化の速度は遅い］．

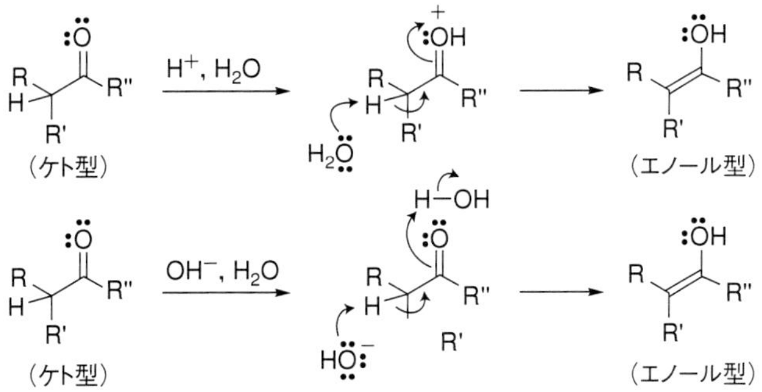

カルボニル基の代表的な化学反応を以下に示す．

i) ヘミアセタール化およびアセタール化　酸性条件下で，カルボニル化合物はアルコールと反応してヘミアセタール（「ヘミ」は半分という意味）を経てアセタールを生じる．この反応は平衡状態にあり可逆的であるため，ヘミアセタールおよびアセタールは酸性条件下で加水分解されカルボニル化合物に戻る．

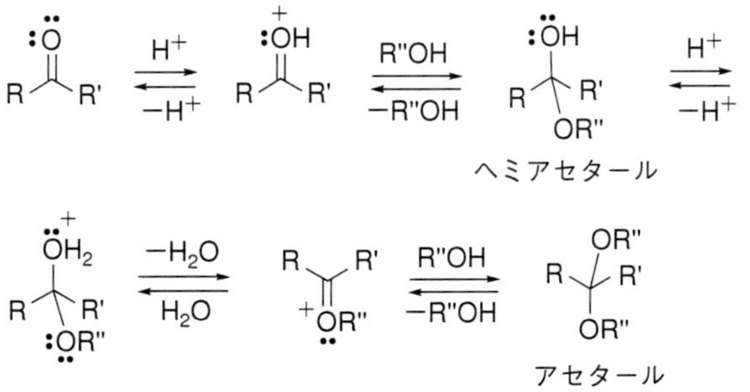

塩基性条件下でもヘミアセタールは形成されるが，アセタールは形成されない．したがって，塩基性条件下でアセタールは安定に存在する．

$$R-\underset{R'}{\overset{O}{\|}}\text{─} \xrightleftharpoons[-R"OH]{R"OH} R-\underset{OR"}{\overset{OH}{|}}R' \xrightleftharpoons[-R"OH]{R"OH} R-\underset{OR"}{\overset{OR"}{|}}R'$$

　　　　　　　　　　　　　ヘミアセタール　　　　　アセタール

ii）**還元反応**　カルボニル化合物は，ヒドリド試薬［$NaBH_4$や水素化アルミニウムリチウム（$LiAlH_4$）など］と反応してアルコールを与える．

$$R-\underset{R'}{\overset{O}{\|}} \xrightarrow{NaBH_4} R-\underset{R'}{\overset{OH}{|}}$$

（ケトンまたはアルデヒド）　　（アルコール）

iii）**アミンとの反応**　カルボニル化合物は第一級アミンと反応すると，ヘミアミナール（カルビノールアミンともいう）を経由してイミンを生じる．イミンはシッフ塩基とも呼ばれる．

（ケトンまたはアルデヒド）　ヘミアミナール　　　　　　　イミン

6）カルボキシル基をもつ化合物（カルボン酸，carboxylic acid）　カルボキシル基は，カルボニル炭素にヒドロキシ基が結合した構造をもつ．ヒドロキシ基の場合と同様，酸素−水素結合がカルボキシル基に特有の性質を付与する．2分子のカルボン酸は，この水素を介した水素結合によって二量体を作る性質がある．このため，炭素数の少ないカルボン酸は，他の官能基をもつ同程度の分子量の化合物と比べ沸点が高い．

ヒドロキシ基は中性である（本章2-4-1項参照）が，カルボキシル基は強い酸性を示す．この理由は2つある．第1の理由は，電子吸引性のカルボニル炭素がヒドロキシ基と結合しているため，$-COO^-$イオンが安定化すること．もう1つの理由は，$-COO^-$イオンの負電荷が非局在化して安定化することである．

（負電荷の非局在化）

カルボン酸の酸性度は，その近傍の炭素に電子吸引性基が結合すると上昇する．

	CH_3COOH 酢酸	CH_2FCOOH フルオロ酢酸	CHF_2COOH ジフルオロ酢酸	CF_3COOH トリフルオロ酢酸
pKa値（酸性度指数）	4.76	2.66	1.24	0.23

i）**アルコールとの反応**　カルボン酸を，強酸の存在下過剰のアルコールで処理するとエステルになる．

$$\text{R-COOH} + \text{R'-OH} \xrightarrow{\text{H}^+} \text{R-COOR'} + \text{H}_2\text{O}$$
（カルボン酸）（アルコール）　（エステル）

ii) **ジアゾメタンとの反応**　カルボン酸は，ジアゾメタンと速やかに反応してメチルエステルを与える．

$$\text{R-COOH} + \overset{-}{\text{CH}_2}\text{-}\overset{+}{\text{N}}\equiv\text{N} \longrightarrow \text{R-COOCH}_3 + \text{N}_2$$
（カルボン酸）　ジアゾメタン　　（メチルエステル）

iii) **還元反応**　カルボン酸はLiAlH$_4$と反応し第一級アルコールを与えるが，NaBH$_4$に対する反応性は低い．

$$\text{R-COOH} \xrightarrow{\text{LiAlH}_4} \text{R-CH}_2\text{OH}$$
（カルボン酸）　　　（アルコール）

iv) **脱水縮合反応**　ジシクロヘキシルカルボジイミド（DCC）のような脱水試薬の存在下，カルボン酸はアルコールと反応しエステルを与える．同様に，アミンと反応するとアミドが生成する．

$$\text{R-COOH} + \text{R'-OH} \xrightarrow{\text{DCC}} \text{R-COOR'} +$$
（カルボン酸）（アルコール）　　（エステル）

ジシクロヘキシル尿素　　　DCC

7) エステルとアミド　エステル（ester）はカルボン酸とアルコールが脱水縮合した化合物である．エステルには水素結合供与性の水素原子がないため，母核となるカルボン酸と比べ沸点が低く，水より有機溶媒によく溶ける．アミド（amide）はカルボン酸とアミンが脱水縮合した中性化合物である．RCONH$_2$，RCONHR'およびRCON（R'）R"の一般式で表されるアミドを，それぞれ第一級アミド，第二級アミドおよび第三級アミドと呼ぶ．第一級アミドおよび第二級アミドには水素結合供与性の水素原子が含まれるので，分子量が同程度のエステルより沸点が高く，水への溶解性も高い．

i) **加水分解**　エステルはアルカリ性水溶液中で容易に加水分解され，アルコールとカルボン酸塩を与える．この反応は，脂質から石けんを製造するときに用いられたことからケン化（saponification）とも呼ばれる．一方，強酸の存在下でもエステルは加水分解され，アルコールとカルボン酸を与える．

アミドもエステル同様，酸あるいはアルカリにより加水分解されるが，エステルに比べて反応性が低いため，反応を起こすには反応溶液を加熱する必要がある．

ii) **還元反応**　エステル結合はLiAlH$_4$と反応して切断され，カルボン酸が還元されて生じる第一級アルコールとエステルを構成していたアルコールが生じる．アミドとLiAlH$_4$の反応では，カルボニル炭素と結合していた酸素が失われアミンが生じる．エステルもアミドも通常はNaBH$_4$とは反応しない．

$$\text{R-COOR'} \xrightarrow{\text{LiAlH}_4} \text{R-CH}_2\text{OH} + \text{R'-OH}$$
（エステル）　　　　　　　（アルコール）（アルコール）

$$\text{R-CONHR'} \xrightarrow{\text{LiAlH}_4} \text{R-CH}_2\text{NHR'}$$
（アミド）　　　　　　　　（アミン）

8）硫黄あるいはリンを含む化合物　アルコールとエーテルに対応する硫黄化合物を，それぞれチオールおよびスルフィドという．チオールはアルコールより酸性度が高く，エタンチオール（CH_3CH_2SH）のpKa値は10.6（エタノールのpKa値は15.9）である．

アルコールが酸化されると，ヒドロキシ基が結合した炭素が酸化されケト基またはアルデヒド基が生じる．一方，チオールの酸化は硫黄原子で起こる．チオールは穏やかな条件で酸化され，2つのチオール基が結合したジスルフィドを与える．このジスルフィドは緩やかな条件で還元されチオールに戻る．より過激な条件での酸化により，チオールはスルフェン酸，スルフィン酸を経てスルホン酸を与える．スルホン酸は強酸である［メタンスルホン酸（CH_3SO_3H）のpKa値は-1.8］．

$$\text{R-S-S-R}$$
ジスルフィド

酸化 ↕ 還元

$$\text{R-SH} \xrightarrow{\text{酸化}} \text{R-S-OH} \xrightarrow{\text{酸化}} \text{R-}\overset{\overset{O}{\|}}{\text{S}}\text{-OH} \xrightarrow{\text{酸化}} \text{R-}\overset{\overset{O}{\|}}{\underset{\underset{O}{\|}}{\text{S}}}\text{-OH}$$
チオール　　スルフェン酸　　スルフィン酸　　スルホン酸

スルフィドは酸化されると，スルホキシドを経てスルホンを与える．ジメチルスルホキシド［$CH_3S(O)CH_3$］は非プロトン供与性（OH基やNH基をもたない）で，多くの化合物をよく溶かす溶媒である．

$$\text{R-S-R'} \xrightarrow{\text{酸化}} \text{R-}\overset{\overset{O}{\|}}{\text{S}}\text{-R'} \xrightarrow{\text{酸化}} \text{R-}\overset{\overset{O}{\|}}{\underset{\underset{O}{\|}}{\text{S}}}\text{-R'}$$
スルフィド　　スルホキシド　　スルホン

i）硫酸エステル　ヒドロキシ基が硫酸と脱水縮合すると硫酸エステル（sulfate ester）となる．硫酸エステル化されると化合物の水溶性が増す．

ii）リン酸エステル　生体中のリンは，ほとんどすべてリン酸塩あるいはリン酸エステル（phosphate ester）として存在する．リン酸エステルは核酸と細胞膜の主要な構成成分である．タンパク質のリン酸化，脱リン酸化は生体内で重要な機能を果たす．リン酸エステル以外のリンの生体内での存在形態としてホスホン酸エステル（リン酸エステルのC-O-P結合の酸素がなくなりC-P結合となった化合物）がある．ある種の繊毛虫やイソギンチャクの脂質には，リン酸エステルの代わりにホスホン酸エステルが含まれる．

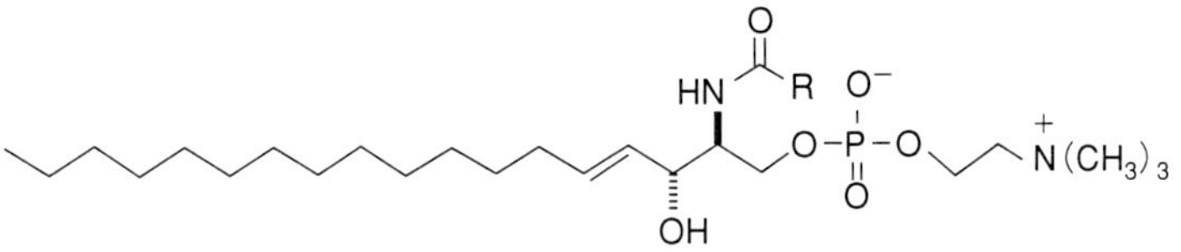

スフィンゴミエリン（リン酸エステル）

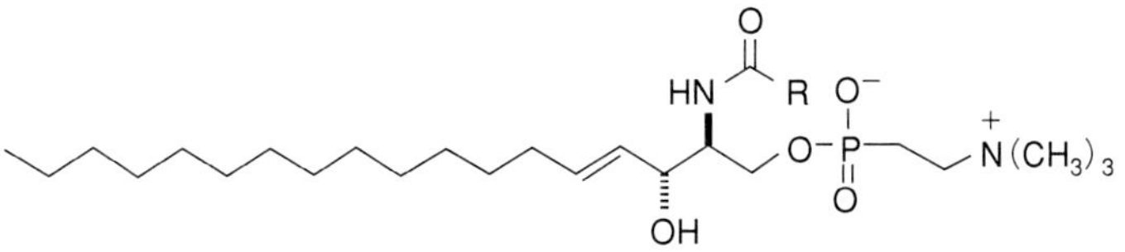

ホスホノスフィンゴ脂質（ホスホン酸エステル）

（松永茂樹）

文　献

Atkins, P. and J.de Paula（2006）：Physical Chemistry for the Life Science, Oxford University Press, p96, p97.

林　利彦（2003）：化学の基礎77講（東京大学教養学部化学部会編），東京大学出版会，p51.

岩岡道夫（2003）：化学の基礎77講（東京大学教養学部化学部会編），東京大学出版会，p125, 127.

菅原　正（2003）：化学の基礎77講（東京大学教養学部化学部会編），東京大学出版会，p120.

竹内敬人（1999）：なぜ原子はつながるのか，岩波書店，135pp.

参考図書

原田義也（2004）：生命科学のための有機化学I（有機化学の基礎），東京大学出版会，192pp.

McMurry, J. and T. Begley（2007）：マクマリー生化学反応機構（長野哲雄監訳），東京化学同人，455pp.

岡崎廉治（2004）：有機化合物の性質と化学変換（岩波講座現代化学への入門9），岩波書店，172pp.

櫻井英樹（2002）：有機化合物の反応（岩波講座現代化学への入門8），岩波書店，215pp.

東京大学教養学部化学部会（編）(2003)：化学の基礎77講，東京大学出版会，182pp.

山本嘉則（1997）：有機化学，基礎の基礎－100のコンセプト，化学同人，288pp.

第3章 タンパク質

　タンパク質は，生物の組織や細胞骨格，酵素やホルモン，抗体，筋肉などの構成成分として様々な機能を担う生体分子である．生物体中でのタンパク質の存在量は水に次いで多く，通常の細胞では乾燥重量の約50％を占める．タンパク質はアミノ酸がペプチド結合によって重合した高分子で，そのアミノ酸配列順序に基づく特定の折りたたみ構造をとる．

　本章では，先ずタンパク質の構成成分であるアミノ酸と，タンパク質の一次構造および高次構造について解説する．次いで，タンパク質とアミノ酸の代謝とそれに関連する酵素のいくつかについて，また，魚介類の筋肉タンパク質など水生生物の主要なタンパク質の構造と機能について述べる．

（尾島孝男）

§1. アミノ酸の種類と構造

　すべての生物は20種類のアミノ酸（表3-1）を用いて，各種のタンパク質（protein）を生合成

表3-1 タンパク質構成アミノ酸の諸性状

慣用名	表記[*1]	分子量	pK_a[*2]	等電点	ヒドロパシー指標	タンパク質中の存在比
疎水性アミノ酸						
グリシン	Gly（G）	57	2.4	9.8	−0.4	6.8
アラニン	Ala（A）	89	2.4, 9.9	6.01	1	7.6
バリン	Val（V）	117	2.3, 9.7	5.97	2.3	6.6
フェニルアラニン	Phe（F）	165	2.2, 9.3	5.48	2.5	4.1
プロリン	Pro（P）	115	2.0, 10.6	6.48	−0.29	5.0
ロイシン	Leu（L）	131	2.3, 9.7	5.98	2.2	9.5
イソロイシン	Ile（I）	131	2.3, 9.8	6.02	3.1	5.8
親水性アミノ酸						
アスパラギン酸	Asp（D）	133	2.0, 9.9 (3.9)	2.77	−3	5.2
グルタミン酸	Glu（E）	147	2.1, 9.5 (4.1)	3.22	−2.6	6.5
△アルギニン	Arg（R）	174	1.8, 9.0 (12.5)	10.76	−7.5	5.2
△ヒスチジン	His（H）	155	1.8, 9.3 (6.0)	7.59	−1.7	2.2
セリン	Ser（S）	105	2.2, 9.2	5.68	−1.1	7.1
トレオニン	Thr（T）	119	2.1, 9.1	5.87	−0.75	5.6
○システイン	Cys（C）	121	1.9, 10.7 (8.4)	5.07	0.17	1.6
アスパラギン	Asn（N）	132	2.1, 8.7	5.41	−2.7	4.3
グルタミン	Gln（Q）	146	2.2, 9.1	5.65	−2.6	3.9
両親媒性						
△リシン	Lys（K）	146	2.2, 9.1 (10.5)	9.74	−4.6	6.0
チロシン	Tyr（Y）	181	2.2, 9.2 (10.5)	5.66	0.08	3.2
○メチオニン	Met（M）	149	2.1, 9.3	5.74	1.1	2.4
トリプトファン	Trp（W）	204	2.5, 9.4	5.89	1.5	1.2

　　△は塩基性アミノ酸，○は含硫（硫黄を含む）アミノ酸を示す．
　　[*1] 括弧内は一文字表記． 　[*2] 小さい方の値はカルボキシル基，大きい方はアミノ基，括弧内は側鎖の値．

している．タンパク質合成に用いられるこれらのアミノ酸を標準アミノ酸（standard amino acid）という．構造上の共通点は，α炭素（α carbon，Cα）に中性pHにおいて塩基性を示すアミノ基（amino group），酸性を示すカルボキシル基（carboxyl group），水素原子および側鎖（side chain）が共有結合していることである（図3-1A）．したがって側鎖（side chain）が水素原子であるグリシンを除きα炭素は不斉炭素原子（asymmetric carbon atom）であるため，D体とL体という鏡像異性体（enantiomer）が存在する（第2章2-2-2項参照）．しかし，タンパク質を構成するアミノ酸はごく少数の例外を除きL体である．側鎖は構造，大きさ，電荷が異なり，さらに水に対する溶解度，タンパク質の構造形成における役割も少しずつ異なる．また，タンパク質における存在比にも明確な差が認められる（表3-1）．アミノ酸は水中では両性イオン（図3-1A）となり，酸（プロトン供与体）および塩基（プロトン受容体）として機能する．アミノ酸を薄い酸またはアルカリで滴定すると段階的にプロトンの付加や脱離が起こり，変曲点を境に電荷が変

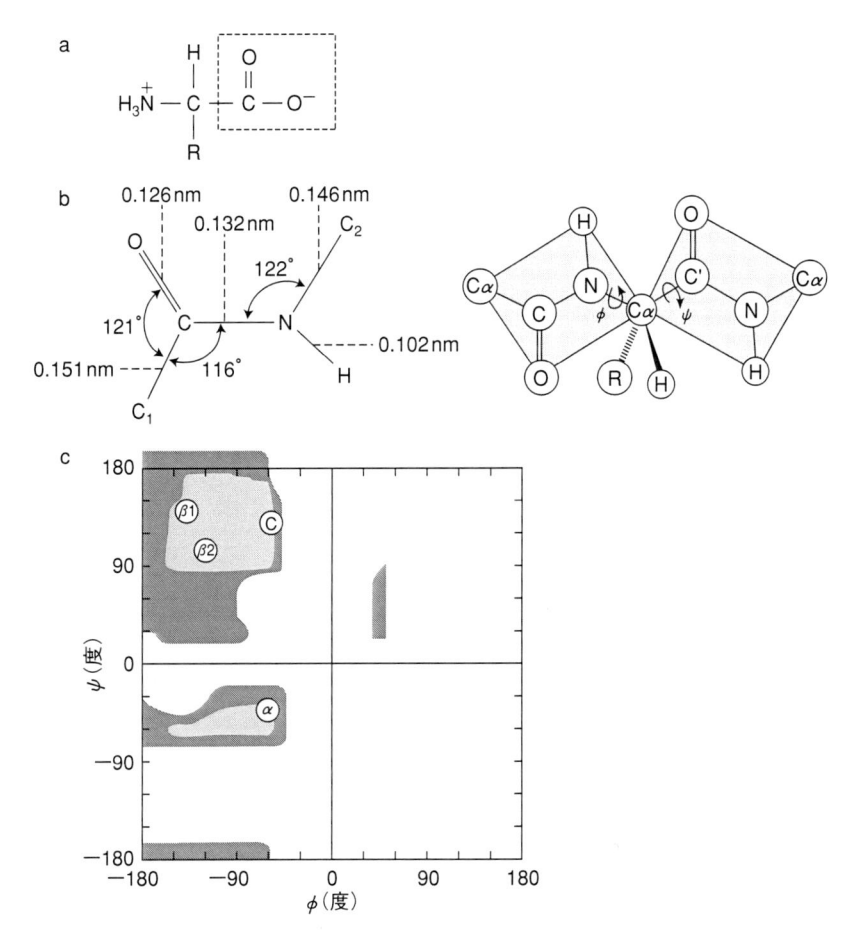

図3-1　α-アミノ酸の一般的な構造（a），ペプチド結合の特徴（b），およびポリペプチドの可能な構造範囲（ラマチャンドラン・ダイアグラム）（c）．aにおいて，点線の四角の中はカルボキシル基，Rは側鎖を表す．cにおいて，αはヘリックス，β1は逆平行β構造，β2は平行β構造，Cはコラーゲンを表す．また，色の薄い部分は「通常，許される範囲」，濃い部分は「限界範囲」を表す．（b：今堀・山川監修，2007；Somero，2004）

a

非極性の脂肪族

グリシン　プロリン　バリン
アラニン

ロイシン　イソロイシン　メチオニン

極性の非電荷型

セリン　トレオニン　システイン

アスパラギン　グルタミン

芳香族

フェニルアラニン　チロシン　トリプトファン

正電荷を帯びたもの

リシン　ヒスチジン　アルギニン

負電荷を帯びたもの

アスパラギン酸　グルタミン酸

b

グリシン　バリン　イソロイシン　トリプトファン
アラニン　ロイシン　メチオニン　フェニルアラニン　プロリン

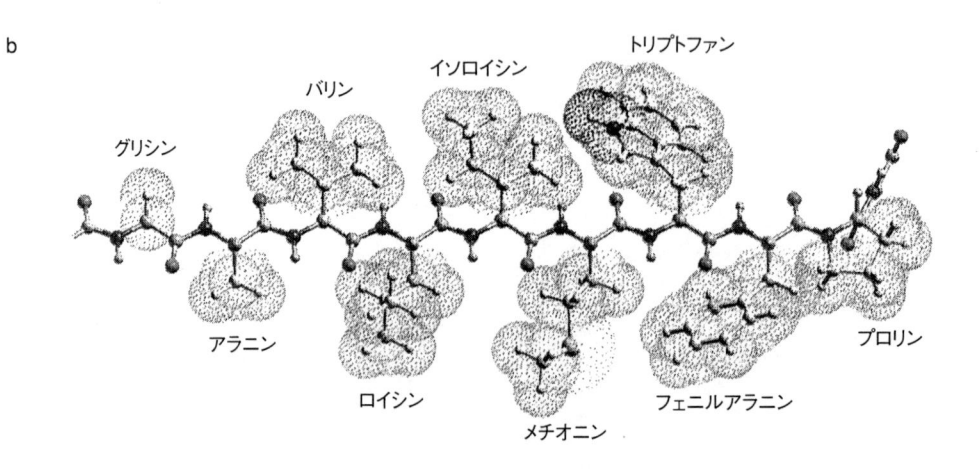

図3-2　側鎖の構造

図3-1aのRに相当する部分，bでは疎水性アミノ酸につき，側鎖を構成する各原子のファンデルワールス半径を示してある．(中村，1997)

化する．このときのpHはpK_a（表3-1）と等しい．アミノ酸の等電点（本章2-1項参照）は解離基が2つのものでは，両pK_a値の平均値となる．ヒスチジンは側鎖のpK_aが6.0と生体内pHに近い値を示すので，後述の遊離アミノ酸の状態では，その緩衝作用が生体機能の維持に重要と考えられる．アミノ酸はアミノ基由来の窒素を含むため（図3-1），窒素含量をもとにタンパク質の定量が可能である．一般に，窒素量（g/100 g試料）に6.25を乗じた値を便宜的に粗タンパク質（％）としている．

　グリシン，アラニン，バリン，ロイシン，イソロイシン，プロリンは非極性の脂肪族の側鎖をもつ（図3-2）．プロリンはアミノ基のNに側鎖が共有結合したイミノ酸である．芳香族アミノ酸（チロシン，トリプトファン，フェニルアラニン）は紫外線を吸収し，いずれも280 nmに吸収極大を示す．通常のタンパク質は，これらの芳香族アミノ酸を含むため，280 nmにおける吸光度はタンパク質の定量に用いられる．タンパク質中のアミノ酸を残基（residue）と呼ぶ．電荷をもつ残基はタンパク質分子表面に位置する傾向がある．中性アミノ酸はヒドロキシ基（セリン，トレオニン）やアミド（アスパラギン，グルタミン）を介して，水や極性基と水素結合を形成する．図3-2では，それぞれの側鎖を各原子のファンデルワールス半径とともに示した．一方，アミノ酸は遊離状態（遊離アミノ酸，free amino acid）としても存在してアミノ酸プールを構成し，タンパク質生合成などに用いられる（第7章2-2項参照）．必須アミノ酸（essential amino acid）のバランスはタンパク質の栄養価を決める重要な要素である☞．

> ☞ **アミノ酸の栄養価**
>
> 体内で合成できず，外部から摂取しなければならない栄養学上重要なアミノ酸をわが国では必須アミノ酸と呼ぶ．ヒトでは，メチオニン，フェニルアラニン，リシン，ヒスチジン，トリプトファン，イソロイシン，ロイシン，バリン，トレオニンの9種類である．アミノ酸スコア（アミノ酸価，amino acid score）は，タンパク質の栄養価を評価する目的で使用される．1973年にFAO/WHO合同特別専門委員会により提唱された．この数値が100に近い程，良質のタンパク質と評価される．魚類では畜肉同様に100のものが多いが，無脊椎動物ではバリン，ロイシンなどが制限アミノ酸となっており，タンパク質の栄養価がやや劣る．

（落合芳博）

§2．タンパク質の構造

2-1　アミノ酸からタンパク質へ

　タンパク質とはアミノ酸が枝分かれすることなく直鎖状に脱水縮合してペプチド結合（peptide bond，図3-1b，第2章1-2-2項参照）を形成したものであり，短いもので数十，長いものでは数万個のアミノ酸で構成されている．したがってタンパク質の分子量は大きいもので数百万にもなる．アミノ酸数が50個であるものを目途に，より短いもの（20個以上）をポリペプチド（polypeptide），より長いものをタンパク質と呼ぶが，境界は厳密でない．タンパク質を構成するおおよそのアミノ酸の数は，分子量（molecular weight）を110（タンパク質中のアミノ酸の構成比とペプチド結合で遊離する水を考慮した値）で除すことにより求められる．タンパク質の

電荷の総和がゼロになるpHをそのタンパク質の等電点（isoelectric point）といい，その値は1前後（ペプシン）から11.0（リゾチーム）と広範囲に及ぶ．

　タンパク質におけるアミノ酸の並び方（アミノ酸配列）を一次構造（primary structure）という．側鎖を含まない主鎖（main chain, backbone）だけの立体構造が二次構造（secondary structure）であり，側鎖を含めたものが三次構造（tertiary structure）である．タンパク質の中には，単一のポリペプチドばかりでなく，複数が会合したものがある．後者の場合，各ポリペプチドをサブユニット（subunit）と呼び，全体の構造を四次構造（quaternary structure）という．また，二次構造から四次構造までを高次構造（higher-order structure）という．ヘモグロビンや乳酸デヒドロゲナーゼ（乳酸脱水素酵素）はよく似たサブユニットどうしが会合した例，ミオシンは大きさが非常に異なるサブユニット（重鎖と軽鎖，後述）で構成される例である．

2-2　一次構造

　アミノ酸はペプチド結合を介してつながり，一本鎖のペプチドあるいはタンパク質を形成する．それらの両端はペプチド結合に用いられない遊離のアミノ基あるいはカルボキシル基のどちらかである．前者をアミノ（N）末端（amino terminus），後者をカルボキシル（C）末端（carboxyl terminus）と呼び，タンパク質の一次構造を表す場合，塩基配列の5'末端側を左にして表記するのと同様に，N末端側を左に配置することになっている．

　各タンパク質の設計図，すなわちアミノ酸の配列情報は，ゲノム上に存在するそれぞれの遺伝子にコードされている．タンパク質の遺伝子DNAはメッセンジャーRNA（mRNA）に転写され，mRNAはリボソームにおいてタンパク質に翻訳される．各タンパク質のアミノ酸配列はmRNAの塩基配列により原則として一義的に決定される（詳細は第8章を参照）．

　タンパク質はさらにプロセシングや糖鎖などが付加されるなどの翻訳後修飾（posttranslational modification）を受けることが多い．タンパク質が機能を発揮するためには必須の過程である．例えば，多くのタンパク質ではN末端がアセチル化（acetylation）されている．これはアセチル基転移酵素により補酵素A（coenzyme A, CoA）由来のアセチル基が付加されたもので，タンパク質の構造を安定化して半減期（本章第4-3項）を延長させるものと考えられる．コラーゲンではプロリンやリシンがヒドロキシ化（hydroxylation）されているが，これも翻訳後に起きる変化である．ほかにも，アスパラギン，セリン，トレオニンに単糖や糖鎖の付加が認められる（グリコシル化，glycosylation）．また，リン酸化（phosphorylation），アシル化，カルバモイル化，補因子結合などの可逆的修飾や，限定分解，ユビキチン化などの不可逆的修飾も認められる．

　多くの生物種で全ゲノム解読が進められ，タンパク質をコードする遺伝子の数は，例えばトラフグでは約22,400個，ヒトでは約29,000個と判明したが，体内で機能するタンパク質の種類はさらに多いと考えられている．これは1つの遺伝子が選択的スプライシング［alternative splicing，1つの遺伝子から異なるエキソン（第8章3-1-1項参照）の組み合わせをもつ複数のmRNAが作られること］を受けるためである（第8章4-3-1項参照）．同一生物種において，機能は全くあるいはほぼ同一であるがアミノ酸配列が異なるタンパク質どうしをアイソフォーム（isoform）

と呼ぶ．アイソフォームの遺伝情報は同一の遺伝子に由来する場合（スプライシング・バリアント splicing variant，選択的スプライシングによるもの）や異なる遺伝子に由来する場合がある．メダカでは成体型速筋ミオシン重鎖遺伝子が9種類も認められている．

　同じタンパク質（分子種）でも生物種が異なると，とくに分類上類縁関係が低いほど，アミノ酸の置換の度合いが大きい傾向にある（詳細は第8章参照）．相同タンパク質のアミノ酸配列の特定の位置において，すべての生物種で同じアミノ酸であるものを不変残基，それ以外のものを可変残基という．また，グルタミン酸とアスパラギン酸のように，よく似たアミノ酸による置換を保存的置換という．相同タンパク質のアミノ酸配列における種間差を利用して，分子量，等電点および配列情報に基づいた生物種判別が可能な場合がある（落合，2006）．アミノ酸配列に基づいて作成した分子系統樹により，相同タンパク質間の類縁関係や分子進化の過程を推定することができる．タンパク質の進化速度（アミノ酸残基の置換率）は，グロビン類やフィブリノーゲンなどでは速く，アクチンやヒストンなどでは遅い（第8章5-3項参照）．異なるタンパク質の間においても，酷似した機能をもち，アミノ酸配列の同一率が50％程度以上のもの，すなわち進化的類縁関係が比較的近いタンパク質のグループをファミリー（family）と呼ぶ．さらに遠い関係にあるが，同様の三次元構造をもち，アミノ酸配列同一率が概ね25％程度以上のものをスーパーファミリー（superfamily）と呼ぶ．例えば，ヘモグロビンα鎖とβ鎖，およびミオグロビンはそれぞれファミリーを形成するが，同じスーパーファミリーに属する．

2-3　高次構造

　ペプチド結合は共有結合（covalent bond）であり，1つの結合のNとCの間の距離は約1.3 Å（1 nm＝10 Å），自由エネルギーは300〜400 kJである．ペプチド結合のNが非共有電子対をもつために約40％の二重結合性を示し，したがってその構成原子は同じ平面上にあり回転することができない（図3-1b）．ペプチド結合を構成するOやNの電荷は，互いに結合することにより打ち消しあい，分子内部で安定を保とうとする傾向を示し，その結果として二次構造（後述）が形成される．一方，側鎖は化学結合の周りで回転が可能であり，タンパク質が多様なコンホメーション（conformation，立体配置）をとることを可能にしている．連続する側鎖の立体配置が最小になるよう，ほとんどの場合がトランス配置である．α炭素の両側にある化学結合N-C_αおよびC_α-C'の周りの回転角［それぞれϕ（ファイ）およびψ（プサイ）と表す］には側鎖の空間配置などによる制約があり，二次構造の種類により範囲が異なることになる．ϕおよびψをそれぞれx軸，y軸にとったラマチャンドラン・ダイアグラム（Ramachandran diagram）から，各種二次構造が立体的にかなりの制約を受けていることがわかる（図3-1c）．

　タンパク質の主要な二次構造はαヘリックス（helix）とβシート（sheet）である（第2章1-2-2項，図2-1a参照）．αヘリックスの周期は5.4 Å/3.6残基で，1残基当たり120°ずつ右回りにずれる．βストランド（strand）が複数，平行に配置したβシート構造には平行と逆平行があり，後者の方はβストランド鎖が伸びた状態に近いため，より安定である．βターン（turn）は逆並行βシートの折り返し部分にみられる．アミノ酸はαヘリックスやβシートの形成し易さにも差

がある．例えば，アラニン，ロイシン，メチオニン，グルタミン酸などは α ヘリックスを形成しやすいが，プロリンは α ヘリックスの形成に不利である．β シートを形成しやすいアミノ酸として，イソロイシン，フェニルアラニン，トリプトファンなどが挙げられる．グリシンは β 炭素を持たないため，自由なコンホメーションを可能にする．

　立体構造において明確に識別できる部分的な構造単位をドメイン（domain）と呼ぶ．これはタンパク質の構造あるいは機能の単位（アミノ酸30～300個程度）である．ドメインは一般に連続したアミノ酸配列で構成され，構造の安定化に寄与する疎水性コア（hydrophobic core）をもつ．複数ドメインをもつタンパク質は，別々のタンパク質をコードしていた遺伝子が融合してできたものと考えられている．ドメイン形成はタンパク質の高分子化に伴う翻訳ミスの確率を下げることにも貢献すると考えられている．ドメインはさらに構造モチーフ（超二次構造）からなる．このモチーフ（motif）の例として，EFハンド（後述）（第6章2-4-2項参照），DNA結合タンパク質（主に転写因子）に含まれるヘリックス-ループ-ヘリックス，ジンクフィンガー（第6章2-3項参照），ロイシンジッパーなどがあげられる．他方，エキソンに対応する15残基程度の構造はモジュール（module）と呼ばれる．

　タンパク質の立体構造は原則として，アミノ酸配列によって一義的に決まり，タンパク質の機能は立体構造と密接な関係にある．コンピュータを用いて一次構造に基づいた二次構造や三次構造の推定が行われており，その精度は向上しつつある（Floudasら，2006）．しかし，異なるタンパク質において一次構造や二次構造が類似していても，必ずしも同じ立体構造をとるとは限らない．すなわち，タンパク質ごとに二次構造の出現順と空間配置（フォールドfold またはトポロジーtopology）が異なる可能性があり，確実な予測は困難である．牛海綿状脳症の原因物質とされるプリオン（prion）のように，正常型と病原性型は同じアミノ酸配列をもちながら全く異なる立体構造をとる例もある（Dobson, 1999）．さらに，ミオグロビンのような水溶性の球状タンパク質でも，条件によってはアミロイド（amyloid，タンパク質性線維）という不溶性の凝集体（aggregate）を形成する．逆に，ミオグロビンとレグヘモグロビンのように，アミノ酸配列の相同性が低くても，よく似た三次構造，そして機能を示す例もある．すなわち，同一のファミリー内では一次構造よりも三次構造の保存性が高い場合がみられる（Orengoら，2001）．

2-4　立体構造を支える結合の分類

　立体構造は非共有的な結合（水素結合hydrogen bond，疎水性相互作用hydrophobic interaction，静電的相互作用electrostatic interaction，ファンデルワールス力van der Waals force）により安定化されている（第2章1-2-2項参照）．1つの共有結合を切断するには200～460 kJ/molのエネルギーを要するが，非共有結合の場合，その1/10～1/100程度である．しかし，多数が累積することでタンパク質の構造維持に貢献する．タンパク質の構造安定化に関与する結合の強さや原子間距離を表3-2に示した．

　電気陰性度の異なる原子間に共有結合が形成されると，共有結合電子が移動するために分極が起こる．水素結合は，水素原子に結合して正の極性をもつプロトン供与体原子と，負に分極して

表3-2 タンパク質の構造安定化に関わる要素

種　類	自由エネルギー[*1] (kJ/mol)	原子間距離 (Å)
水素結合	2～6 (21) [*3]	3
ファンデルワールス力[*2]	4～17	3.5
塩　橋	12.5～17 (30)	2.8
ジスルフィド結合	167	2.2
共有結合	200～460 (610)	1.5

[*1] 共有結合では結合解離エンタルピー．
[*2] 疎水性基間で特に強い．
[*3] 括弧内はとりうる最大値．

いるプロトン受容体原子との間に形成され，二次構造の形成において重要な役割を果たす．タンパク質分子においては，アミノ基，ヒドロキシ基，イミノ基，チオール基などがプロトン供与体，カルボキシル基，カルボニル基，ヒドロキシ基（O原子），イミノ基（N）などがプロトン受容体となる．タンパク質の主鎖のNH基やCO基，極性アミノ酸の側鎖は分子内部に埋もれるときには，ほとんどの場合，極性基どうしで水素結合を形成する．先述のαヘリックス，βシート構造，βターンでは水素結合が深く関わり，不規則な構造中でもタンパク質分子全体の構造安定性に貢献している．

　疎水性相互作用（疎水結合）とは，水中において非極性の分子や原子団の間に働く熱力学的な引力であり，非極性基が水との接触を避けて相互に結合しようとするために生じる力である．疎水結合は他の非共有結合と異なり，温度上昇とともに強くなる．静電的相互作用は電荷間に働くクーロン力による相互作用であり，タンパク質のN，C両末端，酸性および塩基性側鎖の解離基，溶媒中の塩イオンが関与する．酸性残基と塩基性残基の静電的相互作用は塩橋（salt bridge）と呼ばれるが，塩の解離によって生じるイオンにより弱められる．ファンデルワールス力とは電気的双極子をもたない中性分子の間の相互作用のことである．ジスルフィド（S-S）結合（disulfide bond，第2章2-4-8項参照）は同一タンパク質分子内または異なる分子の側鎖チオール基（SH基）間に形成されるもので，還元的な細胞内環境下では生じにくいが，細胞外の酸化的な環境においては形成されやすい．ジスルフィド結合は共有結合であり，ペプチド結合と同様に安定性が高い．

　タンパク質の構造や機能は，周辺を包囲する水分子と密接な関係にある．水分子は水素原子の電気陰性度よりも酸素原子の電気陰性度が大きいため極性をもつ（第2章1-3項参照）．タンパク質にはその電荷によって多数の水分子がイオン的に結合しており（水素結合），これを水和（hydration）という．タンパク質の表面には電荷のある部分に水分子が多数結合しているので，タンパク質表面は水分子の薄い層に覆われている．タンパク質の水和は立体構造の安定性を左右する要因の1つであり，タンパク質の安定性は水分子の水素結合能によるところが大きい．生体膜に埋もれた状態で機能するチャネルタンパク質や受容体タンパク質などでは，埋もれた部分に疎水性アミノ酸が多数配置し，膜中の脂肪酸などで占められた疎水的な環境に適した構造をとっ

ている.

2-5 タンパク質のフォールディングと変性

　リボソームで合成されたタンパク質（第8章4-7項参照）は，ほぼ瞬時に天然状態に見られるものと同様な多くの二次構造が形成され，柔軟性を保ちつつコンパクトな構造の変性状態となる．この段階はタンパク質の折りたたみ（フォールディング，folding）の普遍的な中間状態と考えられ，モルテングロビュール状態（molten globule state）と呼ばれる．折りたたみはさらに自律的に進行するが，分子シャペロン（molecular chaperon）というタンパク質の介添えにより最終的な立体構造が形成される場合もある（本章4-1項参照）.

　フォールディングの過程で，分子内部への疎水性側鎖の詰め込み（パッキング）が進行し，一次構造上では遠く離れたアミノ酸残基どうしが近接するように移動する場合もみられる．ほとんどのタンパク質では分子の内部に非極性残基のクラスターが形成され，αヘリックス構造においては表面に極性残基が，内部に非極性残基が配置するため両親媒性を示す．タンパク質内部にあったほとんどの水分子は最終的に排除され（脱水和），大きなタンパク質の場合は構造・機能的に独立したドメインを形成する．タンパク質のフォールディングは熱力学的に安定な方向へ進む反応であり，全体として負のエネルギー変化を伴う．立体構造は弱い相互作用の積み重ねにより成立するものであり，完成されたタンパク質はそれが機能する環境下で，安定性（stability）と柔軟性（flexibility）の確保という相反する2つの条件の微妙なバランスの上に構造を保っている（Jaenicke, 2000）．天然状態（native state）と変性状態（denatured state）との自由エネルギー（free energy）の差は20〜65 kJ/モルに過ぎない．タンパク質の構造に見られる揺らぎは，分子運動では空間の移動距離が0.01〜1 Åで10^{-15}〜10^{-11}秒，ドメインの動きなど遅いものでは0.01〜5 Å，10^{-12}〜10^{-3}秒である．タンパク質のフォールディング，立体構造の安定化，サブユニットの会合，酵素と基質・阻害剤との結合，抗原と抗体との結合，酵素活性の調節などは物理的相互作用によるものであり，共有結合形成などの化学反応は一切伴わない．表3-1に示した各アミノ酸のヒドロパシー指標（hydropathy index，側鎖間の相対的な疎水性・親水性度）から，一次構造上のどの部分が分子内部に埋もれているかを概ね予測することができる．タンパク質分子内部には主鎖や側鎖が詰め込まれてはいるものの，隙間や溝も存在し，構造には柔軟性がある．酵素の多くはコンホメーションが異なる多数の中間体をとり，この状態変化は酵素の機能と密接に関わっている（Hammes, 2002）.

　タンパク質の機能は，このようにしてできた立体構造と密接な関係にある．完成されたタンパク質の立体構造は実にさまざまである．αヘリックスが主体のミオグロビン，αヘリックスとβシートをあわせもつミオシン（頭部），二重らせん構造（コイルドコイル構造）をとるトロポミオシン，βシートが主体の緑色蛍光タンパク質（GFP），三重らせん構造をとるコラーゲンの構造を図3-3に示した（これらのタンパク質の性状，機能については後述）．立体構造を形成したタンパク質は，さらに複雑な会合を経た後，筋原線維（後述）などのように組織特有の機能的な構造物を形成する．その結果として，組織はそれぞれ特有の生物学的，物理的性質を有することにな

る．また，プロテアソーム（本章4-3-2項参照）のように，多種多様なタンパク質が会合し，光学顕微鏡や電子顕微鏡で観察可能な大きさの機能的な超分子構造物を形成する例も多く見出されている．

　強酸・強塩基，有機溶媒，変性剤，還元剤，塩濃度，重金属イオン，温度，物理的ストレスなどにより，タンパク質の立体構造が損なわれる．この現象を変性（denaturation）と呼び，概して機能の喪失（酵素活性の低下など）を伴う．また，場合により重合，沈殿，凝固，濁度上昇などの変化も進行する．タンパク質の変性は吸熱反応（endothermic reaction）で，変性に伴い熱容量の増加が認められる．これは，熱変性状態ではほとんどの疎水性残基が表面に露出し，水和状態が変化するためである．変性に伴うタンパク質の構造変化の程度はさまざまな方法で捉えることができる（巻末解説3-1）．円二色性や赤外分光スペクトルの変化から二次構造の含量

ミオグロビン　　　　　　　　　ミオシン（頭部）

トロポミオシン（一部）

蛍光タンパク質（GFP）

コラーゲン

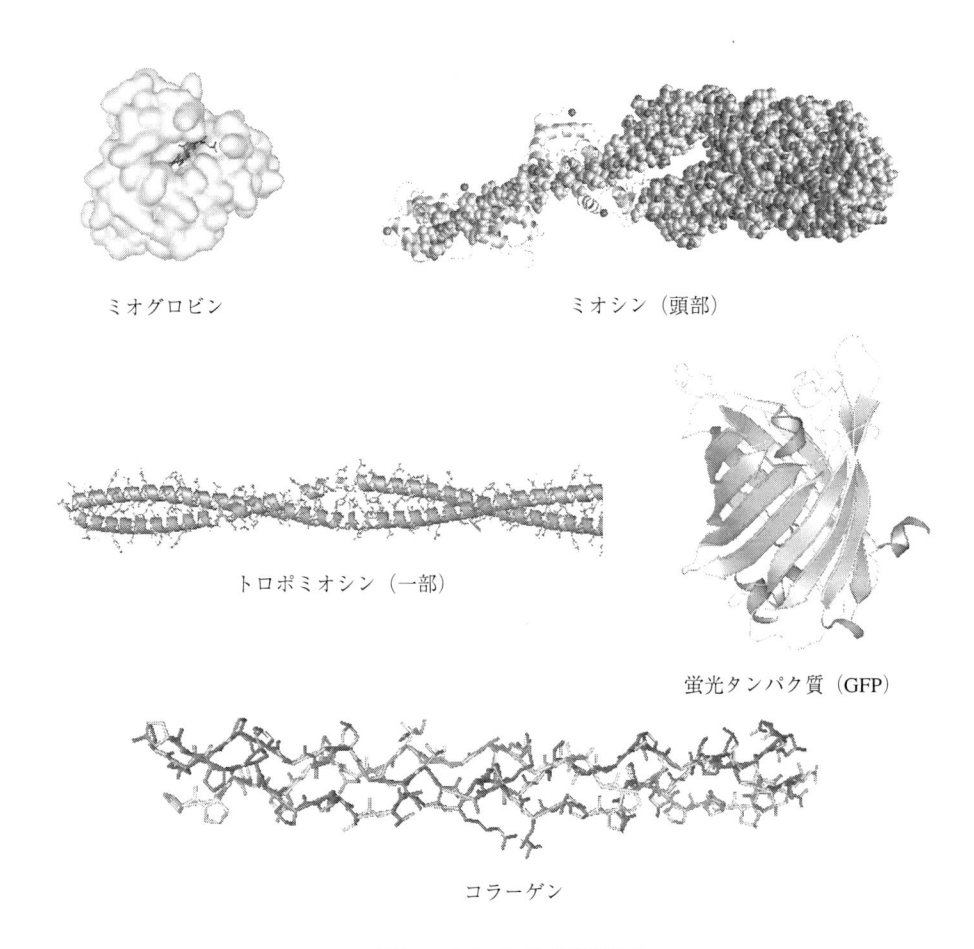

図3-3　タンパク質の立体構造
Protein Data BankのID：1MYT，ミオグロビン；1L2O，ミオシン（頭部）；2D3E，トロポミオシンの一部；2HPW，蛍光タンパク質；1BKV，コラーゲン．ミオグロビンでは溶媒分子が接近可能な表面を表す（ヘムのみスティックモデル）．ミオシンでは重鎖の各原子をボールで，軽鎖をリボンモデルで示した．濃く見えるのは酸素原子．トロポミオシンではαヘリックス構造をリボンで示したほか，各残基の側鎖も示してある．GFPではβシート構造が主体であることがわかる．コラーゲンでは3本の鎖をワイヤフレームで色分けして示してある（ここでは濃淡で区別）．各分子モデルの大きさは，実際の分子の大きさには対応していない．

変化が把握できる．示差走査熱量分析（図3-4）により，タンパク質の変性における熱容量の変化（天然状態と変性状態の熱容量の差）を求めることができる（深田，1999）．

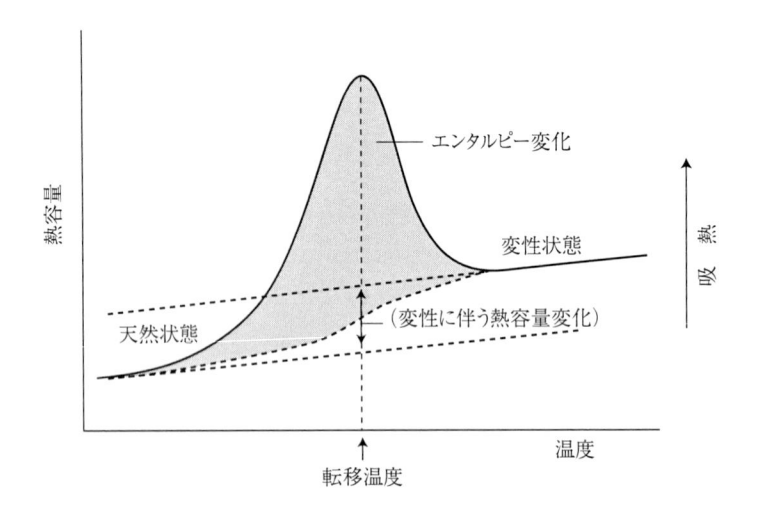

図3-4　示差走査熱量分析でみたタンパク質の熱変性過程

2-6　構造安定性と機能のバランス

地球上では－50～110℃の温度帯，最高約1,100気圧の圧力のほか，さまざまな極限状態において生命活動が営まれているが，先述のようなタンパク質の安定性と柔軟性の絶妙なバランスがそれを可能にしている．タンパク質が生理機能を発揮するためには，柔軟性のある構造が不可欠である場合が多い．水生生物は低い環境温度や高水圧下において，タンパク質分子の機能の最適化，すなわちタンパク質中のアミノ酸の合理的な置換，という戦略により環境に順応している．水生生物のタンパク質は概して高等脊椎動物のものに比べて不安定であり，安定性は生息水温（マグロ類など内温性魚類では体温）と密接な関係にある（Somero, 2004）．魚介類において死後の鮮度低下が概して速いのは，低温における機能獲得の代償としてタンパク質などの構造を不安定化させたためにほかならない．魚類における温度補償やタンパク質分子の適応は筋原線維タンパク質や乳酸デヒドロゲナーゼについてよく調べられている．また，深海魚では高水圧に対してタンパク質レベルでのさまざまな適応が認められる．他にもトリメチルアミンオキシドなどの水溶性低分子物質がタンパク質の構造安定化に関与している．しかし，このような同一機能をもつが安定性が異なるオルソロガスな（orthologous，異なる生物種において構造が相同で，同様の機能をはたす）タンパク質（第8章5-2項参照）の一次構造を比較しても，安定性に関わるアミノ酸を特定することは難しいことが多い（Fields, 2001）．

2-7　タンパク質の構造・機能解析の流れ

研究対象のタンパク質が，天然タンパク質あるいは組換えタンパク質として純粋な状態で一定量得られると，生化学的，物理化学的な性質を調べることが可能となり，さらに立体構造の解析

へと進む場合もある（巻末解説3-2）．タンパク質の同定が目的であれば，純度が低いものでも構わないことが多い．すなわち，組織の抽出液を電気泳動で分析し，分離されたタンパク質のバンドやスポットを切り出して，部分アミノ酸配列を決定することができる☞．タンパク質のアミノ酸配列は，機能・構造解析のために不可欠な情報であり，タンパク質から直接調べたり，その遺伝子の塩基配列から演繹する（巻末解説3-3）．ウェブ上の膨大なデータベースにもとづき，対象タンパク質の遺伝子塩基配列あるいはアミノ酸配列を用いて検索する．データベース上にない新規な配列が得られることもある（未知タンパク質）．また配列情報の系統解析に基づき，タンパク質間の類縁関係や進化速度が次々に明らかにされている．一方，タンパク質は単独で機能する場合もあるが，他のタンパク質や生体物質と結合して機能していることも少なくない．タンパク質間の相互作用を調べる手法が多く開発されている（巻末解説3-4）．

☞ **SDS-PAGEとマススペクトル**

界面活性剤の1種であるSDS（ドデシル硫酸ナトリウム，sodium dodecyl sulfate）で処理されたタンパク質は分子量に応じた負の電荷量をもつため，支持体であるポリアクリルアミドゲル内において電場をかけると（電気泳動）互いに分離される（SDS-ポリアクリルアミド電気泳動，SDS-PAGE）．タンパク質の分子量の大まかな推定，標的タンパク質の純度を調べるなどの目的で，多用される．特定の組織に存在する多数のタンパク質を網羅的に調べることをプロテオーム解析（proteome analysis）というが，その分析手段の1つとして二次元電気泳動法（two-dimensional gel electrophoresis）が用いられる．本法は通常，分離能が高い等電点電気泳動（isoelectric focusing）と上記のSDS-PAGEを組み合わせ，多数のタンパク質成分を同一平板ゲル上に展開するものである．分離，染色後のタンパク質のスポットを切り出してプロテアーゼで限定分解した後，マススペクトル分析（mass spectrometry）により部分アミノ酸配列を決定し分子種の同定を行う．この分析法は翻訳後修飾の種類および被修飾残基の同定をも可能にした．

（落合芳博）

§3. 酵 素

生体が正常な生命活動を維持する性質を恒常性（homeostasis）という．恒常性は生体成分の異化作用（catabolism）と同化作用（anabolism）のバランスによって維持されている．異化作用とは，栄養源として生体に取り込まれた糖質，タンパク質，脂質などが二酸化炭素やアンモニアなどの低分子成分に分解される作用を示し，同化作用とは低分子成分からタンパク質や糖質，脂質，核酸などの複雑な分子が合成される作用を示す．異化作用と同化作用を合せて代謝（metabolism）と呼ぶ．代謝は酵素によって触媒された数多くの化学反応からなり，それらの反応は互いに密接に関連し合いかつ厳密に制御されている．生体成分の代謝のうち，糖および脂質の代謝については別章で述べるので，本項ではタンパク質の代謝について解説する．なお，代謝はすべて酵素触媒のもとに行われるので，代謝を理解するには酵素に関する基本的な事項を知っておく必要がある．

3-1　タンパク質としての酵素

　酵素作用は，古くには猛禽類の胃液によるタンパク質の分解や，麦芽によるデンプンの加水分解，酵母によるエタノール発酵などに関連して調べられた（酵素"enzyme"は酵母の中身という意味である）．酵素の本体がタンパク質であるとの理解が定着したのは，1930年代にウレアーゼやペプシンが結晶化され，これらが単純タンパク質であったことによる．

　酵素には，ポリペプチドだけからなるもの（単純タンパク質），金属イオンやヘムを補因子としてもつもの（複合タンパク質），触媒活性に補酵素（coenzyme）を必要とするものがある．タンパク質以外の成分を必要とする酵素の場合，タンパク質部分をアポ酵素（apoenzyme），アポ酵素にそれ以外の成分が結合したものをホロ酵素（holoenzyme）と呼ぶ．また，複数のタンパク質サブユニットからなるオリゴマー構造をとり，活性中心以外の場所への反応生成物や調節因子の結合によって活性が調節される酵素（アロステリック酵素，allosteric enzyme）も少なくない．さらに，数多くのサブユニットからなり，分子量が数百万に及ぶ巨大な酵素複合体も存在する．このように，酵素は極めて多様なタンパク質からなるグループを形成している．なお，近年ではRNAからなる酵素（リボザイム，ribozyme）も見出されている（Guerrier-Takadaら，1984；Cech and Bass, 1986；Banら，2000）．例えばトランスファーRNA（tRNA）の自己スプライシング（前駆体tRNAが，それ自身のもつ触媒作用によって切断および再連結され成熟型tRNAに変換される反応）やリボソームによるタンパク質合成は，リボザイムの作用によるものであることが明らかにされた．

　酵素は，生体内の化学反応を常温・常圧といった温和な条件で平衡状態へ速やかに進行させる触媒（生触媒）である．酵素の触媒する反応は，酸化還元，加水分解，異性化など大きく6つに分類される（次項参照）．通常の酵素は球状の立体構造をとり，その分子表面にある溝あるいは窪みの中に触媒部位（活性中心，active center）が存在する．活性中心では，触媒反応に関わるアミノ酸側鎖が基質と特異的な反応を起こすように配置している．例えば，タンパク質加水分解酵素のα-キモトリプシンの活性中心では，セリン195（タンパク質のN末端から195番目のセリン）とヒスチジン57およびアスパラギン酸102が電荷リレーと呼ばれる特異的な立体配置を取り，それによって求核性（第2章2-1-2項参照）を獲得したセリン195のヒドロキシ基がペプチド結合を攻撃し切断する（Blow and Steitz, 1970；Hubbard and Shoupe, 1977）（図3-5）．酵素に特有の性質として，基質に対する高い特異性（基質特異性，substrate specificity）と高い反応促進作用が上げられる．例えば，ウレアーゼは尿素に特異的に作用して，これを室温において酵素非存在下の10^{14}倍にも及ぶ速度でアンモニアと二酸化炭素へ加水分解する．このような優れた触媒作用は他の化学触媒にはみられない．

　酵素の触媒部位は，酵素タンパク質全体の立体構造によって形成されるので，熱，酸，アルカリ，変性剤などによってタンパク質の立体構造を壊すと酵素活性も失われる（失活，denaturation）．一方，分子量の比較的小さい（概ね2万以下）酵素の中には，変性剤で一旦失活させても，変性剤を除けば活性が回復するものもある．その1つがリボヌクレアーゼ（RNase，分子量約14,000）で，この酵素は8 Mの尿素と数mMの2-メルカプトエタノールの作用によって変性

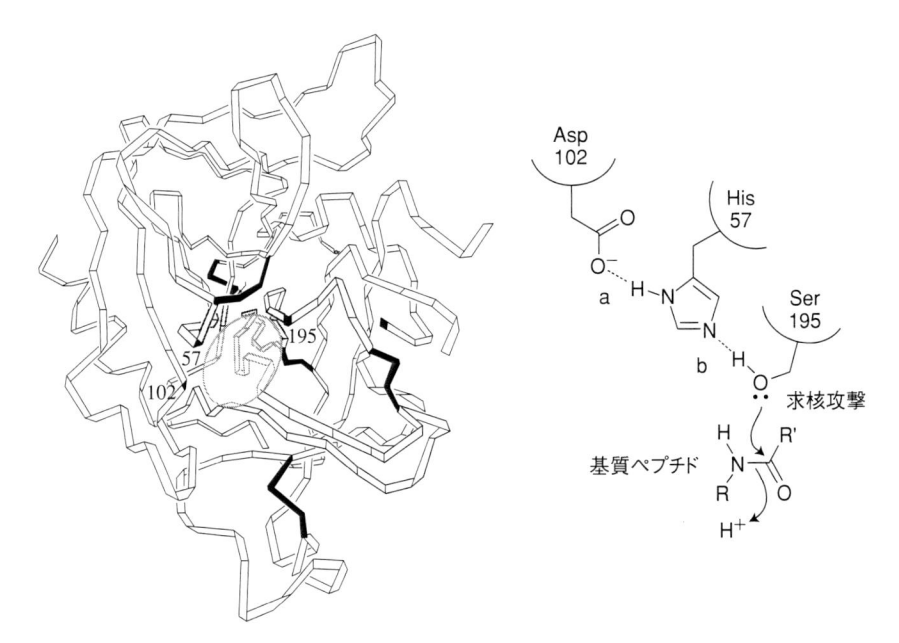

図3-5 α-キモトリプシンの立体構造とアスパラギン酸-ヒスチジン-セリン電荷リレー
α-キモトリプシンの分子表面の溝の内部に活性中心（□の部分）がある．そこにはAsp102, His57, Ser195（図中に残基番号を示した）からなる電荷リレーが存在し，それによって活性化されたセリンの側鎖がペプチド結合を求核攻撃する．黒い部分は，分子内で形成されているS-S結合を示している．（左図，Sigler, 1968）

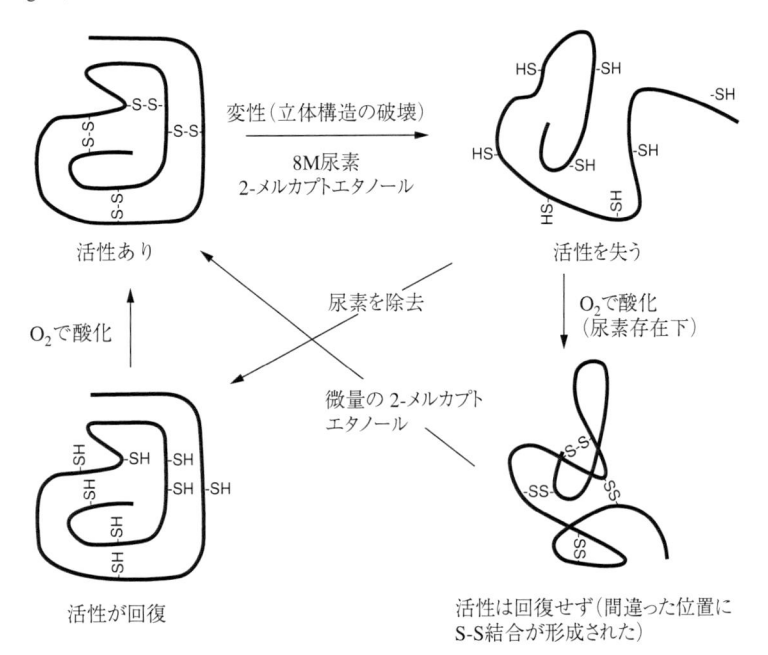

図3-6 リボヌクレアーゼの変性と再生
リボヌクレアーゼは，尿素と2-メルカプトエタノールで構造が壊されても，透析によりそれらを除去すれば自発的に天然の構造に戻る．なお，リボヌクレアーゼ中には8個のシステインがあり，同一分子内でS-S結合するとその組み合わせは105通りある．それらのうち，活性がある組み合わせは天然タンパク質と同じ1つだけである．（尾島，1999）

させても，尿素を除去し空気中の酸素によりSH基を酸化すればもとの活性を完全に回復する（Anfinsen, 1973）（図3-6）．これは，タンパク質の立体構造がそのアミノ酸配列によって一義的に規定されていることを示した実験としてよく知られている（アンフィンセンのドグマ）．タンパク質の高次構造を変性剤で壊した後，半透膜を用いた透析によって変性剤を除いて再生させる操作は，組換えタンパク質の調製においてよく用いられる．すなわち，真核生物の酵素を大腸菌などの原核生物の細胞で生産すると，しばしば不溶性凝集体（封入体，inclusion bodies）となるが，この封入体を尿素やグアニジン塩酸などの変性剤で溶解した後，透析によって変性剤を除去すると活性のある酵素を再生できることがある．

3-2 酵素の分類

　酵素の触媒する反応は多様である．酵素は，国際生化学分子生物学連合の酵素委員会により，触媒する反応の種類に基づき6つのグループに分類されている（表3-3）．すなわち，1. 酸化還元酵素（オキシドレダクターゼ，oxidoreductase），2. 転移酵素（トランスフェラーゼ，transferase），3. 加水分解酵素（ヒドロラーゼ，hydrolase），4. 脱離酵素（リアーゼ，lyase），5. 異性化酵素（イソメラーゼ，isomerase），6. 合成酵素（リガーゼ，ligase）である．これらは，作用する基質や反応の特性に基づき，さらに細かく分類される．分類された酵素には4組の数字からなる酵素番号が付けられる．例えば，α-キモトリプシンには，酵素番号EC 3.4.21.1が付けられている．この番号の最初の数字"3"は，α-キモトリプシンの属するグループ（3. 加水分解酵素），次の番号"4"は作用する化学構造（ペプチド結合），次の"21"が反応の型（セリンプロテアーゼ，活性中心にセリンが存在），最後の"1"が酵素固有の番号（1はα-キモトリプシン）を表している．一方，酵素は一次構造や高次構造によってファミリーや族にも分類される．例えば，α-キモトリプシンとスブチリシンは，それぞれEC 3.4.21.1とEC3.4.21.14の酵素番号をも

表3-3　酵素の分類

1. 酸化還元酵素（オキシドレダクターゼ）	1つの基質を水素供与体として酸化し，もう1つを還元する反応を触媒，単結合を二重結合に変えるデヒドロゲナーゼ，酸化剤としてO_2を用いるオキシダーゼ，H_2O_2を用いるペルオキシダーゼ，ヒドロキシ基を導入するヒドロキシラーゼ，基質の二重結合に分子状酸素を導入するオキシゲナーゼもこれに含まれる
2. 転移酵素（トランスフェラーゼ）	炭素1個を含む基（メチル基など），アルデヒドやケトンを含む基，リン酸やアミノ基などを転移する反応を触媒
3. 加水分解酵素（ヒドロラーゼ）	C-O，C-N，C-C，P-Oその他の単結合に水を加えて分解する反応を触媒，ペプチダーゼ，エステラーゼ，グリコシダーゼ，ホスファターゼなど
4. 脱離酵素（リアーゼ）	基質から非加水分解的にある基を離し二重結合または環化した生成物を残す反応およびこの逆反応を触媒，逆反応ではCC，CO，CNなどに何かを付加する．デカルボキシラーゼ，アルドラーゼ，デヒドラターゼなど
5. 異性化酵素（イソメラーゼ）	ラセマーゼ，エピメラーゼ，*cis-trans*-イソメラーゼ，分子内酸化還元酵素，ムターゼ，分子内転移酵素など．分子内転移とは単一分子内である基を別の場所に移す反応で，基質の構造は変えるが原子組成は変えない
6. 合成酵素（リガーゼ）	ATPなどのピロリン酸基の分解に伴い2つの分子を結合させる酵素．たとえばATPの分解に伴い2つのRNAをホスホジエステル結合で結びつける酵素をRNAリガーゼという

つセリンプロテアーゼであるが，α-キモトリプシンはβ/βモチーフと呼ばれるβシートを中心とした構造骨格をもつキモトリプシン族に，スブチリシンはα/βモチーフと呼ばれるαヘリックスとβシートからなる構造骨格をもつスブチラーゼ族に分類される．α-キモトリプシンとスブチリシンは遺伝子起源を異にする酵素で，一次構造や高次構造も異なるが，触媒部位の立体構造だけはよく似ており，いずれもアスパラギン酸-ヒスチジン-セリン*電荷リレーをもつ［セリン*はペプチド結合の切断に関わる活性セリン（Hubbard and Shoupe, 1977）］．このように起源の異なる酵素（一次構造の異なる酵素）が同一の触媒残基を有しているのは，両者がペプチド結合の加水分解という同一の機能的制約のもとに分子進化（収斂進化，convergent evolution）したためと説明されている（第8章5-2項参照）．一方，アミラーゼ，セルラーゼ，キチナーゼなどの多糖分解酵素も古くから詳しく調べられており，数多くのファミリーに分類されている．現在，データベース（http://www.cazy.org/）上には110種類以上の糖質分解酵素ファミリー（glycoside hydrolase family, GHF）が登録されている．

酵素の名称は通常「常用名」か「系統名」によって表される．常用名は慣用的に使用されている名称で，ペプシン，キモトリプシン，トロンビンなどや，基質名の後に酵素を意味する語尾の-ase（アーゼ）を付けたアミラーゼ，ペルオキシダーゼ，アデノシントリホスファターゼ（ATPase）などがこれに相当する．一方，系統名は基質名に反応様式を付した名称で，グルコースイソメラーゼ，アルギン酸リアーゼなどがこの例である．

3-3 酵素特性の解析

タンパク質触媒である酵素が，どのような高次構造やアミノ酸によって機能を現すかは極めて興味深い問題である．これを解明することにより，酵素の作用機構が分子レベルで説明可能となり，さらに，タンパク質工学による酵素機能の改変なども可能となる．酵素の構造と機能の解析には精製酵素を用いるが，酵素の精製には通常のタンパク質の精製法が適用できる（巻末解説3-5）．酵素活性は通常，単位反応時間当たりの基質（substrate）あるいは生成物（product）の変化量（基質あるいは生成物の減少あるいは増加速度）によって表す．例えば，1分間当たり1マイクロモルの基質を消費または生成物を生ずる酵素活性を1単位（unit, U）と定義し，酵素タンパク質1mgが示す活性単位数を比活性（U/mg）と定義する．酵素活性は，反応中の基質あるいは生成物の濃度変化を吸光度分析などにより経時的に測定することによって求められる．酵素によっては金属イオン，補酵素，阻害剤（inhibitor）などによって活性が増減する．どのような物質が活性化剤あるいは阻害剤として働くかは，反応液中に該当物質を種々の濃度で添加し，活性が増大あるいは低下するかによって判定する．

酵素と基質の親和性や最大反応速度などの動力学的パラメータは，ミカエリスとメンテンによって導かれている．それによれば，酵素反応は2段階からなり，酵素（E），基質（S），酵素・基質複合体（ES），および生成物（P）は式1の関係にあるとされた．最初の反応段階はEとSの結合と解離からなる速い平衡であり，2段階目はES複合体中で生じたPがEから解離する遅い反応である．また，2段階目では逆反応は起こらないと仮定されている．各反応段階の速度定数を

$$E + S \underset{k_{-1}}{\overset{k_{+1}}{\rightleftharpoons}} ES \xrightarrow{k_2} E + P \quad (1)$$

$$v = k_2[ES] \quad (2)$$

ESの生成速度 $= k_{+1}[E][S] \quad (3)$

ESの分解速度 $= (k_{-1} + k_2)[ES] \quad (4)$

$$k_{+1}[E][S] = (k_{-1} + k_2)[ES] \quad (5)$$

$$[ES] = \frac{[E][S]}{(k_{-1} + k_2)/k_{+1}} \quad (6)$$

$$K_m = \frac{k_{-1} + k_2}{k_{+1}} \quad (7)$$

$$[ES] = \frac{[E][S]}{K_m} \quad (8)$$

$$[E] = [E]_0 - [ES] \quad (9)$$

$$[ES] = \frac{[E]_0[S]}{[S] + K_m} \quad (10)$$

$$v = \frac{k_2[E]_0[S]}{[S] + K_m} \quad (11)$$

$$v = \frac{V_{max}[S]}{[S] + K_m} \quad (12)$$

$$\frac{1}{v} = \frac{1}{V_{max}} + \frac{K_m}{V_{max}} \cdot \frac{1}{[S]} \quad (13)$$

k_{+1}, k_{-1}, およびk_2とすると, Pの生じる速度（酵素反応速度）は[ES]と速度定数k_2の積として表される（式2）. 一方, [ES]の値は不明なので, これを既知の値である[E]と[S]および速度定数によって表すための式を立てると式3および4のようになる. 定常状態では[ES]の生成速度と分解速度は等しいので, 式5が成り立つ. これを変形すると式6となる. ここで, 速度定数k_{+1}, k_{-1}, およびk_2をまとめると式7となる（このK_mをミカエリス定数という）. K_mを式6に代入すれば式8が導かれる. 通常の条件では酵素濃度は基質濃度に比べてはるかに小さいので[S]は一定とみなせるが, [E]は[ES]となった分を全酵素濃度[E]$_0$から減ずる必要がある. すなわち, [E]は式9のように表される. 式9を式8に代入し, 変形すると式10となり, 式10を式2に代入すると式11となる. 全ての酵素が基質と結合したときの反応速度はk_2[E]$_0$であるので, これをV_{max}とすると式12となる. この式をミカエリス-メンテンの式と呼ぶ. この式では, $V_{max}/2$を与える[S]はK_mに一致する. K_mが小さいほど酵素と基質の親和性は高いことを示している. K_mの値は一般に$10^{-7} \sim 10^{-3}$ Mの範囲にある. K_mとV_{max}は, 基質濃度[S]とその基質濃度での反応速度を両逆数プロット（ラインウィーバー-バークのプロット）した際の横軸と縦軸の切片から求めることができる（式13, 図3-7）. このプロットはK_mやV_{max}の大きさを視覚的に表現す

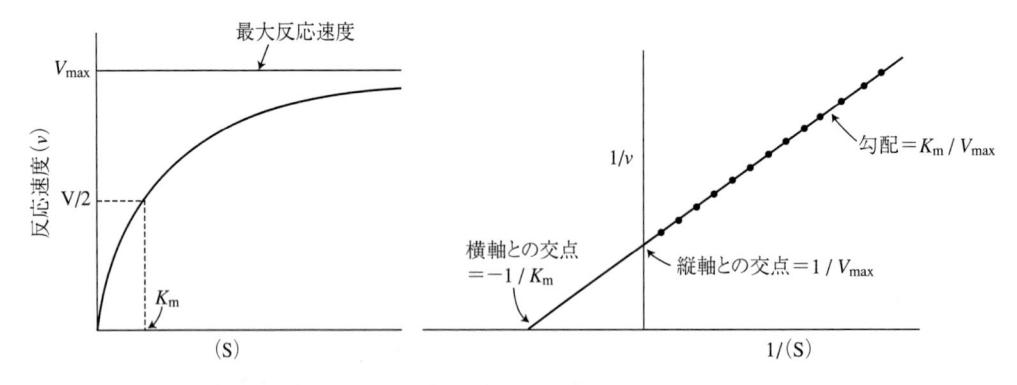

図3-7 酵素活性の基質濃度依存性とラインウィーバー・バークのプロット
[S]は基質濃度, 反応速度をv, 最大反応速度をV_{max}で表した. K_mはミカエリス定数.

るのに適しているが，数値だけを求める場合には測定値から最小二乗法で計算することが多い．なお，反応液中に種々濃度の阻害剤を加えて同様の測定を行い，両逆数プロットをとると阻害剤と酵素の結合定数（K_i）が求められ，その作用が競争的（competitive）か非競争的（non-competitive）か，すなわち阻害剤が基質と同一の部位（活性部位）に結合して酵素反応を阻害しているか否か，も判定できる．これら酵素反応の解析方法と理論に関する詳細については，他書（「酵素反応の有機化学」大野惇吉著など）を参照して欲しい． (尾島孝男)

§4．タンパク質の代謝

タンパク質はmRNAに転写された遺伝子情報に基づきリボソーム（ribosome）において合成される．この機構については第8章において遺伝子の発現調節と関連して説明する．そこで本項では，リボソームで合成されたタンパク質がその後どのように成熟して機能を果たし，最後に分解して役割を終えるかについて解説する．なお，タンパク質の分解は，消化酵素のペプシンやトリプシンなどによる細胞外での分解と，細胞機能に関連したリソソーム（lysosome）やプロテアソーム（proteasome）などによる細胞内での分解とに大別できるが，本項では後者を扱う．

4-1 タンパク質のフォールディングと分子シャペロン

タンパク質はリボソームによって合成された後，自発的にフォールディングを起こして立体構造を形成することは既に述べた．ところが，細胞質には数多くの酵素やタンパク質，核酸など様々な成分が存在するため，リボソームで合成されたタンパク質のあるものはフォールディングを起こす前にそれら（とくに疎水性領域を表面に露出した変性タンパク質）と結合して凝集し，正常な折りたたみが阻害されることがある．この凝集は，フォールディングに時間がかかる比較的分子量の大きいタンパク質で顕著に起こると考えられる．新生タンパク質をこの凝集から守っているのが分子シャペロン（molecular chaperone）である（Georgopoulosら，1973；Bardwell and Craig，1984；Hemmingsenら，1988；Morimoto，1998）．分子シャペロンは，新生タンパク質に結合し異常なタンパク質との結合凝集を阻害すると同時に，正常なフォールディングを補助している．分子シャペロンは，当初，細胞が高温にさらされたときに発現する熱ショックタンパク質（heat-shock protein，Hsp）として発見され，温度変化などのストレスにより細胞内で壊れかかったタンパク質の高次構造の修復に関与すると考えられた．現在では，分子シャペロンの機能はより多様であり，新生タンパク質だけでなく既存のタンパク質の部分的に壊れた立体構造の再生も介助（chaperone）すると考えられている．現在，代表的な分子シャペロンとして低分子量Hsp（sHsp），Hsp60，Hsp70，Hsp90，Hsp100が知られているが，構造と機能が最も詳しく研究されているのは大腸菌のHsp60で，これはGroELあるいはシャペロニンと呼ばれている．GroELは分子量約58,000のサブユニット7つからなるリング状の複合体が2つ重ねられた14量体の巨大なタンパク質複合体である（Xuら，1997）（図3-8）．この複合体の内部には直径約45Åの中空部分が存在し，未熟なタンパク質あるいは部分的に壊れたタンパク質はここに取り込まれ

る．次に，補因子であるGroES（分子量約10,000の7量体のリング状タンパク質）が蓋をするように結合した後ATP加水分解が起こり，そのエネルギーによって取り込まれたタンパク質は正常な立体構造にフォールディングされる．このようにフォールディングしたタンパク質は，その後GroESの蓋が開いて細胞質中に放出される．タンパク質のフォールディングが起こるGroELの中空には，親水性のアミノ酸側鎖が多く露出しており，それらが未熟なあるいは部分的に高次構造のほぐれたタンパク質と相互作用することにより正しいフォールディングを介助していると考えられている．この中空は，RNaseの立体構造形成が自発的に起こることを発見したアンフィンセンに因んで，「アンフィンセンの揺りかご」とも呼ばれている．大腸菌ではリボソームで合成されるタンパク質全体の約10％がGroELとGroESの介助によってフォールディングされ，もう10％がHsp70によって，残りの約70％が介助なしでフォールディングされると考えられている．一方，動物細胞の代表的な分子シャペロンはHsp70である．Hsp70は，アクチンやヘキソキナーゼなどのATP結合部位と共通の構造をもつATPaseドメイン（アクチン・ヘキソキナーゼ型ATPaseドメイン）をN末端に，基質結合ドメインをC末端にもっている．哺乳類ではストレスで誘導されるHsp70と，恒常的に発現するHsc70が知られている．Hsp70は疎水性アミノ酸からなる基質結合ドメインを介して未成熟あるいは部分変性タンパク質と結合し，ATPaseドメインとの相互作用により正常なフォールディングを介助すると考えられている．

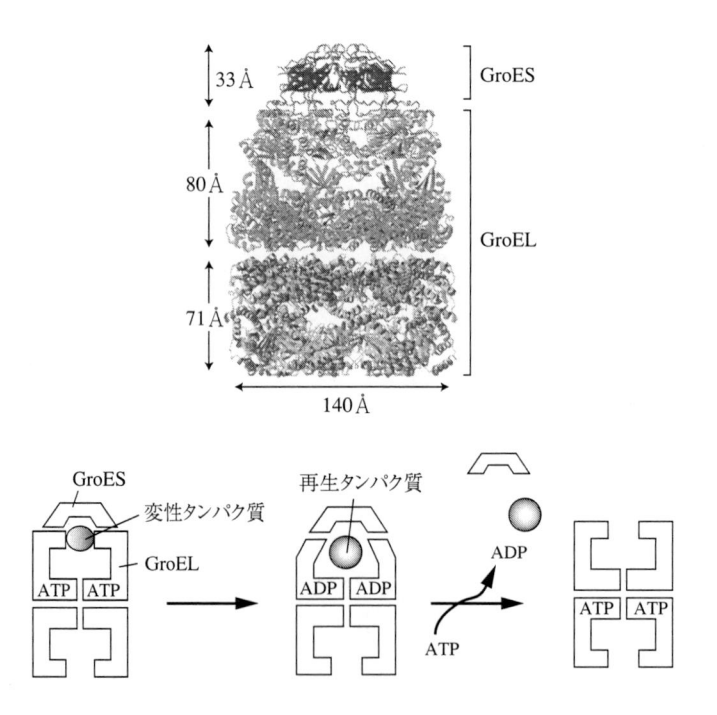

図3-8 シャペロニンGroELの構造と作用機構
変性タンパク質はGroELの中空に取り込まれ，補因子GroESで蓋がされた後，ATP加水分解のエネルギーにより正しくフォールディングする．
（河田ら，2004を改変）

4-2 タンパク質輸送

前述した分子シャペロンの1つであるHsc70は，細胞質で合成されたタンパク質のミトコンドリア内への移送にも関与することが知られている（Mori and Terada, 1998）．すなわち，ミトコンドリアのタンパク質の大部分は細胞質のリボソームで合成されるが，それらは完全にフォールディングされていない状態でHsc70と結合し，ミトコンドリア外膜上のレセプターに受け渡される．その後，タンパク質は正常にフォールディングしミトコンドリア内へ移行すると推定されている．このようなタンパク質の細胞内での移動を「タンパク質輸送」と呼ぶ．分泌タンパク質の輸送にはシグナルペプチドが関与していることがわかっている（Blobel and Sabatini, 1971a；Sabatiniら, 1971）（図3-9）．すなわち，分泌型のタンパク質はN末端にシグナル配列と呼ばれる領域をもつ前駆体としてリボソームで合成される．このシグナル配列部分がリボソーム表面に露出すると，そこにシグナル認識粒子（SRP）が結合し，いったんポリペプチド合成が停止する．一方，小胞体膜上にはSRP受容体があり，SRP-シグナルペプチドをもつリボソームはこの受容体に結合する（この状態が粗面小胞体上に結合したリボソームとして観察される）．小胞体上に結合すると，リボソームではシグナルペプチドに続く部分の合成が再開する．この部分は小胞体の別のチャネルを通って小胞体内腔に送り込まれる．ポリペプチド合成が終わるとシグナルペプチダーゼの作用によりシグナルペプチドが切断され，成熟タンパク質は小胞体内腔に遊離する．その後このタンパク質はゴルジ体や分泌小胞で各種の修飾を経て成熟し，細胞外に分泌される．この機構は，分泌タンパク質の多くが小胞体結合型リボソーム（粗面小胞体リボソーム）で合成され，非分泌型のタンパク質は細胞質遊離型リボソームで合成されるという事実とよく合ってい

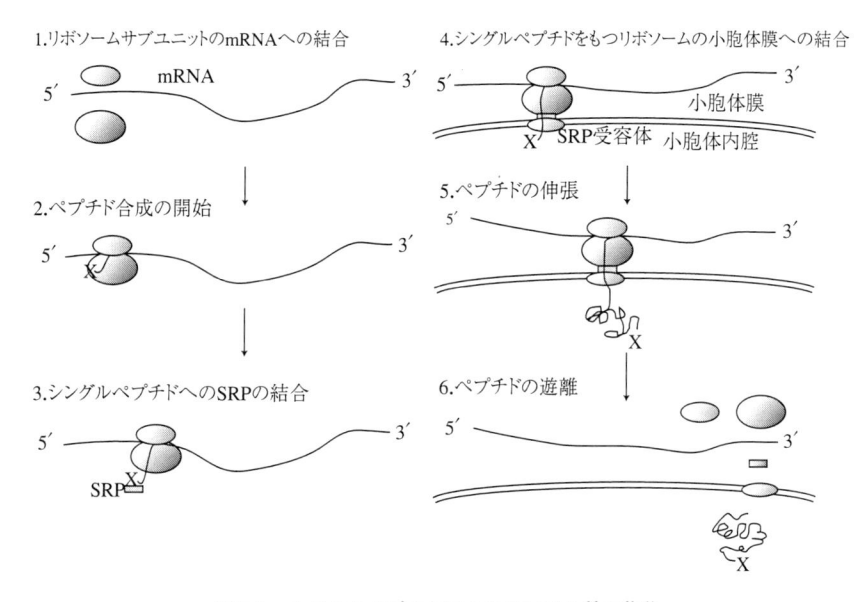

図3-9 シグナルペプチドによるタンパク質の移動
分泌タンパク質のN末端にはシグナルペプチド（図中×印）があり，リボソームでその部分が合成されるとそこにシグナル認識粒子（SRP）が結合する．SRPは小胞体膜上のSRP受容体に結合し，ここでタンパク質合成が進められ，成熟タンパク質は小胞体内腔へ放出される．（Blobel, 1971b を改変）

る．このようなタンパク質の移動先を決定する様々なシグナル配列が前駆体タンパク質のN末端にみられるが，それらはプレ配列やトランジット配列などと呼ばれている．タンパク質輸送は，個々のタンパク質の細胞内での局在位置を決定し，タンパク質が機能を果たすために必須の機構である．

4-3 細胞内でのタンパク質分解

前述したように，天然状態と変性状態のタンパク質の立体構造の自由エネルギーの差はかなり小さく，20 kJ/モル程度である．このことから，天然のタンパク質には常にある程度の量の変性タンパク質が含まれると考えられ，細胞内での分子シャペロンの存在意義が理解できる．一方，細胞内で変性したタンパク質や機能を終えたタンパク質，すなわち寿命を終えたタンパク質はプロテアーゼ分解によって除去される．合成されたタンパク質の半分が分解されるのに要する時間（半減期）はタンパク質の種類によって大きく異なり，例えばヒトの場合，オルニチン脱炭酸酵素の半減期は10数分，ヘモグロビンや血清アルブミンなどでは20日程度，筋肉タンパク質では数十日～百日程度である．タンパク質の分解によって生じたアミノ酸はアミノ酸プールに導入され，再びタンパク質合成に用いられる．その一方で，脱アミノ反応によりα-ケト酸（2-オキソ酸，カルボニル基がカルボキシル基の隣に位置する化合物）に変換された後，解糖系やクエン酸回路を経てエネルギー源として利用される（第7章2-2項参照）．脱アミノ反応で生じたアンモニアは，尿素回路（第7章2-2項参照）を経て窒素代謝産物として尿中へ排泄される．タンパク質の半減期がどのような要因で決まるのかは未だよくわかっていないが，長寿命のタンパク質と短寿命のタンパク質では分解される仕組みが異なることが知られている．すなわち，比較的寿命の長いタンパク質はオートファジー系（autophagy）（吉森，2001）によってリソソーム中で分解され（第9章2-1-3項参照），寿命の短いタンパク質はATP要求性のタンパク質分解機構として知られるユビキチン・プロテアソーム系（Hershko and Ciechanover, 1998；田中，2004）によって分解される．なお，オートファジー系は細胞小器官も含め様々な細胞内成分を非選択的に分解するが，ユビキチン（ubiquitin）・プロテアソーム系はタンパク質を種類特異的に分解する．

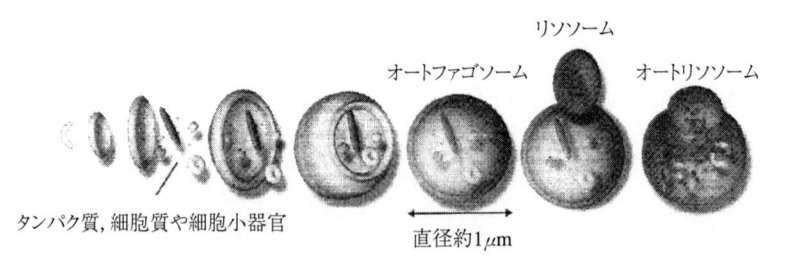

1）**オートファジー系**　オートファジー系は，細胞質成分をリソソームに取り込み酵素的に加水分解する仕組みである（図3-10）．この系では，細胞質中で不要となったタンパク質は，他

図3-10　オートファジー系の概要
細胞内で役割を終えたタンパク質は，他の細胞質成分や細胞小器官とともにオートファゴソームに取り込まれる．その後，オートファゴソームにリソソームが結合しオートリソソームとなり，そこで加水分解される．（吉森，2004を改変）

の細胞質成分や細胞小器官とともにまずオートファゴソーム（autophagosome）と呼ばれる小胞に取り込まれる．その後，オートファゴソームはリソソームと結合してオートリソソーム（autolysosome）となり，オートファゴソーム中の成分はそこで種々の酸性加水分解酵素により分解される．リソソーム中でタンパク質分解に関与するのは，SH基を活性中心にもつ酸性チオールプロテアーゼのカテプシン（cathepsin）類である．オートファジー系はタンパク質に限らず細胞小器官を含む様々な細胞質成分の主要な分解経路となっている．

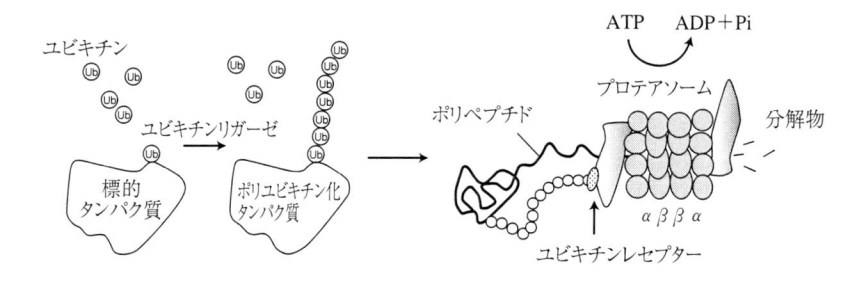

2) **ユビキチン・プロテアソーム系** ユビキチン・プロテアソーム系では，分解されるタンパク質（標的タンパク質）はまず分子量約8,600の小さなタンパク質であるユビキチンによって標識される（図3-11）．すなわち，ユビキチンのC末端グリシンのカルボキシル基と標的タンパク質中のリシンのε-アミノ基が，ユビキチンリガーゼの作用によってイソペプチド結合を形成し，標的タンパク質はユビキチン化される．このユビキチンのリシン48には，さらに別のユビキチン分子のC末端グリシンがイソペプチド結合によって付加される．これが繰り返されることにより，標的タンパク質はポリユビキチン化される．ポリユビキチンをもつタンパク質は，プロテアソームに取り込まれ分解される．プロテアソームは総分子量2.5×10^6の巨大な分子集合体で，ドーナツ状のαリングとβリングが$\alpha\beta\beta\alpha$の順に重なった円筒構造を形成している．プロテアソームはトリプシン，キモトリプシン，カスパーゼなどに類似のプロテアーゼ活性を有するサブユニットを多数含み，触媒部位を円筒内部に露出している．プロテアソームはポリユビキチンで標識されたタンパク質をユビキチンレセプターにより認識し，プロテアソーム円筒の内腔に取り込む．プロテアソームは，取り込んだタンパク質の高次構造をATP加水分解のエネルギーを利用して壊し（変性させ），次いでプロテアソーム内腔表面に露出した複合プロテアーゼ系で加水分解する．ユビキチン-プロテアソーム系は，生体内で一過性に機能するタンパク質を迅速に分解するための機構である．例えば，細胞周期，代謝調節，免疫応答，シグナル伝達，アポトーシスなど，ダイナミックな細胞内反応に関わるタンパク質の分解に関わっている（第9章参照）．

オートファジー系あるいはユビキチン-プロテアソーム系によって分解されたタンパク質から生

図3-11 ユビキチン・プロテアソーム系の概要
細胞内で役割を終えたタンパク質はユビキチンリガーゼを初めとする一連の酵素の作用により，ユビキチン化される．プロテアソームはこのユビキチンをユビキチンレセプターにより認識し，プロテアソーム内腔にタンパク質を取り込み，ATPaseで生ずるエネルギーを用いて変性させる．変性タンパク質はプロテアソーム内腔のプロテアーゼで加水分解される．Ub：ユビキチン．

じたペプチドやアミノ酸は，先述のようにアミノ酸プールに導入され再びタンパク質合成に利用される．あるいは，脱アミノ反応を受け，ピルビン酸やα-ケトグルタル酸を経て解糖系やクエン酸回路により代謝される．側鎖の代謝は詳細な説明が必要となるので，ここでは炭素骨格の代謝についてだけ述べることとする．

(尾島孝男)

§5．タンパク質の種類および機能

タンパク質の機能は実に多彩である．例えば，触媒（酵素），構造（コラーゲン，ケラチンなど），運動（ミオシン，アクチンなど），防御（免疫グロブリンなど），制御（ホルモン，受容体など），輸送（アルブミンなど），貯蔵（フェリチンなど），遺伝子発現調節，細胞機能調節，ストレス応答（Hspなど）などである．また，機能を発揮するために必要な様々な形態（分子の形や集合体）をとる．

5-1 分類

タンパク質は形状に基づきおおまかに，球状（globular，水溶性），線維状（fibrous，不溶性），あるいは生体膜に埋もれて細胞内外の物質の輸送やシグナル伝達に関わる膜タンパク質に分類されるが，これらの形状は各タンパク質の機能と密接に関わる．酵素は特殊な触媒作用をもつタンパク質の一群である．それぞれの機能に必須の活性部位をもち，場合により機能を調節する部位もあわせもつ．ホルモンには成長ホルモンやインスリンなどのようにペプチド性のものも少なくない．タンパク質の中には補因子（cofactor）と呼ばれるアミノ酸以外の成分（原子団）を含むものがあり，これらを複合タンパク質（conjugated protein）と呼ぶ．リポタンパク質（lipoprotein），糖タンパク質（glycoprotein），金属タンパク質（metaloprotein），ヘムタンパク質（heme protein）などがその例である．複合タンパク質では全体をホロタンパク質（holoprotein），タンパク質部分のみをアポタンパク質（apoprotein）と呼ぶ．他方，同一タンパク質が複数の異なる機能を示す例も見出されている．タンパク質の構造，機能，分布は多様で，水圏生物に関するものだけでも膨大な数にのぼるが，ここでは筋肉の構成成分を中心に紹介する．

5-2 筋肉の構造

魚類筋肉の構造は概して他の脊椎動物のものに似るが，魚介類にはいくつかのユニークな構造をもつ筋肉が知られており，比較生化学的にも興味深い．まず，筋肉は，随意筋である骨格筋（skeletal muscle）と，不随意筋である平滑筋（smooth muscle，消化管，膀胱，血管などを構成）と心筋（cardiac muscle）に分類される．骨格筋は腱を介して骨格に固定されており，運動や姿勢の維持に用いられる（図3-12）．魚類体側筋の筋節（筋隔膜を介して接合した体節的構造）は短く，横W字状の特有の構造をとっている（Lauder, 2006）．骨格筋や心筋において観察される横紋構造（striated structure）は，ミオシンおよびアクチンそれぞれを主体とするフィラメントの規則正しい配列によるもので，効率的な筋収縮（muscle contraction）☞を可能にしている．骨

格筋はさらに，収縮速度や構造などに基づき表3-4のように分類される．魚類の普通筋（ordinary muscle，速筋），血合筋（dark muscle，遅筋），両者の中間的な，いわゆるピンク筋は，エネルギー代謝関連酵素の分布，ミオグロビン，脂質およびミトコンドリアの含量，毛細血管密度などに明確な差が認められる（Sanger and Stoiber, 2001）．toadfish（ガマアンコウ）はsuperfast（超速筋）タイプの筋肉で構成されるうきぶくろを用いて発声する．一方，無脊椎動物には，例えば，二枚貝類の閉殻平滑筋（キャッチ筋，catch muscle），頭足類外套膜の斜紋筋（obliquely striated muscle）などのように特殊な機能に適応した筋肉がみられる．

筋肉の発生に関してはMyoDファミリーと呼ばれる4つのカテゴリーの転写調節因子（transcription factor），すなわちMyoD, myogenin, myf5, MRF4/herculin/myf6が魚類でも同定されているが，各因子の発現パターンや機能には哺乳類のものとの間に相違が認められる．さらに，魚類の進化の過程で起きたゲノム倍化（genome duplication）の後，一部のパラロガス遺伝子（paralogous gene，遺伝子重複により生じた相同遺伝子）が独自の進化を遂げたため（第8章5-2項参照），筋発生の仕組みが哺乳類に比べてより複雑である．

> **☞ 筋収縮の仕組み**
>
> 筋収縮は，ミオシンの線維とアクチンの線維がATPの化学エネルギーを利用して相互に滑り込む現象であるが，その制御の仕組みにはいくつかのパターンがある．骨格筋や心筋ではトロポニンCにカルシウムイオン（Ca^{2+}）が結合するのを引き金に，トロポニンIによって立体的に阻害されていたミオシンとアクチンの反応が開始する（アクチン側制御，actin-linked regulation）．二枚貝閉殻筋などでは，ミオシンの調節軽鎖にCa^{2+}が直接結合することにより筋収縮が始まる（ミオシン側制御，myosin-linked regulation）．哺乳類の平滑筋ではミオシン調節軽鎖のリン酸化・脱リン酸化により収縮が制御される．筋収縮の引き金となるCa^{2+}は，弛緩時は筋小胞体（sarcoplasmic reticulum）に蓄えられているが，神経の興奮により放出される．興奮が収まるとCa^{2+}は直ちに回収され，筋肉は弛緩する．

表3-4　骨格筋の分類と特性

タイプ	筋線維	ミトコンドリア数	解糖系酵素活性	ミオグロビン量	グリコーゲン量	中性脂肪量	ミオシンATPase活性（pH9.4）	収縮速度	収縮力
I（SO）	中間	中間	低い	多い	少ない	多い	低い	遅い	小さい
IIa（FOG）	細い	多い	中間	多い	多い	中間	高い	速い	大きい
IIIb（FG）	太い	少ない	高い	少ない	中間	少ない	高い	速い	大きい

タイプの括弧内の記号は，S：slow 収縮速度が遅い，F：fast 収縮速度が速い，O：oxidative 好気的代謝（脂肪酸化）によるエネルギー産生，G：glycolytic 嫌気的代謝（解糖）によるエネルギー産生，を表す．

筋肉を水あるいは低イオン強度の緩衝液で抽出すると，細胞内あるいは細胞間に溶けていたタンパク質が溶出してくる．この画分を水溶性の筋形質タンパク質（sarcoplasmic protein）画分（全タンパク質の20〜50％）という．この画分には解糖系酵素群のほか，クレアチンキナーゼ，ミオグロビン，パルブアルブミンなども含まれる．筋形質タンパク質画分を除去した残渣を高イオン強度の緩衝液で抽出すると塩溶性の筋原線維タンパク質（myofibrillar protein）画分（全体の50〜70％）が抽出される．この画分には筋原線維（myofibril）を構成するタンパク質，すなわちミオシン，アクチン，トロポミオシン，トロポニンなどのほか，無脊椎動物ではパラミオ

52　第3章　タンパク質

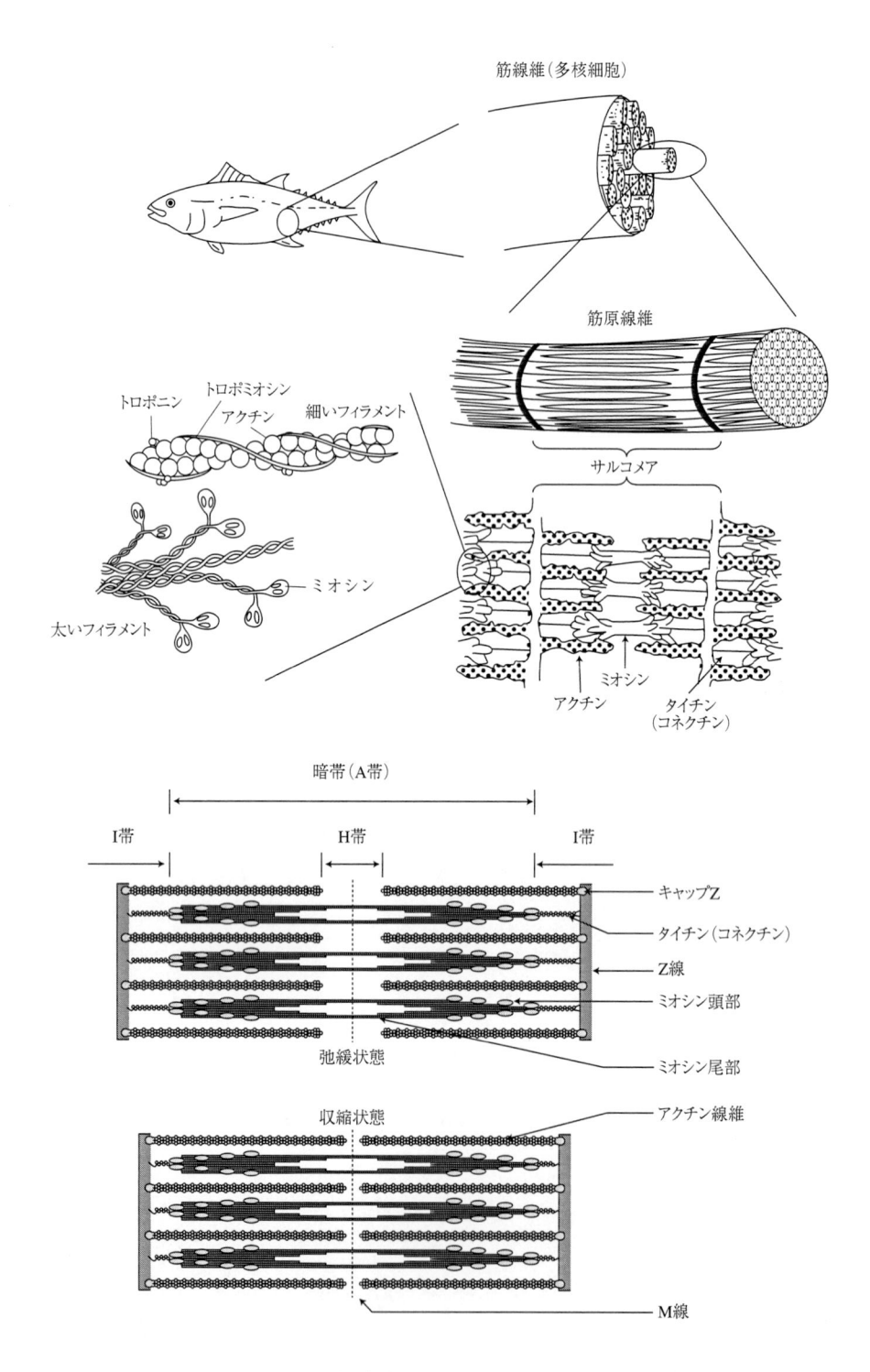

図3-12　骨格筋（上）とサルコメア（下）の構造の模式図

シンが含まれる．残渣をさらに希アルカリ溶液で抽出すると，不溶性画分として筋基質タンパク質（stroma protein）画分（全体の10％以下，魚類では一般に数％）が得られる．この画分には筋隔膜や細胞膜由来のコラーゲンなどの細胞外マトリクスタンパク質（extracellular matrix protein）が含まれる．普通筋と血合筋では後者の方が筋形質，筋基質タンパク質に富む．これは，普通筋が瞬発的な運動（大きなパワーの発生が必要）に用いられるのに対し，後者は持続的な遊泳（大きなパワーの発生が不要）に用いられることに由来する．

5-3 筋肉タンパク質の性状と機能

1）ミオシン（myosin） 分子量が50万程度のタンパク質で，分子量約20万の重鎖（heavy chain）2本と同約2万の軽鎖（light chain）4本からなる6量体で，軽鎖は頭部（サブフラグメント-1，S1）と尾部（ロッド）の連結部付近に非共有的に結合している．全筋原線維タンパク質重量の約半分を占めるが，様々な非筋組織にも見出され，細胞質分裂，物質輸送など，多彩な生命活動を支えている．ミオシンは様々な生物種の全ゲノム解析に基づき，分子の形状や機能を異にする18のタイプに分類されているが，筋肉ミオシンはこのうちタイプIIに属し，2つの頭部と細長い尾部をもつことを特徴とする．尾部を介して会合することにより双極性の太いフィラメント（thick filament）を形成する．ミオシン・フィラメントは，光学顕微鏡下で観察される筋肉の横紋構造の暗帯（A帯）に対応する（図3-12）．水生生物では唯一，ホタテガイ・ミオシン頭部の立体構造が明らかにされている（図3-4）．ミオシンのATPase，アクチン結合能，フィラメント形成能，構造安定性などは生物種や組織などにより異なり，また環境変化に適応して変わることがある．例えば，コイなどでは環境水温に応じて異なるアイソフォームが発現するが，これは幅広い温度帯での遊泳能を確保するための馴化と考えられている（Watabe, 2002）．一方，板鰓類やハイギョの仲間のミオシンは，浸透圧調節のために体内に蓄積した尿素（タンパク質変性剤）に対して抵抗性を示す．S1の一次構造を生物種間で比較すると，ATPやアクチンとの結合部位は種によるアミノ酸置換が少ない部分もあるが，ループ（loop）と呼ばれる分子表面に露出した

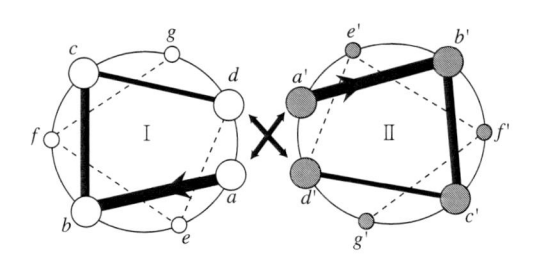

図3-13 コイルドコイル構造の模式図（横断面）
ポリペプチド鎖IおよびII，それらのαヘリックス1巻きにおけるアミノ酸側鎖（a～g, a'～g'）の位置関係を示す．

部分は種による差が大きい．また軽鎖結合部位にも置換が多くみられる．ロッドの部分はコイルドコイル構造（coiled-coil structure, 図3-13）を形成し，フィラメント形成に寄与している．コイルドコイル構造では疎水性側鎖が7アミノ酸残基ごとに繰り返し配置する確率が高く，もう一方のαヘリックス鎖の表面の溝にぴたりとはまるような隆起を形成する．これを可能にするのが7残基の反復配列（heptad repeat）であるが，ミオシン・ロッドでは数ヶ所においてコイルドコイル形成を阻害するスキップ残基が存在する．二枚貝閉殻筋（平滑筋）には分子量10万くらいのタンパク質キャッチン（catchin, myorod）が見出された．これはミオシン重鎖遺伝子のロッドに相当する部分のみから翻訳された結果の産物であるが，機能については不明である．

　2）アクチン（actin）　　分子量約42,000の球状タンパク質であり，筋原線維タンパク質の約20％を占める．ATPやカルシウムイオン（Ca^{2+}）の結合部位があり，単量体のG-アクチンが重合して二重らせん状の細長いフィラメント（F-アクチン）を形成する（図3-12）．筋肉だけでなく，細胞膜の内側に網目状に結合して裏打ち構造をとり，細胞骨格の役割を担っている．魚類などの体色変化は色素細胞内の黒色色素顆粒の移動（凝集あるいは拡散）によるものであるが，これにはチューブリン-ダイニン系（tubulin-dynein system）という輸送システムに加えて，細胞内に張り巡らされたアクチン線維上をミオシンやキネシン（kinesin）に結合した色素が移動するシステムも関与している（Ehrenberg and McGrath, 2004）．ソコダラ類の深海種のアクチンは深海の高水圧に適した重合能を示すが，浅海種のものとはわずか3つのアミノ酸の置換しか認められない．

　3）パラミオシン（paramyosin）　　分子量約10万のサブユニットの二量体で，ミオシン・ロッドと同様なコイルドコイルを形成する．ミオシンと同様，高イオン強度で溶出される．節足動物や軟体動物の筋肉の太いフィラメントの核を形成するタンパク質であり，ミオシンがその表面を覆う．生理機能についてはよくわかっていない．パラミオシン含量は，多いものではサザエ（足筋，蓋筋）やカキの閉殻筋で筋原線維タンパク質の40％前後，アカザラガイ閉殻平滑筋やマダコ足筋で約30％である．

　4）トロポミオシン（tropomyosin）　　分子量約33,000のサブユニットが二量体となり，コイルドコイル構造を形成している．N末端とC末端で隣の分子と結合して細長いフィラメントを形成し（図3-3），アクチンフィラメントの溝を這うように位置している（図3-12）．魚類普通筋トロポミオシンはアミノ酸配列の同一率が95％以上と高いが，明確な熱安定性の種間差が認められる．また，甲殻類や軟体類の筋肉のアレルゲン（allergen）の1つとして同定されている（Moto-yamaら, 2006）．

　5）トロポニン（troponin）　　分子量約7万のタンパク質で，トロポミオシンと結合するトロポニンT，アクチンとミオシンの相互作用を阻害するトロポニンI，Ca^{2+}を結合して構造変化を他のサブユニットに伝えるトロポニンC（第6章2-4-2項参照）の3つのサブユニットが1つずつ結合してトロポニン複合体（troponin complex）を形成し，トロポミオシン上に40 nmの周期で結合している（図3-12）．筋収縮はCサブユニットにCa^{2+}が結合することが引き金となり始まる．これをアクチン側制御という（p.51「筋収縮の仕組み」参照）．心筋トロポニンCのCa^{2+}結合能

は生息水温に適応して変化することがニジマスで認められている（Gillis and Tibbits, 2002）．

6）タイチン（titin）　コネクチン（connectin）とも呼ばれる．分子量は300万〜400万と，これまでに知られているタンパク質の中で最も巨大なものである（Tskhovrebova and Trinick, 2003）．筋原線維タンパク質の約10％を占め，ミオシン，アクチンに次いで多い．M線からZ線まで，サルコメア（sarcomere，筋原線維の構成単位，図3-12参照）の全長のほぼ半分をカバーし，太いフィラメントをZ線に固定し，さらに収縮状態の筋原線維を元の状態に復元する役割を担っている．コラーゲンとは異なりヒドロキシプロリンを含まない．コネクチン／タイチンファミリーに属すトゥイッチン（twitchin）は，二枚貝の閉殻筋に存在する分子量約60万のタンパク質で，エネルギー消費をほとんど伴わずに殻を閉じた状態を長時間維持できる「キャッチ機構」（catch mechanism）への関与が示されている．

7）解糖系酵素（glycolytic enzymes）　魚類の普通筋では哺乳類の速筋と同様に糖質をエネルギー源とするため（第5章4-1項参照），一連の解糖系酵素が豊富に存在する．主成分はアルドラーゼ，グリセルアルデヒド3-リン酸デヒドロゲナーゼ，エノラーゼで，筋形質タンパク質の50％を超える．一方，遅筋に相当する血合筋では主として脂肪をエネルギー源とするため，ミトコンドリアに富み，β酸化の経路（第4章3-1項参照）が活発である．

8）ミオグロビン（myoglobin）　分子量は約17,000の球状タンパク質で，水によく溶ける．1分子当たり1つのヘムを含み，酸素と結合する（図3-3）．魚類のミオグロビンは143-147アミノ酸からなり，哺乳類のものに比べてアミノ酸が数個少ない．1958年，ケンドリューらによりマッコウクジラ・ミオグロビンの立体構造が，タンパク質としては初めて明らかにされた．哺乳類のものはαヘリックス部分を8つ含むが，魚類のものでは1つ少ない．1分子当たり1つのプロトヘム（protoheme，色素部分，第6章2-1項参照）を結合する．中心の鉄イオンはピロール環の4つの窒素原子と配位し，残る2個の配位座はヒスチジンのイミダゾール基と結合し，もう1つは鉄原子がⅡ価のとき分子状酸素と可逆的に結合できる．酸素に対する親和性がヘモグロビンより高いので，血中のヘモグロビンから酸素を受け取り貯蔵することができるが，細胞機能にとって重要な一酸化窒素（NO）の代謝にも関与している．魚類の血合筋，マグロ類の普通筋には一般に多量のミオグロビンが含まれ，その含量は肉の赤色の濃さに直接反映される．クジラやアザラシの仲間で潜水活動を行うものの筋肉にはとくに多い．還元型ミオグロビン（deoxymyoglobin）の色調は暗赤紫色であるが，ヘムに酸素が結合して酸素化ミオグロビン（オキシミオグロビン，oxymyoglobin）になると鮮赤色を示すようになる．魚類のものは哺乳類のものに比べ自動酸化速度（autoxidation rate，ヘム鉄がⅡ価からⅢ価に酸化する速さ）が大きいため，容易に褐色のメト型ミオグロビン（metmyoglobin）を生成し，赤身魚肉の貯蔵中における褐変の原因となる．サメ類や軟体動物のものでは遠位ヒスチジン（distal histidine，ヘム鉄との間に酸素を捕捉するヒスチジン，ヘム鉄と直接結合するのは近位ヒスチジン，proximal histidine）がグルタミンやバリンに置換しており，自動酸化速度の大きさの原因となっている．コイでは筋肉以外の組織でもミオグロビン遺伝子の転写が確認されており，またアイソフォームの存在が示されている．ミオグロビンの一次構造を比較すると，ヘムの結合に必要なアミノ酸はよく保存されているが，置換

の多い領域も見受けられる．南極海に棲むコウリウオ科魚類ではミオグロビンやヘモグロビン（後述）の片方あるいは両方をもたないものがある（Sidell and O'Brien, 2006）．

9）パルブアルブミン（parvalbumin）　分子量は約11,000，等電点は酸性側にあり，同5以上のαグループ，4.5以下のβグループに大別される．主として魚類の普通筋に見出されるカルシウム結合タンパク質で（第6章2-4-2項参照），多数のアイソフォームをもつ．Ca^{2+}結合部位はEFハンドモチーフと呼ばれ，2つのα-ヘリックスと両者をつなぐループで構成される．このモチーフは，握った右手から親指と人差し指だけを伸ばした形にしたとき，両方の指の間にCa^{2+}を挟み込んだような形をしている．本タンパク質のN末端から5および6番目のヘリックスEとFが命名の由来となった．このモチーフはカルモジュリン，トロポニンCなど多くのカルシウム結合タンパク質にみられる．パルブアルブミンは血合筋や心筋にはほとんど存在しないが，普通筋には多く含まれ，また高等脊椎動物の神経組織などにもわずかに認められる．機能については不明な点が多い．魚肉のアレルゲンの1つとしても注目されている．

10）コラーゲン（collagen）　分子量約10万のサブユニット（左巻きのポリペプチド鎖）が3本より合わさった右巻きの3重らせん構造（コイルドコイル）をとっているが（図3-3），同一の鎖内では水素結合は生じない．分子の両端2～3％付近の領域はらせん構造をとらない（テロペプチド）が，この部分で分子内および分子間にピリジノリンなどを介した架橋が起こり，加齢とともに架橋度が増していく．グリシンが全体の約1/3を占め，プロリンとヒドロキシプロリンの総量も約1/3を占める．ヒドロキシ化は小胞体において水酸化酵素により行われる．プロリンの水酸化度は生息環境（体温）と相関があり，体温が高いほど高い傾向を示す．コラーゲンには30種近いタイプが知られているが，筋肉における主成分はⅠ型である．Ⅴ型も存在し，その含量は筋肉の硬さと相関があるとされる．死後，この成分の分解とともに筋内膜が脆弱化し，筋肉が軟化する．加熱によりコラーゲンはゼラチン化し，膨潤する．筋肉組織に分布するコラーゲン線維には隣接分子とのずれによるほぼ65 nmの横紋構造が，さらにこの範囲内にも多くの縞模様が認められる．1分子の長さは約300 nm，太さは約1.5 nmであるが，前述の分子配列によりその何万倍もの長さの線維形成が可能である．

5-4　その他のタンパク質

以下にあげるタンパク質は水生生物を特徴づけるものであるため，性状を紹介する．

1）ヘモグロビン（hemoglobin）　ミオグロビンによく似たポリペプチド鎖が4つ会合したもので，赤血球中に存在する．1つのヘムに酸素が結合するとアポタンパク質の立体構造が変化し，他のヘムにも酸素が結合しやすくなる（正の協同性，positive cooperativity）．このことをヘム間相互作用といい，一般的にはアロステリック効果（allosteric effect）と呼ばれる．ヘモグロビンの酸素解離曲線はシグモイド状となる．酸素の多い肺胞や鰓の毛細血管では酸素と結合しやすく，酸素が少なく二酸化炭素が多い末梢組織では酸素を解離しやすいため（ボーア効果，Bohr effect），末梢組織への効率的な酸素運搬が可能である．この性質はミオグロビンにはみられない．ヘムへの酸素の脱着，ヘム鉄の酸化に伴う色調変化はミオグロビンと同様である．ヘモグロビン

は一酸化炭素やシアン化水素に対する親和性が酸素に比べてはるかに強く，これらの物質と強固に結合するため酸素の運搬が阻害される．また，二酸化炭素濃度が高い（pHが低い）環境下ではヘム間相互作用が阻害されるため，酸素運搬能が下がる（ルート効果，root effect）．この現象は魚類ヘモグロビンのみにみられる現象で，目やうきぶくろにおける酸素の濃縮を容易にしている．さらに，嫌気的条件下の解糖による中間代謝産物，2, 3-ビスホスホグリセリン酸（2, 3-DPG）によっても酸素との親和性が下がる．魚類は低酸素，温度や塩分の変化，運動，環境汚染などに対し，赤血球のpHやマグネシウムイオン濃度を変化させるなどしてヘモグロビンの酸素結合能を巧みに調節して適応している（Nikinmaa and Salama, 1998）．アカガイも赤血球中にヘモグロビンをもつ．無脊椎動物の血漿にはエリスロクルオリン（erythrocruorin）と呼ばれる分子量300万以上の巨大ヘモグロビンの存在が認められる．

2）ヘモシアニン（hemocyanin）　開放血管系節足動物や軟体動物の血リンパに存在し，血リンパ中の総タンパク質の90〜95％を占める．銅を含む（第6章2-2項参照）．分子量は5万〜800万で，節足動物では分子量約75,000のサブユニットの6量体あるいはその倍数，軟体類では35万〜45万の10量体あるいはその倍数と，分子構造は多様性に富む．ヘモシアニンのデオキシ（還元）型は無色透明であるが，酸素と結合すると青色になる．ヘモシアニンでは2個の銅原子に3つのヒスチジンが配位し，1分子の酸素と結合する．ヘモシアニンはフェノールオキシダーゼ活性をもち，甲殻類のメラニン生成（黒変）に関与する．

3）ヘムエリスリン（hemerythrin）　ホシムシ類，腕足類の血球や血漿に含まれる非ヘムタンパク質であり，分子量13,500のポリペプチド鎖の8量体を主体とする．サブユニット当たり2つの鉄原子をもち，酸素の運搬，貯蔵の役割を担う．

4）蛍光タンパク質　オワンクラゲ*Aequoria aequoria*で最初に見つかった分子量約27,000のタンパク質で，紫外線照射により緑色の蛍光を発するためGreen Fluorescent Protein（GFP）と呼ばれる．この生物ではエクオリン（aequorin）という発光タンパク質の放つ青色光で励起される．発色団は連続する3つのアミノ酸残基（セリン-チロシン-グリシン）のみであり，βバレル（位相のずれたβシートの環状構造，図3-3）と呼ばれる提灯のような構造により妨害的に作用する水分子の衝突から保護されている．その後，青，黄，赤などと異なる波長の蛍光を発するものがサンゴの仲間から次々と発見された（Matzら，2002）．節足動物にも見出され分布を広げているほか，遺伝子工学技術によってより強い，あるいは異なる波長の蛍光を発するものが続々と開発され，遺伝子の発現様式やタンパク質の挙動を生細胞中で観察する手段として多用されるようになった．

5）不凍タンパク質（antifreeze protein）　環境水が氷点を下回る極地方などの水域に生息する魚類では，体液の凝固点を降下させるタンパク質群が存在する．北海道産のワカサギにも同様のタンパク質が見出されている．主に血漿中に存在し，氷結晶の成長を防ぐことにより体液の凍結を防いでいる．タイプⅠ，Ⅱ，Ⅲおよび糖タンパク質に分類されている．

6）有毒タンパク質　刺胞動物の中には刺胞に毒液を蓄えるものがいるが，毒の本体はタンパク質やペプチドである．イソギンチャクの仲間では，多様な単一ポリペプチドの塩基性溶血毒

のほか，ナトリウムイオンやカリウムイオンのイオンチャネルなどに対する複数の有毒成分ももつ（Honma and Shiomi, 2006）．大きさは50アミノ酸に満たないものがほとんどである．シジミ類の筋肉中にみられる分子量約13,000の塩基性毒は熱に対して不安定である．

7）**免疫タンパク質**　抗ウィルスタンパク質のインターフェロンがサケ類，トラフグ，ゼブラフィッシュなどでクローン化され，一次構造が明らかにされている．トラフグなどの表皮粘液中に分泌される分子量約13,000のレクチンの性状も明らかにされている．

8）**フィコビリタンパク質（phycobiliprotein）**　シアノバクテリアや紅藻の水溶性色素フィコビリタンパク質については第5章4-2-4項を参照．

〈落合芳博〉

文　献

Anfinsen, C. B. (1973)：Principles that govern the folding of protein chains. *Science*, **181**, 223-230.

Ban, N., P. Nissen, J. Hansen, P. B. Moore,and T. A. Steitz (2000)：The complete atomic structure of the large ribosomal subunit at 2.4 Å resolution. *Science*, **289**, 905-920.

Bardwell, J. C. and E. A. Craig (1984)：Major heat shock gene of *Drosophila* and the *Escherichia coli* heat-inducible dnaK gene are homologous. *Proc. Natl. Acad. Sci. USA*, **81**, 848-852.

Blobel, G. and D. Sabatini (1971a)：Dissociation of mammalian polyribosomes into subunits by puromycin. *Proc. Natl. Acad. Sci. USA*, **68**, 390-394.

Biobel, G. and D. Sabatini (1971b)：Biomembranes 2 (L. A. Manson ed.), Plenum, pp.193-195.

Blow, D. M. and T. A. Steitz (1970)：X-ray diffraction studies of enzymes. *Annu. Rev. Biochem.*, **39**, 63-100.

Cech, T. R. and B. L. Bass (1986)：Biological catalysis by RNA. *Annu. Rev. Biochem.*, **55**, 599-629.

Dobson, C. M. (1999)：Protein misfolding, evolution and disease. *Trends Biochem. Sci.*, **24**, 329-332.

Ehrenberg, M. and J.L. McGrath (2004)：Actin motility. Staying on a track takes a little more effect. *Curr. Biol.*, **14**, R931-932.

Fields, P. A. (2001)：Review: Protein function at thermal extremes: balancing stability and flexibility. *Comp. Biochem. Physiol.*, **129B**, 417-431.

Floudas, C.A., H.K. Fung, S.R. McAllister, M.Monnigmann, and R. Rajgaria (2006)：Advances in protein structure prediction and *de novo* protein design: A review. *Chem. Eng. Sci.*, **61**, 966-988.

深田はるみ（1999）：熱測定による高次構造解析．魚介類筋肉タンパク質（西田清義 編），恒星社厚生閣，pp.29-37.

Georgopoulos, C. P., R. W. Hendrix, S. R. Casjens, and A. D. Kaiser: Host participation in bacteriophage lambda head assembly. *J. Mol. Biol.*, **76**, 45-60 (1973).

Gillis, T.E. and G.F. Tibbits (2002)：Beating the cold: the functional evolution of troponin C in teleost fish. *Comp. Biochem. Physiol.*, **132A**, 763-772.

Guerrier-Takada, C., W. H. McClain, and S. Altman (1984)：Cleavage of tRNA precursors by the RNA subunit of *E. coli* ribonuclease P (M1 RNA) is influenced by 3'-proximal CCA in the substrates. *Cell*, **38**, 219-224.

Hammes, G. G. (2002)：Multiple conformational changes in enzyme catalysis. *Biochemistry*, **41**, 8221-8228.

Hemmingsen, S. M., C. Woolford, S. M. van der Vies, K. Tilly, D. T. Dennis, C. P. Georgopoulos, R. W. Hendrix, and R. J. Ellis (1988)：Homologous plant and bacterial proteins chaperone oligomeric protein assembly. *Nature*, **333**, 330-334.

Hershko, A. and A. Ciechanover (1998)：The ubiquitin system. *Annu. Rev. Biochem.*, **67**, 425-479.

Honma,T. and K. Shiomi (2006)：Peptide toxins in sea anemones: structural and functional aspects. *Marine Biotechnol.*, **8**, 1-10.

Hubbard, C. D. and T. S. Shoupe (1977)：Mechanisms of acylation of chymotrypsin by phenyl esters of benzoic acid and acetic acid. *J. Biol. Chem.*, **252**, 1633-1638.

今堀和人・山川民夫監修（2007）：生化学辞典 第4版，東京化学同人，p.1224, p.1418.

Jaenicke, R. (2000)：Stability and stabilization of globular proteins in solution. *J. Biotechnol.*, **79**, 193-203.

河田康志・田口英樹・吉田賢右（2004）：細胞における蛋白質の一生（小椋　光・遠藤斗志也・森　正敬・吉田賢右 編），蛋白質 核酸 酵素，5月増刊号, **49**, p.848.

Lauder, G. V. (2006)：Locomotion. *The Physiology of Fishes*. Third edition, D.H. Evans and J.B. Claiborne ed., Press CRC, Taylor and Francis Group, p.1-46.

Matz, M. V., K. A. Lukyanov, and S. A. Lukyanov (2002)：Family of the green fluorescent protein: journey to the end of the rainbow. *BioEssays*, **24**, 953-959.

Mori, M. and K. Terada (1998)：Mitochondrial protein import in animals. *Biochim. Biophys. Acta*, **1403**, 12-27.

Morimoto, R. I. (1998)：Regulation of the heat shock

transcriptional response: cross talk between a family of heat shock factors, molecular chaperones, and negative regulators. *Genes Dev.*, **12**, 3788-3796.

Motoyama, K., S. Ishizaki, Y. Nagashima, and K. Shiomi (2006): Cephalopod tropomyosins: Identification as major allergens and molecular cloning. *Food Chem. Toxicol.*, **44**, 1997-2002.

中村春木 (1997): タンパク質のかたちと物性 (中村春木・有坂文雄編), 共立出版, p.3.

Nikinmaa, M. and A. Salama (1998): Oxygen transport in fish. Fish Respiration (S. F. Perry, B. Tufts ed.), Academic Press, 141-184.

落合芳博 (2006): タンパク質を指標とした魚種判別. 水産物の原料・原産地判別 (福田 裕・渡部終五・中村弘二編), 恒星社厚生閣, pp.44-53.

尾島孝男 (1999): 演習で学ぶ生化学 (岡本 洋, 木南 英紀編), 三共出版, p.23.

Orengo, C. A., I. Sillitoe, G. Reeves, and F.M.G. Pearl (2001): Review: What can structural classifications reveal about protein evolution? *J. Str. Biol.*, **134**, 145-165.

Sabatini, D. D., G. Blobel, Y. Nonomura, and M. R. Adelman (1971): Ribosome-membrane interaction: Structural aspects and functional implications. *Adv. Cytopharmacol.*, **1**, 119-129.

Saito, T., K. Arai, and M. Matsuyoshi (1959): A new method for estimating the freshness of fish. *Bull. Japan. Soc. Sci. Fish.*, **24**, 749-750.

Sanger, A. M. and W. Stoiber (2001): Muscle fiber diversity and plasticity. Fish Physiology 18 : Muscle Development and Growth, Academic Press, pp.187-250.

Sidell, B. D. and K. M. O'Brien (2006): When bad things happen to good fish: the loss of hemoglobin and myoglobin expression in Antarctic icefishes. *J. Exp. Biol.*, **209**, 1791-1802.

Sigler, P. B., D.M. Blow, B.W. Matthews, and R. Henderson (1968): Structure of Crystalline α-Chomotrypsin. II. A Preliminary Report Including a Hypothesis for the Activation Mechanism. *J. Mol. Biol.*, **35**, 143-164

Somero, G. N. (2004): Adaptation of enzymes to temperature : searching for basic strategies. *Comp. Biochem. Physiol.*, **139B**, 321-333.

田中啓二 (2004): ユビキチンとプロテアソーム. 蛋白質 核酸 酵素, **49**, 1033-1039.

Tskhovrebova, L. and J. Trinick (2003): Titin: properties and family relationships. *Nature Reviews Mol. Cell. Biol.*, **4**, 679-689.

Watabe, S. (2002): Temperature plasticity of contractile proteins in fish muscle. *J. Exp. Biol.*, **205**, 2231-2236.

Xu, Z., A. L. Horwich, and P. B. Sigler (1997): The crystal structure of the asynmetric GroEL-GroES-(ADP)7 chaperonin complex. *Nature*, **388**, 741-750.

吉森 保 (2001): 総論"細胞が自分を食べる"細胞質からリソソームへの輸送システム:オートファジー. 蛋白質 核酸 酵素, **46**, 2117-2126.

吉森 保 (2004): 細胞における蛋白質の一生 (小椋 光・遠藤斗志也・森 正敬・吉田賢右編), 蛋白質 核酸 酵素, 5月増刊号, **49**, p.1030.

参考図書

有坂文雄 (2004): 蛋白質科学入門, 裳華房, 264p.

Fersht, A. (2005): タンパク質の構造と機能 (有坂文雄・熊谷 泉・倉光成紀・桑島邦博訳), 医学出版, 758 p.

後藤祐児・桑島邦博・谷津克行 (2005): タンパク質科学, 化学同人, 579 pp.

畑江敬子 (2005): さしみの科学, 成山堂書店, p.148.

鴻巣章二・橋本周久編 (1992): 水産利用化学, 恒星社厚生閣, 403 pp.

増田秀樹・福住俊一編著 (2005): 生物無機化学, 三共出版, 403 pp.

Mount, D.W. (2002): バイオインフォマティクス. ゲノム配列から機能解析へ (岡崎康司・坊農秀雄監訳), メディカルサイエンスインターナショナル, 570 pp.

Nelson, D.L. and M. M. Cox (2006): レーニンジャーの新生化学 第4版 (上) (山科郁男 監修), 廣川書店, 853 pp.

尾島孝男 (2003): 魚介類筋肉タンパク質の構造と機能. かまぼこ その科学と技術 (山澤正勝・関 伸夫・福田 裕編), 恒星社厚生閣, pp.1-32.

Petsko, G.A. and D. Ringe (2005): カラー図説 タンパク質の構造と機能 (横山茂之 監訳, 宮島郁子訳), メディカルサイエンスインターナショナル東京, 224 pp.

Stryer L. (1977): ストライヤー 生化学 (上) (田宮信雄, 八木達彦, 吉田 浩訳), 東京化学同人, p164.

Voet, D. and J. G. Voet (2005): ヴォート生化学 (田宮信雄・村松正実・八木達彦・吉田 浩・遠藤斗志也訳) 第3版 (上), 東京化学同人, 657pp.

Whitford, D. (2005): Proteins. Structure and Function. John Wiley and Sons Ltd., 528 pp.

第4章 脂 質

　脂質（lipid）は一般に水に溶けにくく，エーテルやクロロホルムなど有機溶媒に溶けやすい性質をもつ生体物質である．細胞膜を構成する脂質（リン脂質，糖脂質など，後述）は種々の異性体，同属体を含む多数の分子の集合体であり，多様な役割を担って生命機能を維持している．脂質（主にトリアシルグリセロール）はまた，タンパク質，糖質と並ぶ三大栄養素の1つであり，エネルギー源として重要な物質である．本章では，脂質および脂質を構成する脂肪酸の構造と分布，代謝と機能について解説する．

（板橋　豊）

§1. 脂質の種類，構造および分布

　水生生物脂質中の炭化水素に関する研究は，20世紀初頭にわが国の研究者によって報告されたサメの肝臓中のスクワレンが最初である（辻本，1906）．以降，近年の生理機能に関する膨大な研究成果にいたるまで，実に一世紀以上の歴史を有する．

　脂質は，生体を構成する成分として，タンパク質や糖質などの成分と同様に重要である．水に不溶で，エーテルやクロロホルムなどの有機溶媒で抽出できる性質は分子構造を異にする脂質間において共通するが，タンパク質や糖質などの物質群とは明らかに異なる．化学的には，脂質は分子中に炭素数が多い高級脂肪酸あるいは長鎖脂肪酸（カルボン酸の一種，第2章2-4-6項参照）あるいは類似の炭化水素をもち，生体内に存在するか生物に由来する物質群の総称である．鉱物油は一般に脂質には分類されないが，石油を栄養源とする海洋微生物も存在するので，厳密な脂質の定義は難しい．したがって，化学構造の相違に基づいて多様な脂質に対する分類を行うことが妥当である．

　一般に，脂質はトリアシルグリセロール（トリグリセリド）のような脂肪酸とアルコールのエステル（第2章2-4-7項参照）およびその類似化合物であるコレステロールエステルなどの単純脂質，リン酸基，アミノ基および硫酸基などを含む複合脂質，およびこれらの加水分解物で水に不溶の誘導脂質に分類される．より広義には，ステロール，カロテノイド，テルペンなどを脂質に含める．単純脂質は蓄積脂質として主に皮下組織，結合組織や内臓に分布し，複合脂質は組織脂質として生体膜や顆粒に存在することが多い．

　多様な生理活性を示すプロスタグランジンやエイコサノイドなどの脂肪酸過酸化脂質や，複雑な構造をもつリポ（脂質の意味）多糖やリポタンパク質は，生体脂質代謝の観点から近年盛んに研究されている（本章3-3項参照）．

1-1　脂肪酸の種類と構造

　脂肪酸（fatty acid）は脂肪族カルボン酸であり，一般にA：BωC，A：B n-CまたはA：B nCと略記される．ここで，Aは総炭素数，Bは二重結合数，Cはメチル基末端から数えて最初の二重結合が存在する炭素の数を示す．二重結合を含まない飽和脂肪酸（saturated fatty acid）は12：0から24：0の直鎖が主である．魚類筋肉脂質の不飽和脂肪酸は，二重結合間に活性メチレン基（-CH_2-）を1つはさむ非共役（型）二重結合（nonconjugated dienes，または1,4-ペンタジエン構造1,4-pentadiene）を含むシス型（第2章2-2-2項参照）であり，共役（型）二重結合（第2章2-4-4項参照）を含む脂肪酸（共役脂肪酸，conjugated fatty acids）やトランス型脂肪酸の含量はきわめて低い．共役脂肪酸は陸生の反芻動物の消化管内微生物が生産するが，魚油に水素添加して生産される硬化油脂ではトランス型を生成する．海産無脊椎動物の脂質には二重結合が離れた位置に存在する脂肪酸（nonmethylene-interrupted diene）が僅かに存在する．魚類筋肉脂質を構成している主要な脂肪酸は直鎖型であるが，メチル基が末端以外に存在する分岐型のイソ（iso）およびアンテイソ（anteiso）脂肪酸も少ないが含まれる．フラン酸（furanoid fatty acid）は炭素鎖中にフラン環を有する脂肪酸で，最初に見出された淡水魚類筋肉のほか，多くの海産魚類筋肉にも存在する．このように，炭素数，二重結合の数と結合位置の相違により魚類筋肉脂質を構成している脂肪酸は80種類以上に及ぶ．遊離脂肪酸はタンパク質との親和性が高いので，生体中では遊離の状態で存在することはまれである．脂肪酸の多くはグリセロ脂質などでグリセロールとエステルを形成している．

　-CH=CH-CH_2-CH=CH-　　　　イソ型　　　　アンテイソ型　　　　フラン環

　　1,4-ペンタジエン構造

1-2　魚類筋肉脂質の脂肪酸組成

　日本近海で漁獲される魚類の普通筋と血合筋に含まれる全脂質の脂肪酸組成を海産哺乳類と比較して表4-1に示す．飽和脂肪酸ではパルミチン酸（palmitic acid, 16:0）が最も多く，次いでミリスチン酸（myristic acid, 14:0）およびステアリン酸（stearic acid, 18:0）の順となり，三者で飽和脂肪酸の95％以上を占める．ほかに，アラキジン酸（arachidic acid, 20:0）とリグノセリン酸（lignoceric acid, 24:0）が0.2％未満含まれる．ベヘン酸（behenic acid, 22:0）の含量は痕跡程度である．偶数炭素脂肪酸は全脂肪酸の約97％を占める．奇数炭素脂肪酸や分岐脂肪酸は割合は低いが，筋肉脂質に存在する．一価不飽和脂肪酸（monounsaturated fatty acid）ではオレイン酸（oleic acid, 18:1n-9）が最も多く，次いでパルミトオレイン酸（palmitoleic acid, 16:1n-7）が続く．より長鎖の20:1n-9と22:1n-9はニシン筋肉で多い．魚類筋肉の脂肪酸組成の特徴として，n-3系高度不飽和脂肪酸（polyunsaturated fatty acid, PUFA）の含量が高いことがあげられる．とくに，エイコサペンタエン酸（eicosapentaenoic acid, EPA, 20:5n-3）とドコサヘキサエン酸（docosahexaenoic acid, DHA, 22:6n-3）は陸上哺乳類筋肉や植物組織には含まれない脂肪酸である．

表4-1 魚肉全脂質の脂肪酸組成

(重量%)

	部位	脂質含量	14:0	15:0	16:0	16:1n-9	17:0	18:0	18:1n-9	18:2n-6	18:3n-3 +20:1n-9	18:3n-3	20:4n-6	20:5n-3	22:1n-9	22:5n-3	22:6n-3
マアジ[*1]	普通筋	3.9	2.6	0.8	18.4	5.5	6.8	7.3	17.2	0.8	—	2.5	2.1	6.7	2.6	3.2	21.2
	血合筋	12.5	2.7	0.1	17.4	4.9	1.1	8.0	19.3	0.8	—	2.4	2.3	11.0	3.1	3.1	20.5
マサバ[*2]	普通筋	6.6	2.6	0.9	19.1	3.7	3.0	7.1	20.9	2.3	—	3.5	3.3	5.2	1.2	2.2	18.8
	血合筋	11.6	1.9	0.8	15.8	6.6	3.8	6.2	17.0	2.3	—	3.3	3.6	5.9	0.9	2.0	23.2
サンマ[*3]	普通筋	9.5	5.8	0.6	9.7	4.9	1.5	2.2	6.9	1.5	—	21.2	0.4	7.5	17.5	1.6	14.7
	血合筋	20.9	5.7	0.5	8.9	5.1	1.3	1.6	6.4	2.3	—	21.1	0.3	7.3	19.9	1.8	13.8
マイワシ[*4]	普通筋	2.4	4.5	0.8	19.1	6.3	1.8	4.4	10.2	1.5	—	4.7	2.0	13.4	2.2	2.1	21.3
	血合筋	11.2	5.0	0.7	14.9	4.4	1.4	5.0	10.3	1.4	—	4.5	2.0	14.4	2.4	1.9	20.4
ブリ[*5]	普通筋	14.5	4.8	0.6	16.6	7.2	2.0	4.7	16.1	1.8	—	5.7	1.6	10.3	3.9	3.4	16.5
	血合筋	22.3	4.2	0.7	15.4	6.6	2.0	4.1	17.0	1.9	—	4.8	1.6	11.1	3.6	3.5	18.1
カツオ[*6]	普通筋	3.9	2.4	0.6	15.4	6.3	2.8	5.8	30.7	3.4	—	3.6	2.4	4.0	1.1	1.6	13.5
	血合筋	6.7	2.1	0.7	17.6	6.5	2.9	7.1	29.6	3.2	—	3.6	1.8	3.5	1.8	1.5	12.9
マダイ[*7]	普通筋	4.6	4.9	0.4	17.3	7.1	—	4.2	15.3	2.1	1.5	5.2	1.6	11.4	2.2	3.5	20.8
	血合筋	33.2	5.1	0.6	16.5	7.3	1.2	4.3	15.5	3.2	1.6	5.6	1.6	11.4	2.4	3.6	19.8
ニシン	普通筋	17.0	6.6	0.4	12.5	8.1	1.3	1.7	25.7	0.9	0.3	—	1.1	8.7	—	1.4	4.1
クロマグロ	普通筋	1.4	4.5	0.6	22.1	2.8	0.8	6.1	21.7	0.8	—	—	1.0	6.4	—	1.4	17.1
ビンナガ	普通筋	—	3.7	1.0	29.3	6.3	1.2	6.1	16.6	0.7	—	—	1.2	6.5	2.0	0.8	17.6
キハダ	普通筋	—	2.6	0.6	27.1	4.4	2.1	7.5	17.8	0.9	1.1	—	3.6	4.6	—	1.3	22.0
メバチ	普通筋	—	3.3	0.9	23.6	5.9	2.0	5.3	30.0	0.9	3.3	—	2.7	5.1	—	1.0	12.8
ギンダラ	普通筋	—	4.1	0.7	14.8	11.6	1.0	3.8	38.0	2.1	0.4	—	1.0	4.0	—	—	2.2
オヒョウ	普通筋	—	—	0.6	17.6	13.5	0.9	3.7	26.1	1.6	1.3	0.4	2.9	7.7	4.4	2.3	3.4
マダラ[*8]	普通筋	2.3	1.6	—	16.0	4.1	0.4	4.3	15.2	0.5	1.1	2.8	3.5	16.5	0.5	2.0	29.5
ニジマス[*9]	普通筋	2.8	2.2	—	20.2	5.8	0.3	4.1	25.9	12.1	0.4	4.4	1.1	3.1	3.9	1.0	14.8
アユ[*10]	普通筋	5.6	3.8	—	25.1	12.1	—	2.8	26.2	8.7	—	2.5	0.1	4.2	2.7	1.8	7.6
ヒメマス	普通筋	—	8.6	1.9	14.2	0.5	0.4	2.6	19.2	7.4	0.4	22.4	4.2	4.3	12.1	1.6	6.5
マッコウクジラ	体油	—	7.5	1.0	10.0	15.4	—	1.2	26.2	0.5	—	16.7	—	—	—	—	—
ゴマフアザラシ	皮下脂肪	—	1.7	0.2	3.2	9.5	0.4	0.7	16.2	0.6	0.2	8.4	0.4	10.6	1.6	14.6	26.2
大豆油			—	—	10.4	—	—	4.0	23.5	53.5	8.3	—	—	—	—	—	—
牛脂			3.3	—	26.6	4.4	1.3	18.2	41.2	3.3	—	—	—	—	—	—	—

[*1], 6月, 鹿児島県; [*2], 11月; [*3], 9月, 北海道; [*4], 6月神奈川県; [*5], 1月; [*6], 7月, 千葉県; [*7], 7月, 養殖; [*8], 11月, 青森県; [*9], 11月, 養殖; [*10], 7月養殖.
—, 未検出.

エイコサペンタエン酸

ドコサヘキサエン酸

1-3 単純脂質

単純脂質は有機溶媒のアセトンに可溶である．グリセロールに高級脂肪酸がエステル結合したアシルグリセロール（グリセリド），高級脂肪酸と高級アルコールとのエステルであるワックス，およびこれらの類縁化合物がある．魚類にとっては代謝エネルギー源として重要であるほか（本章3-3-1項参照），断熱作用による保温効果や低比重に基づく浮力調節効果があるとされる．

1) アシルグリセロール　グリセロールに3分子の脂肪酸がエステル結合したトリアシルグリセロール（triacylglycerol, TAG）は魚類筋肉脂質の大部分を占める．多種類の脂肪酸がグリセロールにエステル結合して分布しているのが一般的である．水生生物油脂のTAG構成脂肪酸を30種とした場合，光学異性体と位置異性体（第2章2-2項参照）を考慮すると27,000種類，異性体を考慮しない場合でも5,000種類のTAG分子種が理論的には存在する．1種類のみの脂肪酸が3分子エステル結合したTAG分子種もオリーブ油のトリオレインやパーム油のトリパルミチンなどにみられる．水生生物は偶数炭素数の脂肪酸を有するのが一般的であるが，ボラには著量の奇数総炭素をもつTAGが存在する．魚油TAGの脂肪酸エステルの結合位置の分布（表4-2）をみると，20:5n-3や22:6n-3などのPUFAはTAGのグリセロール骨格の中央（sn-2）☞に分布し，飽和脂肪酸および不飽和度の低い脂肪酸は両端のsn-1とsn-3に分布する割合が高い（Borckerhoffら，1968）．海産哺乳類では，不飽和度の高い脂肪酸は逆にsn-1とsn-3に多く分布する．

> ☞ 立体特異的番号表示
> (stereospecific numbering, sn-1, sn-2, sn-3)
>
> グリセロールの1位に脂肪酸基が結合すると，2位の炭素は光学活性となる．フィッシャー投影図でトリアシルグリセロールの2位の脂肪酸基を紙面に向かって左側に配置したとき，グリセロール骨格の炭素に上から順に1, 2, 3の番号をつけ，それぞれsn-1, sn-2, sn-3位と呼ぶ．

ジアシルグリセロール（diacylglycerol, DAG）には，1,2-ジアシル-sn-グリセロールおよび1,3-ジアシル-sn-グリセロールの2種類の立体異性体がある．モノアシルグリセロール（monoacylglycerol, MAG）には1-モノアシル-sn-グリセロール（または3-モノアシル-sn-グリセロール）および2-モノアシル-sn-グリセロールの2種類の立体異性体が存在する．精製された標品ではDAGは容易に異性化を起こし，両異性体の存在割合は平衡に達する．部分グリセロール（partial glycerol）と呼ばれるDAGとMAGおよび遊離脂肪酸（free fatty acid, FFA）は生体内に微量に共存している．

表4-2 トリアシルグリセロールの脂肪酸結合位置の分布

生物名	sn位	脂肪酸（モル%）												
		14:0	16:0	16:1	18:0	18:1	18:2	20:1	22:1	20:5	22:5	22:6	18:4	20:4n-3
タラ類	1	6	15	14	6	28	2	12	6	2	1	1	—	—
（大西洋産）	2	8	16	12	1	9	2	7	5	12	3	20	—	—
	3	4	7	14	1	23	2	17	7	13	1	6	—	—
サバ類	1	6	15	11	3	21	2	8	18	5	1	2	—	—
（大西洋産）	2	10	21	6	1	9	1	5	5	12	3	20	—	—
	3	2	5	4	2	21	2	19	24	10	1	5	—	—
ニシン	1	6	15	11	3	21	2	8	18	5	1	2	—	—
	2	10	21	6	1	9	1	5	5	12	3	20	—	—
	3	2	5	4	2	21	2	19	24	10	1	5	—	—
カワマス	1	2	13	8	7	24	6	11	9	4	2	3	—	—
	2	3	6	14	1	35	11	7	2	4	2	9	—	—
	3	4	13	8	8	25	5	12	9	6	2	1	—	—
ギンブナ	1	2	17	8	7	32	16	7	—	—	—	—	—	—
	2	4	32	8	3	20	22	4	—	—	—	—	—	—
	3	1	9	7	4	38	24	7	—	—	—	—	—	—
モンゴウイカ	1	4	28	8	4	21	4	6	3	12	1	4	—	—
	2	2	2	4	1	7	1	7	5	28	2	38	—	—
	3	4	12	9	2	26	1	17	13	5	1	10	—	—
アメリカン	1	2	31	10	4	29	1	7	5	5	1	1	—	—
ロブスター	2	2	8	5	1	19	2	11	6	20	4	17	—	—
	3	2	8	9	3	42	2	10	7	11	1	2	—	—
タテゴトアザラシ	1	1	7	9	1	27	1	17	4	6	4	15	—	—
	2	6	9	27	2	36	5	4	1	2	1	3	—	—
	3	1	5	11	1	20	2	7	1	12	11	26	—	—
イワシクジラ	1	3	13	3	4	14	1	33	10	3	1	6	1	5
	2	12	6	12	1	29	5	10	2	5	1	3	4	6
	3	4	6	2	2	7	1	28	16	6	3	16	1	3

—，未検出．（Brockerhoff ら，1968）

トリアルシルグリセロール（トリグリセリド）

1,2-ジアシル-sn-グリセロール

1,3-ジアシル-sn-グリセロール

1-モノアシル-sn-グリセロール

2-モノアシル-sn-グリセロール

ジアシルグリセリルエーテル

ジアシルグリセリルエーテル（アルキルジアシルグリセロール alkyldiacylglycerol）はTAGの1つの脂肪酸エステル結合が高級アルコールのエーテル結合（アルキル鎖）に置き換わったワックスの一種である．

ジアシルグリセリルエーテルは海産動物および動物プランクトンに比較的広く分布している．とくに，板鰓類の体油や肝油，一部の深海魚の筋肉に存在するが，藻類および植物プランクトンにはない．構成脂肪酸の種類はTAGのそれと同様に多様であるが，アルキル鎖組成は炭素数14から22，二重結合数0あるいは1が多い（表4-3）．ヨロイザメ卵巣においてはPUFAの組成比がとくに高く，その多くはsn-2に分布するが，飽和脂肪酸および不飽和度の低い脂肪酸ではsn-2とsn-3の両方に分布している．海産動物におけるジアシルグリセリルエーテルの存在意義には諸説がある．ヒトデ類ではジアシルグリセリルエーテルは消化管組織で含量が高く，次いで生殖腺に多く分布する（Oudejansら，1979）．さらに，生殖腺におけるジアシルグリセリルエーテル含量はオスよりもメスで著しく高いことから，生殖に何らかの重要な役割を果たしていると考えられている．組織の再生に関与しているとする説もある．サメ類の肝臓には貯蔵脂質として広く分布する．とくに，アブラツノザメでは肝臓のみならず筋肉にもジアシルグリセリルエーテル含量が多く，浮力の獲得に寄与しているものと考えられている．アブラツノザメ孵化仔魚の卵黄囊の中性脂質の主成分はジアシルグリセリルエーテルである（Karnovskyら，1946）．

ジアシルグリセリールエーテル

表4-3　海産動物におけるジアシルグリセリルエーテルおよび中性プラスマローゲンの含量および脂肪鎖組成　　（モル%）

	アルキル型						アルケニル型	
	ヒトデ内臓（メス）		ヨロイザメ卵巣		スポッテッドラットフィッシュ肝臓		スポッテッドラットフィッシュ肝臓	
含量（全脂質中%）	40		36		50以上			
脂肪鎖	アルキル基[*1]	アシル基[*2]	アルキル基	アシル基	アルキル基	アシル基	アルケニル基	アシル基
14:0	1.7	—	—	0.7	1.0	—	—	—
16:0	62.8	3.6	8.9	12.1	8.5	17.6	6.4	16.1
16:1	1.0	1.9	1.2	2.5	6.0	5.3	—	1.5
18:0	26.8	1.9	5.9	—	6.2	3.5	56.3	6.7
18:1	2.0	11.2	50.8	18.3	62.6	51.3	6.1	42.3
18:2	—	—	—	—	—	—	—	—
18:3	—	—	—	—	—	—	—	—
20:1	—	37.7	24.7	23.3	4.5	10.0	38.2	15.0
20:4	—	1.4	—	—	—	—	—	—
20:5	—	5.6	—	—	—	—	—	—
22:1	—	2.7	1.6	25.2	—	7.5	2.4	11.1
22:5	—	—	—	1.2	—	—	—	—
22:6	—	2.4	—	7.0	—	—	—	—
24:1	—	—	—	4.6	—	2.6	—	—
分岐鎖	—	16.5	1.6	—	5.0	1.3	16.4	3.8

[*1] エステル結合の炭化水素．
[*2] エーテル結合の炭化水素．

TAGの1つの脂肪酸エステル結合が高級アルデヒドのエーテル結合に置き換わった中性プラスマローゲン（neutral plasmalogen，アルケニルジアシルグリセロール alkenyldiacylglycerol）は，ジアシルグリセリルエーテルが存在する水生生物の肝臓および組織中に微量に存在している（Rapport and Alonzo, 1960）．

中性プラスマローゲン

2）ワックス（ワックスエステル）　高級脂肪酸と高級1価アルコールとのエステルで難消化性のワックス（ワックスエステル，wax ester）は海産動物に広く分布している．

外洋深層海域に生息する無脊椎動物にも分布する．イソギンチャクの内臓組織には高い濃度で存在し，サンゴは共生する藻類が生合成した脂肪酸をワックスの構成脂肪酸としている．外洋性動物プランクトンの多くも貯蔵脂質としてワックスを含んでいる（Pattonら，1977）．例えば，カイアシ類は油嚢（oil sac）内に，さらに，卵にも多量存在する．深海あるいは低温表層海域に生息するカイアシ類では全脂質の20％以上がワックスである．中深海性マイクロネクトン（エビ類，アミ類，オキアミ類）も多く含む．一方，熱帯・亜熱帯海域に生息するカイアシ類のワックスは全脂質の10％以下である（Leeら，1971）．

ワックス

中層域に生息する魚類ではワックスは多くの場合，卵に分布するのに対して，深海性魚類では筋肉を含むあらゆる組織に存在する．マッコウクジラおよびコククジラの皮下脂肪，マッコウクジラの上顎組織（Moriら，1965），マイルカ類の脂肪組織であるメロン体（Ackmanら，1973）には高含量存在する．このような難消化性のワックスを多く含む生物資源は食用化に際して障害となっている．

魚類，海産哺乳類および深海性動物プランクトンのワックスでは，アシル基およびアルキル基の合計炭素数は一般にはC_{32}からC_{38}であるが，深海性動物プランクトンではC_{42}を超えるものもある．構成脂肪酸とアルキル基の組成は動物種により異なる．深海性動物プランクトン・ワックスの主要アルキル基は16:0，主要脂肪酸は18:1である．一方，表層性動物プランクトン・ワックスの主要アルキル基は20:1および22:1で，次いで16:0が多い．構成脂肪酸は多様で季節変化が大きいが，16:3，18:4，20:4および20:5の組成比が高い．これは，植物プランクトン由来と考えられている（Lee, 1974）．暖水海域に生息するイソギンチャクの主要アルキル基は16:0である（Hooper and Ackman, 1971）のに対して，冷水海域の深海性イソギンチャクでは20:1および22:1のアルキル基の組成比が高い（Pattonら，1977）．イソギンチャクの構成脂肪酸では16:0，16:1，20:5で全体の過半を占めるが，サンゴでは16:0と18:0とで全体の70％を占める．表層域に生息する魚類筋肉ワックスの主要な構成脂肪酸は18:1であるが，魚卵では20:4，20:5，22:5，22:6などPUFAの組成比が高い．中・深層域に生息する魚類のワックスの構成脂肪酸は20:1と

22:1の割合が高い.

3) 魚類脂質の分布 魚類は,筋肉の脂質含量が高い多脂魚(fatty fish)と低い寡脂魚(lean fish)に分類される.多脂魚は筋肉中に色素タンパク質であるミオグロビン(myoglobin)(第3章5-3-8項参照)を多く含む索餌回遊を行う赤身魚に多い.一方,寡脂魚は底生および非回遊性で,筋肉中のミオグロビン含量が低い白身魚が多い.しかし,キハダやビンナガなどのように赤身魚でも筋肉の脂質含量が低い場合や,ギンダラやホッケのように白身魚であっても筋肉脂質含量が高い例もある.寡脂魚においても肝臓の脂質含量は高い.蓄積脂質の主成分はTAGなどの単純脂質であるのに対し,組織脂肪においては後述するリン脂質を主成分とする複合脂質の割合が大きい.

多くの魚類では,脂質含量が漁獲時期と海域により大きく異なる(表4-4).これは,産卵期に向けて摂餌量が増えて脂質が増大すること,海域により産卵期が異なることに関連する.脂質

表4-4 漁獲時期および海域の異なるマイワシ筋肉の脂質含量の季節変化 (重量%)

漁獲海域	1月	2月	3月	4月	5月	6月
北海道東部海域	−	−	−	−	−	−
房総・常磐海域	7.0〜12.0	−	−	−	8.0〜13.0	15.0〜20.5
山陰海域	18.0〜23.0	13.5〜14.0	2.0〜7.5	8.5〜9.0	5.0〜13.0	12.0〜13.5
九州西部海域	13.0〜14.0	−	5.0〜6.0	4.5〜5.5	8.5〜9.0	11.0〜11.5

漁獲海域	7月	8月	9月	10月	11月	12月
北海道東部海域	21.0〜26.0	20.0〜30.0	20.5〜30.5	25.5〜33.0	−	−
房総・常磐海域	21.0〜22.0	22.0〜22.5	−	−	12.0〜20.0	11.5〜14.5
山陰海域	2.5〜16.0	2.0〜17.5	4.5〜5.5	2.5〜5.0	2.0〜19.0	16.0〜19.5
九州西部海域	−	−	−	−	−	−

−,未漁獲により測定せず.(熊谷,1985)

表4-5 マイワシの組織別脂質含量の季節による差 (mg/100 g)

	脂質クラス	4月				8月			
		背肉	腹肉	内臓	頭部,皮	背肉	腹肉	内臓	頭部,皮
蓄積脂肪	TAG	251	319	114	561	17.3[*1]	32.3[*1]	52.7[*1]	12.3[*1]
	FFA	64	66	176	35	N.D.	N.D.	989	N.D.
	ST	63	151	104	120	158	330	879	330
	その他	N.D.	N.D.	7	76	88	51	439	51
	小計	378	536	401	792	17.5[*1]	32.7[*1]	55.0[*1]	12.7[*1]
組織脂質	PE	406	220	267	254	529	335	265	332
	PI	46	35	12	26	52	119	156	44
	PS	44	27	37	45	13	38	117	31
	PC	320	316	193	301	480	556	247	367
	SPM	15	23	29	38	19	47	139	35
	LPC	41	34	15	18	12	19	77	14
	小計	872	655	644	682	1,110	1,110	1,420	823

千葉県産.
[*1] g/100 g
PC:ホスファチジルコリン,PE:ホスファチジルエタノールアミン,PS:ホスファチジルセリン,PI:ホスファチジルイノシトール,SPM:スフィンゴミエリン,LPC:リゾホスファチジルコリン,TAG:トリアシルグリセロール,FFA:遊離脂肪酸,ST:ステロール,N.D:検出せず.
(大島ら,1988)

が増えるのは，主にTAGを主体とする蓄積脂質が増大することによる．マイワシでは，全脂質含量は普通筋で最も高く，次いで血合筋，内臓の順となるが，一般には血合筋の脂質含量が高い値を示す．リン脂質含量も普通筋より血合筋で高い．同一魚種でも養殖魚の筋肉脂質含量は天然魚のそれよりも高い．養殖魚の飼料摂取量は天然魚に比べて多いこと，養殖魚の運動量が少ないことなどが影響している（大島，1985）．魚体の部位によっても脂質含量は異なる．マイワシの場合，脂質の少ない4月には背肉と腹肉の全脂質含量に差はないが，8月には背肉よりも腹肉の脂質含量が高くなる．このとき，組織脂質の増加は僅かで，蓄積脂肪が顕著に増加している（表4-5）．組織脂質はいずれも筋肉重量の1％前後で季節変動もなくほぼ一定している．

筋肉タンパク質含量は約20％で，脂質と水分の筋肉中の割合は併せて約80％と周年ほぼ安定している．すなわち，一般に脂質が増大すると水分は減少する．多くの魚類では，産卵直前に筋肉中の水分の減少にともない脂質が増加することから，この時期の魚類は美味となる．旬と呼ばれるが，魚種や海域などによってこの時期は異なる．

1-4 複合脂質

リン酸，糖，塩基などが結合している複合脂質は，分子中には親水性部分（リン酸，糖，塩基など）と疎水性部分（脂肪酸など）とが共存するので，両親媒性を示す（第2章1-3-2項参照）．リン脂質（phospholipid）および糖脂質（glycolipid）は，それぞれリン酸，糖を含む．脂質部分がDAGの場合はグリセロリン脂質（glycerophospholipid）およびグリセロ糖脂質（glyceroglycolipid）となる．スフィンゴシン（sphingosine）のアミノ基に脂肪酸がアミド結合したセラミドには，リン酸を含むスフィンゴリン脂質（sphingophospholipid）および糖を含むスフィンゴ糖脂質（sphingoglycolipid）がある．複合脂質は水生動植物の組織中，生体膜や顆粒に微量かつ普遍的に存在している．

1）グリセロリン脂質　コリンまたはエタノールアミンが結合したホスファチジルコリン（phosphatidylcholine, PC）とホスファチジルエタノールアミン（phosphatidylethanolamine, PE）は塩基性リン脂質である．セリンまたはイノシトールが結合したホスファチジルセリン（phosphatidylserine, PS）とホスファチジルイノシトール（phosphatidylinositol, PI）は酸性リン脂質である．組織中のリン脂質の組成は生物種によって多様で，とくに規則性は認められない．

PCは水生動物に最も普遍的に分布し，魚類，甲殻類，棘皮動物では全リン脂質の約60％を占める（Gopakmar, 1971）．PCは微生物においても主成分であるが，好気性海洋細菌 *Achromobacter cholinophagum* はPCをもたない（Shieh and Spears, 1967）．藻類にはPCが分布する場合が多いが，珪藻の仲間ではPCではなくホスファチジルスルホコリン（phosphatidylsulfocholine）を含む（Andersonら，1978）．

PEはPCに次いで水生生物に多いリン脂質であり，海産動物の多くで全リン脂質の20〜25％を占める．海綿，一部のサンゴおよび軟体動物組織中ではPCよりPEが優勢である．PE含量は組織により異なり，ウニの原形質では僅か1.5％以下であるのに対して（Allen, 1974），ダツ類の三叉神経では40％以上（Chackoら，1972），ヤリイカの外套部斜紋筋で50％以上を占める

(Masonら，1973)．海洋微生物では一般にPCよりもPEの割合が高く，60％を超える場合もある（De Siervoら，1975）．

　PSはPCおよびPEに次いで含量の多いグリセロリン脂質であるが，単離が難しく，その分布に関する情報は少ない．海綿ではPS含量が高く，全リン脂質の約20％を占める例がある（Kostetsky, 1984）．ほかの海産動物と褐藻ではPSは概ね3～10％であるが，軟体動物，深海性魚類の筋肉，鰓，浮袋では10％を超える例がある（Patton, 1975）．

　PIはPSに次いで多いグリセロリン脂質であり，魚類の肝臓，網膜，節足動物の筋小胞体などでは全リン脂質中の2～5％を占める（Kostetsky, 1984）．ナマズ類肝臓（18.9％）（Belsare and Belsare, 1976）やウニ類卵膜（23.0％）（Kinseyら，1980）はPIの割合が最も高い．汽水域に生息するヨシエビ近縁種でも9％以上と高い（Gopakumar and Raiendranathan Nair, 1971）．PIのイノシトール環の4, 5位にさらにリン酸基が結合したホスファチジルイノシトール4,5-ビスリン酸から加水分解で生成するホスファチジルイノシトール-1,4,5-トリリン酸は細胞内情報伝達で重要な第二メッセンジャーとして知られている（第9章3-2項参照）．これらは魚類にも普遍的に存在すると考えられる．

　ホスファチジルグリセロール（phosphatidylglycerol）は海洋微生物（Eberhard and Rouser, 1976），藻類（Perryら，1978）に広く分布し，全リン脂質の3～5％を占める．一方，海産動物では1％以下にすぎない．

　ジホスファチジルグリセロール（diphosphatidylglycerol）はカルジオリピン（cardiolipin）とも呼ばれるリン酸基を2つもつリン脂質である．多くの海洋微生物においてPE, PGに次いで含量が高く，全リン脂質の15～20％を占める．無脊椎動物では全リン脂質の1.5～3.0％であるが，ツノザメの塩類腺（6～7％）やメルルーサの肝臓（8～10％）のように多い組織もある（De Koning, 1966；Karlsonら，1974）．藻類にはほとんど存在しない．

　L-α-ホスファチジン酸（L-α-phosphatidic acid, PA）は海産生物種に広く分布するが，ほかのリン脂質に比べて含量は少なく，全リン脂質の1.5～2％である．しかし，カニ類やロブスターの神経組織，ウニ類の卵巣，ある種の魚類筋肉では6％という高い含量を示す（Patton, 1975）．また，軟体動物では数十％という高含量を示す種がある（Rabinowitzら，1976）．

　sn-1のアシル基をアルケニル基に置き換えたグリセロリン脂質はプラスマローゲン（plasmalogen, 1-O-alk-1'-enyl-2-acyl-sn-glycero-3-phospholipid）あるいはアルケニル型グリセロリン脂質と呼ばれる．水生無脊椎動物に広く分布するが，植物には存在しない．また，sn-1にアルキル基をもつものをアルキル型グリセロリン脂質（1-O-alkyl-2-acyl-sn-glycero-3-phospholipid）と呼ぶ．

　プラスマローゲンは海産無脊椎動物に広く存在する．一般に，エタノールアミン含有グリセロリン脂質では40％以上を占める（Chackoら，1972）が，コリンおよびセリン含有グリセロリン脂質には微量にしか含まれない．フネガイ科貝類（Parkerら，1980）およびキタクシノハクモヒトデの赤血球ではエタノールアミン含有グリセロリン脂質の90％以上がプラスマローゲンで占められている（Dembitsky, 1980）．一方，魚類組織におけるプラスマローゲンの割合は，カツオな

どの一部の魚類筋肉を除いては低い（Ohshima ら，1989）．アルキル型グリセロリン脂質は海産動物に広く分布する．コリン含有グリセロリン脂質中，魚類，エビ類，二枚貝では1～4％，カニおよびロブスター神経組織では6～10％を占める（Sheltawy and dawson, 1966）．エタノールアミン含有グリセロリン脂質の80％以上をアルキル型が占める海綿も報告されている（Dembitsky ら，1977）．

　筋肉中のTAGとグリセロリン脂質の脂肪酸組成はそれぞれ異なる．一般に，PCやPEの構成脂肪酸はTAGのそれよりも不飽和度が高い．

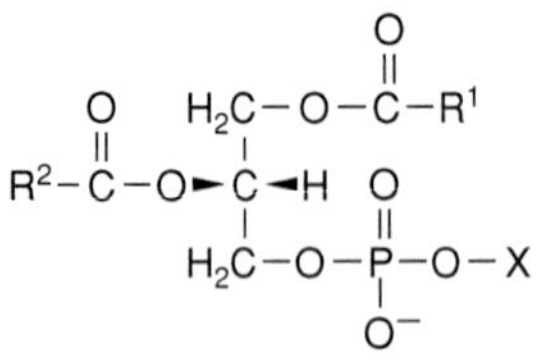

ホスファチジルコリン　　　　X＝CH$_2$CH$_2$N$^+$(CH$_3$)$_3$

ホスファチジルエタノールアミン　X＝CH$_2$CH$_2$NH$_2$

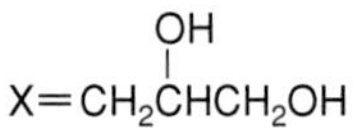

ホスファチジルセリン　　　　X＝CH$_2$CHNH$_2$（COOH）

ホスファチジルイノシトール

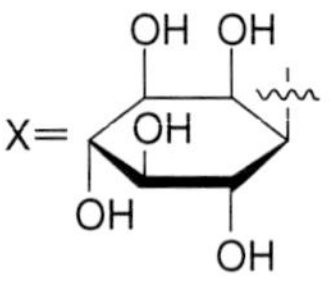

ホスファチジルスルホコリン　X＝CH$_2$CH$_2$S$^+$(CH$_3$)$_2$

ホスファチジルグリセロール　X＝CH$_2$CHCH$_2$OH（OH）

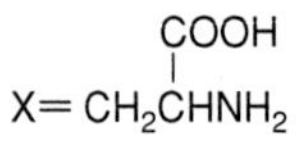

ホスファチジン酸　　　　　　X＝H

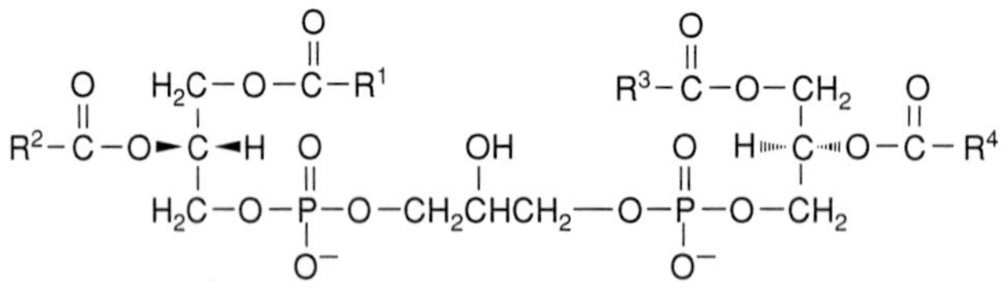

ジホスファチジルグリセロール（カルジオリピン）

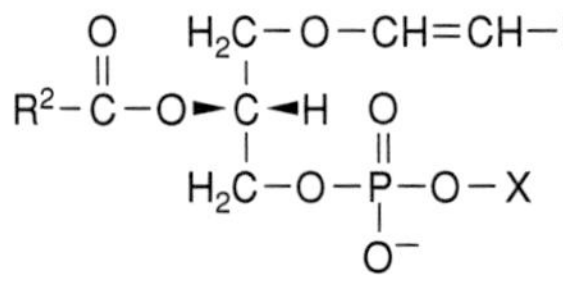

プラスマローゲン（アルケニル型グリセロリン脂質）

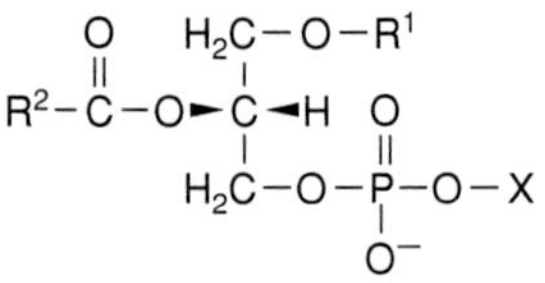

アルキル型グリセロリン脂質

　2）スフィンゴリン脂質　　スフィンゴシン（sphingosine）のアミノ基に脂肪酸が結合したセラミド骨格をもつスフィンゴリン脂質には，セラミド-1-リン酸の誘導体（スフィンゴミエリン ceramide phosphorylcholine, shyngomyelin など）と，セラミド-1-ホスホン酸の誘導体（セラミドアミノエチルホスホン酸 ceramide aminoethylphosphonate など）がある．いずれも全リン

脂質に占める割合は低い．

$$CH_3(CH_2)_{12}-CH=CH-CH-CH-CH_2-O-\overset{\overset{O}{\|}}{\underset{\underset{O^-}{|}}{P}}-O-CH_2-CH_2-N^+(CH_3)_3$$

　　　　　　　　　　　　　　　　OH　NH
　　　　　　　　　　　　　　　　　　|
　　　　　　　　　　　　　　　　　　C=O
　　　　　　　　　　　　　　　　　　|
　　　　　　　　　　　　　　　　　　R　　　スフィンゴミエリン

　3) その他　　ガラクトースがDAGのヒドロキシ基にガラクトシル結合しているグリセロ糖脂質にはまれに多糖が結合していることがある（第5章1-6項参照）．スフィンゴ糖脂質はスフィンゴシンまたはフィトスフィンゴシン（phytosphingosine）などに単糖やオリゴ糖が結合したものもある．（第5章1-4項参照）．魚類の複合脂質ではリン脂質が大部分であり，糖脂質はほとんど検出されない．

　4) **魚類筋肉中の複合脂質の分布**　　魚類筋肉の単純脂質は脂質含量の多寡に関わらず，そのほとんどがTAGで占められており，全脂質含量の相違はTAGの多寡による．一方，リン脂質含量は魚類筋肉中ほぼ1％以下である（表4-6）．リン脂質中，PCが主成分で54〜70％を占めている．次にPEとPSの割合が高く，21〜45％である．普通筋中，リン脂質はこの2種のリン脂質でほとんどが占められている．

表4-6　魚類筋肉の単純脂質および複合脂質の組成　　　　　　　　　　　　(mg/100g)

魚種	全脂質（％）	TAG	SE+HC	PE+PS	PC	SPM	LPC	未同定
サケ（種は不明）	7.4	5270	930	110	360	50	—	740
ニジマス	1.3	302	251	166	414	—	53	115
ニシン普通筋	7.5	5666	355	208	470	—	—	310
マアジ普通筋	7.4	6170	—	140	410	71	10	—
クロマグロ	1.6	731	134	171	366	—	2	26
マダラ	1	98	38	253	390	6.5	—	213
スケトウダラ	0.8	60	90	170	330	—	—	213
ホッケ	7	5310	470	400	490	—	—	170
ヒラメ	1.6	740	240	180	290	—	40	120

TAG, トリアシルグリセロール；SE, ステロールエステル；HC, 炭化水素；PC, ホスファチジルコリン；PE, ホスファチジルエタノールアミン；PS, ホスファチジルセリン；SPM, スフィンゴミエリン；LPC, リゾホスファチジルコリン．
（座間，1976）

1-5　誘導脂質

　脂肪酸，アルコールなどの単純脂質，スフィンゴシンなどの複合脂質から生合成される誘導脂質にはステロール，トコフェロール類，脂溶性ビタミン類などが含まれる．ステロールおよびトコフェロール類は，魚体内で脂肪酸とエステル結合して存在することが多い．

　1) **炭化水素**　　炭化水素（hydrocarbon）は，飽和，不飽和，直鎖，分岐鎖の炭素を含む多様な分子形態が存在する．魚類筋肉や内臓の脂質に不けん化物（巻末解説4-1参照）として含まれるほか，含量は少ないが微生物，藻類，無脊椎動物など，水生生物に広く分布する．サメ類（ラブカを除く）肝油では，イソプレン重合体（トリテルペン）に属する不飽和炭化水素のスク

アレン（squalene, $C_{30}H_{50}$）が主要成分であり（本章4-2項参照），次いでプリスタン（pristane, $C_{19}H_{40}$），フィタン（phytane, $C_{20}H_{42}$）が存在する．プランクトンを摂餌するウバザメには，動物プランクトンに由来すると考えられるプリスタンが20％以上含まれるほか，奇数炭素の炭化水素もみられる．

スクアレン

プリスタン

フィタン

2）カロテノイド（carotenoid）　通常炭素数40からなるテトラテルペンであり，長く伸びた共役二重結合を分子内に有することから可視光を吸収し，赤や黄色の色調を呈する色素である．

カロテノイドには炭素原子と水素原子のみからなる（炭化水素である）カロテン（carotene）とヒドロキシル基，カルボニル基，エポキシドなどの形で酸素原子を分子内に有するキサントフィル（xanthophyll）の両者が存在する．カロテノイドは海産生物に広く分布し，180種類以上の同族体が見出されている．遊離の状態で存在するほか，エステル型，配糖体（グリコシド），含硫化合物およびタンパク質複合体が報告されている．

海洋微生物の*Flabobacterium*属R1519では，全カロテノイドの99％以上をゼアキサンチン（zeaxanthin）が占める（McDermottら，1973）．海綿から分離された*Chlorobium limicola*は全カロテノイドの95％以上をクロロバクテン（chlorobactene）が占める（Liaaen-Jensenら，1964）．緑藻類には主要カロテノイドとしてα-カロテン（α-carotene），β-カロテン（β-carotene），エキネノン（echinenone），ゼアキサンチン，ビオラキサンチン（violaxanthin），ネオキサンチンが普遍的に分布している．紅藻類のカロテノイド組成は単純で，β-カロテン，ルテイン（lutein），ゼアキサンチンが主要成分である（Bjørnland, 1976）．

海綿はα-カロテン，β-カロテン，γ-カロテン（γ-carotene），リコペン（lycopene），トルレン（torulene），アスタキサンチン（astaxanthin）などを含み，鮮やかな色調を呈する．このほか，海綿にはほかの動物種にはみられない芳香族化合物の構造を有するカロテノイドが見出されている．ウメボシイソギンチャクは全カロテノイドの80％近くをアクニオエリスリン（actinioerythrin）が占める（Goodwin, 1992）．ヒトデ類は特徴的にテトラヒドロアスタキサンチン（7,8,7',8'-tetrahydroastaxanthin）およびデヒドロアスタキサンチン（7,8-didehydroastaxanthin）を有する．貝類に含まれる主要カロテノイドのβ-カロテンとルテインは季節変動する．甲殻類では，アスタキサンチンの組成比が高いほか，その生合成前駆体であるエキネノン，カンタキサンチン（canthaxanthin）が含まれる．アスタキサンチンは海産魚の赤色の呈色カロテノイドで

もある．海産黄色魚では，ツナキサンチン（tunaxanthin）が広く分布するほか，ルテインの組成比が高い魚種もある（Francisら，1970）．

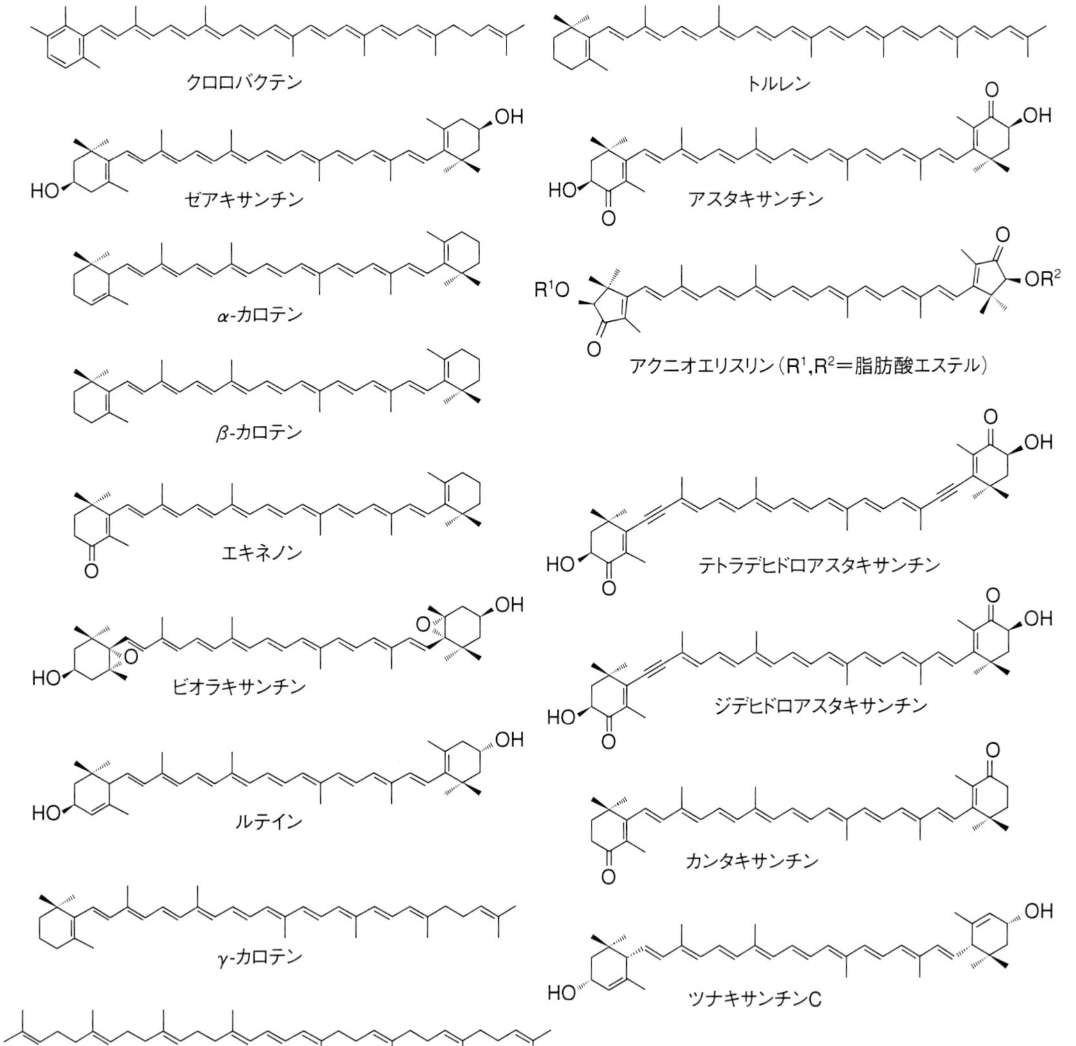

クロロバクテン
トルレン
ゼアキサンチン
アスタキサンチン
α-カロテン
アクニオエリスリン（R^1, R^2＝脂肪酸エステル）
β-カロテン
エキネノン
テトラデヒドロアスタキサンチン
ビオラキサンチン
ジデヒドロアスタキサンチン
ルテイン
カンタキサンチン
γ-カロテン
ツナキサンチンC
リコペン

3）ステロール 魚類ステロールの主成分であるコレステロール（cholesterol）は細胞膜，細胞小器官膜，ミエリン鞘を構成する脂質成分である．とくに，脳神経組織や副腎などに多量に含まれる．動物細胞の構成成分としてだけでなく，胆汁，副腎皮質ホルモン，性腺ホルモン，ビタミンD_3（vitamin D_3, cholecalciferol）の前駆体として重要である．ビタミンD_3を含む海産魚は多種にわたるが，その含量は微量である．動物組織中，コレスタノール（cholestanol）も僅かに含まれる．コレステロールは成体体重の0.1〜0.2％含まれ，その多くは遊離型として存在する．一方，血漿，副腎および皮膚などではエステル型で存在する．

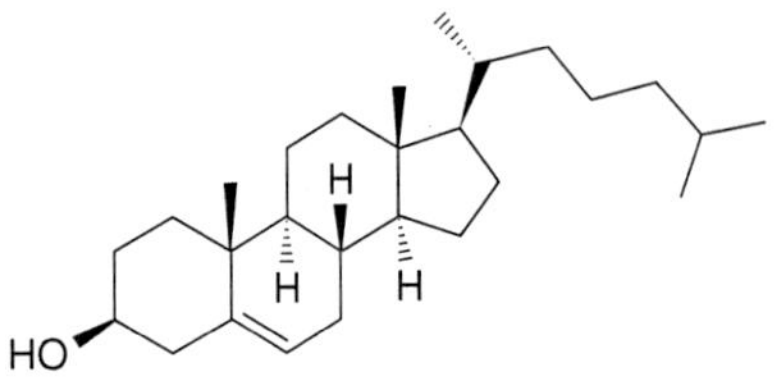

コレステロール

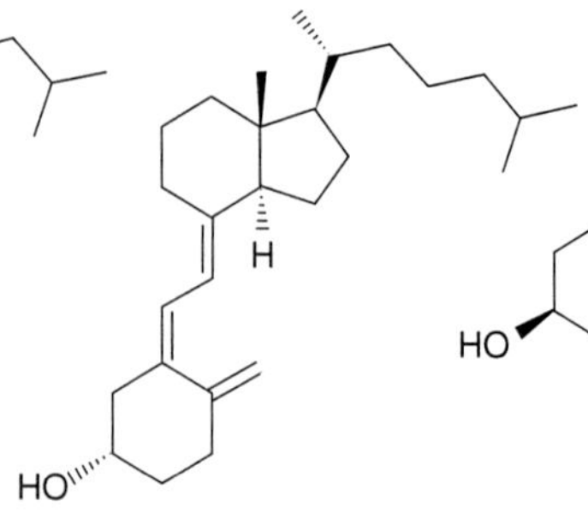

ビタミンD_3

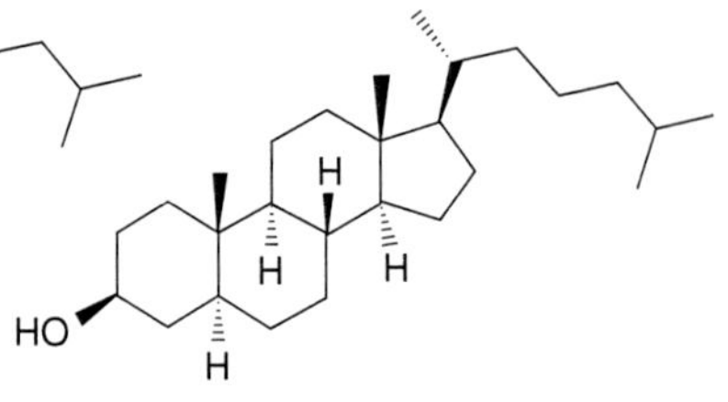

コレスタノール

4）脂溶性ビタミン類　トコフェロール（tocopherol）はトコール同属体（tocols）のメチル化誘導体であり，モノメチル体，ジメチル体，トリメチル体などメチル基の数および結合位置によりα，β，γ，δとなる．組織中のトコフェロールおよび脂溶性ビタミン類の含量は魚種によって多様である．餌飼料の摂取状況にも影響される（金庭ら，1999）．トコトリエノール（tocotrienol）はトコールの側鎖（フィチル基）に二重結合を有する．同様にα，β，γ，δの4種の同属体が存在する．

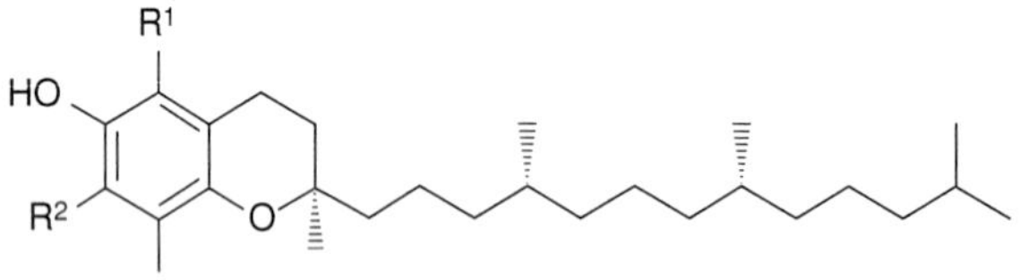

トコフェロール

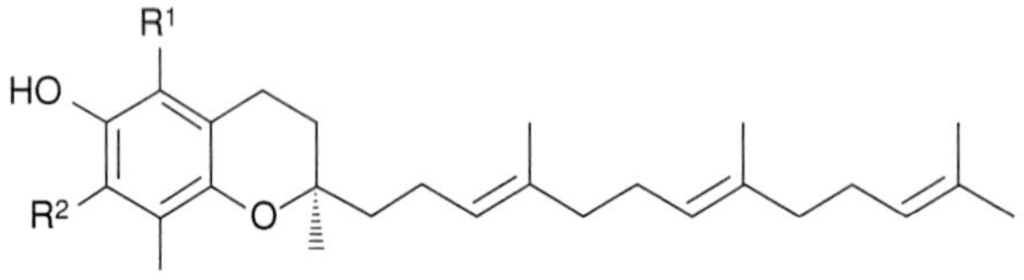

トコトリエノール

	R^1	R^2
α	CH_3	CH_3
β	CH_3	H
γ	H	CH_3
δ	H	H

カロテンの中央開裂によって生成するビタミンA（vitamin A, retinol）は，サメ肝臓（Fosher, 1964），ヤツメウナギ筋肉，ウナギ筋肉および肝臓，アンコウ肝臓，ギンダラ筋肉などに著量存在するが，そのほかの魚類にはほとんど分布しない．ビタミンAはビタミンD_3と同様に藻類にはほとんど存在しない（資源調査会，2000）．

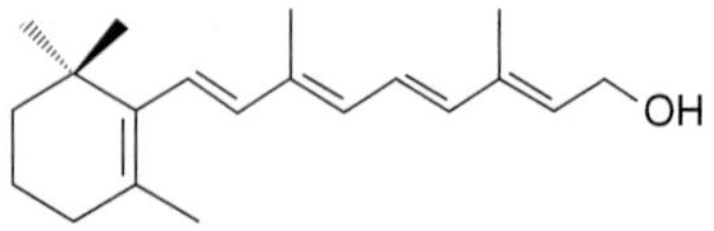

ビタミンA

（大島敏明）

§2. 脂質の化学的変化

2-1 酸化

空気中の酸素はエネルギー状態の低い（基底状態という）三重項酸素（triplet oxygen）で，ほかの物質との反応は起こりにくい．不飽和脂肪酸の二重結合に挟まれた炭素原子に結合するビスアリル水素（bis-allilic hydrogen）の引き抜きが起こると，脂肪酸はエネルギー状態が高く反応性の高いラジカル状態の遊離基（フリーラジカル，free radical, R·）に移行する（図4-1）．フリーラジカルは三重項酸素と容易に反応してペルオキシラジカル（パーオキシラジカル，peroxyl radical, ROO·）を生成する．ここまでの一連の化学反応過程を酸化開始期（initiation）という．ペルオキシラジカルは共存する未反応の不飽和脂肪酸のビスアリル水素を引き抜き，酸化一次生成物（primary oxidation product）のヒドロペルオキシド（ハイドロパーオキサイド，hydroperoxide, ROOH）を生成する．ヒドロペルオキシドは化学的に不安定であり，魚類筋肉などの複合系ではフリーラジカル，アルコキシルラジカル（alkoxyl radical, RO·），ペルオキシラジカルへ容易に分解し，新たなヒドロペルオキシドを生成する．一方，ヒドロペルオキシドは酸化二次生成物（secondary oxidation product）である低分子のアルコール類，アルデヒド類へ分解される．この段階では多様なラジカル種の生成に伴う酸化反応が連鎖的に起こることから，酸化成長期（propagation）と呼ばれる．酸化反応がさらに進行し，ラジカル類への水素供与体としてのビスアリル水素が不足するようになると，ラジカル分子間でR·＋R·，R·＋O·，R·＋ROO·などの重合反応が起こり，ラジカル濃度が減少して酸化反応は収束する．この過程を酸化終了期（termination）という．以上のような一連の自動酸化は1,4-ペンタジエン構造（本章1-1項参照）を基本単位として進行するので，脂肪酸の二重結合の数が多いほど酸化安定性は低くなる（図4-1）．

クロロフィルなどが介在する光増感酸化（photosensitized oxidation）では励起された一重項酸素が脂肪酸二重結合に付加する．フリーラジカルの生成を伴う自動酸化とは作用機序が異なる．リノール酸メチルの場合，光増感酸化速度は自動酸化の約1,500倍である．

魚類筋肉の脂質酸化に関与する脂質過酸化酵素リポキシゲナーゼ（lipoxygenase, LOX）（本章3-3-2項参照）は，マサバではEPAやDHAに対する基質特異性が高く，ニジマスの皮と鰓のものとは基質特異性が異なる（German and Kinsella, 1985）．アユやキュウリウオなどのかおりをもつ魚類では，LOXの作用で生成したヒドロペルオキシドが分解し，アルコール，アルデヒドなどのにおい物質を生成する（図4-2）．

2-2 魚類筋肉脂質の加水分解

魚類筋肉のリパーゼ（lipase）はTAGのsn-1とsn-3の脂肪酸エステル基を加水分解し，遊離脂肪酸を生成する（第9章3-1項参照）．1,2-DAGのsn-2の脂肪酸エステル基はsn-1に分子内転移したのち，リパーゼにより最終的には遊離脂肪酸とグリセロールまで加水分解される．一方，

酸化開始　　　RH $\xrightarrow{\text{I}}$ IH ＋ R・
　　　　　　　　　　　　　　　　　　（フリーラジカル）
　　　　　　　R・ ＋ O_2 ⟶ ROO・
　　　　　　　ROO・ ＋ RH ⟶ ROOH ＋ R・
　　　　　　　　　　　　　　　　　（ヒドロペルオキシド）

I：酸化開始剤
M：遷移金属類
hν：光エネルギー

酸化成長期　　ROOH ⟶ RO・ ＋ OH・
　　　　　　　　　　　　　（アルコキシルラジカル）
　　　　　　　ROOH ＋ M^{2+} ⟶ RO・ ＋ OH^- ＋ M^{3+}
　　　　　　　ROOH ＋ M^{3+} ⟶ ROO・ ＋ H^+ ＋ M^{2+}
　　　　　　　　　　　　　　　　　（ペルオキシラジカル）
　　　　　　　RCOR ＋ hν ⟶ RCO・ ＋ R・

　　　　　　　R・ ＋ O_2 ⟶ ROO・
　　　　　　　ROO・ ＋ RH ⟶ ROOH ＋ R・

酸化終了期　　ROO・ ＋ ROO・ ⟶ ROOR ＋ O_2
　　　　　　　　　　　　　　　　　（非ラジカル重合物）
　　　　　　　RO・ ＋ RH ⟶ ROH ＋ R・
　　　　　　　　　　　　　　　（アルコール類）
　　　　　　　RO・ ⟶ RCHO ＋ R・
　　　　　　　　　　　　（アルデヒド類）
　　　　　　　RO・ ＋ R・ ⟶ ROR
　　　　　　　　　　　　　　　（ケトン類）
　　　　　　　R・ ＋ R・ ⟶ R-R
　　　　　　　　　　　　　　（非ラジカル重合物）

図4-1　不飽和脂肪酸の自動酸化機構

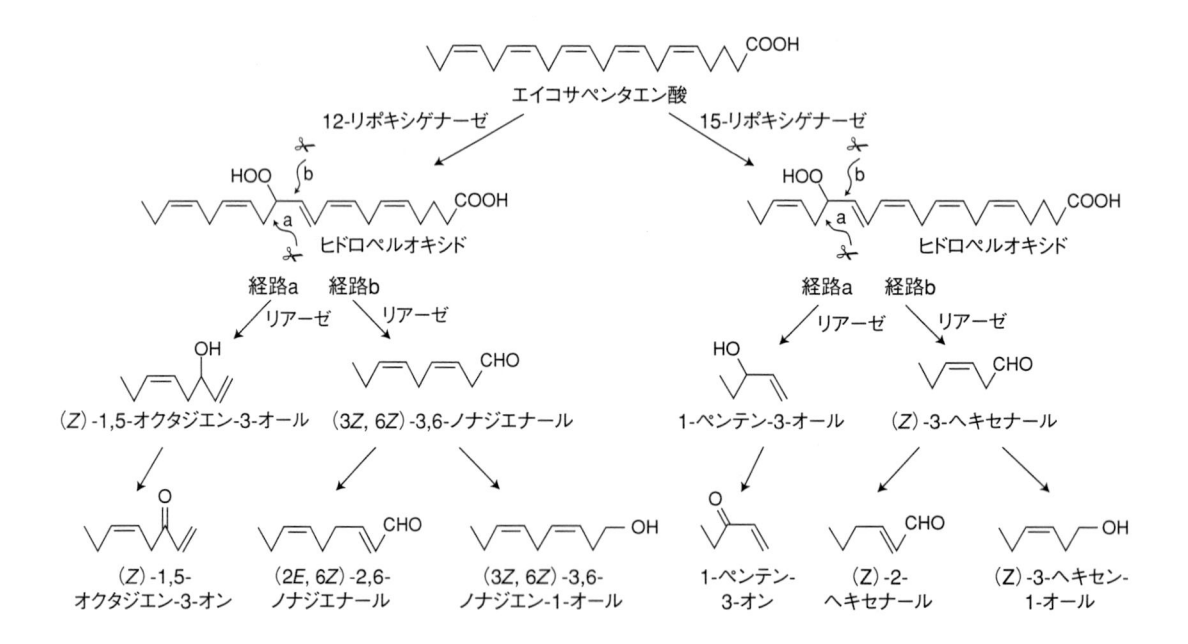

図4-2　不飽和脂質の化学的等方性開裂に伴うヒドロペルオキシドからの揮発性臭い成分の生成

魚類筋肉リン脂質では膜局在性加水分解酵素ホスホリパーゼA_2（phospholipase A_2）の作用でsn-2の脂肪酸エステル基が加水分解され，遊離脂肪酸とリゾリン脂質を生成する．リゾリン脂質はさらにリゾホスホリパーゼ（lysophospholipase）により遊離脂肪酸と親水性部分へと分解される（Olleyら，1962）．これらの反応は-4〜-5℃において進行することから，冷凍魚においてもグリセロリン脂質は分解する．

（大島敏明）

§3. 脂肪酸の代謝と機能

3-1 脂肪酸の異化

食物は胃と腸で酵素の働きで消化されて小さな分子になる．脂質のTAGは膵リパーゼによってグリセロール部のsn-1とsn-3のエステル結合が加水分解されて脂肪酸を生成する．脂肪酸は補酵素A（coenzyme A, CoA）とチオールエステルを形成して脂肪酸アシルCoAとなって代謝（異化，分解）される．その反応はβ酸化（β oxidation）と呼ばれ，図4-3に示すように4段階の酵素反応からなる（McMurry, 2007）．

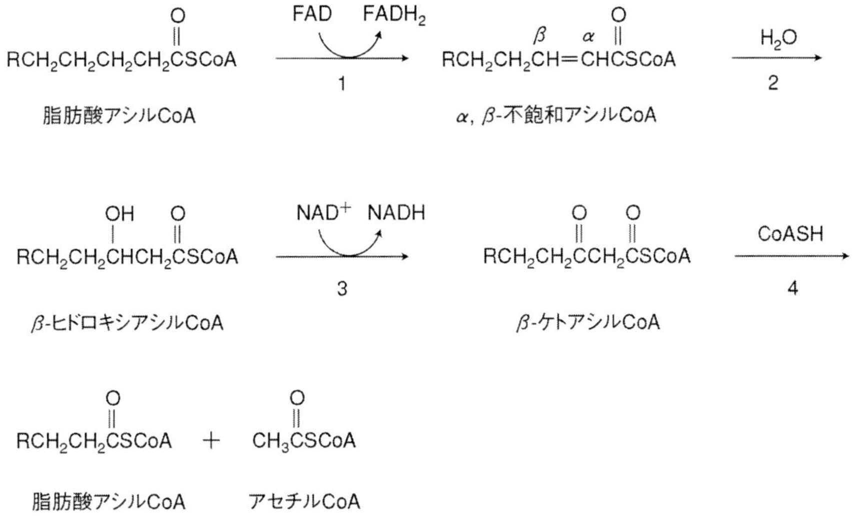

図4-3 脂肪酸のβ酸化経路（脂肪酸のエステル基側からアセチル基が開裂する）．1〜4の反応については本文を参照

段階1：アシルCoAデヒドロゲナーゼによって脂肪酸アシルCoA分子のC2とC3から2つの水素が離脱して二重結合が生成する．すなわち，共役したC＝C結合とC＝O結合をもつα, β不飽和アシルCoAが生成する．この反応は補酵素フラビンアデニンジヌクレオチド（FAD）によって触媒される．FADは還元されて$FADH_2$となる．

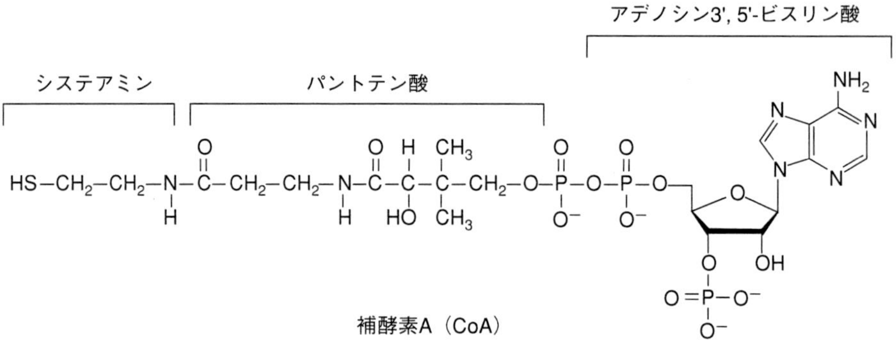

アデノシン3′, 5′-ビスリン酸

システアミン　　パントテン酸

補酵素A（CoA）

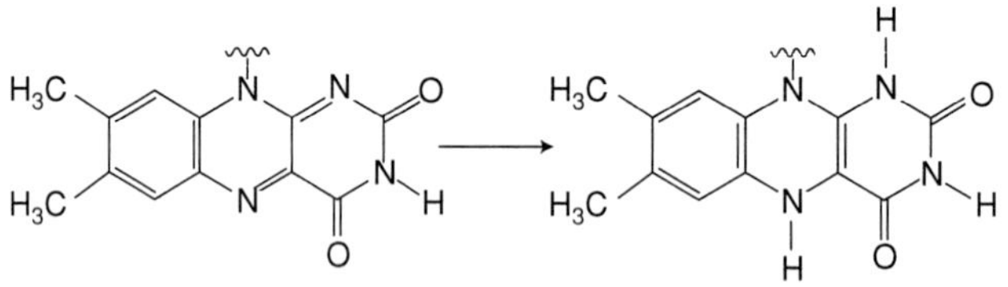

FAD　　　　　　　　FADH$_2$

段階2：段階1で生成したα,β不飽和アシルCoAの二重結合のβ炭素にエノイルCoAヒドラターゼの働きで水が付加して（共役求核付加反応，第2章2-3-2項参照）エノラートイオン中間体が生成し，そのα炭素がプロトン化してβ-ヒドロキシアシルCoAが生成する．

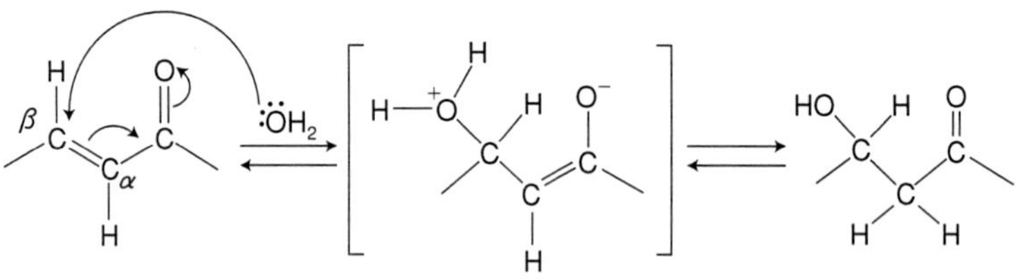

α, β-不飽和カルボニル　　エノラートイオン中間体　　β-ヒドロキシカルボニル

段階3：β-ヒドロキシアシルCoAは(S)-3-ヒドロキシアシルCoAデヒドロゲナーゼによって2個の水素が取り除かれてβ-ケトアシルCoAに酸化される（S配置については巻末解説4-2参照）．補酵素としてニコチンアミドアデニンジヌクレオチド（NAD$^+$）を必要とし，副生成物として還元型ニコチンアミドアデニンジヌクレオチド（NADH）が得られる．この反応では基質から追い出された1つのH$^+$が2個の電子と反応してヒドリドイオン（H：$^-$）を生じ，これがNAD$^+$に付加してNADHを与える．基質から引き抜かれるもう1つの水素はH$^+$として反応溶液中に放出される．

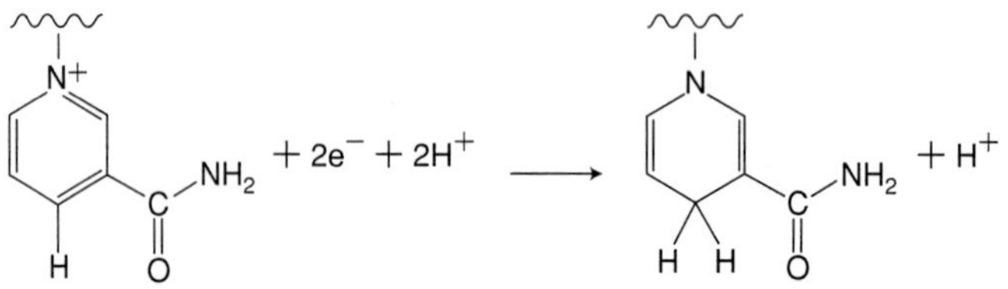

NAD$^+$　　＋2e$^-$＋2H$^+$　　→　　NADH　＋H$^+$

段階4：β酸化の最終段階であり，β-ケトアシルCoAからC2−C3結合が切れて2炭素減少した脂肪酸（アシルCoA）とアセチルCoAが生成する．この反応はβ-ケトチオラーゼによって触媒されるが，反応はβ-ケトアシルCoAのケト基にCoAが求核付加することによってアルコキシドイオン中間体が生じ，続いてC2−C3結合が開裂してアセチルCoAエノラートイオンが得られ（逆クライゼン反応），これがプロトン化してアセチルCoAになる．炭素数が2減少したアシルCoAはβ酸化経路の2回目に取り込まれて，再び1〜4の反応を受ける．

β-ケトアシルCoA　　　アルコキシドイオン中間体

炭素鎖が短くなった　　アセチルCoA　　　アセチルCoA
アシルCoA　　　　　　エノラートイオン

β酸化の具体例をみてみよう．16炭素のパルミチン酸（16:0）の場合，段階1〜4が1巡すると14炭素のミリスチルCoAとアセチルCoAとなり，2巡するとミリスチルCoAが12炭素のラウリルCoAとアセチルCoA，3巡するとラウリルCoAが10炭素のカプリルCoAとアセチルCoAになる．こうして最後は4炭素のブチリルCoAから2分子のアセチルCoAが生成する．すなわち，パルミチン酸からは7回のβ酸化で8分子のアセチルCoAが生成することになる．同様に，14炭素のミリスチン酸からは6回のβ酸化で7分子のアセチルCoAが，20炭素のアラキジン酸からは9回のβ酸化で10分子のアセチルCoAがそれぞれ得られる．一般に，偶数炭素の飽和脂肪酸から何分子のアセチルCoAが生成するかは脂肪酸の炭素数を2で割ることによって得られる．そのとき起るβ酸化の回数は生成するアセチルCoAの数より常に1少ない．奇数炭素の脂肪酸や二重結合を有する脂肪酸もβ酸化を受けて異化されるが，β酸化の前にいくつかの反応過程を必要とする．これらについては本書では触れないのでほかの成書（例えば，三浦，1989）を参考にされたい．いずれの場合もアセチルCoAはクエン酸回路に取り込まれてさらに酸化される（第5章3-1項参照）．

3-2　脂肪酸の生合成

脂肪酸の主要な生合成経路を図4-4に示す．飽和脂肪酸の新規（*de novo*）合成，鎖長延長（chain elongation）および不飽和化（desaturation）が主な反応経路である（Gunstone, 1996；市原，2001）．

```
                              n-9モノエン
                                 ↑b
    2:0 --a--→ 16:0 --b--→ 18:0 --c--→ 18:1n-9 --d--→ 18:2n-6 --d--→ 18:3n-3
              ↓c                         ↓b,e           ↓b,e           ↓b,e
             16:1n-7                   n-9ポリエン      n-6ポリエン      n-3ポリエン
```

図4-4 脂肪酸の主要な生合成経路．a：酢酸からの飽和脂肪酸の *de novo* 合成，b：鎖長延長，c：Δ9不飽和化，d：不飽和化（植物），e：不飽和化（動物）．

1) 新規 (*de novo*) 合成

de novo 合成は脂肪酸生合成の基本となる反応であり，これにより主に飽和脂肪酸が合成される．アセチルCoAカルボキシラーゼの存在下で，アセチルCoAと二酸化炭素から反応性の高いマロニルCoAが作られる．

$$CH_3COSCoA + CO_2 \rightarrow HO_2CCH_2COSCoA$$
　　アセチルCoA　　　　　　　　マロニルCoA

続いて，アセチルCoAとマロニルCoAの縮合によって二酸化炭素が失われてC_4化合物（ブチルCoA）が生成するが，通常アセチルCoAとマロニルCoAはアシルキャリアタンパク質（ACP）と結合して合成反応が進行する．図4-5にアセチルACPとマロニルACPからC_4が生成する *de novo* 合成の最初のサイクルと反応に関わる酵素を示す．アセチルACPとマロニルACPの縮合に

```
            O
            ‖
         CH_3CSACP              アセチルACP
           │
           │    HO_2CCH_2COSACP  マロニルACP
         a │ ↙
           │ ↖ CO_2, ACPSH
           ↓
         O   O
         ‖   ‖
      CH_3CCH_2CSACP           3-ケトブチリルACP
           │
           │ ↙ NADPH
         b │
           │ ↖ NADP^+
           ↓
              O
              ‖
    CH_3CH(OH)CH_2CSACP         (R)-3-ヒドロキシブチリルACP
           │
         c │ ↙ H_2O
           ↓
              O
              ‖
      CH_3CH=CHCSACP            トランス-Δ2-ブテノイルACP
           │
           │ ↙ NADPH
         d │
           │ ↖ NADP^+
           ↓
              O
              ‖
      CH_3CH_2CH_2CSACP         ブチリルACP
```

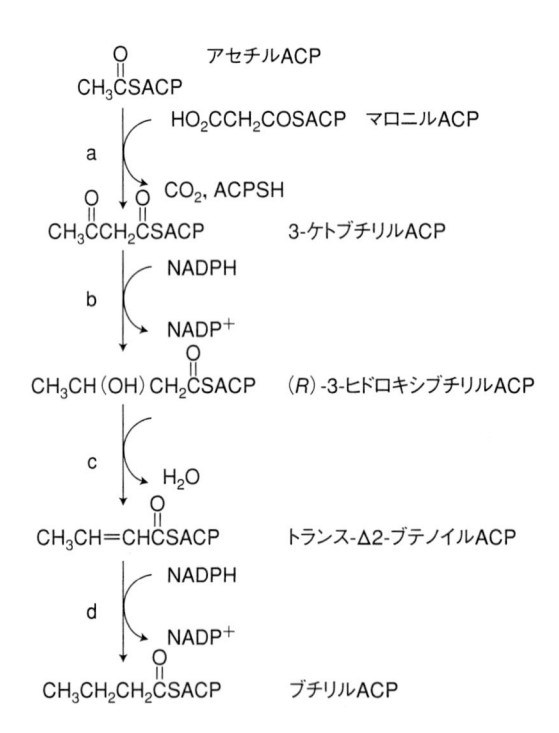

図4-5 脂肪酸の *de novo* 合成（C_2をC_4へ変換する最初の反応サイクルを示す）．ACPSH：チオール基をもつアシルキャリアタンパク質（ACP），$NADP^+$および NADPH：ニコチンアミドアデニンジヌクレオチドリン酸とその還元型，a：3-ケトアシル-ACPシンターゼ，b：3-ケトアシル-ACPレダクターゼ，c：3-ヒドロキシアシル-ACPデヒドラターゼ，d：エノイル-ACPレダクターゼ．

よって二酸化炭素が除かれて生成するC$_4$化合物（3-ケトブチリルACP）はR配置（巻末解説4-2参照）をもつ3-ヒドロキシ化合物［(R)-3-ヒドロキシブチリルACP］に還元された後，脱水してトランス-Δ2-ブチノイルACPとなり，さらにニコチンアミドアデニンジヌクレオチドリン酸（NADPH）の存在下でブチリルACPに還元される．このブチル基（ブチリルACP）が再び反応サイクルに入って，マロニルACPと反応してC$_6$が生成する．こうして反応が繰り返されてC$_{16}$（パルミチン酸）ができる．このように，出発物質が酢酸（エステル）の場合，偶数脂肪酸，とくにパルミチン酸ができるが，それ以外の場合は偶数脂肪酸とは異なる脂肪酸が生成する．例えば，プロピオン酸CH$_3$CH$_2$COOH（エステル）からは奇数脂肪酸（とくにC$_{17}$）が得られる．(CH$_3$)$_2$CHCOOHからは偶数のイソ酸（とくにC$_{18}$）（本章1-1項参照）が得られる．また，CH$_3$CH$_2$CH(CH$_3$)COOHからは奇数のアンテイソ酸（とくにC$_{17}$）（本章1-1項参照）が生成する．

n-7系脂肪酸の16:1n-7（Δ9）と18:1n-7（Δ11）の合成も*de novo*生合成の例としてあげられる（Δ☞）．この合成経路は嫌気性微生物にみられるもので反応に酸素を必要としない．以下に示すように，通常の*de novo*生合成のC$_{10}$レベルでは3-ヒドロキシデカン酸（3-OH 10:0）が脱水されてトランス-Δ2-デセン酸（2*t*-10:1）が生成し，その後還元されて鎖長延長が起るが，n-7系のモノエン酸の場合，脱水によってシス-Δ3-デセン酸（3*c*-10:1）ができて，その後の鎖長延長ではこの二重結合は還元されずにそのまま残り，シス-Δ9-ヘキサデセン酸（9*c*-16:1）が生成する．この脂肪酸は，さらに鎖長延長してシス-バクセン酸（11*c*-18:1）になる．

> ☞ Δ, n-(ω), OH
>
> 脂肪酸分子中の二重結合位置はΔまたはn-(ω)で示される（本章1-1項参照）．Δはカルボキシル基の炭素を1番目として数えたときの二重結合の位置を示す．メチル基末端側（ω炭素）からの位置はn-6（ω6），n-3（ω3）のように表される．例えば，DHAは22:6（Δ4, 7, 10, 13, 16, 19）または22:6n-3（22:6ω3）と略記される．また，脂肪酸分子中のヒドロキシ基の位置は，9-OH 18:1（9-ヒドロキシオクタデセン酸）のように示される．

```
→ 3-OH 10:0 → 2t-10:1 → 10:0 …… → 16:0
      ↓
      3c-10:1 → 5c-12:1 → 7c-14:1 → 9c-16:1 → 11c-18:1
```

2）鎖長延長 鎖長延長は*de novo*合成に多くの点で似ているが，いくつかの点で大きな違いがある．基質（ACPまたはCoAエステル）は予め生合成された飽和または不飽和脂肪酸であり，これがアセチルCoAまたはマロニルCoAと反応し，通常の縮合の後，還元，脱水そして再び還元が起って最初の分子のカルボニル末端に2つの炭素を付加した新たな脂肪酸が生成する．例えば，パルミチン酸がステアリン酸（18:0）や更に長鎖（C$_{30}$まで）の脂肪酸に変換されたり，オレイン酸（18:1n-9）がさらに長鎖のモノエン酸に変換される反応である．図4-6にオレイン酸を

```
18:1n-9(Δ9) ⟶ 20:1n-9(Δ11) ⟶ 22:1n-9(Δ13) ⟶ 24:1n-9(Δ15) ⟶
26:1n-9(Δ17) ⟶ 28:1n-9(Δ19) ⟶ 30:1n-9(Δ21)
```

図4-6 脂肪酸（オレイン酸）の鎖長延長

基質とする鎖長延長を示す．カルボキシル基の炭素を1番目として数えたときの二重結合の位置（Δ）は鎖長延長によって変わるが，メチル基末端からのその位置は変化せず，常にn-9である．

3) モノエン酸 不飽和脂肪酸は嫌気的および好気的反応経路で合成されるが，後者がより一般的である．嫌気的環境下での不飽和化については，*de novo* 合成の本章3-2-1項を参照されたい．

飽和脂肪酸アシル鎖への最初の二重結合の導入は通常Δ9位で起り，C_9とC_{10}からプロ-R 水素（巻末解説4-3参照）が立体特異的および位置特異的に取れてシス配置 ☞ のアルケンが生成する．例えば，ステアリン酸はCoAエステル，ACPエステルまたはリン脂質となってΔ9不飽和化酵素と反応し，オレイン酸（9c-18:1）に変換される．ほかのΔ9モノエン脂肪酸（9c-16:1や9c-14:1など）も同様に対応する飽和脂肪酸から作られる．この経路は植物と動物に存在するが，いずれも酸素依存的であり，NADHまたはNADPHを要求する．ある種の植物にはΔ3，Δ5，Δ6のモノエン脂肪酸が含まれるが（Christie, 2007），これらの脂肪酸もそれぞれの不飽和化酵素によって生合成される．例えば，パセリやコリアンダーの種子に多量（全脂肪酸中50％以上）に存在するペトロセリン酸（6c-18:1）は，Δ4不飽和化酵素によってパルミチン酸のΔ4位とΔ5位の水素が引き抜かれた後，鎖長延長によって生成する（Mekhedovら，2001；Christie, 2007）．

> **☞ シス-トランス**
>
> 二重結合の両炭素に2つの異なる置換基が付いた場合，シス-トランス（*cis-trans*）異性体が存在する．2つの置換基が二重結合の同じ側についているものをシス，反対側ついているものをトランスとよぶ．*cis* は c，*trans* は t と略記される．したがって，オレイン酸（シス-Δ9-18:1）は 9c-18:1，エライジン酸（トランス-Δ9-18:1）は 9t-18:1 のように記される．シス-トランス命名法は，置換基が3つ以上の場合は使えないので，より一般的にはシスを Z，トランスを E で表す．この表記法を用いると 9c-18:1 は 9Z-18:1，9t-18:1 は 9E-18:1 のように記述される（詳細は有機化学の教科書を参照されたい）．

$$16:0 \xrightarrow{\Delta 4\text{不飽和化}} 4c\text{-}16:1 \xrightarrow{\text{鎖長延長}} 6c\text{-}18:1$$

4) ポリエン酸への不飽和化 最初の二重結合のあとに導入される次の二重結合は動物と植物では異なる．植物では既に存在する二重結合と末端メチル基の間に導入されるのが一般的である．これらの二重結合はシス配置であり，二重結合間にメチレン基をもつメチレン中断型（methylene interrupted 型）の構造を有する．最も重要なのはC_{18}グループのオレイン酸，リノール酸およびα-リノレン酸であり，それぞれが種々のポリエン酸合成の前駆体となる．

$$9c\text{-}18:1n\text{-}9 \xrightarrow{\Delta 12\text{不飽和化}} 9c12c\text{-}18:2n\text{-}6 \xrightarrow{\Delta 15\text{不飽和化}} 9c12c15c\text{-}18:3n\text{-}3$$
オレイン酸　　　　　　　　　リノール酸　　　　　　　　　α-リノレン酸

一般的ではないが，植物は既に存在する二重結合とカルボキシル基間に新たな二重結合を作ることができる．その例として，月見草，ルリジサ，クロフサスグリなどの種子油に存在するγ-リノレン酸が上げられる．

```
                Δ12不飽和化              Δ6不飽和化
9c-18:1n-9  ─────────────→  9c12c-18:2n-6  ─────────────→  6c9c12c-18:3n-6
オレイン酸                    リノール酸                        γ-リノレン酸
```

一方，動物はn-9系脂肪酸の二重結合のメチル基側に新たに二重結合を導入することはできない．そのため，必要とされるリノール酸とα-リノレン酸は植物由来の餌から摂らなければならない．これらの脂肪酸は一度取り込まれると不飽和化と鎖長延長を受けてn-6系列とn-3系列のポリエン酸に変換される（図4-7）．ドコサヘキサエン酸（DHA）が生成する最後の段階には2つの経路がある（Caterina and Basta, 2001）．1つは主に微細藻に存在するが，ドコサペンタエン酸（DPA）のΔ4位が直接不飽和されるものである（Christie, 2007）．もう1つはエイコサペンタエン酸（EPA）が細胞のペルオキシソームあるいはミトコンドリア中で鎖長延長して24:5n-3になり，次いでミクロソーム中でΔ6位が不飽和化されて24:6n-3になり，そしてβ酸化でDHAが生成する経路である（Vossら，1991；Sprecher, 2000）．

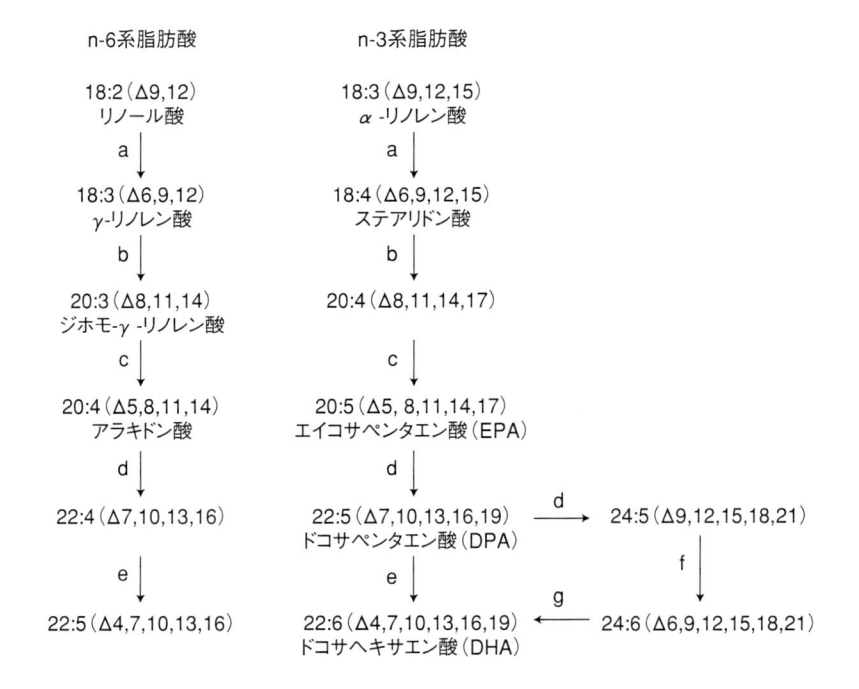

```
        n-6系脂肪酸                          n-3系脂肪酸

     18:2（Δ9,12）                       18:3（Δ9,12,15）
       リノール酸                          α-リノレン酸
          │a                                 │a
          ↓                                  ↓
     18:3（Δ6,9,12）                     18:4（Δ6,9,12,15）
       γ-リノレン酸                        ステアリドン酸
          │b                                 │b
          ↓                                  ↓
     20:3（Δ8,11,14）                    20:4（Δ8,11,14,17）
    ジホモ-γ-リノレン酸
          │c                                 │c
          ↓                                  ↓
    20:4（Δ5,8,11,14）                 20:5（Δ5,8,11,14,17）
       アラキドン酸                     エイコサペンタエン酸（EPA）
          │d                                 │d
          ↓                                  ↓
     22:4（Δ7,10,13,16）           22:5（Δ7,10,13,16,19）──d──→ 24:5（Δ9,12,15,18,21）
                                   ドコサペンタエン酸（DPA）
          │e                                 │e                       │f
          ↓                                  ↓         g              ↓
    22:5（Δ4,7,10,13,16）         22:6（Δ4,7,10,13,16,19）←──── 24:6（Δ6,9,12,15,18,21）
                                   ドコサヘキサエン酸（DHA）
```

図4-7　動物におけるn-6系脂肪酸とn-3系脂肪酸の生合成経路．
a：Δ6デサチュラーゼ（不飽和化酵素），b：エロンゲース（鎖長延長酵素），c：Δ5デサチュラーゼ，d：エロンゲース，e：Δ4デサチュラーゼ，f：Δ6デサチュラーゼ，g：β酸化

3-3　脂肪酸の機能

脂肪酸の機能は2つに大別される．1つはエネルギー物質としての機能であり，他はポリエン酸およびその代謝産物（プロスタグランジンなど）のもつ生理活性物質としての機能である．

1）脂肪酸のエネルギー生産過程　本章3-1項で述べたように脂肪酸はβ酸化でアセチルCoAとなる．アセチルCoAはさらにクエン酸回路で酸化されて二酸化炭素を生成し，同時に

NAD$^+$およびFADが還元されて大量のエネルギー（還元電位）を放出する．このエネルギーが電子伝達系で使われて異化の最終産物であるATPと水を生成する．すなわち，消化によって脂質（TAG）から生成した脂肪酸は細胞内で分解されて，最後は二酸化炭素，水およびATPになる．本章の緒言でも述べたように，脂質はタンパク質，糖質とともに三大栄養素といわれるが，アセチルCoAから最終的にエネルギー源のATPを作りだす食物異化の過程は三者同一である．

2）アラキドン酸　　アラキドン酸（20:4n-6）の代謝産物はエイコサノイド（eicosanoid）といわれ，様々な生理活性を示す．動物では，アラキドン酸はホスホリパーゼA_2によって細胞膜を構成するリン脂質のsn-2（本章2-2項参照）から遊離した後，種々の酵素の作用によってプロスタグランジン（prostaglandin, PG），トロンボキサン（thromboxane, TX），ロイコトリエン（leukotriene, LT），リポキシン（lipoxin, LX）などの活性物質に変換される．アラキドン酸の代謝はシクロオキシゲナーゼ（cyclooxygenase, COX）とリポキシゲナーゼ（lipoxygenase, LOX）によるものに大別され，その代謝産物や生合成経路は総称してアラキドン酸カスケードと呼ばれる．図4-8にCOX経路とLOX経路の1つ5-LOX経路の主要代謝産物を示す．

COXはPGとTXの産生を触媒する酵素で，アラキドン酸に2分子の酸素を添加してPGG_2を経てPGH_2を産生する．PGH_2は酵素の作用を受けて直ちにPGE_2，$PGF_{2\alpha}$，PGI_2，TXA_2に変換されて，種々の生理活性を発現する．PGI_2とTXA_2は不安定であり，それぞれ速やかに活性のない安定な6-ケト-$PGF_{1\alpha}$とTXB_2に分解される．PG類は体内でホルモンの作用を緩和するように働いており，血圧の抑制，血液凝固，動脈や気管支の拡張，胃液分泌抑制，子宮収縮，炎症，痛みの誘発など多種多様な作用を示す．アスピリンやインドメタシンなどの抗炎症薬はCOX活性を阻害し，下流のPG産生を抑えることによって薬効を示す．

PGは1930年代にヒトの精液から発見されたことから，前立腺（prostate）に由来すると考えられ「prostaglandin」と命名されたが，現在では雌雄を問わず，動物の様々な組織中に広く分布することが明らかにされている．海洋生物ではサンゴや海藻のオゴノリがPG類を多量に産生するが，生合成経路や生理機能の詳細は不明である（Fusetani and Hashimoto, 1984；中島ら，1998；Varvasら，1999；浅川・宮澤，2001）．

LOXはLT，LXなどの産生に関わる酵素であるが，アラキドン酸分子の炭素に1分子の酸素を添加して種々のヒドロペルオキシエイコサテトラエン酸（hydroperoxyeicosatetraenoic acid, HPETE）を産生する．添加される炭素の位置によってそれぞれ特異的なLOXが存在する．例えば，5-LOXはアラキドン酸から(S)-5-HPETEを産生し，そこから種々のLTやLXの出発物質となるLTA_4が生成する．LTにはA～Eの5種類が存在する．LTB_4は白血球を活性化する強い作用があり，炎症部位への白血球の走化性，好中球からのリソソーム酵素（第9章1-2-2項参照）の分泌，活性酸素産生の促進，血管内皮細胞への好中球接着の促進などの活性を有する．一方，LTC_4，LTD_4，LTE_4には気管支平滑筋収縮，好酸球やマクロファージなどの炎症細胞の遊走および活性化，血管透過性の亢進，気管粘液分泌などの作用があり，気管支喘息に関与しているとされる．LXは3つの水酸基と4つの二重結合がすべて共役した構造をもち，不斉炭素の立体配置（R, S）と二重結合のシス，トランス配置の異なる多数の異性体が存在する．生理活

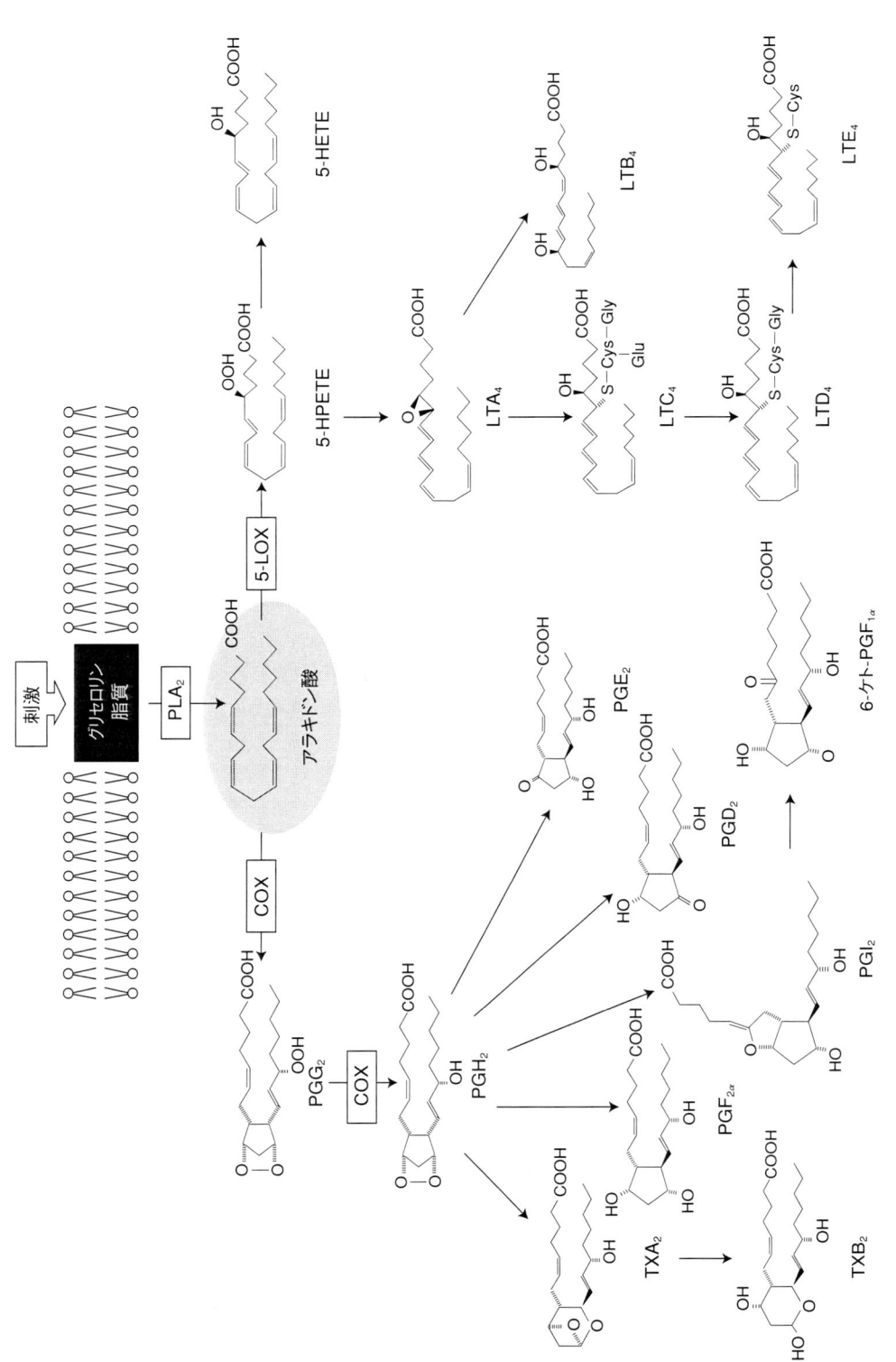

図4-8 アラキドン酸カスケード（COX経路と5-LOX経路の主要な代謝産物のみを示す）．PLA$_2$：ホスホリパーゼA$_2$，COX：シクロオキシゲナーゼ（プロスタグランジンエンドペルオキシドシンターゼ），5-LOX：5-リポキシゲナーゼ．

性はLXA₄について主に報告されているが，LTやTXと異なり，血管拡張，白血球の機能抑制，喘息時の気道収縮の阻害など抗炎症性の作用を示す（室田，2002）．

　3）そのほかのポリエン酸　　動物はリノール酸（18:2n-6）とα-リノレン酸（18:3n-3）を生合成できないので健康維持のためには，これらの脂肪酸（必須脂肪酸といわれる）を植物から摂取しなければならない．その欠乏症状はリノール酸とα-リノレン酸を欠いた実験動物では観察されるが（成長停止，不妊，脱毛，皮膚からの過剰な水分蒸発など），通常の食生活をしている人では稀である．人における欠乏は皮膚の状態から分かるが，オレイン酸から生成する20:3n-9とリノール酸からできるアラキドン酸（20:4n-6）の比から生化学的に測定することが可能であるとされている．これはトリエン-テトラエン比といわれ，必須脂肪酸欠乏状態を示す指標として使われている．長年この比が0.4を超えると必須脂肪酸欠乏とされてきたが，現在ではもう少し低い値が使われるべきといわれている（Gunstone, 1996）．

　EPAは高脂血症および閉塞性動脈硬化症治療薬として使われているが，抗炎症・抗アレルギー作用を有することやがん化および動脈硬化を含む多くの慢性疾患に伴う症状を軽減することも知られている．このようなEPAの作用は，EPAがアラキドン酸に比べてCOXやLOXの基質になりにくく，アラキドン酸のエイコサノイド（PG, LT, LXなど）への転換を競合的に阻害することや，EPAから作られるエイコサノイドの活性がアラキドン酸由来のものよりも弱いことに起因すると考えられている（原田・鹿取，1989）．

　DHAはアラキドン酸やEPAとは異なり，COXやLOXの作用は受けず，したがって，エイコサノイドのような代謝産物は生成しない．DHAはCOXを阻害することによって，アラキドン酸由来の活性物質（PGE₂, PGD₂, TXA₂など）の産生を抑えると考えられ，こうした作用が成人病予防に有効であるとされている（室田，2002）．

　DPAは炭素数20，二重結合数5のn-3系の脂肪酸であり，EPAの鎖長延長によって生成する（図4-7）．魚油に広く分布することは古くから知られていたが，EPAやDHAと異なり含量が極めて少ないために研究対象になり難く，これまでDPAの生理作用は不明であった．しかし，アザラシの皮脂中に多く含まれる（多いものでは総脂肪酸中20％を超える）（Westら，1979；Wanasundara and Shahidi, 1996）ことがわかってから研究が大きく進展した．その結果，DPAは血管内皮細胞の遊走を増加させる作用（血栓を作りにくくしたり，血管内皮細胞の障害を修復する作用）がEPAの約10倍高いことが明らかにされた（Kanayasu-Toyodaら，1996）．

（板橋　豊）

§4．ステロールおよびカロテノイドの生合成

　コレステロールに代表される様々なステロールは，細胞膜の構成成分として存在するほか，胆汁酸やホルモンなどに変換され，水生生物の生命維持に重要な役割を果たしている．また，カロテノイドは水生生物の体色発現に関与するほか，ビタミンA源としての役割もある．ステロールおよびカロテノイドはテルペン（本章1-5項参照）の一種である．テルペンはテルペノイド，イ

§4. ステロールおよびカロテノイドの生合成 　87

ソプレノイドとも呼ばれ，分岐した炭素数5のイソプレン（図4-9）を構成単位とする化合物である．すべてのテルペンは，共通の前駆物質であるイソペンテニル二リン酸（isopentenyl diphosphate, IPP），およびその異性体である3,3-ジメチルアリル二リン酸（3,3-dimethylallyl diphosphate, DMAPP）から生合成される．以下にステロールおよびカロテノイド生合成の流れを述べる．

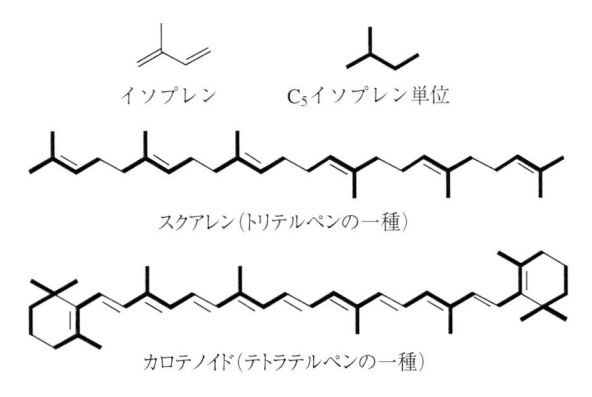

図4-9　イソプレン単位とテルペン

4-1　イソペンテニル二リン酸と3,3-ジメチルアリル二リン酸の生合成

従来IPPはメバロン酸経路（mevalonate pathway）（図4-10）のみにより合成されると考えられてきた．この経路では，まず3分子のアセチルCoAが使われ，ヒドロキシメチルグルタリルCoA（hydroxymethylglutaryl-CoA, HMG-CoA）が作られる．HMG-CoAはHMG-CoAレダ

図4-10　メバロン酸経路

クターゼ（HMG-CoA reductase, HMGR）によりメバロン酸（mevalonic acid）に変換される．HMGRが触媒する反応は不可逆かつ律速であるため，HMGRの阻害によりメバロン酸，さらにはステロールの合成が抑えられる．メバロン酸はさらに数段階を経て，最終的に脱炭酸により炭素数5のIPPに変換される．IPPはIPPイソメラーゼによりDMAPPに変換される．

近年，原核生物や植物の色素体には，メバロン酸を経由せずにIPPを生産する非メバロン酸経路（図4-11）が存在することが明らかになった（Rodríguez-Concepción and Boronat, 2002）．この経路では解糖の中間代謝産物であるピルビン酸とグリセルアルデヒド3-リン酸から，1-デオキシ-D-キシルロース5-リン酸（1-deoxy D-xylulose 5-phosphate, DXP）が生成し，これが転移反応により2-C-メチル-D-エリスリトール4-リン酸（2-C-methyl-D-erythritol 4-phosphate, MEP）となることから，DXP経路あるいはMEP経路とも呼ばれる．非メバロン酸経路の最後の反応では，IPPとDMAPPの両方が同一の酵素により生成する．動物はこの経路を欠いているらしく，主としてメバロン酸経路によりテルペン類を生産する．一方，藻類を含む植物にはメバロン酸経路，非メバロン酸経路の両方があり，前者は細胞質に，後者は色素体に局在している．そのためステロールなど細胞質で生産されるテルペンはメバロン酸経路により，カロテノイドなど色素体で生産されるテルペンは非メバロン酸経路によるが，例外もある．例えば緑藻ではステロールも非メバロン酸経路由来の前駆体から生合成される．

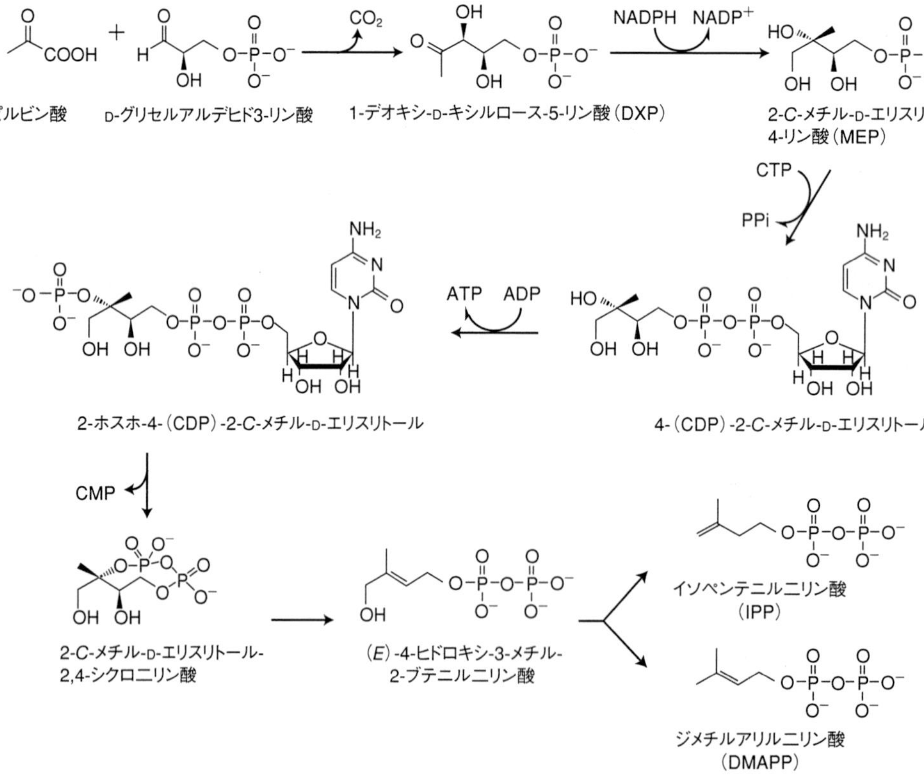

図4-11 非メバロン酸経路

4-2 テルペン炭素鎖の伸長反応

IPPとDMAPPはプレニルトランスフェラーゼにより縮合し，炭素数10のゲラニル二リン酸（geranyl diphosphate, GPP）になる（図4-12）．GPPにIPPが付加すると炭素数15のファルネシル二リン酸（farnesyl diphosphate, FPP）となり，FPPにIPPが付加するとゲラニルゲラニル二リン酸（geranylgeranyl diphosphate, GGPP）となる．このようにプレニルトランスフェラーゼの働きにより，炭素数25のゲラニルファルネシル二リン酸（geranylfarnesyl diphosphate, GFPP）までは，炭素数5のIPPが付加することで炭素鎖の伸長が起こり，様々なテルペン類の前駆体となる．これに対し炭素数30あるいは40のテルペンは，さらに炭素鎖が5ずつ伸びるの

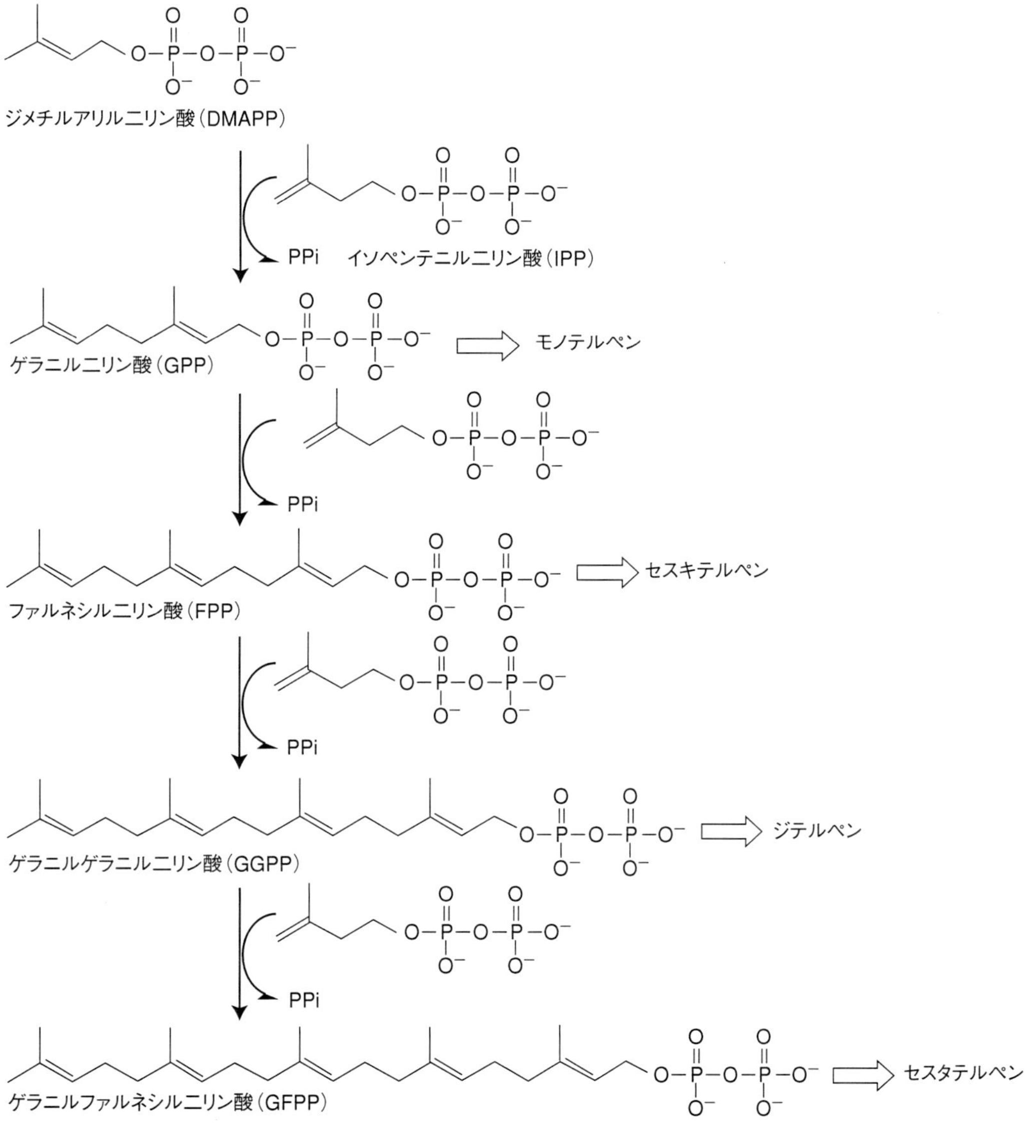

図4-12 テルペン鎖の伸長
ピロリン酸（PPi）が除かれるとテルペンになる．

ではなく，FPPあるいはGGPPの2分子縮合により生成する．たとえばステロールの前駆体であるスクアレン（squalene）は，スクアレン合成酵素（squalene synthase）により2分子のFPPが縮合して生成し，カロテノイドの前駆体であるフィトエン（phytoene）は，2分子のGGPPからフィトエン合成酵素（phytoene synthase）により合成される（図4-13）．

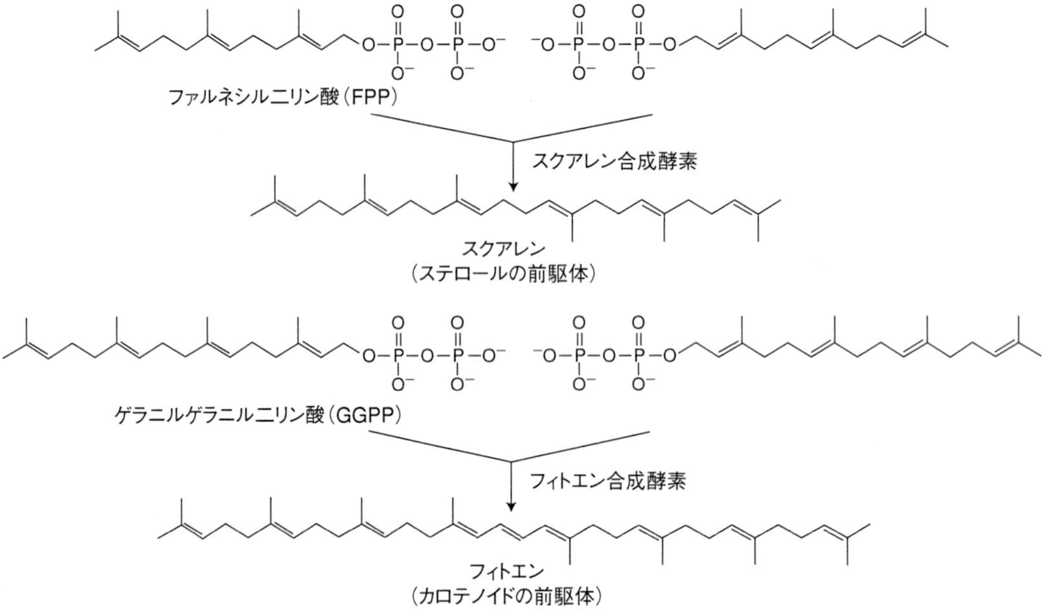

図4-13 スクアレンおよびフィトエンの生成

4-3 ステロール骨格の生合成

スクアレンは，NADPH-フェリヘモプロテインレダクターゼ（NADPH-ferrihemoprotein reductase）と共役したスクアレンモノオキシゲナーゼ（squalene monooxygenase）により，NADPHの存在下で分子状酸素を用いて2,3-エポキシスクアレンに変換される（図4-14）．2,3-エポキシスクアレンは引き続き，閉環反応を触媒する酵素によりステロールへと変換される．動物ではラノステロールシンターゼ（lanosterol synthase）により炭素数30のラノステロールが生じ，植物では同じく炭素数30であるが，シクロプロパン環を有するシクロアルテノール（cycloartenol）が生じる．深海性のサメ類には肝臓に大量のスクアレンを蓄積するものが知られている．これは深海では酸素分圧が低いために，分子状酸素を要する上記の反応が進行しにくく，結果としてスクアレンが蓄積されるためであると考えられている．しかしながら肝臓にスクアレンを蓄積するサメでもコレステロールを有しており，また同程度の深度に生息する他生物ではスクアレンが蓄積しないことから，より詳細な検討が必要である．

動物細胞で生成したラノステロールは，さらに3つのメチル基の脱離や側鎖二重結合の還元，$\Delta^{5,6}$二重結合の形成により炭素数27のコレステロールへと変換される．植物ではシクロアルテノールからシクロプロパン環の開裂や，メチル基の脱離などを伴い，様々なステロールが作られ

るが，24位の炭素に1個あるいは2個の炭素からなる置換基が導入されることが特徴的である．植物にもコレステロールを含むものがあるが，これはシクロアルテノールがラノステロールに変換されてから生成するのではなく，シクロアルテノールから生成したものである．

　魚類や巻貝は餌由来のコレステロールを利用するだけでなく，必要に応じてメバロン酸経路によりアセチルCoAからコレステロールを自分の体内で合成できる．これに対し海産無脊椎動物の中にはステロール合成能を欠いているため，生存，成長に必要なステロールを餌のみに依存し

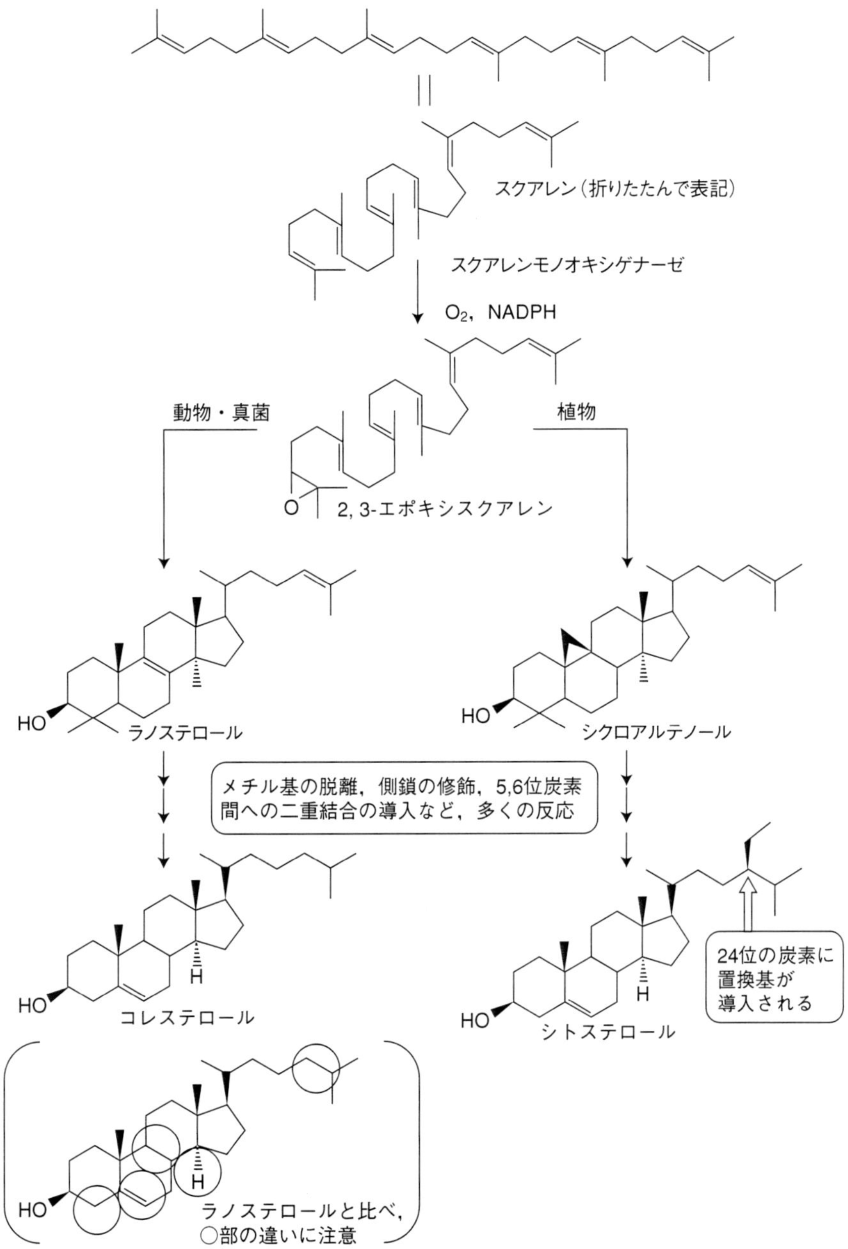

図4-14　ステロール骨格の生成

ているものが知られている．甲殻類では餌由来のコレステロールを利用するのみならず，餌生物である藻類がもつシトステロールなどの植物ステロールや，真菌由来のエルゴステロールをコレステロールに変換することができる．また，海産無脊椎動物の中にはコレステロール以外の多様なステロールを蓄積しているものもみられる．これらについては，その生物自身がそれらのステロールの生合成能を有している場合と，他の生物により作られた様々なステロールを，餌を通じて取り込み，直接あるいは修飾して蓄積している場合の両方の可能性が考えられる（Kanazawa, 2001）．

4-4 ステロールの代謝

コレステロールは動物細胞において生体膜の構成成分として機能するだけでなく，胆汁酸（bile acid）やステロイドホルモン（steroid hormone）に変換されて重要な役割を果たす．

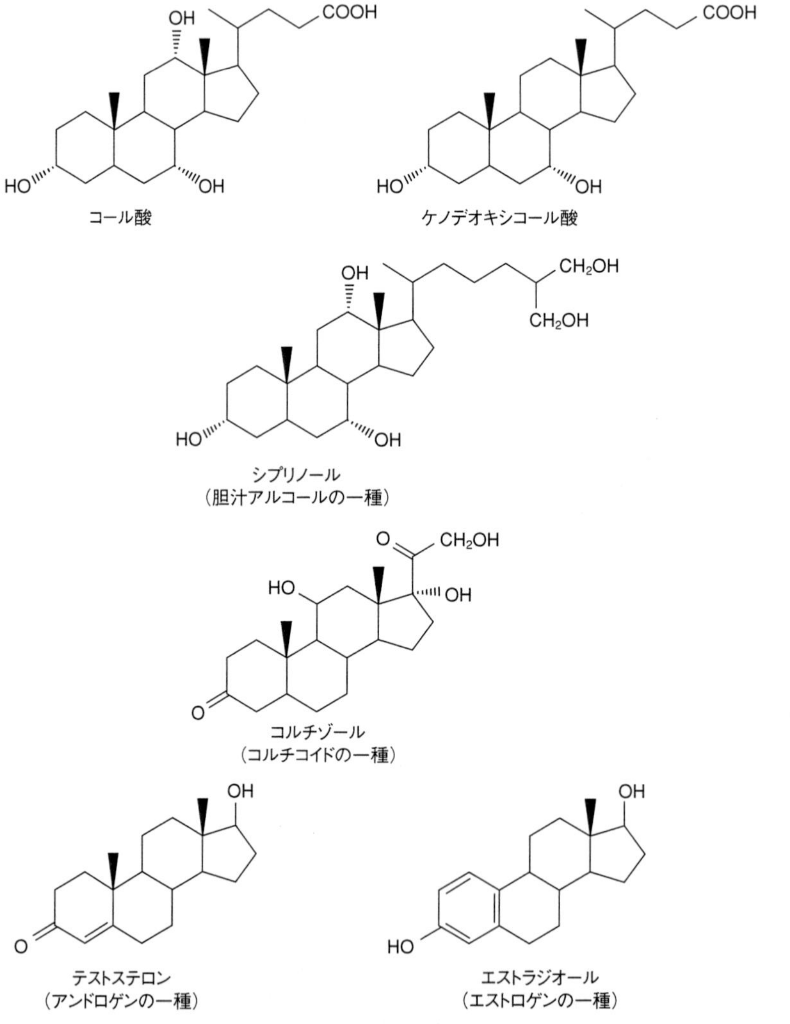

図4-15 コレステロール由来の代謝産物

胆汁酸は胆汁の構成成分であり，代表的なものとしてコール酸やケノデオキシコール酸がある（図4-15）．これらは肝臓で生合成され，胆のうに蓄積された後，腸内に分泌され，消化中の脂質を乳化することにより脂肪酸の腸での吸収効率を高めている．なお，魚類の胆汁中には，側鎖にカルボキシル基ではなくヒドロキシ基が結合している胆汁アルコール（bile alcohol）が胆汁酸より多く含まれている．

ステロイドホルモンは特定の臓器で作られる．副腎皮質ではコルチコイドが，生殖巣ではアンドロゲン（精巣），エストロゲン（卵巣）などの性ホルモンが生合成される．

4-5 カロテノイドの生合成および代謝

カロテノイドの生合成はフィトエン合成酵素により2分子のGGPPが縮合してフィトエンが生成することから始まる（図4-13）．動物はGGPPを生合成できるにも関わらず，カロテノイドの基本骨格を自身で生合成することはできないため，細菌あるいは植物が作ったカロテノイドを摂取する必要がある．これはフィトエンの合成系を欠いているためであると考えられている．細菌由来のフィトエン合成酵素遺伝子をマウス由来の培養細胞に導入した結果，フィトエンが生成したことはこの推定を支持している（Satomiら，1995）．カロテノイドは長く伸びた共役二重結合をもつことにより可視光を吸収するため，特徴的な黄色や赤色の色調を示すが，フィトエンは共役二重結合を3個しかもたないため無色である（図4-16）．フィトエンは4段階の不飽和化反応を受け，11個の共役二重結合をもち，有色のリコペン（lycopene）へと変換される．紅色細菌，真正細菌，菌類のフィトエン不飽和化酵素（phytoene desaturase）は，4段階すべての不飽和化を行うことができるが，シアノバクテリアや植物のフィトエン不飽和化酵素は，ζ（ゼータ）-カロテンまでの2段階の不飽和化しかできず，残りの2段階はζ-カロテン不飽和化酵素（ζ-carotene desaturase）という別の酵素によりリコペンを生成する．リコペンは種々のリコペンシクラーゼ（lycopene cyclase）の働きにより分子の末端が環化され，様々な環構造をもつカロテノイドが生成する（図4-17）．例えばリコペンβ（ベータ）-シクラーゼによりリコペン分子の両端が環化されると，γ（ガンマ）-カロテンを経てβ-カロテンが生成する．それに対し，リコペンε（イプシロン）-シクラーゼによりリコペン分子の一端が環化され，続いてリコペンβ-シクラーゼが作用すると，δ（デルタ）-カロテンを経てα（アルファ）-カロテンが生成する．植物においてβ-カロテンは，β-カロテン水酸化酵素により3,3'位にヒドロキシ基が導入され，β-クリプトキサンチンを経てゼアキサンチンへと変換される（図4-18）．ゼアキサンチンはさらにゼアキサンチンエポキシダーゼによりアンテラキサンチンを経て，ビオラキサンチンへと変換される．一方，α-カロテンは上述のβ-カロテン水酸化酵素と，ε末端の3位にヒドロキシ基を導入する別の酵素の働きによりルテインへと変換される．

動物は餌由来のカロテノイドを別のカロテノイドに代謝し蓄積するが，その能力は生物ごとに異なる．例えばクルマエビは主なカロテノイドとして赤色カロテノイドであるアスタキサンチンを蓄積し，種の特徴である鮮やかな色調を呈する．クルマエビはβ-カロテンの3位および3'位にヒドロキシ基を，また4位および4'位にケト基を導入することでアスタキサンを合成できる．

図4-16 フィトエンからリコペンへの不飽和化

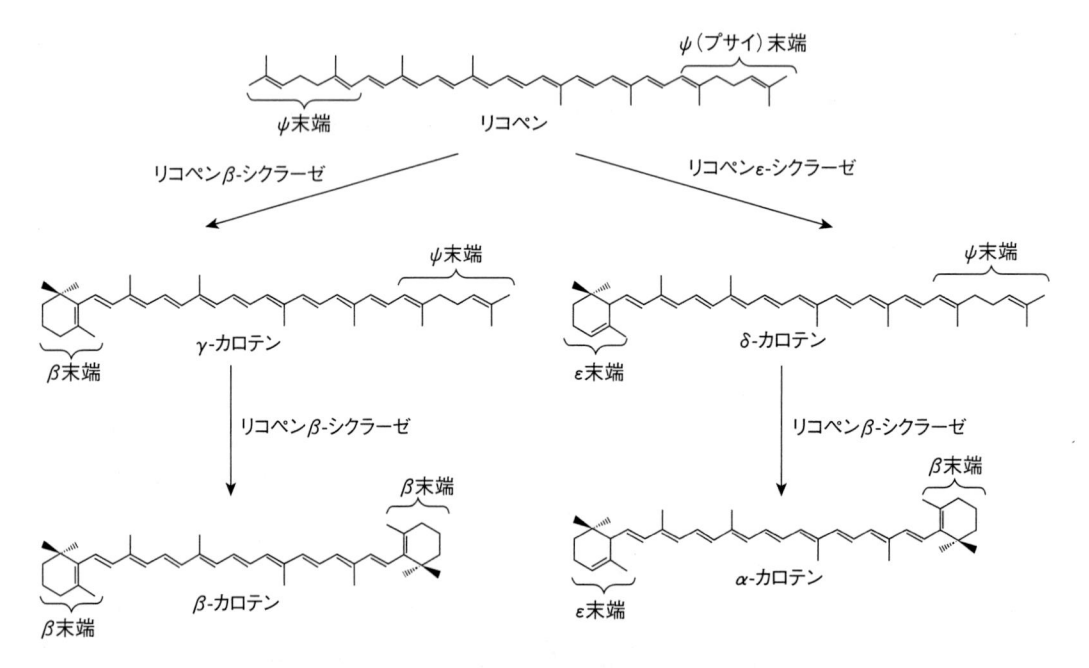

図4-17 リコペンの環化によるα-カロテン，β-カロテンの生成

したがって色のよい養殖クルマエビを作るためには餌にβ-カロテンやゼアキサンチンを加えればよい（図4-18）．それに対し同じアスタキサンチンを主要なカロテノイドとして蓄積するマダイでは，β-カロテンにヒドロキシ基やケト基を導入する能力がないため，色のよい養殖マダイを作るためにはアスタキサンチンそのものを与える必要がある．水生動物には上述のクルマエビにみられるような，β-カロテンに順次酸素を導入して種々のカロテノイドを生成する酸化的代謝経路が存在する一方，ブリにみられるようにアスタキサンチンをツナキサンチンへ転換する還元的代謝経路も存在する．魚類におけるカロテノイドの代謝経路は非常に多岐に亘り，種や系統により異なるなど複雑である（高市，2006；幹，1993）．

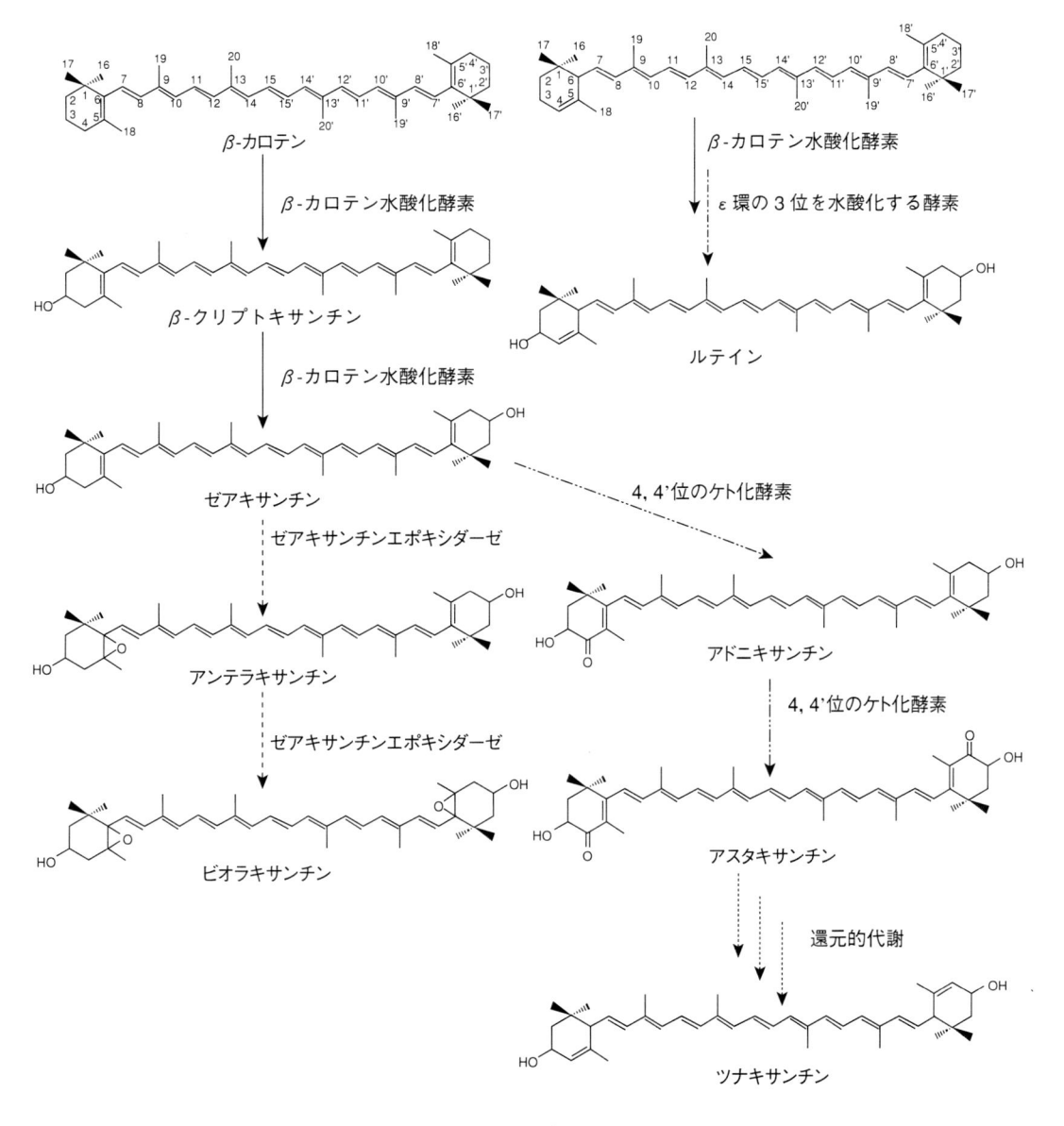

図4-18　αおよびβ-カロテンから様々なカロテノイドへの代謝

カロテノイドは色素としての役割の他にプロビタミンAとしての働きがある．例えばβ-カロテンはβ-カロテン-15,15'-ジオキシゲナーゼのはたらきにより分子の中央で開裂を受け，2分子のレチナール（retinal）に変換される（図4-19）．レチナールはさらにレチナール還元酵素により還元されてビタミンA（レチノール，retinol）となることから，1分子のβ-カロテンは，2分子のビタミンAを生成することのできるプロビタミンAであるといえる．哺乳類はヒドロキシ基などの修飾を受けていないβ末端基（非置換β末端基）をもつカロテノイドしかプロビタミンAとして利用できないため，α-カロテンやβ-クリプトキサンチンなどはプロビタミンAとしてβ-カロテンの半分の効力しかなく，ゼアキサンチンやアスタキサンなどはプロビタミンAとしての効果を期待できない（巻末解説4-4）．それに対し魚類では，ヒドロキシ基やケト基を有するカロテノイドでも，還元的にそれらの官能基を取り除き，非置換β末端基に変換することで，より多様なカロテノイドをプロビタミンAとして利用できる可能性が示唆されている（松野，2004）．

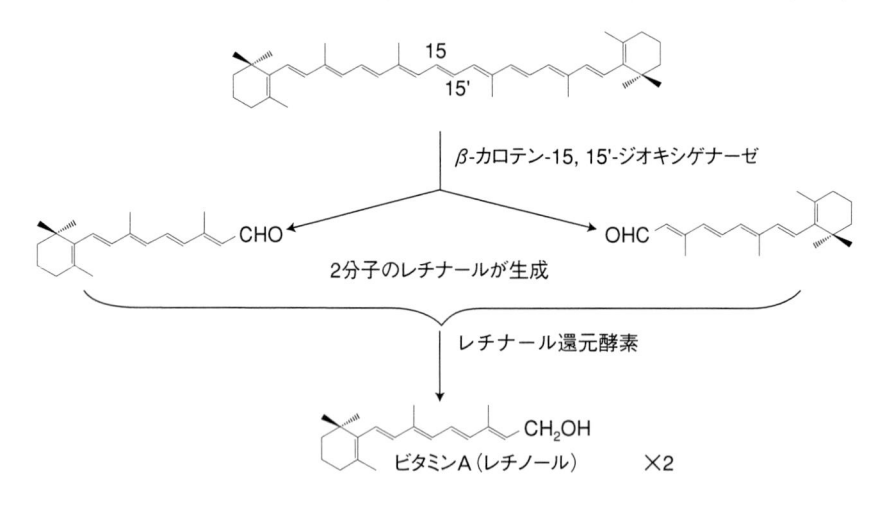

図4-19 β-カロテンからビタミンAへの変換

（岡田 茂）

文献

Ackman, R.G., J.C. Sipos, C. A Eaton, B. L.Hilaman, and Carter Litchfield (1973)：Molecular species of wax esters in jaw fat of atlantic bottlenose dolphin, *Tursiops truncates*, **8**, 661-667 .

Allen, W.V. (1974)：Interorgan transport of lipids in the purple sea urchin, *Strongyloceantrotus purpuratus*, *Comp. Biochem. Physiol. A*, **47**, 1297-1311.

Anderson, R., M. Kates, and B. E. Volcani (1978)：Identification of the sulfolipids in non- phosphosynthetic diatom *Nitzschia alba*, *Biochim. Biophys. Acta*, **528**, 89-106.

浅川 学・宮澤啓輔（2001）：オゴノリの利用と展望（水産学シリーズ129，寺田竜太，能登谷正浩，大野正夫編），恒星社厚生閣, pp. 86-95.

Belsare, D.K. and S.D. Belsare (1976)：Liver phospholipid distribution in hypophysotomised catfish, *Clarias batrachus* and *Heteropneustes fossils*, *Endokrinologie*, **67**, 365-368.

Bjørnland,T. and M. Aguilar-Martinez (1976)：A typical-carotenoids for the rhodophyceae in the genus Gracilaria (Gigartinales), *Phytochemistry*, **15**, 291-296.

Brockerhoff, H., R. J. Hoyle, and P. C. Hwang (1968)：Positional distribution of fatty acids in depot triglycerides of aquatic animals, *Lipids*, **3**, 24-29.

Caterina, R. De and G. Basta, (2001)：n-3 Fatty acids and the inflammatory response –biological background, *Eur. Heart. J. Supplements*（Suppl. D）**3**, D-42-D49.

Chacko, G.K., D.E. Goldman, and B.E. Pennock (1972): Composition and characterization of the lipids of garfish (*Lepisosteus osseus*) olfactory nerve, a tissue rich in axonal membrane, *Biochim. Biophys. Acta*, 280, 1-16.

Christie, W. W. (2007): The lipid library, http://www.lipidlibrary.co.uk/Lipids/fa_mono/index.htm.

De Koning, A. J. (1966): Phospholipids of marine origin. I. The hake (*Merluccius capensis, Castelnau*), *J. Sci. Food Agric.*, 17, 112-117.

De Siervo, A. J., and J. W. Reynolds (1975): Phospholipd composition and cardiolipin synthesis in fermentative and nonfermentative marine bacteria, *J. Bacteriol.*, 123, 294-301.

Dembitsky, V. M. (1980): Lipids of marine origin. A study of Ophiura sarsi phospholipids, *Bioorg. Chem. (USSR)*. 6, 426-430.

Dembitsky, V.M., Svetashev, V.I., and Vaskovsky, V.E. (1977): Lipids of marine origin. I. Unusual lipid from the sponge *Halichondria panacea, Bioorg. Chem. (USSR)*, 3, 930-933.

Eberhard, A. and G .Rouser (1976): Quantitative analysis of the phospholipids of some marine bioluminescent bacteria, *Lipids*, 6, 410-414.

Francis, G. W., S. Hertzberg, K. Anderson, and S. Liaaen-Jensen (1970): Carotenoids of blue-green algae. VI. New carotenoid glycosides from *Oscillatoria limosa*. *Phytochemistry*, 9, 629-635.

Fusetani, N. and K.Hashimoto (1984): Prostaglandin E_2 – a candidate for causative agent of "Ogonori" poisoning, *Bull. Japan. Soc. Sci. Fish.*, 50, 465-469.

German, B. J. and J. Kinsella (1985): Lipid oxidation in fish tissue. Enzymatic initiation via lipoxygenase, *J. Agric. Food Chem.*, 33, 680-683.

Goodwin, T. W. (1992): Distribution of carotenoids, in "Carotenoids, Part A, Chemistry, Separation, Quantitation, and Antioxidation", Methods Enzymology, 213, 167-172.

Gopakumar, K. Rejendranathan, and M. Nair (1971): Phospholipids of five Indian food fishes, *Fish. Technol.*, 8, 171-173.

Gunstone, F. D. (1996): Fatty acid and lipid chemistry, pp. 23-29, Blackie Academic and Professional, London.

原田芳照・鹿取 信 (1989): プロスタグランジン, 総合脂質科学 (鹿山 光編), 恒星社厚生閣, pp. 318-333.

Hooper, S. N. and R. G. Ackman (1971): Trans-6-hexadecenoic acid and the corresponding alcohol in lipids of the sea anemone *Metridium dianthus, Lipids*, 6, 341-346 (1971).

市原謙一 (2001): 脂質代謝, 代謝 (朝倉植物生理学講座2), 朝倉書店, pp.119-135.

Kanayasu-Toyoda, T., I. Morita, and S.Murota, (1996): Docosapentaenoic acid (22:5, n-3), an elongation metabolite of eicosapentanoic acid (20:5, n-3), is a potent stimulator of endothelial cell migration on pretreatment in vitro, *Prostaglandins Leukot Essent Fatty Acids*, 54, 319-325 (1996).

Kanazawa A. (2001): Sterols in marine invertebrates, *Fisheries Sci.*, 67, 997-1007.

金庭正樹・村田裕子・桑原龍治・横山雅仁・山下由美子・飯田遥 (1999): 輸入および国内産サケ・マス類可食部中の脂質成分の検討, 中央水研報, 15-26.

Karnovsky, M. L., W. S. Rapson, and M. Black (1946): South African fishproducts. XXIV. The occurrence of glyceryl ethers in the unsaponifiable fraction of natural fats, *J. Soc. Chem. Ind.*, 65, 425-428 (1946).

Karlsson, K.-A., B.E.Samuelsson, and G.O. Steen (1974): The lipid composition of the salt (rectal) gland of spiny dogfish, *Biochim. Biophys. Acta*, 337, 356-376.

Kinsey, W.H., G.L.Decker, and E.W. Abrahamson (1980): Characterization of the lipid composition of the plasma membrane of the sea urchin egg, J. Cell Biol., 87, 248-254.

Kostetsky, E. Y. (1984): THE phospholipid-composition of Spongia, Coelenterata, Plsthelminthes, Nemertini, annelid, Sipnclida and Echiurida, *Marine Biology*, 5, 46-53

熊谷昌士 (1985): マイワシ脂質の地理的季節的変化, 水産動物の筋肉脂質 (鹿山 光編), 恒星社厚生閣, pp. 139-148.

Lee, R. F. (1974): Lipid composition of the copepod *Calanus hyperboreas* from the Arctic oceans. Changes with deapth and season, *Mar. Biol.*, 26, 313-318.

Lee, R.F. and J. Hirota, and A.M. Barnett (1971): Distribution and importance of wax esters in marine copepods and other zooplankton, *Deep-Sea Res.*, 18, 1147-1165 (1971).

Liaaen-Jensen, S., E. Hegge, and L.M. Jackman (1964): Bacterial carotenoids. XVII. The carotenoids of photosynthetic green bacteria, *Acta. Chem. Scand.*, 18, 1703-1718.

Mason, W.T., R.S. Fager, and E.W. Abrahamson (1973): Characteriazation of the lipid composition of squid rhabdome outersegments, *Biochim. Biophys. Acta*, 306, 67-73.

松野隆男 (2004): エビ・カニはなぜ赤い―機能性色素カロテノイド―, 成山堂書店, 158pp.

McDermott, J.C.B., G .Britton, and T.W. Goodwin (1973): Effect of Inhibitors on zeaxanthin synthesis in a Flavobacteri]um, *J. Gen. Microbiol.*, 77, 161-171.

McMurry, J (伊藤 椒 ・児玉三明訳) (2007): マクマリー「有機化学概説 第6版」, 東京化学同人, pp.566-571.

Mekhedov, S., E.B. Cahoon, and J.Ohlrogge, (2001): An unusual seed-specific 3-ketoacyl-ACP synthase associated with the biosynthesis of petroselinic acid in coriander, *Plant Mol.Biol.*, 47, 507-518.

幹　渉編（1993）：海洋生物のカロテノイド（水産学シリーズ94），恒星社厚生閣，117pp.

三浦洋四郎（1989）：α，β，ω酸化，総合脂質科学（鹿山光編），恒星社厚生閣，pp. 425-437.

Mori, M., T. Saito, Y. Watanabe, and Y. Nakanishi (1965)：Composition of lipids in the head cavity, blubber and meat of the sperm whale, Bull. Japan. Soc. Sci. Fish., 31, 638-643.

室田誠逸（2002）：これだけは知っておきたいアラキドン酸カスケード，医薬ジャーナル社，pp.1-178.

中島一郎・砂崎和彦・大場健吉（1998）：オゴノリのプロスタグランジン生成機構，日本油化学会誌，47, 759-763.

Ohshima, T., S. Wada, and C. Koizumi (1989)：1-O-Alk-1'-enyl-2-acyl and 1-O-alkyl-2-acyl glycerophospholipids in white muscle of bonito Euthynnus pelamis (Linnaeus), Lipids, 24, 363-370.

大島敏明（1985）：養殖および天然魚の脂質,水産動物の筋肉脂質（水産学シリーズ57, 鹿山　光編），恒星社厚生閣，pp.90-100.

大島敏明・和田　俊・小泉千秋（1988）：漁獲時期の異なるマイワシの部位別，組織別脂質含量ならびに脂質組成について,東水大研報，75, 169-188.

Olley, J., E. Pirie, and H. Watson (1962)：Lipase and phospholipase activity. in fish skeletal muscle and its relationship to protein denaturation, J. Sci.. Food Agric., 13, 501-516.

Oudejans, R.C.H.M., I.Van Der Sluis, and A.J. Van Der Plas (1979)：Changes in the biochemical composition of the pyloric caeca of female sea stars, Asterias rubens, during thie annual reproductive cycle, Mar. Biol., 53, 231-238.

Parker, R. S., D. P. Selivonchik, and R. O. Sinnhuber (1980)：Turnover of label from [1-^{14}C] linolenic acid in phospholipids of coho salmon. Onchorynchus kisutch, Lipids, 15, 80-85.

Patton, J. S. (1975)：The effect of pressure and temperature on phospholipid and triglyceride fatty acids of fish white muscle: a comparison of deep water and surface marine species, Comp. Biochem. Physiol. B, 52, 105-110.

Patton, J. S., S. Abraham, and A. A. Benson (1977)：Lipogenesis in the intact coral Pocillopora capitana and its isolated zooanthellae: evidence for a light-driven carbon cycle between symbiont and host, Mar. Biol., 44, 235-247.

Perry, G. J., F. T. Gillian, and R.B. Johns (1978)：Lipid composition of a prochlorophyte, J. Phycol., 14, 369-371.

Rabinowitz, J. L., C. J. Tavares, R. Lipson, and P. Person (1976)：Lipid components and in vitro mineralizaion of some invertebrate cartilages, Biol. Bull., 150, 69-79.

Rapport, M. M. and N. F. Alonzo (1960)：The structure of plasmalogens. V. Lipids of marine invertebrates, J. Biol. Chem., 235, 1953-1956.

Rodríguez-Concepción M, and A. Boronat (2002)：Elucidation of methylerythritol phosphate pathway for isoprenoid biosynthesis in bacteria and plastids. a metabolic milestone achieved through genomics. Plant Physiol., 130, 1079-1089.

Satomi Y, T. Yoshida , K. Aoki , N.Misawa , M. Masuda , M. Murakoshi, N. Takasuka, T. Sugimura, and H. Nishino (1995)：Production of phytoene, an oxidative stress protective carotenoid, in mammalian cells by introduction of phytoene synthase gene crtB isolated from a bacterium Erwinia uredovora. Proc. Japan Acad. 1995; 71B: 236-240.

Sheltawy, A. and Dawson, R. M. C. (1966)：The polyphosphoinositides and other lipids of peripheral nerves, Biochem. J., 100, 12-18.

Shieh. H.S. and D.Spears (1967)：Utilization of choline or betaine for phospholipid synthesis in an aerobic marine microbe, Can. J. Biochem., 45, 1255-1261.

資源調査会（2000）：五訂日本食品標準成分表，科学技術庁.

Sprecher, H. (2000)：Metabolism of highly unsaturated n-3 and n-6 fatty acids, Biochim.Biophys. Acta, 1486, 219-231.

高市真一編（2006）：カロテノイド－その多様性と生理活性－，裳華房，267pp.

辻本満丸（1906）：黒子鮫油に就いて，工化，9, 953-958.

Varvas, K., I.Jarving, R.Koljac, K,Valmsen, A.R. Brash, and N. Samel (1999)：Evidence of a cyclooxygenease-related prostaglandin synthesis in coral, J. Biol.Chem., 274, 9923-9929.

Voss, A., M. Reinhart, S. Sankarappa, and H. Sprecher, (1991)：The metabolism of 7, 10, 13, 16, 19-docosapentaenoic acid to 4, 7, 10, 13, 16, 19-docosahexaenoic acid in rat liver is independent of a 4-desaturate, J.Biol.Chem., 266, 19995-20000.

Wanasundara, U.N. and F.Shahidi (1996)：Stabilization of seal blubber and menhaden oils with green tea catechins, J.Am.Oil Chem.Soc., 73, 1183-1190.

West, G.C., J.J. Burns, and M. Modafferi (1979)：Fatty acid composition of blubber from the four species of bering sea phocid seals, Can.J.Zool., 57, 189-195.

座間宏一（1976）：脂質，白身の魚と赤身の魚－肉の特性（水産学シリーズ13, 日本水産学会編），pp.53-67.

第5章 糖　質

　糖質（sugar）は炭水化物（carbohydrate）とも呼ばれ，一般には$(C\cdot H_2O)_n$と書き表すことができるが，核酸の構成成分であるデオキシリボース$C_5H_{10}O_4$のようにこの式に当てはまらないものもある．糖質は，生物界に広く存在する地球上で最も量の多い有機化合物であり，エネルギー源として重要であるばかりでなく，多くの生物機能を有している．水生生物においても，デンプンやグリコーゲンなどは生体内に貯蔵されエネルギー源として利用され，セルロース，マンナン，キシランなどは海藻の細胞壁を構築し，キチンはカニやエビなどの甲殻類の外殻を形成している．糖質にタンパク質や脂質が共有結合したものは複合糖質（complex carbohydrate）と呼ばれ，主として動物や植物細胞の形質膜や細胞間隙に存在し，細胞間の接着や相互作用などを介して受精や免疫などの高次機能にも重要な役割を演じている．一方，複合糖質は病原細菌やウイルスの初期感染の受容体ともなっている．

（伊東　信）

§1. 糖質の分類と構造

　糖質は，構成糖の数およびタンパク質，脂質と共有結合しているかどうかによって単糖，オリゴ糖，多糖，複合糖質に分類される（表5-1）．

1-1　単　糖

　単糖（monosaccharide）は，ポリヒドロキシアルデヒドあるいはポリヒドロキシケトンで，これ以上分解を受けない糖質の最小単位である．無色の結晶で，水に溶けやすく，アルコールに難溶で，クロロホルムやエーテルにはほとんど溶けず，甘味をもつものが多い．一般に$C_nH_{2n}O_n$で表され，自然界ではn＝3～10のものが知られている．D-グルコース（ブドウ糖），D-マンノース，D-ガラクトース，D-フルクトース（果糖）は，上記一般式でnが6（$C_6H_{12}O_6$）であり，ヘキソース（hexose，六炭糖）と呼ばれる．一方，海藻に広くみられるD-キシロースや核酸（RNA）を構成するリボースはnが5（$C_5H_{10}O_5$）で，ペントース（pentose，五炭糖）と呼ばれる（図5-1）．天然に存在する単糖はヘキソースとペントースが最も多い．D-グルコースのように，炭素鎖の末端（1位の炭素原子またはC-1位）にアルデヒド基が存在するものはアルドース（aldose），D-フルクトースのように炭素鎖の2番目にケト基（第2章2-4-5項参照）をもつものはケトース（ketose）と呼ぶ（図5-1）．

　アルドースに分類されるヘキソースのうち，天然に広く存在するのはD-グルコース，D-マンノース，D-ガラクトースである．これらは互いに光学異性体であるが，いずれかの鏡像異性体では

表5-1 糖質の分類

単糖
 炭素の数
  ペントース（五炭糖） D-キシロース，D-リボース
  ヘキソース（六炭糖） D-グルコース，D-ガラクトース，D-マンノース，
           D-フルクトース
 還元基の種類
  アルドース（アルデヒド基） D-グルコース，D-ガラクトース，D-マンノース
  ケトース（カルボニル基） D-フルクトース
 修飾糖
  デオキシ糖   L-フコース，L-ラムノース，2-デオキシ-D-リボース
  糖アルコール   D-グルシトール，D-ガラクチトール，D-マンニトール
  ウロン酸   D-グルクロン酸，D-ガラクツロン酸
  アミノ糖   D-グルコサミン，D-ガラクトサミン，N-アセチル-D-グルコサミン
  シアル酸 N-アセチルノイラミン酸，N-グリコリルノイラミン酸，
         デアミノノイラミン酸（KDN）

オリゴ糖
 還元性オリゴ糖
  二糖 ラクトース，マルトース，ラミナリビオース，キシロビオース
  三糖 マルトトリオース，イソマルトトリオース
 非還元性オリゴ糖
  二糖 スクロース，トレハロース
  三糖 ラフィノース，ゲンチアノース

多糖
 単純多糖（ホモ多糖）
  構造多糖 セルロース，マンナン，キチン
  貯蔵多糖 デンプン，グリコーゲン
 複合多糖（ヘテロ多糖） アルギン酸，グルコマンナン，寒天

複合糖質
 プロテオグリカン（グリコサミノグリカン） ヘパリン，コンドロイチン硫酸，ヒアルロン酸，
                ケラタン硫酸，ヘパラン硫酸
 糖タンパク質
  N-グリコシド型（アスパラギン結合型，血清型）
  O-グリコシド型（トレオニン／セリン結合型，ムチン型）
 糖脂質
  スフィンゴ糖脂質
   中性スフィンゴ糖脂質 グルコシルセラミド，ガラクトシルセラミド，グロボシド
   酸性スフィンゴ糖脂質
    ガングリオシド（シアル酸をもつスフィンゴ糖脂質） GM1, GM3, GM4, GP1c
    硫酸化スフィンゴ糖脂質 （硫酸基をもつスフィンゴ糖脂質）スルファチド
  グリセロ糖脂質 ガラクトシルジアシルグリセロール

```
    ペントース（五炭糖）              ヘキソース（六炭糖）
                        ┌─────────────────────────┐
     ¹CHO  アルデヒド基      ¹CHO  アルデヒド基     ¹CH₂OH
   H─²C─OH                H─²C─OH               ²C═O  カルボニル基（ケト基）
  HO─³C─H                HO─³C─H              HO─³C─H
   H─⁴C─OH                H─⁴C─OH               H─⁴C─OH
     ⁵CH₂OH                H─⁵C─OH               H─⁵C─OH
                             ⁶CH₂OH                 ⁶CH₂OH

    D-キシロース            D-グルコース            D-フルクトース
    └────────────────────────────┘        └──────────┘
              アルドース                        ケトース
```

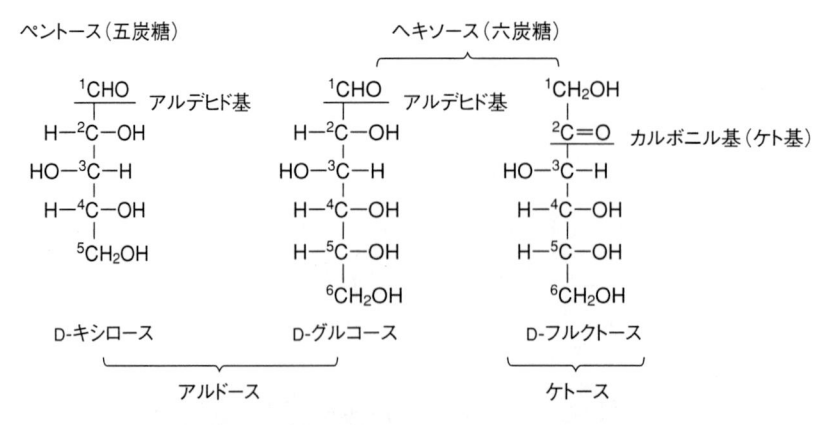

図5-1 単糖の直鎖構造（フィッシャーの投影式）

ない（第2章2-2項参照）．D-グルコースとD-マンノース，D-グルコースとD-ガラクトースのように，それぞれ1ヶ所の立体配置だけが異なる場合，これらを互いにエピマー（epimer）と呼ぶ．ただし，D-マンノースとD-ガラクトースは2ヶ所の立体配置が異なるのでエピマーとは呼ばない（図5-2）．

　ヘキソースもペントースも水溶液中では直鎖構造（非環状構造，開環型）と環状構造をとる（図5-3）．環状構造は，アルデヒド基やケト基が同一分子内のヒドロキシ基と反応し，ヘミアセタール（第2章2-4-5項参照）環を形成するために生成される．環状構造が形成されるとC-1位が不斉炭素原子（asymmetric carbon atom）となり，2つの環状異性体（α型とβ型）が生じる．環状構造を表すハースの式では，α型はC-1位に結合するヒドロキシ基が環平面の下を向き，β型は逆に環平面の上を向く（図5-3）．このようにC-1位の立体配置のみを異にする異性体をアノマー（anomer），C-1位をアノマー性炭素原子（anomeric carbon atom）あるいは単にアノマー炭素といい，α型とβ型はそれぞれα-アノマー，β-アノマーと呼ぶ．水溶液中では，これら2つの環状異性体は直鎖構造（アルデヒド型あるいはケト型）を中間体として平衡状態にある．D-グルコースの場合，水溶液中での平衡時にはα型36.4％，β型63.6％で，直鎖構造（開環型）はほとんど存在しない．

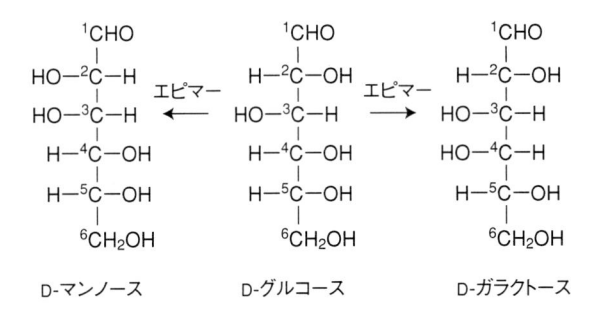

図5-2　グルコースのエピマー

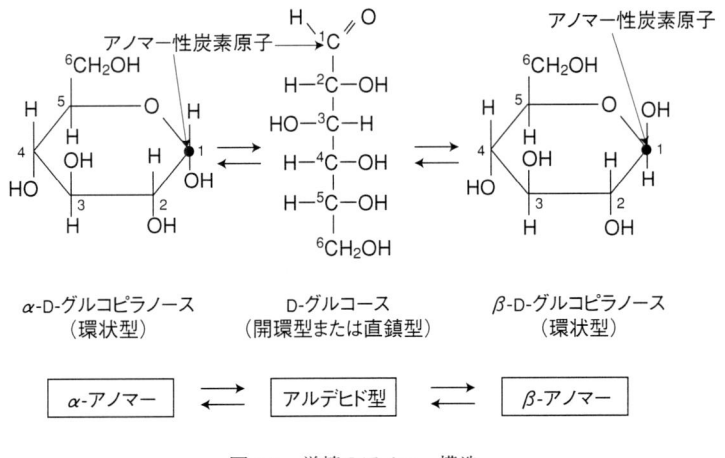

図5-3　単糖のアノマー構造

環状構造は環型によりピラノース（pyranose，六員環）とフラノース（furanose，五員環）に分かれる．グルコースやマンノースなどは水溶液中でほとんどピラノース構造をとり，環状構造を表すときにはグルコピラノース，マンノピラノースという表現をすることもある．一方，フルクトースやリボースはフラノース構造をとる（図5-4）．

単糖は，不斉炭素をもっているのでD型，L型の鏡像異性体（光学異性体，光学対掌体，enantiomer，第2章2-2-2項参照）が存在し，天然に存在する単糖の多くはD型である（図5-5）．しかし，寒天にはD型とともにL型のガラクトース誘導体が存在し，海藻フコイダンや糖タンパク質の構成糖でもあるフコースもL型である．単糖を示すときには，通常，D型とL型を区別し，例えばD-ガラクトース，L-ガラクトースと表記する．

単糖には多くの修飾糖が存在する（図5-6）．糖のアルコール性ヒドロキシ基が水素原子で置換されたものをデオキシ糖といい，ヘキソースの6-デオキシ糖として海藻多糖の構成成分であるL-フコースやL-ラムノース，D-リボースの2-デオキシ糖としてDNAの構成成分である2-デオキシ-D-リボースがある．単糖のカルボニル基が還元されたものは糖アルコールと呼ばれ，D-グルコースからはD-グルシトール（ソルビトール），D-ガラクトースからはD-ガラクチトール，D-マンノースからはD-マンニトールが生じるが，それらは紅藻類や褐藻類に見出される．アルドースの第一級アルコール基がカルボキシル基に置換されたものはウロン酸（uronic acid）と呼ばれ，D-グルクロン酸やD-ガラクツロン酸は海藻多糖やグリコサミノグリカン（後述）に含まれている．糖のアルコール性ヒドロキシ基がアミノ基で置換されたものは，アミノ糖（amino sugar）と呼ばれる．

図5-4　ピラノースとフラノース（ハース式）

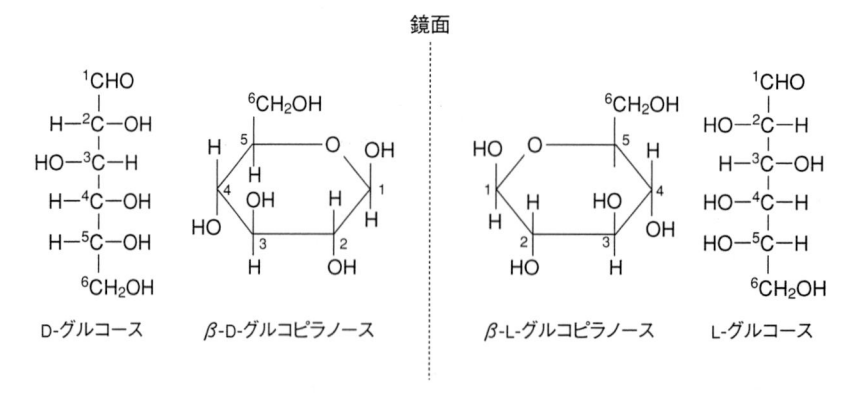

図5-5　グルコースの鏡像異性体

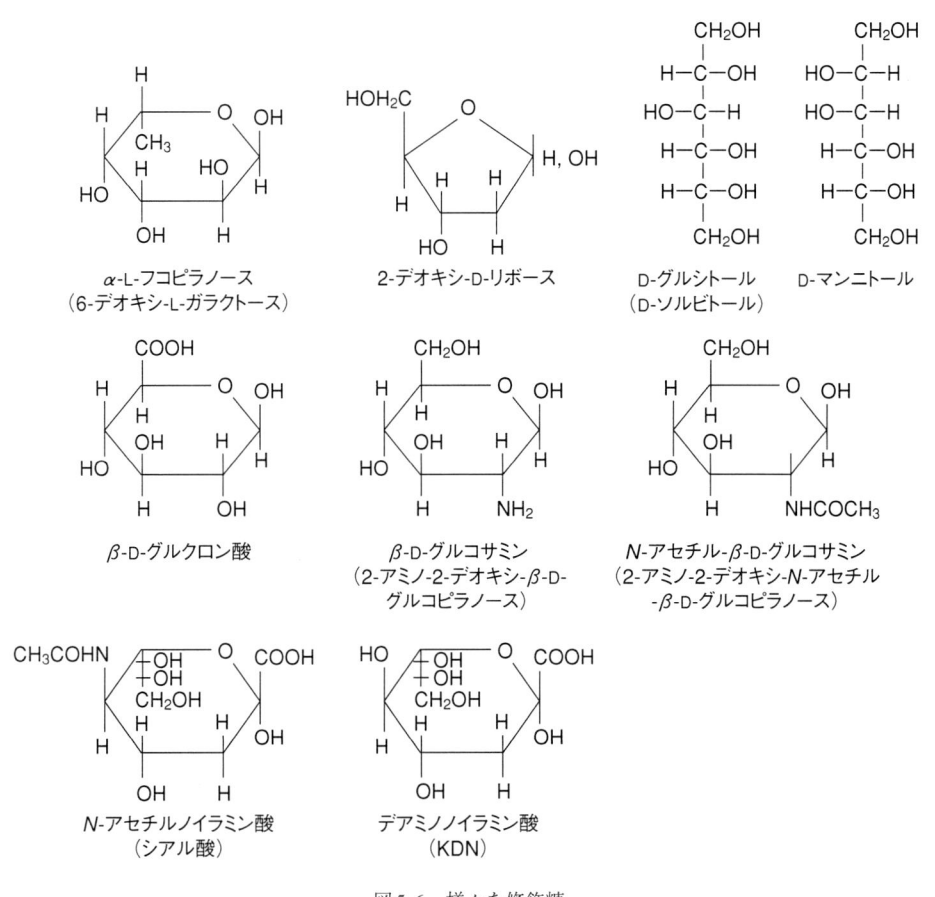

図5-6 様々な修飾糖

グルコースの2位のヒドロキシ基がアミノ基で置換されるとD-グルコサミンとなる．さらにアミノ基がN-アセチル化されたN-アセチル-D-グルコサミンは，カニやエビの殻に含まれるキチンの構成単糖であるが，多くの糖タンパク質，糖脂質，グリコサミノグリカンにも含まれている．シアル酸はノイラミン酸のアシル誘導体の総称で，天然に最も多く存在するのはN-アセチルノイラミン酸で，これ以外にN-グリコリルノイラミン酸やデアミノノイラミン酸（KDN）がある．シアル酸は動物由来の糖タンパク質，糖脂質，オリゴ糖に広く含まれるが，KDNはニジマスの卵から初めて見出された（本章2-4項参照）．

1-2 少糖（オリゴ糖）

オリゴ糖（oligosaccharide）は数個の単糖がグリコシド結合によって脱水縮合したもので，水に可溶で一般に甘味を有する．単糖同士のグリコシド結合には，α-グリコシド結合とβ-グリコシド結合がある．また，結合に関与するそれぞれの単糖の炭素原子を示すために，例えば，$\alpha 1 \rightarrow 4$結合［単糖AのC-1位と単糖BのC-4位がα-グリコシド結合している場合，例マルトース（麦芽糖）］，$\beta 1 \rightarrow 4$結合［単糖A'のC-1位と単糖B'のC-4位がβ-グリコシド結合している場合，例ラクトース（乳糖）］と書き表す（図5-7）．どちらの場合も単糖A（A'）のC-1位のヒドロキシ

単糖A（D-グルコース）　単糖B（D-グルコース）　　　　単糖A'（D-ガラクトース）　単糖B'（D-グルコース）

　　　　　　　　　　　マルトース（麦芽糖）　　　　　　　　　　　　　　　　ラクトース（乳糖）

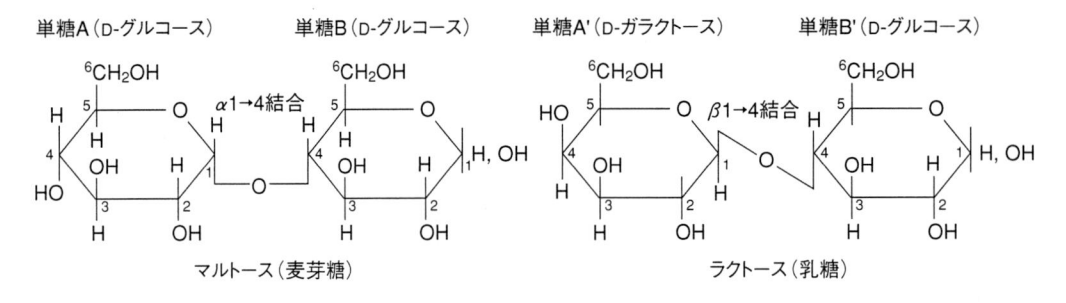

図5-7　単糖と単糖の結合様式

基は単糖B（B'）と結合し還元性を失っているが，単糖B（B'）のC-1のヒドロキシ基はフリーで還元性を示す．この場合，単糖A（A'）を非還元末端の糖（または非還元末端側），単糖B（B'）を還元末端の糖（または還元末端側）と呼ぶ．同様に，三糖以上のオリゴ糖や多糖においても非還元末端（糖）と還元末端（糖）が存在する．一方，複合糖質は還元末端の糖にタンパク質や脂質が共有結合しているので還元性を示さない．オリゴ糖は加水分解されると単糖を生じるが，生成する単糖の数によって二糖，三糖，四糖などと分類され，十糖くらいまでをオリゴ糖と呼ぶことが多い．二糖には，マルトースやラクトースのようにアルデヒド基をもつために還元力を有するものとスクロース（蔗糖）やトレハロースのように2つの糖の還元末端同士がグリコシド結合しているために還元性を示さないものがある．水生生物のオリゴ糖（二糖）としては，海藻のキシラン由来のキシロビオース，ラミナラン由来のラミナリビオース，海産無脊椎動物のキチン由来のキトビオースなどがある．また，多糖の部分加水分解によっても様々な還元性オリゴ糖が得られる．

1-3　多　糖

　多糖（polysaccharide）は，多数の単糖がグリコシド結合により脱水縮合した高分子化合物である．溶解度は化学構造や分子量によって異なるが，一般に水に難溶で，還元力をほとんど示さず，無味である．1種類の単糖から構成される多糖は単純多糖（homopolysaccharideまたはhomoglycan），複数の種類の単糖から構成される多糖は複合多糖（heteropolysaccharideまたはheteroglycan：後述する複合糖質とは異なるので注意が必要）と呼ばれる．また，構成糖の性質によってウロン酸やエステル硫酸を多く含むものは酸性多糖，中性糖のみのものは中性多糖と呼ぶ．

　一般的には，多糖をグリカン（glycan）と呼び，その中でD-グルコース，D-ガラクトース，D-マンノース，D-キシロースなどを構成糖とする単純多糖をそれぞれ一般名としてグルカン，ガラクタン，マンナン，キシランなどと呼ぶ．セルロースはグルコースが$\beta1\rightarrow4$結合した，また，キチンはN-アセチルグルコサミンが$\beta1\rightarrow4$結合した単純多糖である（図5-8）．これらの単純多糖は植物および甲殻類の構造体や外殻を形成しているため，構造多糖（structural polysaccharide）とも呼ばれる．一方，セルロースと同じD-グルコースの単純多糖でもデンプンやグリコーゲンは，

貯蔵され，必要に応じて分解されてエネルギー源となるために，貯蔵多糖または栄養多糖（reserve polysaccharide またはnutrient polysaccharide）と呼ばれる．デンプンは酸で加水分解するとD-グルコースのみを与えるが，単一の多糖ではなくD-グルコースが α1-4 結合した直鎖のアミロースと α1→6 結合の分岐をもつアミロペクチンから成り立つ（図5-8）．デンプンは，高等植物の種子，根，根茎に多量に含まれ動物体内に取り込まれてエネルギー源となるために重要な食料品でもある．グリコーゲンはアミロペクチンと同様に α1→4 結合したグルカンに α1→6 結合した分岐構造を有する．グリコーゲンは，動物デンプンとも呼ばれ肝臓や筋肉に多く含まれ，水産物の場合はうま味成分として知られている．複合多糖の場合は，糖の名前をアルファベット順に並べ，D-ガラクトースとD-マンノースからなる多糖はガラクトマンノグリカンあるいはガラクトマンナン，D-ガラクトースとD-アラビノースからなるものはアラビノガラクトグリカンあるいはアラビノガラクタンと呼ぶ．ヘテログリカンの例としては，寒天の成分でD-ガラクトースと3,6-アンヒドロ-L-ガラクトースからなるアガロースなどがある．

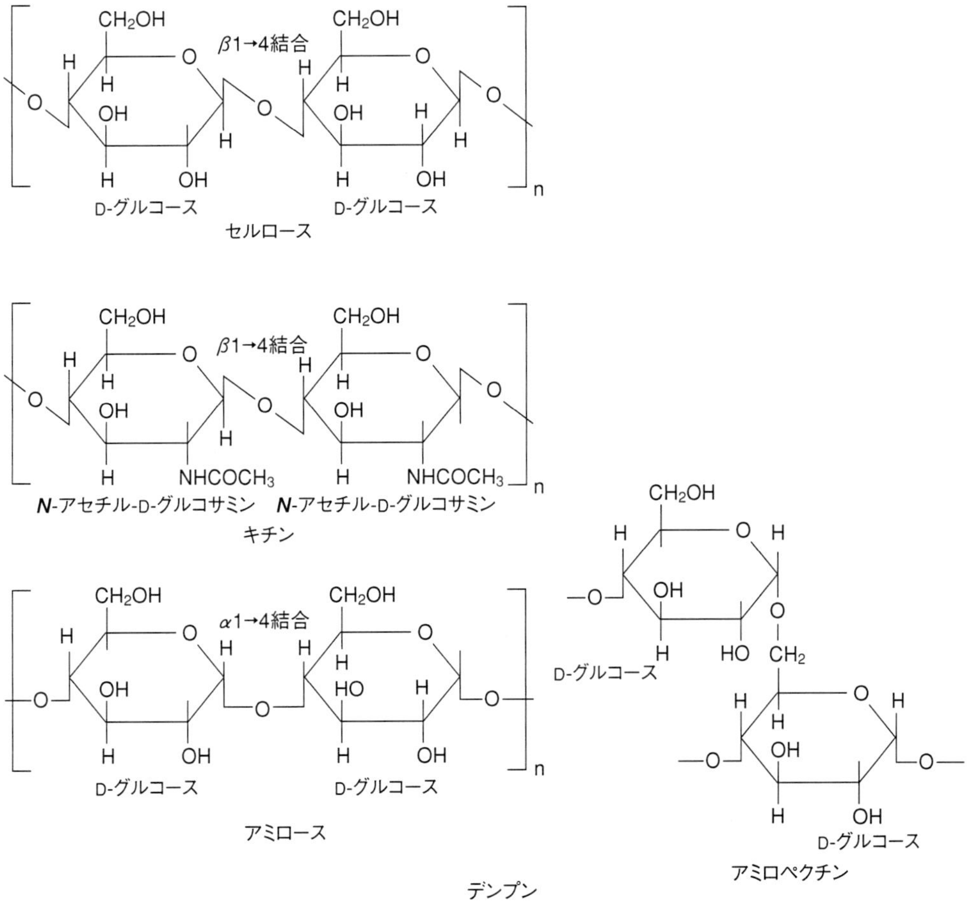

図5-8 多糖の構造

1-4 複合糖質

単糖，オリゴ糖，多糖の還元末端（C-1位）にタンパク質や脂質が共有結合したものを複合糖質（complex carbohydrate または glycoconjugate）と呼ぶ．複合糖質の糖部分は，糖鎖（sugar chain または glycan）と呼ばれることが多い．

1) グリコサミノグリカン（プロテオグリカン） グリコサミノグリカン（glycosaminoglycan）はムコ多糖（mucopolysaccharide）とも呼ばれ，アミノ糖（N-アセチル-D-グルコサミンまたはN-アセチルD-ガラクトサミン）やウロン酸（D-グルクロン酸またはD-イズロン酸）を含む複合糖質で，動物の結合組織に広く分布している．二糖単位の非常に長い繰り返し構造をもち硫酸化されているものが多いが，硫酸基をもたないものもある．生体内では，タンパク質と共有結合した複合体として存在することが多く，複合糖質の1つとして扱われ，プロテオグリカン（proteoglycan）と呼ばれる．プロテオグリカンは，1本のコアタンパク質に1本または複数（100を超えるものもある）のグリコサミノグリカン鎖が結合している．糖鎖部位が特異的な繰り返し構造をもち，かつ糖含量が極めて大きいことから一般の糖タンパク質とは区別される．グリコサミノグリカンの機能としてヘパリンの血液凝固阻止活性は昔からよく知られている．結合組織に含まれるグリコサミノグリカンは，細胞や組織の安定化，潤滑剤としての役割や水分保持などの機能がある．近年になって，グリコサミノグリカンは細胞外マトリックスタンパク質，血液凝固系のタンパク質，増殖因子，酵素などのリガンドと相互作用し，リガンドの集積化や活性

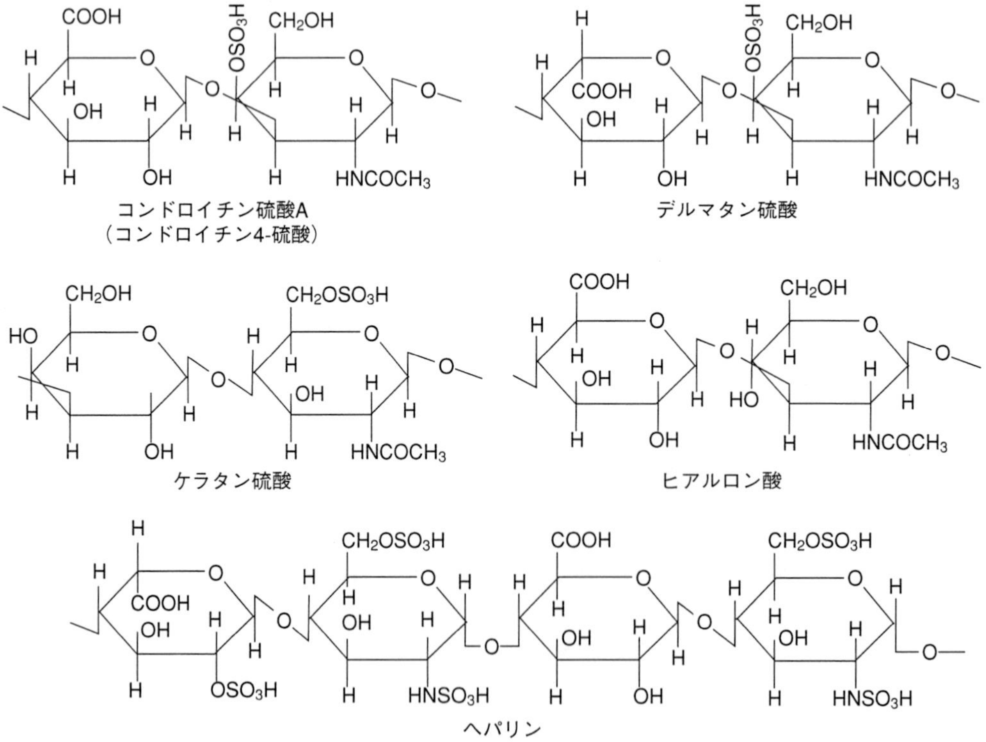

図5-9 グリコサミノグリカン（ムコ多糖）の構造

の調節，リガンドの分解の抑制，シグナル伝達系への関与など多彩な機能を発揮していることがわかってきた．代表的なグリコサミノグリカンの構造を図5-9に示す．

2）**糖タンパク質**　単糖やオリゴ糖がタンパク質に共有結合しているものを糖タンパク質という．主として，タンパク質のアスパラギン残基のアミノ基に糖鎖がN-グリコシド結合しているN-結合型糖鎖（N-glycan）とセリンまたはトレオニンのヒドロキシ基に糖鎖がO-グリコシド結合しているO-結合型糖鎖（O-glycan）に分類される（図5-10）．前者は血清の糖タンパク質に，後者は消化管や顎下腺のムチンによくみられるためにそれぞれ血清型糖鎖，ムチン型糖鎖とも呼ばれる．N-グリカンは，タンパク質中のアスパラギン-X-セリンまたはトレオニン（Xはどのようなアミノ酸でもよい）というコンセンサス配列のアスパラギン残基に結合している．このコンセンサス配列は推定N-グリカン結合部位（モチーフ）と呼ばれ，タンパク質のアミノ酸配列からN-グリカンが結合する可能性やその数を推定することができる．しかし，すべての推定N-グリカン結合部位に糖鎖が付加される訳ではない．O-グリカンに関しては，このような糖鎖付加コンセンサス配列は知られていない．

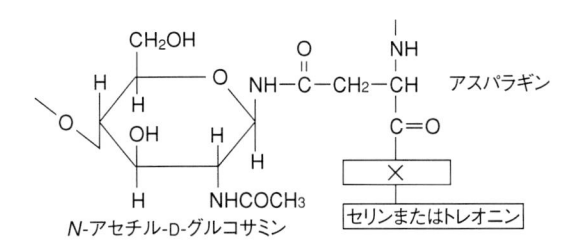

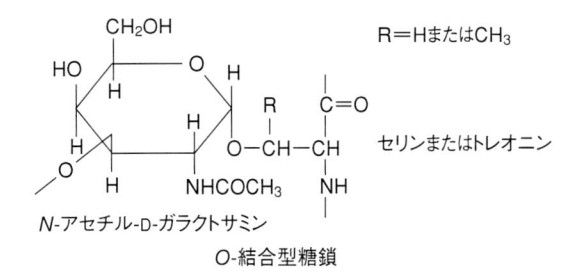

図5-10　糖タンパク質の結合様式

タンパク質の糖鎖付加（糖鎖修飾）は，タンパク質の正しいフォールディングに重要で，タンパク質の安定性やプロテアーゼ抵抗性に寄与していることも多い．一方，糖タンパク質の糖鎖構造がレクチン（lectin，糖結合タンパク質）に認識され，標的細胞への接着や取り込みに重要な役割を果たしている場合もある．また，哺乳類の精子と卵子の結合にも卵子の透明帯上に存在する膜結合型O-グリカンが重要な働きをしていると考えられている．ムチン☞タイプのO-グリカンは，消化管や顎下腺の上皮細胞から分泌されるが大部分は細胞表面にとどまっている．その生理機能としては，保水作用，外部の有害物質や有害微生物からの保護作用などが考えられている．

3）**糖脂質**　脂質に単糖やオリゴ糖がO-グリコシド結合したものを糖脂質（glycolipid）と呼ぶ．脂質部位がセラミド（N-アシルスフィンゴシン）骨格のものをスフィンゴ糖脂質

☞ **ムチンとは**

動物性粘性糖タンパク質のことで，単離源により胃ムチン，顎下腺ムチンなどと呼ぶ．魚類の体表を覆う粘性タンパク質もムチンと呼ぶことがある．化学的には単一の物質ではないが，ペプチド鎖のセリン，トレオニン残基のヒドロキシ基に糖鎖還元末端のN-アセチルガラクトサミンを介して糖鎖がO-グリコシド結合している．比較的短い糖鎖が櫛のように密に結合していることが多い．このようなO-結合型糖鎖をムチン型糖鎖という．

(glycosphingolipid），グリセロール骨格のものをグリセロ糖脂質（glycoglycerolipid）と分類する（図5-11，第4章1-3-3項参照）．また，酸性基をもつ糖脂質を中性糖脂質に対して酸性糖脂質といい，その中でもシアル酸を有するスフィンゴ糖脂質をガングリオシド（ganglioside）と呼ぶ（本章2-5項参照）．スフィンゴ糖脂質は，動物および植物細胞の生体膜に広く存在するが，酵母や一部の細菌にも存在する．ガングリオシドは，動物の神経系に多く存在する．

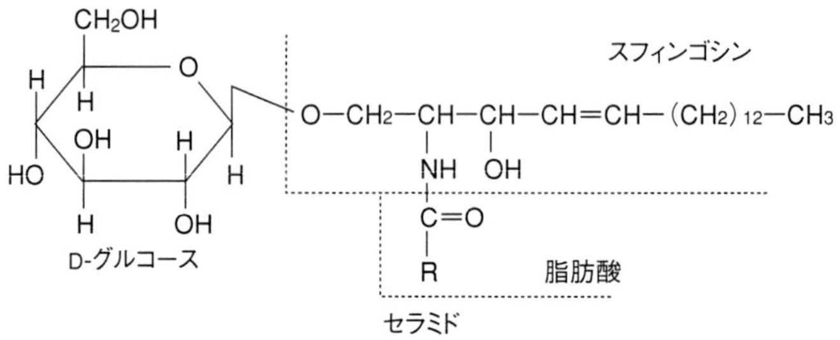

図5-11 スフィンゴ糖脂質とグリセロ糖脂質

　スフィンゴ糖脂質やスフィンゴミエリン（セラミドに糖鎖の代わりにホスホコリンがエステル結合したスフィンゴ脂質，第4章1-4-2項参照）は，形質膜上でコレステロールとともに集合しマイクロドメイン（微小領域，ラフト）を形成している．マイクロドメインには，様々なシグナル伝達に関与するキナーゼやグリコシルホスファチジルイノシトール（glycosylphosphatidyl-inositol, GPI）型の糖タンパク質が集積しており，細胞内外のシグナルを伝える中継点としても重要と考えられている．スフィンゴ糖脂質の機能として，形質膜での増殖因子受容体の機能調節，神経機能や細胞がん化への関与などが考えられているが，その正確な分子機構は未解明である．一方，後述するように，スフィンゴ糖脂質は病原細菌・ウイルスやその毒素の受容体になっている．グリセロ糖脂質は，ジアシルグリセロールやアルキルグリセロールなどの非極性基に糖質が結合したもので，植物やプランクトンを含む微生物に広く存在している．例えば，ガラクトシルジアシルグリセロールは，シアノバクテリア，緑藻，高等植物の葉緑体の光合成膜の主要なマトリックスである．

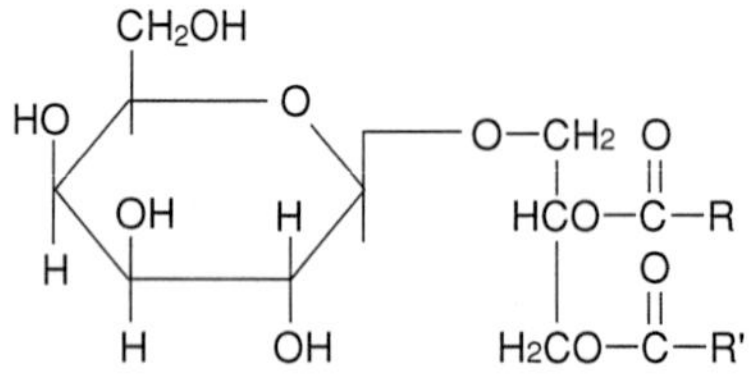

(伊東　信)

§2. 水生生物に存在する糖質

　水生生物の糖質に関しては，海藻多糖，海産動物のグリコサミノグリカン，水生無脊椎動物の糖脂質などの研究が古くから行われ，陸上生物にはないユニークな構造が数多く見出されている．一方，水生生物の感染，受精，免疫などにおける複合糖質の機能研究は緒に就いたばかりで今後の発展が期待される分野の1つである．

2-1　海藻の多糖

　海藻体を構成している成分のうち量的に最も多いものは多糖である．海藻多糖は，デンプンやラミナランのような貯蔵多糖とセルロース，マンナン，キシランのような細胞壁を構築する構造多糖に大別することができる．また，セルロースのように加水分解すると1種類の単糖あるいはその誘導体を生じる単純多糖と寒天のように複数の単糖からなる複合多糖がある．しかし，分析技術の発達や特異的な酵素の開発によって，従来は単純多糖と考えられていた多糖の構造の一部には，異なる種類の単糖が共有結合していることもあることがわかってきた．海藻多糖の特徴として，フコイダンのように高等植物にはみられないエステル硫酸基をもつ硫酸化多糖が存在する．硫酸化多糖は種々の塩と複合体を形成し，粘性があり，細胞壁の間隙を埋めている．それらの機能は十分には理解されていないが，水分を保持して干潮時の藻体の乾燥を防ぐ役割があるといわれている．また，アルギン酸のようにナトリウム塩との複合体が粘性を示すものもある．これらの粘性を示す多糖を粘質多糖と呼ぶこともある．

　1）デンプン　　高等植物の種子，根に多く含まれるが，緑藻，紅藻においても貯蔵多糖として広く存在する．デンプンは完全加水分解するとD-グルコースのみを与える単純多糖であるが，主としてD-グルコースが$\alpha 1\rightarrow 4$結合した長い直鎖状のアミロースと$\alpha 1\rightarrow 6$結合の枝分かれ構造をもつアミロペクチンから成り，その割合はデンプンの起源によって異なっている．

　2）ラミナラン　　褐藻，とくにコンブ属に多く含まれる貯蔵多糖で，D-グルコースが$\beta 1\rightarrow 3$結合したものが主要構造と考えられる．還元末端にD-マンニトールをもつものや少量のゲンチオビオースを含むものも見出されている．褐藻は，緑藻や紅藻と異なり，デンプン様の多糖はもたず，その代わりにラミナランをもっている．

　3）セルロース　　セルロースは緑藻，紅藻，褐藻のすべてに含まれる構造多糖で，D-グルコースが$\beta 1\rightarrow 4$結合した長い直鎖構造をもち，陸上植物と同一の化学構造を示す．海藻を餌とする海産無脊椎動物は，消化酵素としてセルロースを分解するセルラーゼをもつものが多い．

　4）マンナン　　緑藻や紅藻の細胞壁に含まれるマンナンはD-マンノースが$\beta 1\rightarrow 4$結合によって直鎖状に連なった中性の単純多糖である．D-マンノースがα結合した酵母細胞壁のマンナンと区別するためにβ-マンナンと呼ぶこともある．一方，食用コンニャクにはD-マンノースとD-グルコースから構成されるグルコマンナン，製紙工業や食品工業で用いられるグアガムにはD-マンノースとD-ガラクトースからなるガラクトマンナンのような複合多糖が含まれている．海藻マン

ナンを分解する酵素はβ-マンナナーゼと呼ばれ，海洋細菌などから単離されている．

5）アルギン酸　　褐藻類の細胞壁および細胞間質に存在し，D-マンヌロン酸とL-グルクロン酸を種々の割合で含む多糖である．海藻体の中ではカルシウム塩またはマグネシウム塩として存在する．アルギン酸は水に不溶であるが，ナトリウム塩は水に溶けて非常に粘稠な溶液となる．アルギン酸塩の溶液に塩化カルシウムを加えるとゲル状になるが，この性質は乳化剤，糊料として食品工業，繊維工業などで利用されている．

6）キシラン　　陸上植物の細胞壁に広く存在するキシランは，D-キシロースが$\beta 1\to 4$結合した直鎖構造を主とする．一方，紅藻の細胞壁から単離されたキシランはD-キシロースが$\beta 1\to 3$結合したものと$\beta 1\to 4$結合したものが含まれており，緑藻では$\beta 1\to 3$結合したものが主体である．海洋細菌由来のβ-1,3-キシラナーゼで緑藻キシランを処理するとD-キシロースが$1\to 3$結合した2糖，3糖以外にD-グルコースが$1\to 3$結合したものやD-キシロースが$1\to 4$結合したオリゴ糖が得られることから海藻キシランの構造は複雑であると考えられる．

7）寒天　　紅藻のテングサやオゴノリから熱水で抽出される．冷却するとゲル化する性質を利用して，食品や微生物の培地を固化させるために用いられる．寒天は，アガロースとアガロペクチンからなる複合多糖である．アガロースとアガロペクチンの量比は，紅藻の種類によって異なるが，テングサ由来の寒天ではアガロースが約70％を占める．アガロースは，D-ガラクトースと3,6-アンヒドロ-L-ガラクトースが交互に$\beta 1\to 4$結合と$\alpha 1\to 3$結合した直鎖構造からなり，ゲル化力が強い中性多糖である．アガロペクチンは，アガロースに硫酸基やD-グルクロン酸が結合した酸性多糖であり，ゲル化力は弱いが水に溶かすと粘稠になる．

8）ポルフィラン　　アマノリ属の紅藻に含まれる複合多糖で，D-ガラクトース，3,6-アンヒドロ-L-ガラクトース，L-ガラクトースからなり，D-ガラクトースの一部はメチル化されている．ゲル化力は，アガロースに比べて格段と弱い．

9）カラゲナン　　ツノマタ属やスギノリ属などの紅藻に含まれる硫酸化複合多糖で，D-ガラクトースと，3,6-アンヒドロ-D-ガラクトースを主成分とする．アンヒドロ化や硫酸化の程度によって様々な同族体（κ-カラゲナン，λ-カラゲナン，μ-カラゲナンなど）があり，カラゲナン族と呼ばれることもある．

10）フコイダン　　L-フコースが主に$\alpha 1\to 2$結合した直鎖構造をもつ．硫酸基は，主としてフコースのC-4にエステル結合している．枝分かれ構造やD-ガラクトース，ウロン酸の存在も知られる．

2-2　水生動物の多糖

水生動物多糖にもグリコーゲンのようなエネルギーに変換される貯蔵多糖（栄養多糖）とキチンのようなその動物特有の形を保持する構造多糖がある．

1）グリコーゲン　　動物デンプンとも呼ばれ，動物界に広く存在する貯蔵多糖で，肝臓や筋肉でとくに含量が高い．$\alpha 1\to 4$グルコシド結合の主鎖に$\alpha 1\to 6$グルコシド結合した分枝構造をもつ．アミラーゼによって分解され，マルトースを生じる．グリコーゲン含量は，季節変動が大き

く，水産生物の味や旬にも関係する．

2) **キチン**　キチンは，エビやカニの外殻を構成するアミノ糖からなる多糖である．N-アセチル-D-グルコサミンが$\beta 1\rightarrow 4$結合した長い直鎖構造を示す．水，希酸，希アルカリには溶けないが，濃塩酸には溶け，これを水で希釈するとコロイド状のキチンが得られる．濃いアルカリで加熱すると脱アセチル化されて遊離のアミノ基をもつキトサンが得られる．キチンのヒドロキシ基が一部ヒドロキシエチル化されたグリコールキチンおよびカルボキシメチル化されたカルボキシメチルキチンはいずれも水に可溶でキチン分解酵素キチナーゼの基質となる．キチナーゼは海産無脊椎動物や海洋微生物から単離されている．キチンの誘導体としては，ホヤからキチン硫酸が見つかっている．

2-3　水生動物のグリコサミノグリカン

海洋生物のグリコサミノグリカンの構造は多彩であり，多くのグリコサミノグリカンの分子構造の決定は，哺乳類とともに海洋生物を用いて行われてきた歴史がある．

1) **コンドロイチン**　N-アセチル-D-ガラクトサミンとD-グルクロン酸が交互に$\beta 1\rightarrow 3$結合，$\beta 1\rightarrow 4$結合した2糖単位が直鎖状に繋がった構造をもち，ほとんど硫酸化されていない．最初は牛の角膜から単離されたが，スルメイカ，マダコの皮に多量に存在する．

2) **コンドロイチン硫酸**　コンドロイチンが硫酸化されたもので，硫酸基の位置の違いによってコンドロイチン硫酸A（コンドロインチン4-硫酸），コンドロイチン硫酸C（コンドロイチン6-硫酸）などの同族体が存在する．哺乳類にも広く存在するが，クジラ，サメ，シーラカンス，ダツ，肺魚，イカ，カブトガニの軟骨などから硫酸基の結合位置の異なる様々なコンドロイチン硫酸が単離され，構造が決定された．

3) **デルマタン硫酸**　ウロン酸としてD-グルクロン酸の代わりにL-イズロン酸をもつ．以前は，コンドロイチン硫酸Bと呼ばれた．哺乳類やサメの皮から単離されている．

4) **ヒアルロン酸**　N-アセチル-D-グルコサミンのC-3位にD-グルクロン酸が，D-グルクロン酸のC-4位にN-アセチル-D-グルコサミンがβ-グリコシド結合した多糖である．牛の眼のガラス体から最初に単離されたが，サメの皮やクジラの軟骨からも単離されている．タンパク質と結合して粘稠な状態で存在する．ある種の細菌も合成することができる．

5) **ケラタン硫酸**　ほかのグリコサミノグリカンと異なり，ウロン酸の代わりにD-ガラクトースをもち，N-アセチル-D-グルコサミンとD-ガラクトースが交互に$\beta 1\rightarrow 3$，$\beta 1\rightarrow 4$結合したポリガラクトサミン構造を示す．マサバの皮には哺乳類の角膜型のケラタン硫酸が存在し，タンパク質のアスパラギン残基のγ-アミノ基とN-グリコシド結合している．一方，サメの軟骨由来のケラタン硫酸は，トレオニンあるいはセリンの水酸基とO-グリコシド結合をしている．

2-4　水生動物の糖タンパク質

ニジマスの卵には，シアル酸を含むN-結合型糖タンパク質やO-結合型糖タンパク質が存在している．それらのシアル酸の一部はデアミノノイラミン酸（KDN）という新しいシアル酸の誘導

体である．また，ニジマス卵糖タンパク質の中にはシアル酸同士が結合したポリシアル酸構造も見出される．このような糖タンパク質のある種のものは，受精に関与していることが示唆されている．ウナギやドジョウの体表の粘質物中には，シアル酸やKDNを含むムチン型糖タンパク質が多量に存在し，外界からの病原細菌の侵入を防ぐなど生体防御の一助になっている（図5-12）．また，南極洋など寒い地域の魚類の体液には，不凍糖タンパク質（anti-freezing glycoprotein, AFGP）が存在し，魚類の耐凍性に寄与している．

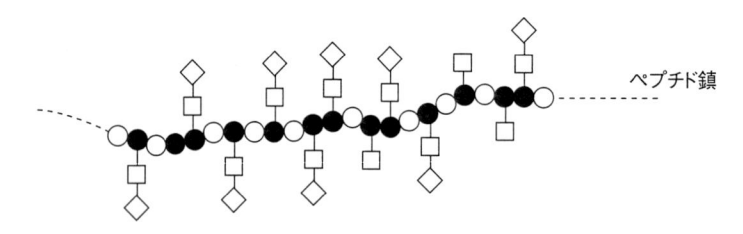

図5-12 魚類体表の粘液糖タンパク質
●：セリンまたはトレオニン，□：N-アセチルガラクトサミン，◇：シアル酸

2-5 水生動物の糖脂質

無脊椎動物で初めてのガングリオシド（シアル酸をもつスフィンゴ糖脂質）はウニから発見された．セタシジミなどの淡水産の二枚貝からマンノースやキシロースを含む哺乳類ではみられない新奇な構造の糖脂質が多数見つかっている．また，サザエなどの海産巻貝にもガラクトースのみを複数もつスフィンゴ糖脂質やリン酸基をもつユニークな糖脂質が存在する．魚類のスフィンゴ糖脂質の構造は，哺乳類と基本的には同じと考えられるが，いくつかの相違点もある．例えば，タラなどの脳には哺乳類の通常の糖脂質とシアル酸結合位置が異なるC-系列スフィンゴ糖脂質（C-系列ガングリオシド）が比較的豊富に存在し，なかには糖脂質1分子当たり5残基のシアル酸をもつポリシアロガングリオシド（GP1c）も存在する．また，シアル酸の代わりにKDNをもつ糖脂質もニジマスの卵から単離されている．マダイの腸管上皮細胞の主要糖脂質は，哺乳類に

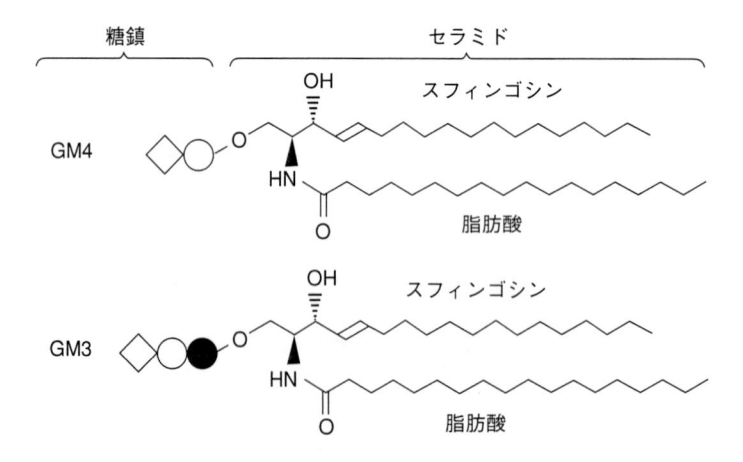

図5-13 魚類消化管における病原ビブリオの受容体となるスフィンゴ糖脂質
◇：シアル酸，○：ガラクトース，●：グルコース

は微量しか存在しないガングリオシドGM4である．GM4は，ビブリオ病を引き起こす原因菌の腸管上皮の受容体と考えられている．一方，マダイ以外の水産養殖魚であるブリ，マサバ，マアジ，ヒラメ，キジハタ，ヒラマサ，カンパチなどの腸管においては，GM4はほとんど存在せずにGM3がその役を演じている（図5-13）．水産生物に被害をもたらす病原細菌やウイルスも感染の初期段階で体表，鰓，消化管などの糖脂質や糖タンパク質に接着すると考えられており，この方面の研究の進展が期待されている．

（伊東　信）

§3．糖類の代謝

3-1　魚類における糖代謝

　魚類における糖の消化吸収および糖代謝はほかの脊椎動物のものとほぼ等しいと考えてよい．植物由来のデンプン（starch）や動物由来のグリコーゲン（glycogen）などの多糖類はアミラーゼなどによる消化を受け分解される．ほかの加水分解酵素の働きを受けて単糖類となると消化管から十分に吸収されるようになる．草食性の魚類の場合，植物にもともと付着していた細菌によってセルロース（cellulose）を分解することも示唆されている．単糖類は小腸から吸収されて門脈を経て肝臓へと導かれる．肝臓では，フルクトース（fructose）やガラクトース（galactose）の単糖類がグルコース（glucose）に変換され，食物中から吸収されたグルコースとともに体内の多くの場所に運ばれて利用される．哺乳類では血中グルコース濃度がインスリンなどの働きによって厳密に制御されているが，魚類，とくに肉食性の場合はあまり厳密な制御がなされていないとの報告もある（Moonら，2001）．細胞内へのグルコース輸送はナトリウムイオン依存性および非依存性のグルコース輸送体によるものと考えられている（Krogdahlら，2005）．最近，数種の魚類において後者のグループのグルコース輸送体（GLUTs）が発見された（Wrightら，1998；Teerijokiら，2000；Hallら，2004；Zhangら，2003；Planasら，2000）．魚類にグルコースを投与すると血糖値が上昇し，時間経過とともに低下するが，多くの魚種でその低下が哺乳類に比べて非常に遅い（Hemreら，2002）．その一因として，魚類ではインスリン（insulin）の分泌量が少なく，グルコース輸送体の活性も低いためであると考えられる．

　1）解　糖　　グルコース代謝の解糖で生体エネルギーが得られる．図5-14に詳細を示すが，細胞内に取り込まれた1分子のグルコースはまずヘキソキナーゼ（hexsokinase）によって1分子のATPを消費してグルコース6-リン酸（glucose 6-phosphate）に変換される．この変換は，グルコースの細胞内濃度を低下させ，濃度勾配によるグルコース取り込み能力の低下を防止する（修飾輸送）．フルクトース6-リン酸（F6P, fructose 6-phosphate）を経て1分子のATPを用い，フルクトース1, 6-ビスリン酸（fructose 1,6-bisphosphate）となる．1分子のフルクトース1, 6-ビスリン酸は炭素数3個のグリセルアルデヒド3-リン酸（glyceraldehyde 3-phosphate）とジヒドロキシアセトンリン酸（dihydroxyacetone phosphate）へと分解される．ジヒドロキシアセトンリン酸はグリセルアルデヒド3-リン酸に変換され，計2分子のグリセルアルデヒド3-リン酸が生じる．グリセルアルデヒド3-リン酸はさらにリン酸化され，1, 3-ビスホスホグリセリン酸（1, 3-

bisphosphoglycerate）となる．1,3-ビスホスホグリセリン酸から3-ホスホグリセリン酸（3-phosphoglycerate）となる際にADPにリン酸が供給されてATPを生じる．3-ホスホグリセリン酸は2-ホスホグリセリン酸（2-phosphoglycerate）に変換された後，ホスホエノールピルビン酸（phosphoenolpyruvate）となる．ホスホエノールピルビン酸のリン酸がATP合成に用いられ，ピルビン酸（pyruvate）となる．1分子のグルコースから生じるグリセルアルデヒド3-リン酸は2分子相当となるため，結果的にグルコースからピルビン酸までの解糖において正味2分子のATPを生み出すことになる．

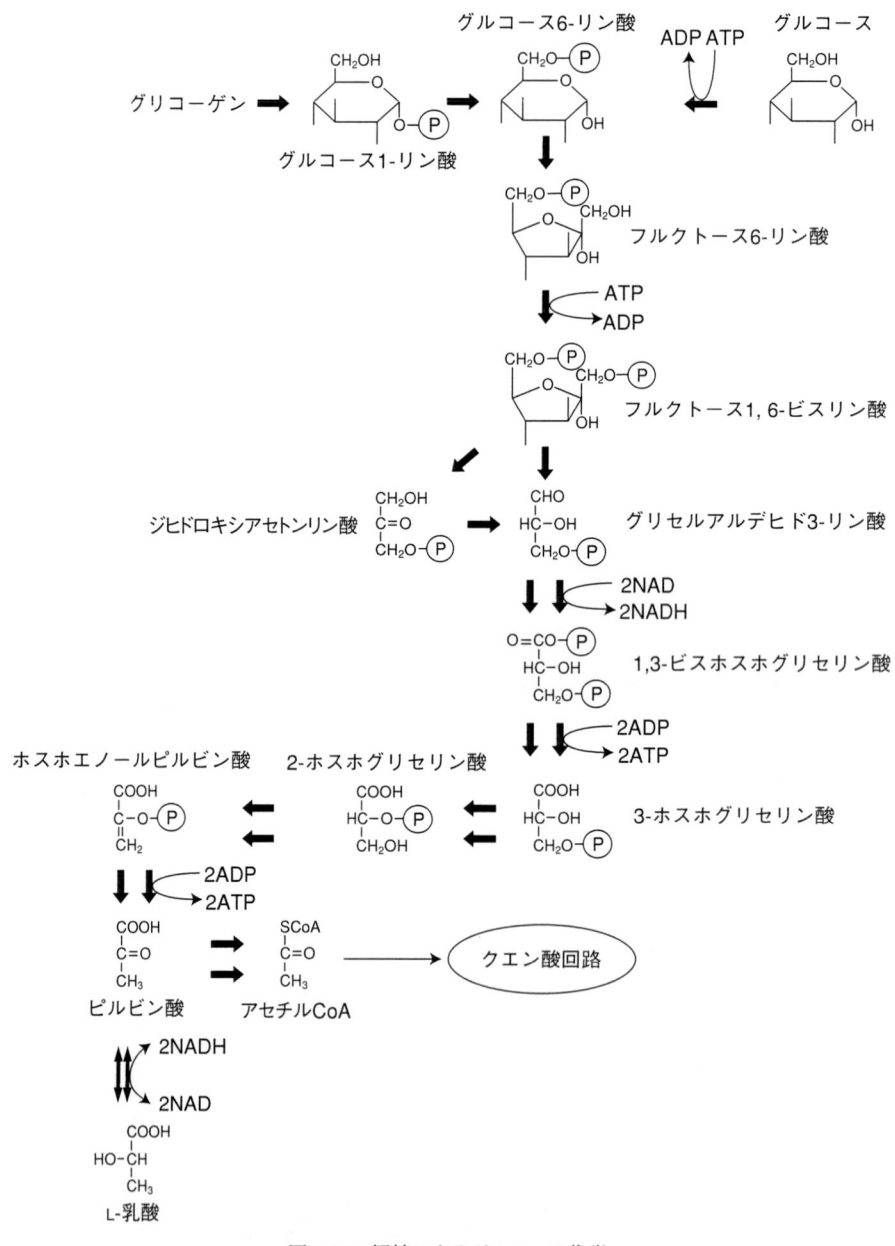

図5-14 解糖によるグルコース代謝

2）クエン酸回路と酸化的リン酸化　　持続的な巡航遊泳時には筋肉でも十分な酸素の供給が得られるため，解糖で得られたピルビン酸は哺乳類と同様にアセチルCoA（acetyl coenzyme A）を経てクエン酸回路（citric acid cycle，トリカルボン酸回路，TCA回路，クレブス回路）で酸化される．オキサロ酢酸（oxaloacetic acid）とアセチルCoAの縮合によってクエン酸（citrate）が生じ，イソクエン酸（isocitrate），αケトグルタル酸（α ketoglutarate），コハク酸（succinate），フマル酸（fumarate），リンゴ酸（malate）を経てオキサロ酢酸へと戻る．その過程でNADおよびFADが還元され，NADHおよび$FADH_2$となる（図5-15）．クエン酸回路で得られたNADHおよび$FADH_2$は電子伝達系（electron transfer complex）構成分子の還元を行うとともに，ミトコンドリア内腔から水素イオンをくみ出す（図5-16）．その結果生じたミトコンドリア内腔と内膜外側との水素イオン濃度および電気的勾配が酸化的リン酸化（oxidative phosphrylation）の駆動力となり，ATP合成酵素（Fo, F1-ATPase）によってATPが生産される．電子伝達体のシトクロム類はプロトポルフィリンに鉄が配位した構造をもち，シトクロム還元酵素複合体やシトクロム酸化酵素複合体を形成する．クエン酸回路では，グルコースから生じたピルビン酸のほかに，第4章で述べた脂肪酸から生じたアセチルCoAや第7章で述べる各種アミノトランスフェラーゼ（aminotransferase）によってアミノ酸から生じた解糖中間体およびクエン酸回路中間体を酸化することができる．したがって，クエン酸回路はタンパク質，脂質，糖質の三大栄養素の共通の酸化回路であるといえる（第4章3-1項参照）．

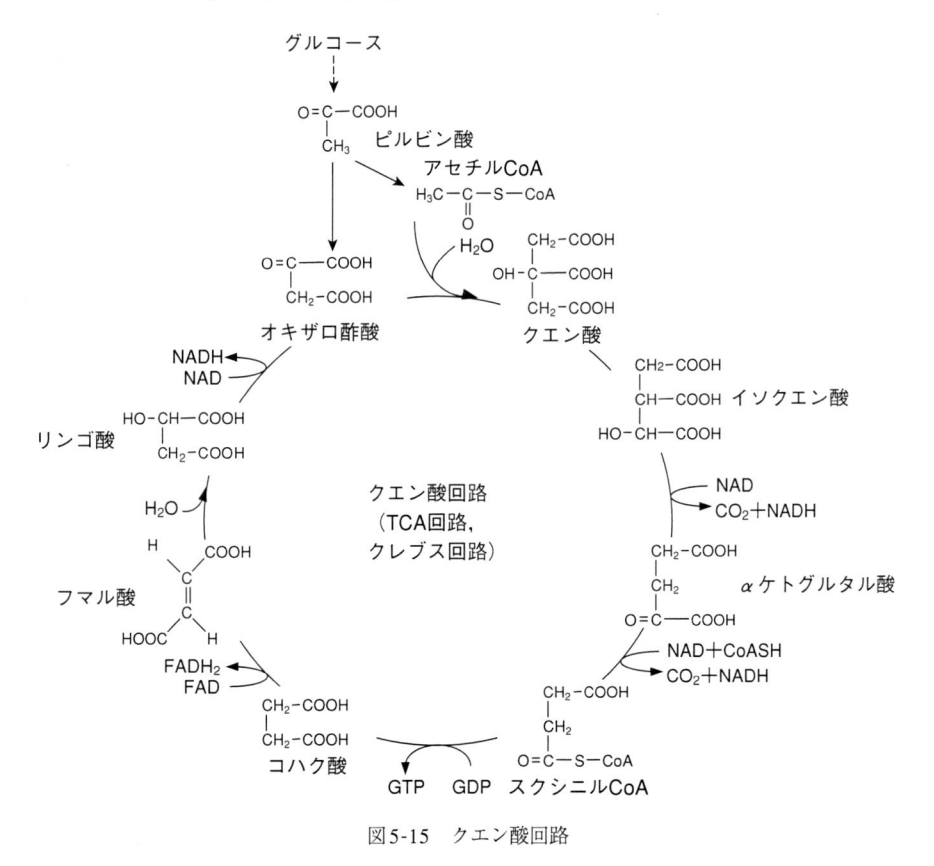

図5-15　クエン酸回路

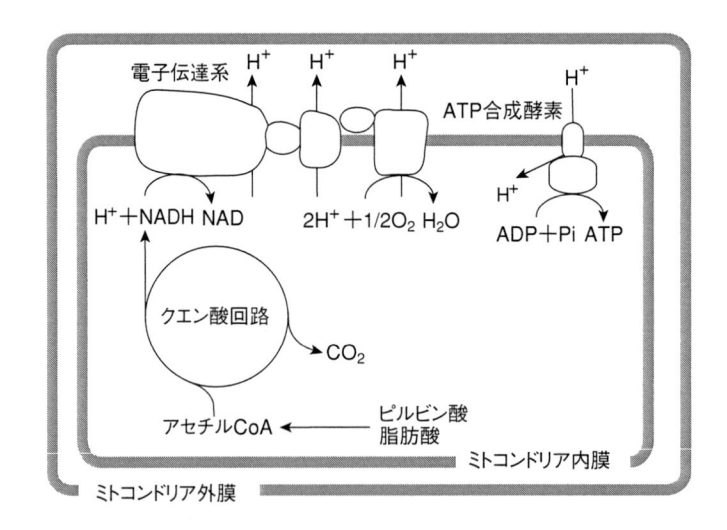

図5-16 ミトコンドリアにおける電子伝達系および酸化的リン酸化によるATP生産

3）乳酸生成 急激な運動によって酸素の供給が不十分になると，酸化的リン酸化が停止し，電子伝達系によるNADHの酸化によるNADの生成が阻害される．そのため，解糖で必要とされるNADが不足して解糖が進行しなくなる．そこで，筋肉では図5-17のようにピルビン酸をL-乳酸（L-lactate）に還元する際に生じるNADを解糖に供給する．このように魚類の場合は，低酸素状態における解糖最終産物はL-乳酸であると考えられる．生じたL-乳酸は血液を介して肝臓に運ばれ，ここで糖新生されてグルコースが産生され，筋肉を含むそのほかの臓器にエネルギー源として供給される．あるいは，L-乳酸は酸素の供給が十分になれば筋肉内でピルビン酸へ変換されてクエン酸回路でさらに酸化される．

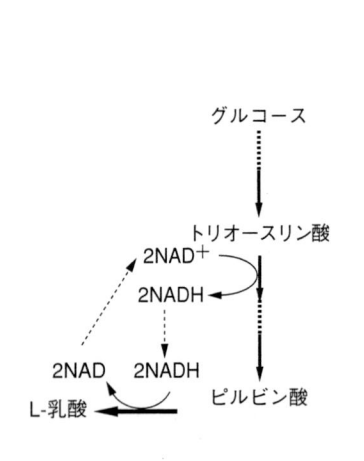

図5-17 嫌気的条件下における乳酸生成とNADの供給

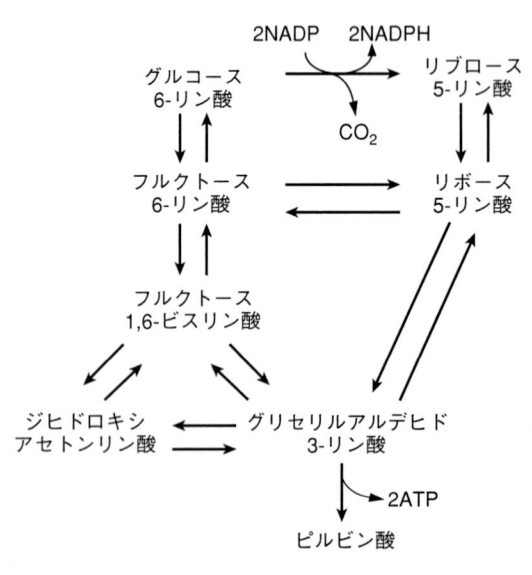

図5-18 ペントースリン酸回路
矢印の向きはNADPHおよびリボース5-リン酸の必要量に応じて制御される．

4）ペントースリン酸回路　　ペントースリン酸回路（pentose phosphate cycle）は魚類でも哺乳類で知られているものと同様にグルコース6-リン酸からNADPHと核酸合成のための五炭糖リン酸エステルの供給を担う（図5-18）．魚類ではこの回路は肝臓でもっとも活発に働き，筋肉ではほとんど作動しないと考えられている．

5）グリコーゲンの合成と分解　　魚類における貯蔵多糖はグリコーゲンである．筋肉や肝臓などの細胞に取り込まれたグルコースがエネルギー生産に消費されない場合は，グルコース6-リン酸，グルコース1-リン酸（glucose 1-phosphate）を経てウリジン-二リン酸（UDP）-グルコース（uridine diphosphate glucose）となり，グリコーゲン合成酵素（glycogen synthase）によって既に存在するグリコーゲン末端にグルコース単位が付加される（図5-19）．一方，エピネフリンやグルカゴンなどの興奮性のホルモンの作用でグリコーゲンが利用されるときは，細胞内のサイクリックアデノシン3',5'-一リン酸（cAMP）レベルが上昇し，cAMP依存性プロテインキナーゼ（cAMP activated protein kinase，タンパク質リン酸化酵素）がホスホリラーゼキナーゼ（phosphrlase kinase）をリン酸化して活性化し，活性化ホスホリラーゼキナーゼによってホスホリラーゼ（phosphorylase）がリン酸化により活性化されてグリコーゲン末端からグルコース1-リン酸が取り出される（図5-20）．これがグルコース6-リン酸に変換されて解糖で利用される．

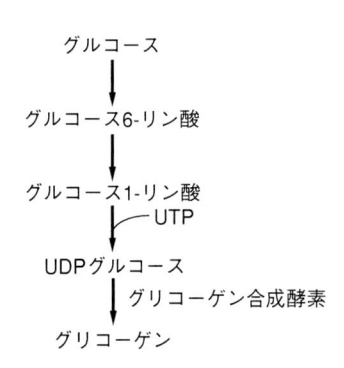

図5-19　グリコーゲンの合成

カツオやマグロ類などの回遊性の赤身魚の場合，筋肉中のグリコーゲン含量が高い傾向を示す．たとえばカツオでは900 mg/100 g筋肉に達する．逆に白身魚では筋肉のグリコーゲン含量が低く，たとえばマダラでは300 mg/100 g筋肉程度である．漁獲後，筋肉に酸素が供給されなくなると筋細胞は嫌気的解糖を行わざるを得ず，グリコーゲンは速やかに分解される．さらに，漁獲時に苦悶した魚体の場合は極度の嫌気的解糖を強いられるため，グリコーゲンは一層速やかに分解される．

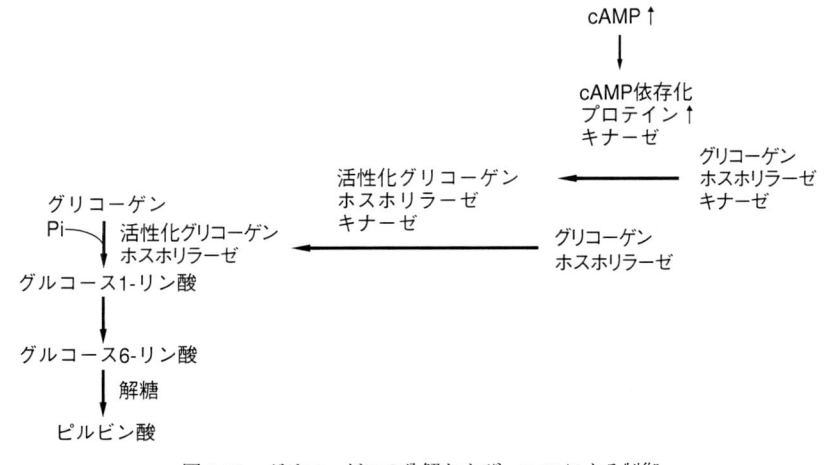

図5-20　グリコーゲンの分解およびcAMPによる制御

3-2 無脊椎動物における糖代謝

無脊椎動物でも魚類と同様な経路で解糖が行われるが，ホタテガイなどの二枚貝では嫌気的な条件下であってもL-乳酸の蓄積は極めて少ない．解糖で得られるピルビン酸は第7章で述べるD-乳酸（D-lactate）やオクトピン（octopine）やストロンビン（strombine）などのオピン類に変換され，したがって，これらの動物の解糖最終産物はオピン類とD-乳酸になる（図5-21）．そのほか，ピルビン酸がオキサロ酢酸からリンゴ酸，フマル酸を経てコハク酸へ代謝され，NADおよびFADを生じる経路も存在する（図5-22）．コハク酸はさらにプロピオン酸（propionate）にまで代謝されることがある．興味深い点は，この経路がクエン酸回路のコハク酸からオキサロ酢酸を生ずる反応を逆周りしている点である．いずれの場合も，NADHからNADを生じるという点で魚類におけるL-乳酸生成経路と等価であると考えられる．一方，エビやカニなどの甲殻類では魚類と同様にピルビン酸からL-乳酸デヒドロキナーゼの働きでL-乳酸が生じ，そのときに生じたNADが解糖に用いられる．

図5-21 無脊椎動物の解糖

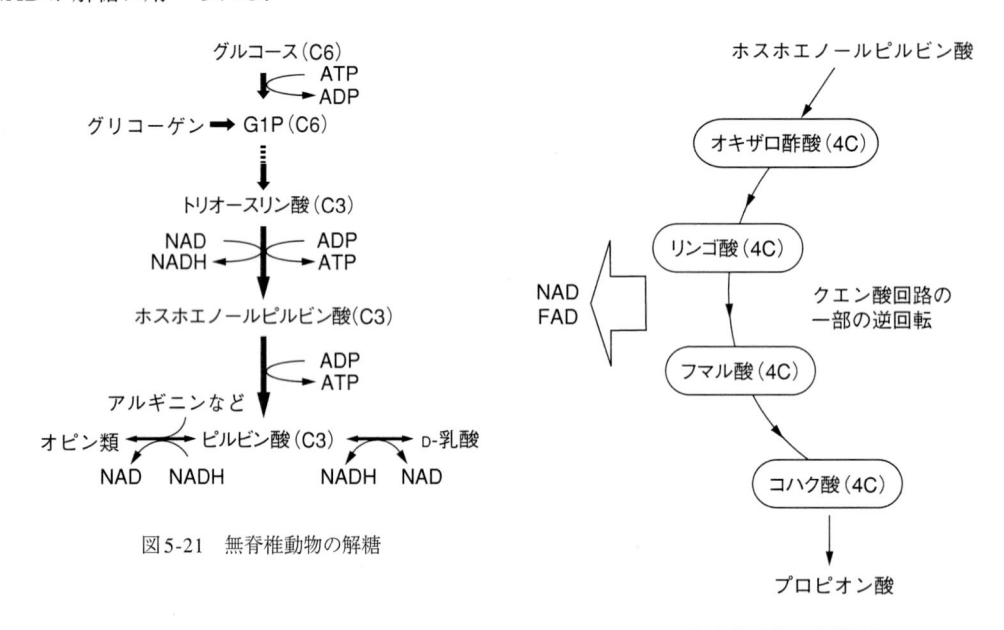

図5-22 無脊椎動物の有機酸代謝

貝類などの軟体動物でグリコーゲン含量が非常に多い．貝類でも魚類と同様にエネルギー源であるグルコースの貯蔵のために利用しており，季節によってグリコーゲン含量は大きく変化する．

（潮　秀樹）

§4. 光合成

植物，藻類，原核生物が，光エネルギーを使って有機化合物を合成するプロセスを光合成（photosynthesis）と呼ぶ．光合成のプロセスは，光エネルギーを化学エネルギーに変換する過程と，固定されたエネルギーが用いられる有機化合物の生合成過程の2つに大別される．光合成を

行う生物は，以下の反応式に示すように光エネルギーを利用して電子供与体$2H_2A$より電子を奪い，CO_2を還元して有機化合物（CH_2O）に変換する．

$$CO_2 + 2H_2A \xrightarrow{光} CH_2O + 2A（または A_2）+ H_2O$$

　酸素発生型の光合成を行う植物や藻類（一部の原核生物を含む）では，電子供与体H_2Aとして水（H_2O）が利用され，その結果，A_2として酸素（O_2）が放出される．一方，多くの原核生物（光合成細菌）は酸素非発生型の光合成を行う．この場合，電子供与体H_2AにはH_2O以外の化合物（硫化水素などの無機硫黄化合物や有機酸）が用いられる．酸素発生型の光合成を行う生物のうち，維管束植物（種子植物とシダ植物）とコケ植物を除いたものが一般に藻類と呼ばれており，その多くは水中で生育している．本節では，藻類の光合成器官，光合成色素，光合成反応（エネルギー変換と炭酸同化）について述べる．

4-1　藻類とその光合成器官

1）藻類の分類　　酸素発生型の光合成を行う藻類は多様な生物の寄せ集まりで，その分類基準も様々である．古くは，緑藻，紅藻，褐藻といった藻体色に基づく分類体系から始まり，近年では核DNAや葉緑体DNAの遺伝情報を基にした分子系統学的手法も用いられている（Bhattacharya and Medlin, 1995；McFaddenら, 1994；Reith, 1995；千原, 1997）．これまでに最も広く受け入れられている藻類の分類体系は，藍色植物門，原核緑色植物門，灰色植物門，紅色植物門，クリプト植物門，不等毛植物門，ハプト植物門，渦鞭毛植物門，ユーグレナ植物門，クロララクニオン植物門，緑色植物門の11植物門で構成されている（千原, 1997）．この中で，藍色植物［歴史的には植物に分類されてきたが，現在では藍色細菌（シアノバクテリア，cyanobacteria）と呼ぶのが一般的である］と原核緑色植物は原核生物であり，核，葉緑体（chloroplast），ミトコンドリアなどの細胞小器官をもたない．しかしながら，これら細胞小器官の機能をもつ構成要素は存在する．一方，藍色植物と原核緑色植物を除いたほかの藻類は真核生物であり，形態的にきちんと分化した細胞小器官をもつ．

2）藻類の光合成器官の構造　　真核光合成生物の場合，光合成に必要なすべての反応は細胞小器官の1つである葉緑体で行われる．陸上植物（維管束植物やコケ植物）の葉緑体の構造は基本的に同じで，外包膜と内包膜からなる二重の膜系（葉緑体包膜）に包まれている（第9章1-2-2項参照）．葉緑体包膜の内部は，種々の可溶性物質からなる液性のストロマ（stroma）と，チラコイド膜（thylakoid membrane）と呼ばれる袋状の内膜系に分かれている．また，異なった大きさのチラコイド膜が層状に積み重なったグラナ構造がみられる．チラコイド膜には光合成色素，電子伝達系やATP合成系に関わる成分が局在しており，ここで光合成のエネルギー変換過程が進行する．また，ストロマには主に炭酸固定に関わる酵素類が存在し，光合成による有機化合物の生合成過程が進行する．

　一般的には上述のような陸上植物の葉緑体の構造が典型例として理解されているが，藻類の葉緑体の構造は極めて多様性に富んでいる（図5-23，井上・原, 1999；原, 2002）．葉緑体をもつ

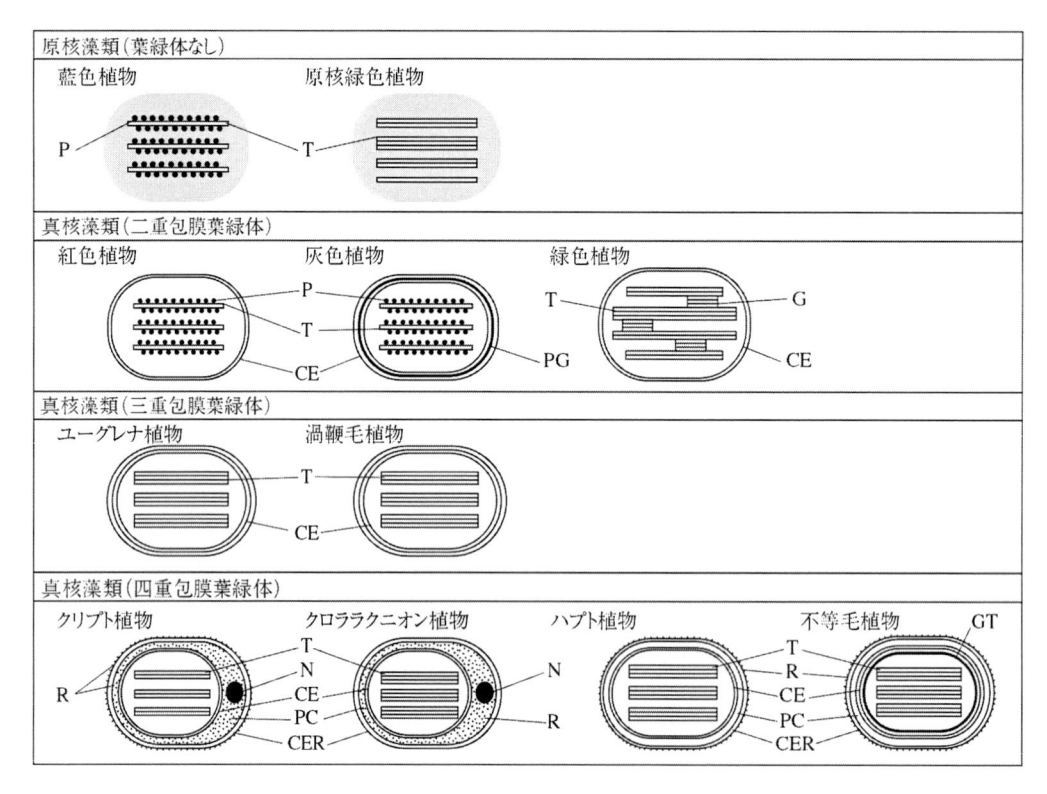

図5-23 藻類の光合成器官（井上・原，1999；原，2002より）
P：フィコビリソーム，T：チラコイド膜，CE：葉緑体包膜，PG：ペプチドグリカン層，G：グラナ，R：リボソーム，N：ヌクレオモルフ，PC：葉緑体周縁基質，CER：葉緑体小胞体，GT：ガードルチラコイド．
葉緑体包膜（CE）の内部は液性のストロマと内膜系のチラコイド膜（T）に分かれている．

藻類のうち，緑色植物，紅色植物，灰色植物は陸上植物と同様，二重包膜に包まれた葉緑体をもつ．なお，灰色植物の葉緑体包膜の間には，ペプチドグリカンからなる薄い壁構造が存在する．葉緑体の内部構造（チラコイド膜の構造）をみると，緑色植物のチラコイド膜は二層から多層構造をとり，一部の藻類（車軸藻）では高次のグラナ構造もみられる．一方，紅色植物と灰色植物のチラコイド膜は一層構造をとり，その表面（ストロマ側）にはフィコビリソーム（phycobilisome，フィコビリタンパク質からなる集光性色素複合体，本章4-2-4項参照）が密に付着している．クリプト植物，クロララクニオン植物，ハプト植物，不等毛植物（褐藻，珪藻など）の葉緑体は四重包膜に包まれている．内側2枚の膜系が葉緑体包膜に相当し，二重包膜をもつ葉緑体がさらに2枚の膜系に包まれたものと解釈されている（井上・原，1999）．なお，外側2枚の膜系は葉緑体小胞体，葉緑体小胞体と葉緑体包膜の間は葉緑体周縁基質（ペリプラスチダル・コンパートメント）と呼ばれている．クリプト植物，ハプト植物，不等毛植物の場合，葉緑体小胞体の表面にリボソームが付着している．また，クリプト植物とクロララクニオン植物の葉緑体周縁基質には，ヌクレオモルフ（二重膜に囲まれたDNAを含む小器官）とリボソームが含まれている．四重包膜葉緑体の内部構造をみると，クロララクニオン植物，ハプト植物，不等毛植物のチラコイド膜は三層構造をとっている．多くの不等毛植物ではさらにガードルチラコイドが葉緑体包膜の内側

に存在する．クリプト植物の葉緑体は二層チラコイド膜をもち，その内側（内腔，ルーメン）にフィコビリタンパク質（本章4-2-4項参照）が存在する．ユーグレナ植物と渦鞭毛植物の葉緑体は三重包膜に包まれ，内部は三層チラコイド膜の構造をとる．これら葉緑体の三重包膜のうち，内側2枚の包膜は葉緑体包膜に相当するものと解釈されているが，最外膜が葉緑体小胞体に相当するものであるかは不明である（井上・原，1999）．

これまでに述べた藻類（真核藻類）以外の藍色植物と原核緑色植物は，原核生物であるため葉緑体をもたない．しかしながら，これら原核藻類もチラコイド膜をもっており，藍色植物の場合はフィコビリソームが表面に付着した一層チラコイド膜，原核緑色植物の場合は多層チラコイド膜が細胞辺縁部に散在している．

3）**藻類の葉緑体の起源と多様化**　真核藻類の葉緑体の光合成系は，原核藻類である藍色植物のものと基本的には同じである．また，葉緑体には独自の遺伝システム（葉緑体DNA）が備わっているが，葉緑体遺伝子（16S rDNAなど）の系統解析により，葉緑体は単一の起源をもち，藍色植物と近縁関係であることが示されている（McFaddenら，1994；Bhattacharya and Medlin，1995；Reith，1995）．現在では，真核光合成生物の葉緑体の起源と系統は，原核光合成生物（藍色植物の祖先）と従属栄養性の真核生物との細胞内共生（一次共生）により成立したものと理解されている（Wolfら，1994；Reith，1995）．さらに，真核藻類とその葉緑体の多様性は，既に葉緑体を獲得した真核光合成生物と真核従属栄養生物との細胞内共生（二次共生）により生じたものと考えられている（Cavalier-Smith，1995）．したがって，二重包膜に包まれた葉緑体をもつ緑色植物，紅色植物，灰色植物は一次共生生物の子孫，四重包膜に包まれた葉緑体（葉緑体小胞体に包まれた葉緑体）をもつ藻類は二次共生によって葉緑体を獲得し，二次共生した真核光合成生物の核や細胞質の痕跡がクリプト植物やクロララクニオン植物の葉緑体周縁基質に含まれるヌクレオモルフやリボソームであると解釈されている（堀口，1999；原，2002）．

4-2　藻類の光合成色素

1）**藻類の光合成色素の種類**　藻類がもつ光合成色素は，クロロフィル（chlorophyll），カロテノイド（carotenoid），フィコビリン（phycobilin）の3種類に大別される．クロロフィルとカロテノイドは脂溶性（親油性）の色素で，すべての光合成生物はこれらを光合成色素として必ずもつ．一方，フィコビリンは発色団としてフィコビリタンパク質（水溶性色素タンパク質）を**構成し**，藍色植物，紅色植物，灰色植物，クリプト植物にのみ存在する．現在までに，20種類以上のクロロフィル，15種類以上のカロテノイド，4種類のフィコビリンが光合成色素として機能していることが明らかにされている（三室，1999；三室・田中，2002）．藻類における主要光合成色素の分布を表5-2に示す．

2）**藻類のクロロフィル**　クロロフィルは光合成において中心的な役割をもつ緑色のポルフィリン系色素で，テトラピロール環の中心にマグネシウム原子が配位している（図5-24）．クロロフィルは光合成反応系の2つの反応中心，すなわち光化学系I（photosystem I, PSI）反応中心と光化学系II（photosystem II, PSII）反応中心における電子伝達と，両反応中心に付随する

表5-2 酸素発生型光合成生物における主要光合成色素の分布（三室・田中，2002 より）

分類	クロロフィル	主要なカロテン	主要なキサントフィル	フィコビリタンパク質[1]
原核光合成生物				
原核緑色植物	クロロフィル a, b	β-カロテン	ゼアキサンチン	
藍色植物	クロロフィル a	β-カロテン	ゼアキサンチン	PC, PE, APC
アカリオクロリス	クロロフィル d, a	β-カロテン	ゼアキサンチン	PC, APC
真核光合成生物				
（一次共生）				
灰色植物	クロロフィル a	β-カロテン	ゼアキサンチン	PC, APC
紅色植物	クロロフィル a	β-カロテン	ルテイン, ゼアキサンチン	PC, PE, APC
緑色植物				
プラシノ藻	クロロフィル a, b	β-カロテン	ルテイン, ビオラキサンチン, ネオキサンチン	
アオサ藻	クロロフィル a, b	β-カロテン	ルテイン, ビオラキサンチン, ネオキサンチン	
トレボウクシア藻	クロロフィル a, b	β-カロテン	ルテイン, ビオラキサンチン, ネオキサンチン	
緑藻	クロロフィル a, b	β-カロテン	ルテイン, ビオラキサンチン, ネオキサンチン	
車軸藻	クロロフィル a, b	β-カロテン	ルテイン, ビオラキサンチン, ネオキサンチン	
陸上植物	クロロフィル a, b	β-カロテン	ルテイン, ビオラキサンチン, ネオキサンチン	
真核光合成生物				
（二次, 三次共生）				
クロララクニオン植物	クロロフィル a, b	β-カロテン	ルテイン	
ユーグレナ植物	クロロフィル a, b	β-カロテン	ディアディノキサンチン	
クリプト植物	クロロフィル a, c_2	α-カロテン	アロキサンチン	PC, PE
ハプト植物	クロロフィル a, c_2, c_1	β-カロテン	フコキサンチン	
不等毛植物				
褐藻	クロロフィル a, c_2, c_1, c_3	β-カロテン	フコキサンチン	
珪藻	クロロフィル a, c_2, c_1, c_3	β-カロテン	フコキサンチン	
黄緑色藻	クロロフィル a, c_2, c_1	β-カロテン	ディアトキサンチン	
黄金色藻	クロロフィル a, c_2, c_1	β-カロテン	フコキサンチン	
ラフィド藻	クロロフィル a, c_2, c_1	β-カロテン	ディアディノキサンチン	
真正眼点藻	クロロフィル a	β-カロテン	ビオラキサンチン	
渦鞭毛植物	クロロフィル a, c_2	β-カロテン	ペリディニン	

[1] PC：フィコシアニン，PE：フィコエリトリン，APC：アロフィコシアニン．

	R^1	R^2		R^1	R^2
クロロフィル a	$-CH=CH_2$	$-CH_3$	クロロフィル c_1	$-CH_3$	$-CH_2CH_3$
クロロフィル b	$-CH=CH_2$	$-CHO$	クロロフィル c_2	$-CH_3$	$-CH=CH_2$
クロロフィル d	$-CHO$	$-CH_3$	クロロフィル c_3	$-COOCH_3$	$-CH=CH_2$

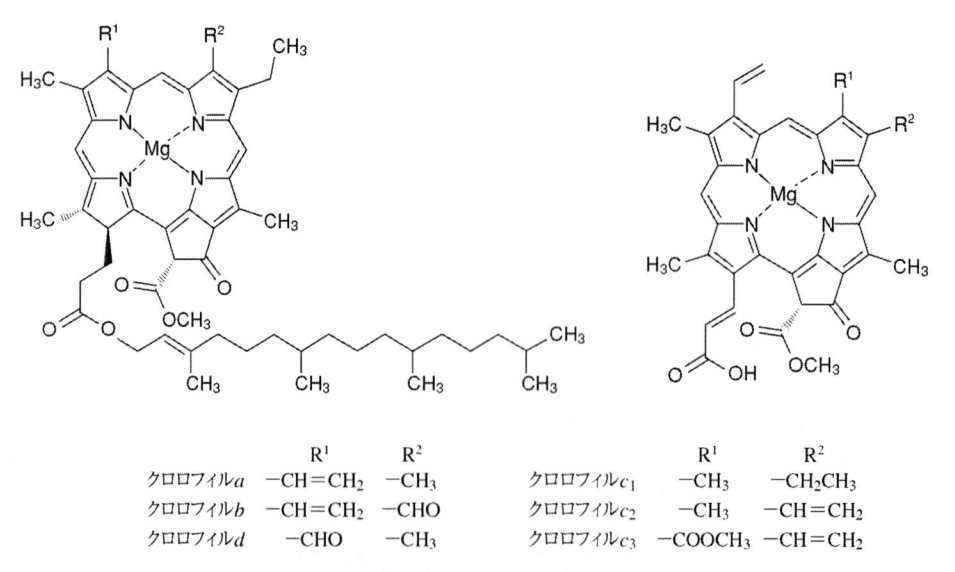

図5-24　クロロフィルの構造

集光性色素複合体における光捕集（アンテナ）の両方の機能を担っている．クロロフィルには数多くの種類があるが，藻類にはクロロフィルa，b，c，dが存在する（三室・田中，2002）．

クロロフィルaは，酸素発生型の光合成生物に共通して存在する主要な光合成色素である．例外として，原核光合成生物のプロクロロコックス属（原核緑色植物）はクロロフィルaをもたず，その代わりにクロロフィルaの8位のエチル基がビニル基に置換したジビニルクロロフィルaが主要光合成色素として機能している．また，アカリオクロリス属（藍色植物）はクロロフィルaをもつものの，主要光合成色素はクロロフィルaの3位のビニル基がホルミル基に置換したクロロフィルdである．なお，クロロフィルdは1940年代前半に紅色植物に含まれる微量光合成色素として報告されて以来（Manning and Strain, 1943），抽出過程で生じる人為的産物であると疑問視されていた．しかしながら近年，クロロフィルdは紅色植物の表面に付着する藍色植物によって生産されていることが明らかとなった光合成色素である（Miyashitaら，1996, 2003）．クロロフィルbはクロロフィルaの7位のメチル基がホルミル基に置換した構造をもつ．藻類においてクロロフィルbは，緑色植物，クロララクニオン植物，ユーグレナ植物と一部の原核緑色植物に存在する（Lewin and Withers, 1975）．クロロフィルcはクリプト植物，ハプト植物，不等毛植物（真正眼点藻を除く），渦鞭毛植物に存在する．クロロフィルcは側鎖（7位と8位）の違いによってクロロフィルc_1，c_2，c_3の3種類に分けられ，クリプト植物と渦鞭毛植物にはクロロフィルc_2のみが存在する．ハプト植物と不等毛植物にはクロロフィルc_1，c_2の両分子が存在するが，不等毛植物のうち褐藻と珪藻ではさらにクロロフィルc_3も見出される（Stauber and Jeffrey, 1988）．

各クロロフィルにみられる微小な化学構造の変化は，それぞれに異なる光吸収特性を与える．非極性溶媒中でのクロロフィルa，b，c，dの吸収スペクトルをみると，各クロロフィルの吸収は互いにずれており，複数のクロロフィルをもつことは光捕集に有利であることが理解できる（図5-25）．なお，一般に緑色植物のクロロフィル抽出液が観察者にとって緑色にみえるのは，ク

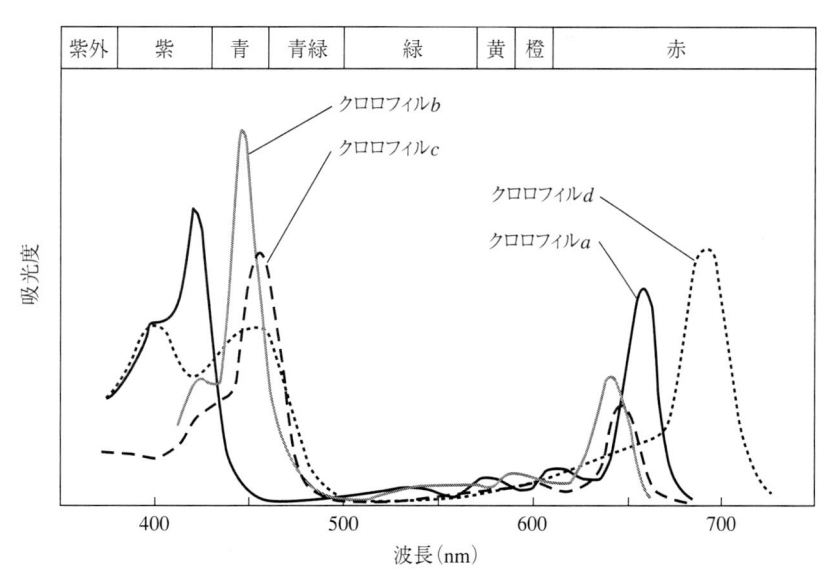

図5-25　クロロフィルの吸収スペクトル（非極性溶媒中）

ロロフィル a, b が波長 500 nm 付近の緑色光をほとんど吸収できないためである.

3) 藻類のカロテノイド カロテノイドの多くはテトラテルペン（C_{40}）（第4章1-5-2項参照）を骨格構造とした黄色から赤色を呈するポリエン色素で，酸素原子を含まないカロテン（carotene）と，酸素原子を含むキサントフィル（xanthophyll）に大別される．カロテノイドの種類は多く，光合成生物で見出されたカロテノイドは200種類以上にも及ぶ．その大部分はキサントフィルであるが，光合成色素として機能することが明らかにされているものはごく一部に過ぎない（三室・田中，2002）.

藻種によって様々な種類のカロテノイドが合成されるが（図5-26），藻類に共通するカロテンはPSI反応中心とPSII反応中心のいずれにも結合している β-カロテンである．しかしながら，β-カロテンは集光性色素（アンテナ色素）としての機能性は低いと考えられており，光捕集よりはむしろ光酸化障害（光により発生する活性酸素種による障害）から光合成の反応中心を保護することが β-カロテンの重要な機能とされている（三室，1999）.β-カロテンのほかに藻類には α-, γ-, ε-カロテンなども存在するが，光合成との関連や局在部位などは明らかにされていない．

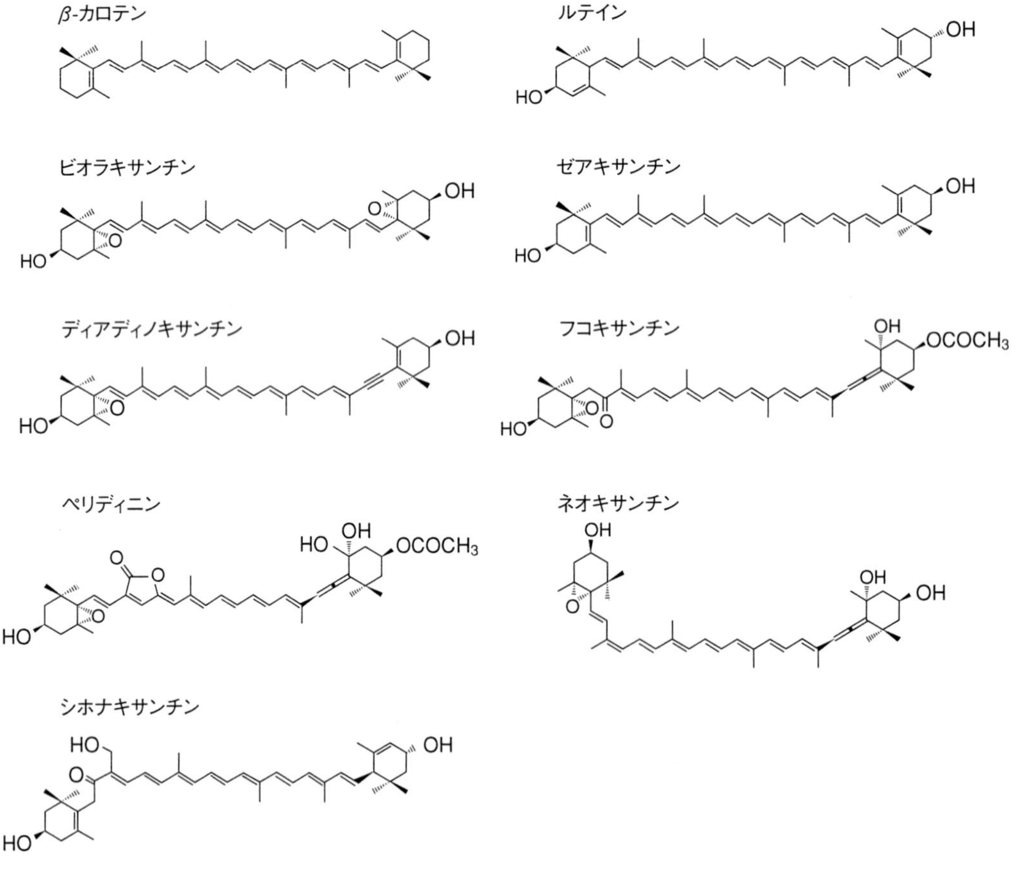

図5-26 藻類に含まれるカロテノイドの構造

藻類におけるキサントフィルの分布は，藻種によって多種多様である（天野，1991；三室，1999）．緑色植物のキサントフィル組成は陸上植物と同様，ルテインが主成分で，このほかにビオラキサンチン，ネオキサンチン，ゼアキサンチン，アンテラキサンチンなどが存在する．また，比較的深層部に生育する緑色植物（アオサ藻やプラシノ藻の一部）はシホナキサンチンやシフォネインをもち，これら色素は深層部での光捕集に重要な役割を果たしていると考えられている（Yokohamaら，1977；Yokohama，1981）．原核緑色植物，藍色植物，灰色植物，紅色植物の主要なキサントフィルはゼアキサンチンで，紅色植物にはさらにルテインが多く存在する．ほかの藻類に特徴的なキサントフィルとして，ユーグレナ植物や不等毛植物（ラフィド藻）のディアディノキサンチン，ハプト植物と不等毛植物のフコキサンチン，クリプト植物のアロキサンチン，渦鞭毛植物のペリディニンがある．

　藻類の主要カロテノイドの非極性溶媒中での吸収スペクトルをみると，カロテノイドはおおよそ波長400から550 nmの光を吸収することがわかる（図5-27，Mimuroら，1992）．一般に水中では赤色光の減衰が早く，深部まで到達するのは青から緑色光である．シホナキサンチン，ペリディニンによる吸収域は550 nm付近にまで延びているため，これらカロテノイドをもつ藻種は水中に到達する光を効率よく吸収・利用する能力を備えていることが考えられる．なお，ハプト植物，不等毛植物，渦鞭毛藻の多くが黄色や褐色にみえるのは，これら藻種のフコキサンチンやペリディニン含量が高いためである（天野，1991）．

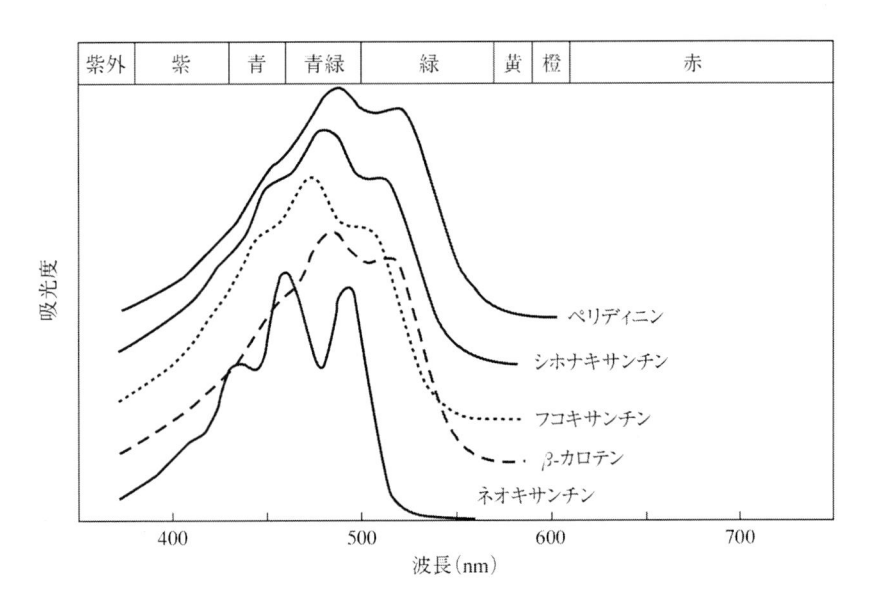

図5-27　カロテノイドの吸収スペクトル（非極性溶媒中）（Mimuroら，1992より）

4）藻類のフィコビリタンパク質　フィコビリタンパク質は，藍色植物，紅色植物，灰色植物，クリプト植物がもつ緑色光を吸収する水溶性の色素タンパク質である．フィコビリタンパク質には，クロロフィルやヘムと同じ合成系から生じる直鎖状のテトラピロール構造をもつ発色団フィコビリンが共有結合している．フィコビリンは構造の違いにより，フィコシアノビリン，フィコビリビオリン，

図5-28 フィコビリンの構造

フィコシアノビリン　　　フィコビリビオリン

フィコエリトロビリン　　フィコエリトロビリン（2つのCys残基と結合）

フィコウロビリン　　　　フィコウロビリン（2つのCys残基と結合）

各フィコビリンはシステイン残基のチオエーテル結合を介してタンパク質と結合している．フィコエリトロビリン（PEB）とフィコウロビリン（PUB）には，2分子のシステイン残基と結合するタイプも存在する．

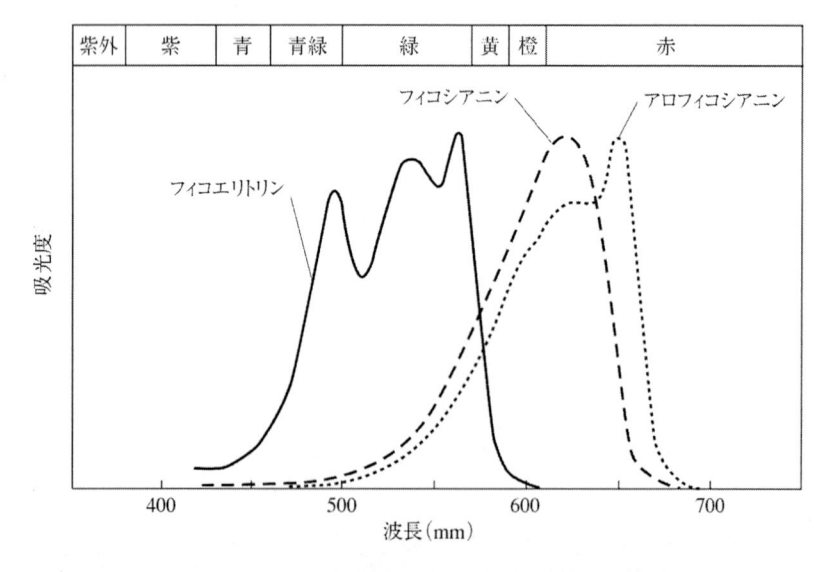

図5-29 フィコビリタンパク質の吸収スペクトル（水溶液中）（野田，1992より）

フィコエリトロビリン，フィコウロビリンの4種に大別される（図5-28，三室ら，1997；三室，1999）．なお，フィコビリタンパク質はその吸収スペクトルの違いからアロフィコシアニン（600〜670 nm 領域を吸収），フィコシアニン（550〜650 nm 領域を吸収），フィコエリトリン（470〜570 nm 領域を吸収）に分類されていたが（図5-29，野田，1992），現在ではフィコビリタンパク質に結合している発色団の種類と数，サブユニット組成などを基に分類されている（表5-3，三室ら，1997；三室，1999）．アロフィコシアニン，フィコシアニン，フィコエリトロシアニンは基本的に，2種類のタンパク質（α-サブユニットとβ-サブユニット）各1個からなる単量体が3個会合した3量体構造をとる．フィコエリトリンはα-サブユニットとβ-サブユニット各1個からなる単量体が3個会合した3量体，または6個会合した6量体にγ-サブユニットが会合した構造をとる．

表5-3 フィコビリタンパク質の諸性質（三室ら，1997；三室，1999より）

フィコビリタンパク質の分類[1]	サブユニット組成	各サブユニットに含まれる色素の種類と数[2]			吸収極大 (nm)
		α	β	γ	
アロフィコシアニン (APC)	$(\alpha\beta)_3$	1 PCB	1 PCB	なし	650
フィコシアニン (PC)					
C-フィコシアニン	$(\alpha\beta)_3$	1 PCB	2 PCB	なし	615〜635
R-フィコシアニン	$(\alpha\beta)_3$	1 PCB	1 PCB, 1 PEB	なし	550, 610
フィコエリトロシアニン (PEC)	$(\alpha\beta)_3$	1 PXB	2 PCB	なし	575
フィコエリトリン (PE)					
C-フィコエリトリン	$(\alpha\beta)_3$	2 PEB	3 PEB	なし	565〜570
R-フィコエリトリン	$(\alpha\beta)_6\gamma$	2 PEB	2 PEB, 1 PUB*	1 PEB, 3 PUB	500, 540, 565
B-フィコエリトリン	$(\alpha\beta)_6\gamma$	2 PEB	2 PEB, 1 PEB*	2 PEB, 2 PUB	540, 560
b-フィコエリトリン	$(\alpha\beta)_6\gamma$	2 PEB	2 PEB, 1 PEB*	2 PEB, 2 PUB	540, 560

[1] C, R, B, b は，分離されたフィコビリタンパク質を含む藻類の分類を示す．C は Cyanobacteria（藍色植物），R は Rhodophyta（紅色植物），B は Bangiales（紅色植物の一種），b は Bangiales 型のフィコエリトリンの変種を示すために使われている．
[2] PCB：フィコシアノビリン，PEB：フィコエリトロビリン，PXB：フィコビリビオリン，PUB：フィコウロビリン．PEB* と PUB* はタンパク質分子と2ヶ所で結合しているものを示す．

クロロフィルやカロテノイドなどの疎水性色素は，色素タンパク質複合体としてチラコイド膜に組込まれて存在するのに対し，水溶性のフィコビリタンパク質はチラコイド膜中には存在しない．藍色植物，紅色植物，灰色植物の場合，フィコビリタンパク質はフィコビリソームと呼ばれる会合体（図5-30）を形成してチラコイド膜の外側に密に付着している（Gantt, 1981；三室ら，1997；三室，1999）．一般にフィコビリソームの外殻部分はフィコエリトリンやフィコエリトロシアニン，中殻部分はフィコシアニン，核部分はアロフィコシアニンからなり，核部分はリンカータンパク質を介してPSII反応中心に結合している．クリプト植物ではアロフィコシアニンがないためにフィコビリソームが形成されず，フィコビリタンパク質はチラコイド膜の内腔に存在している（Glazer and Wehemayer, 1995；井上・原，1999；三室，1999）．

5) **藻類の光合成色素と生育環境** すべての藻類は（一部の例外を除いて）光合成色素としてクロロフィルaと複数のカロテノイドをもち，真核藻類ではさらに第2のクロロフィルとしてクロロフィルbまたはcをもっている．また，藍色植物や紅色植物などのようにフィコビリタンパク質をもつものもある．藻類は複数の光合成色素をもつことで吸収・利用できる光の波長帯を広げ，よ

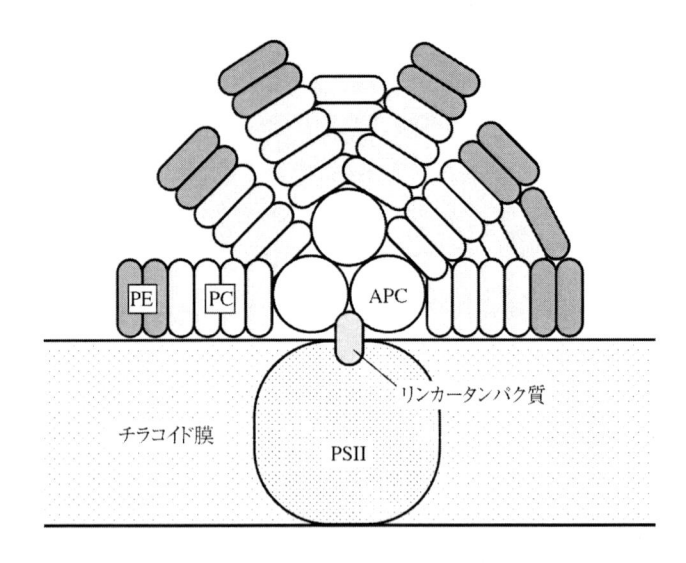

図5-30 フィコビリソームの構造(三室ら,1997;三室,1999より)
藍色植物の場合はチラコイド膜の細胞質側,紅色植物や灰色植物の場合は葉緑体のストロマ側に存在する.桿状部分の各俵はフィコビリタンパク質の3量体を示す.フィコビリソームは光化学系II(PSII)反応中心とリンカータンパク質を介して結合しており,短波長の光は外殻部のフィコエリトリン(PE)に吸収され,そのエネルギーはフィコシアニン(PC),アロフィコシアニン(APC)を経由してPSII反応中心に伝達される.

り効率的に光エネルギーを利用できるようになっている.

　先述のように水中では深度が増すに伴い,光合成に利用できる光線スペクトルが青〜緑色光に狭まってくるが,藍色植物や紅色植物などはフィコビリタンパク質をもつため,これらの藻種は水中環境でも緑色光を効率よく吸収できる.ほかの藻類についてもこのような色素適応が備わっており,フコキサンチン,シホナキサンチン,ペリディニンなどをもつことで緑色光を効率よく吸収している.このように,陸上植物と異なる環境下で生育する藻類にとって光吸収は極めて重要であり,藻類における集光性色素系の多様性は生存戦略を反映していると考えられている(三室,1999).

　6)光合成色素の合成系　藻類がもつクロロフィル,カロテノイド,フィコビリン(ビリン色素)の合成経路は互いに関連をもつ(図5-31,三室,1999;三室・田中,2002).クロロフィルとビリン色素の場合,δ-アミノレブリン酸を前駆体としてプロトポルフィリンIXまで同じ合成経路をたどる.次いで合成経路は別々に分かれ,プロトポルフィリンIXにMgが挿入されるとMg-プロトポルフィリンIXになり,クロロフィルが合成される.一方,プロトポルフィリンIXにFeが挿入されるとプロトヘムとなり,ヘムオキシゲナーゼの作用で開環された後にビリン色素が合成される.カロテノイドは2分子のゲラニルゲラニル二リン酸(炭素数20)が重合したフィトエン(炭素数40のカロテノイドの基本骨格)を前駆体として合成される(第4章4-2項参照).さらに,フィトエンからリコペンを経てα-あるいはβ-カロテンが合成され,これらを起点にした様々な反応を経てキサントフィルが合成される.

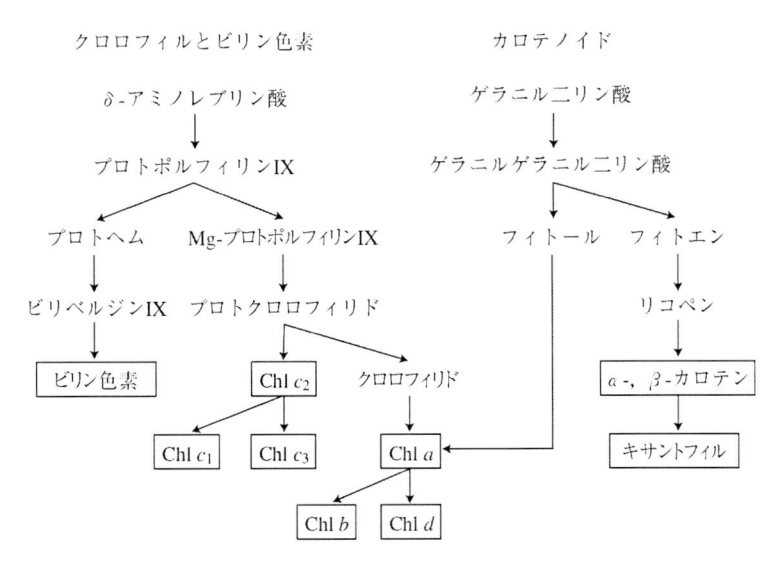

図5-31 光合成色素の合成経路（三室，1999；三室・田中，2002より）
光合成色素は部分的に共通した代謝経路で合成されるが，藻種により合成できる光合成色素は異なる．枠で囲われた色素が光合成色素として機能している．Chl：クロロフィル．

4-3 光合成のエネルギー変換

1）光吸収に関与するタンパク質複合体 光合成では光エネルギーが吸収され，より安定な化学的産物（強い還元力をもつNADPHと高エネルギー化合物であるATP）に変換される．この過程の最初の光化学反応を行う光合成装置は，クロロフィルなどの色素や電子伝達成分を内部に含む色素タンパク質複合体で，これは反応中心複合体と呼ばれる．藻類（すなわち酸素発生型光合成生物）では，光化学反応を行う2種類の反応中心複合体，PSII反応中心複合体とPSI反応中心複合体がチラコイド膜に存在する（図5-32）．PSII反応中心複合体はPSII反応中心［反応中心クロロフィル（P680），キノン，Mnクラスターなどを含む］とクロロフィルaやβ-カロテンを含むCP43，CP47と呼ばれる2種類の色素タンパク質複合体からなる．緑色植物の場合，PSII反応中心複合体にはさらに膜内在性の集光性クロロフィル-タンパク質複合体II（LHCII）が結合している．そのほかの藻類（藍色植物，灰色植物，紅色植物を除く）の場合，種によってLHCIIに相当する膜内在性クロロフィルタンパク質が存在する．また，藻種によっては膜外に集光性色素複合体が存在し，藍色植物，灰色植物，紅色植物の場合は細胞質あるいはストロマ側にフィコビリソーム，クリプト植物の場合はチラコイド膜の内側にフィコビリタンパク質，渦鞭毛植物の場合はチラコイド膜の内側にペリディニン-クロロフィルタンパク質が配置している（三室，1996；三室・田中，2002）．PSI反応中心複合体はPSI反応中心［反応中心クロロフィル（P700），キノン，鉄イオウクラスターなどを含む］とフェレドキシンからなる．紅藻以上に進化した藻類の場合，種によってはPSI反応中心複合体にはさらに集光性クロロフィル-タンパク質複合体I（LHCI）が結合している（三室，1996；三室・田中，2002）．

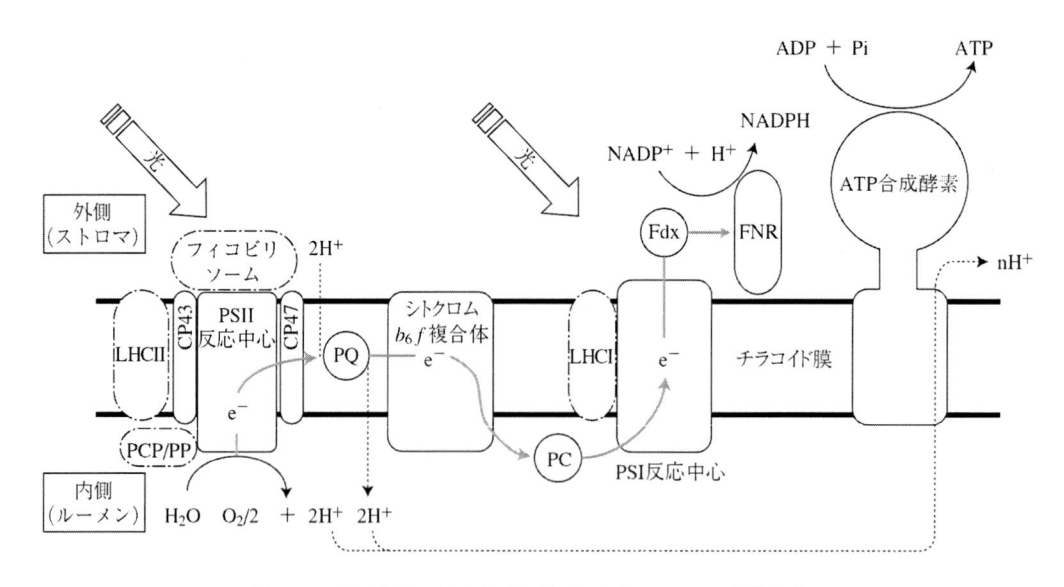

図5-32 真核藻類の光合成反応系に関与するタンパク質複合体
―― は電子の流れ，点線はプロトンの流れを示す．PSI：光化学系I，PSII：光化学系II，LHCI：集光性クロロフィル-タンパク質複合体I，LHCII：集光性クロロフィル-タンパク質複合体II，PQ：プラストキノン，PC：プラストシアニン，Fdx：フェレドキシン，FNR：フェレドキシン-NADP$^+$レダクターゼ，PCP/PP：ペリディニン-クロロフィルタンパク質（PCP）またはフィコビリタンパク質（PP）．一点鎖線で示す集光性色素複合体の有無は藻種によって異なる．

4-4 光合成の炭酸同化系

1）還元的ペントース-リン酸回路（カルビン-ベンソン回路）　多くの陸上植物と同様，藻類は光エネルギーを利用して炭酸同化を行う．植物は炭酸固定の様式によりC_3植物，C_4植物，CAM植物に大別されるが，藻類は基本的にC_3植物と同じ炭酸固定経路（還元的ペントース-リン酸回路，reductive pentose phosphate cycle）をもつ（図5-33，臼田，2002）．この固定経路では，最初の安定な化合物として3個の炭素原子をもつ3-ホスホグリセリン酸（3-PGA）が合成される．還元的ペントース-リン酸回路は，炭酸固定反応，還元反応，炭酸受容体の再生反応の3段階から構成され，全体としては3分子の二酸化炭素が3分子のリブロース1,5-ビスリン酸（RuBP）と反応して6分子の3-PGAが生じ，そのうちの5分子から3分子のRuBPが再生され，残り1分子の3-PGAが葉緑体内外での糖合成に利用される．

一般に還元的ペントース-リン酸回路は葉緑体のストロマで進行する．その炭酸固定反応は，リブロース1,5-ビスリン酸カルボキシラーゼ／オキシゲナーゼ（Rubisco）が触媒するが，この酵素はカルボキシラーゼのほかにオキシゲナーゼとしても働き，RuBPと酸素から3-PGAとホスホグリコール酸を生成する．なお，真核藻類のRubiscoは葉緑体内に均一に存在しておらず，ピレノイドと呼ばれるデンプン粒に囲まれた限界膜をもたない顆粒中に高濃度で存在している．また，原核藻類の場合，Rubiscoはカルボキシソームと呼ばれる一重膜で包まれた顆粒中に高濃度で存在している（千原，1997；井上・原，1999）．

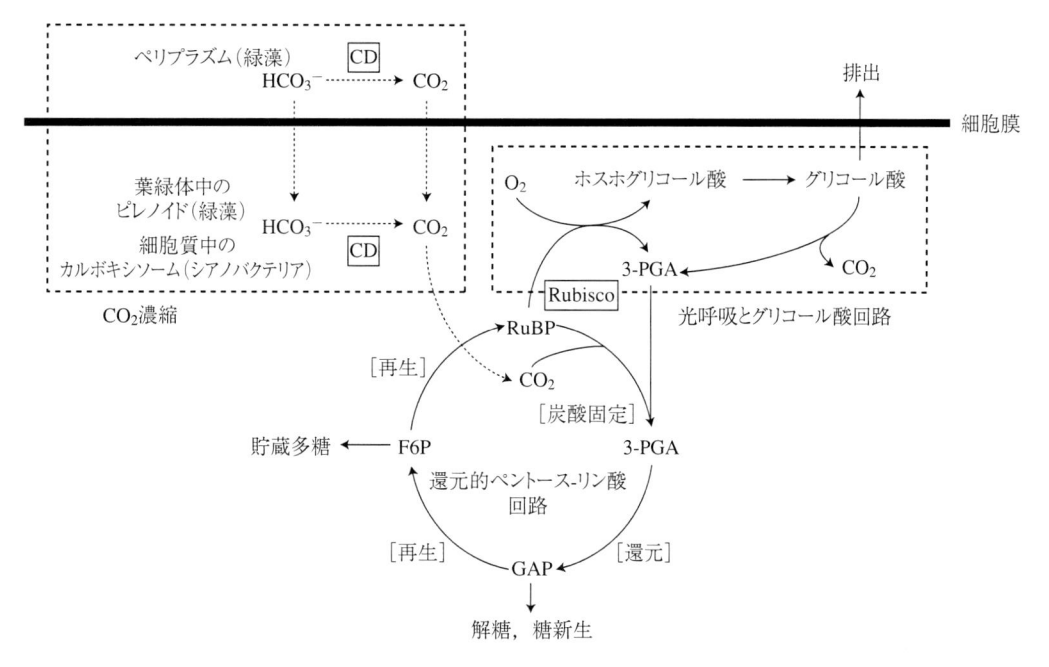

図5-33 藻類の炭酸固定，CO_2濃縮機構，光呼吸とグリコール酸回路
CD：炭酸デヒドラターゼ，Rubisco：リブロース1,5-ビスリン酸カルボキシラーゼ／オキシゲナーゼ，RuBP：リブロース1,5-ビスリン酸，3-PGA：3-ホスホグリセリン酸，GAP：グリセルアルデヒド3-リン酸，F6P，フルクトース6-リン酸．

2）藻類の炭酸固定　藻類のRubiscoの二酸化炭素に対する親和性は，陸上のC_3植物と比べてかなり低い．一方，酸素に対するRubiscoの親和性は，藻類と陸上のC_3植物でほとんど変わらない．したがって，藻類における炭酸固定の効率は陸上植物よりも低いといえるが，この弱点を補うために藻類は炭酸濃縮機構を備え，これによりRubiscoが十分に機能できる高二酸化炭素環境を細胞内に作っている（Hogetsu and Miyachi, 1977；都筑・白岩，1992）．藍色植物や緑色植物の炭酸濃縮機構には，HCO_3^-輸送体や炭酸デヒドラターゼ（カルボニックアンヒドラーゼ，二酸化炭素とHCO_3^-の平衡反応を触媒する酵素），さらにはピレノイドやカルボキシソームが関係していると考えられている（図5-33）（Kaplan and Reinhold, 1999；Moroney and Somanchi, 1999；臼田，2002）．一般に藻類は水中で生育しているが，固定される二酸化炭素は水に溶けると二酸化炭素，HCO_3^-などの化学構造をとり，これらの比は水の性質によって変化する．炭酸固定反応を触媒するRubiscoの基質は二酸化炭素であり，HCO_3^-を基質として利用することはできない．このため，藻類の細胞膜や葉緑体包膜では能動的な二酸化炭素とHCO_3^-の取込みが行われ，ペリプラズム，ピレノイドやカルボキシソームに存在する炭酸デヒドラターゼがHCO_3^-の二酸化炭素への変換反応を促進することで，Rubiscoへの二酸化炭素供給を高濃度に維持していると考えられている．

3）藻類の光呼吸とグリコール酸回路　陸上のC_3植物と同様，藻類は外環境の酸素濃度の上昇により光合成（炭酸固定）が阻害され，このような条件下では多量のグリコール酸が細胞外へ排出される（都筑・白岩，1992）．光合成では酸素と二酸化炭素が競合しており，多くの酸素発

生型光合成生物は光に依存して酸素を消費して二酸化炭素を排出する光呼吸（photorespiration, Rubiscoのオキシゲナーゼ反応）も行っている．一般に藻類を含むC₃植物では光呼吸の活性が高い傾向にあるが，藻類は二酸化炭素やHCO₃⁻を濃縮する機構を発達させることにより光呼吸を最小限にしていると考えられている．光呼吸により3-PGAとホスホグリコール酸が生成されるが，ホスホグリコール酸は還元的ペントース-リン酸回路では利用できない．このため，グリコール酸回路（glycolate cycle）により2分子のホスホグリコール酸が1分子の3-PGAと1分子の二酸化炭素へ変換され，前者は還元的ペントース-リン酸回路へ戻り，後者は系外に放出されると光呼吸として観察される（図5-33）．また，一部の藻類ではホスホグリコール酸がグリコール酸に変換された後，細胞外へと排出される．

　4）藻類の光合成産物（貯蔵多糖）　　藻類の光合成産物は多くの場合，グルコースが α-1,4 結合や β-1,3 結合した多糖（グルカン）の形で貯蔵され，これは還元的ペントース-リン酸回路の中間体（フルクトース6-リン酸）から生成される（図5-33）（天野，1991；井上・原，1999）．α-1,4 結合のグルカンはデンプンとして，β-1,3 結合のグルカンはラミナラン，クリソラミナラン，パラミロンとして貯蔵されるが，貯蔵多糖の形態や貯蔵場所は藻種によって異なる（千原，1997；井上・原，1999）．真核藻類のうち，陸上植物と同様に葉緑体中に α-1,4 結合グルカンが主体のデンプン粒を蓄積するのは緑色植物に属するものだけで，デンプンを作るほかの真核藻類（灰色植物，紅色植物，クリプト植物，渦鞭毛植物）では葉緑体外に蓄積される．灰色植物，紅色植物，渦鞭毛植物の場合は細胞質ゾルに，クリプト植物の場合は葉緑体周縁基質（本章4-1-1項参照）にデンプン粒の蓄積がみられる．なお，原核藻類（藍色植物と原核緑色植物）の主要貯蔵多糖も α-1,4 結合グルカンが主体のデンプンで，細胞質ゾルにデンプン粒の蓄積がみられる．β-1,3 結合グルカンが主体の水溶性多糖であるラミナランやクリソラミナランは，不等毛植物やハプト植物の貯蔵多糖として葉緑体外の細胞質液胞中に蓄積される．また，β-1,3 結合グルカンが主体のパラミロンは，ユーグレナ植物の細胞質ゾルに結晶の形で貯蔵されている．

　5）藻類のそのほかの光合成産物　　食料や工業原料としてよく利用される藻類は，緑色植物（広義の緑藻），紅色植物（紅藻），不等毛植物の褐藻である．これら藻類には先述のグルカン以外に，遊離糖，配糖体（グリコシド），糖アルコールが光合成初期同化産物あるいは同化貯蔵物質として存在する（天野，1991）．遊離糖としては二糖類のスクロースとトレハロースが，それぞれ緑藻と紅藻でつくられる．紅藻のアマノリ属やウシケノリ属では，フロリドシド（2-グリセロール-α-D-ガラクトピラノシド）やイソフロリドシド（1-グリセロール-α-D-ガラクトピラノシド）といった特異な配糖体もつくられる．褐藻のコンブ科やホンダワラ科では，糖アルコールのマンニトールがフルクトース6-リン酸からマンニトール1-リン酸を経て合成される（Yamaguchiら，1969；Ikawaら，1972）．

　緑藻，紅藻，褐藻は光合成により種々の多糖を合成・蓄積するが（本章2-1項参照），産業的に重要なものの1つとして褐藻のアルギン酸がある．アルギン酸はフルクトース6-リン酸からD-マンノース6-リン酸，D-マンノース1-リン酸，グアノシン5'-二リン酸（GDP）-D-マンノースを経て合成されたGDP-D-マンヌロン酸の重合体（ポリマンヌロン酸）に，C-5-エピメラーゼが作

用（エピマー化，D-マンヌロン酸をL-グルロン酸に変換）して生合成される（Lin and Hassid, 1966 ; Hellebust and Haug, 1969）．このほかに褐藻ではフコイダン，紅藻では寒天やカラゲナンといった藻類特有の多糖が合成・蓄積されるが，これら多糖の分子構造は複雑かつ不均一であり，生合成経路の詳細については十分に理解されていない．

（柿沼 誠）

文 献

天野秀臣（1991）：海藻の生化学とバイオテクノロジー，水産生物化学（山口勝己編），東京大学出版会，pp.170-212.

Bhattacharya D and L .Medlin（1995）：The phylogeny of plastids: a review based on comparisons of small-subunit ribosomal RNA coding regions, J. Phycol., 31, 489-498.

Cavalier-Smith T.（1995）：Membrane heredity, symbiogenesis, and the multiple origin of algae, Biodiversity and Evolution（eds. Arai R・Kato M・Doi Y）, National Science Museum Foundation, pp.75-114.

千原光雄（1997）：総論，藻類多様性の生物学（千原光雄編），内田老鶴圃，pp.1-26.

Gantt E.（1981）：Phycobilisomes, Ann. Rev. Plant Physiol., 32, 327-347.

Glazer A.N. and GJ. Wehemayer（1995）：Cryptomonad biliproteins-an evolutionary perspective, Photosynthe. Res., 46, 93-105.

Hall, J.R., T.J. MacCormack, C.A. Barry, and W.R. Driezic,（2004）：Sequence and expression of a constitutive, facilitated glucose transporter（GLUT1）in Atlantic cod Gadus morhua. J. Exp. Biol. 207, 4697-4706.

原 慶明（2002）：葉緑体の起源と多様性，植物オルガネラの分化と多様性（西村いくこ・中野明彦・佐藤直樹編），秀潤社，p.106.

Hellebust J. A. and A. Haung（1969）：Alginic acid synthesis in Laminaria digitata（L.）Lamour, Proceedings of the International Seaweed Symposium 6（ed. Magalef R）, Subsecretaria de la MarinaMercante, Dirección General de Pesca Maritima, pp.463-471.

Hemre, G.-I., T.P. Mommsen, and A. Krogdahl（2002）Carbohydrates in fish nutrition: effects on growth, glucose metabolism and hepatic enzymes. Aquacult. Nutr., 8, 175-194.

Hogetu D. and S. Miyachi（1977）：Effects of CO_2 concentration during growth on subsequent photosynthetic CO_2 fixation in Chlorella, Plant Cell Physiol., 18, 347-352.

堀口健雄（1999）：細胞内共生による葉緑体の獲得と藻類の多様化，藻類の多様性と系統（千原光雄編），裳華房，pp.147-157.

Ikawa T, T .Watanabe ,and K.Nishizawa（1972）：Enzymes involved in the last steps of the biosynthesis of mannitol in brown algae, Plant Cell Physiol., 13, 1017-1029.

井上 勲・原 慶明（1999）：葉緑体にみる多様性，藻類の多様性と系統（千原光雄編），裳華房，pp.50-67.

伊藤 繁（2002）：光化学反応中心と電子伝達系－電子移動とエネルギー変換，光合成（駒嶺穆・佐藤公行編），朝倉書店，pp.32-58.

Kaplan A. and L.Reinhold（1999）：CO_2 concentrating mechanisms in photosynthetic microorganisms, Ann. Rev. Plant Physiol. Plant Mol. Biol., 50, 539-570.

Krogdahl, A., G.-I.Hemre, and T.P. Mommsen（2005）：Carbohydrates in fish nutrition: digestion and absorption in postlarval stages. Aquacult. Nutr., 11, 103-122.

Lewin R. A. and N. W. Withers（1975）：Extraordinary pigment composition of a prokaryotic alga, Nature, 256, 735-737.

Lin T.Y. and W.Z. Hassid（1966）：Pathway of alginic acid synthesis in the marine brown alga, J. Biol. Chem., 241, 5284-5297.

Manning W.M. and H.H. Strain（1943）：Chlorophyll d: a green pigment in red algae, J. Biol. Chem., 151, 1-19.

McFadden G.L., P.R. Gilson, and D.R.A. Hill（1994）：Goniomonas-rRNA sequences indicate thet this phagotrophic flagellate is a close relative of the host component of cryptomonads, Eur. J. Phycol., 29, 29-32.

Mimuro M., U. Nagashima , S. Takaichi, Y. Nishimura, and I. Yamazaki・Katoh T.（1992）：Molecular structure and optical properties of carotenoids for the in vivo energy transfer function in the algal photosynthetic pigment system, Biochim. Biophys. Acta, 1098, 271-274.

三室 守（1996）：藻類の光合成系で機能するタンパク質の系統性と進化，藻類，44, 75-86.

三室 守・村上明男・菊池浩人（1997）：シアノバクテリアの集光性超分子会合体・フィコビリソーム，蛋白質 核酸 酵素，42, 2613-2625.

三室 守（1999）：光合成色素にみる多様性，藻類の多様性と系統（千原光雄編），裳華房，pp.68-94.

三室 守・田中 歩（2002）：光合成色素系－光エネルギーの捕集，光合成（駒嶺穆総編集・佐藤公行編），朝倉書店，pp.10-31.

Miyashita H., H. Ikemoto, N. Kurano, K.Adachi, M. Chihara, and S. Miyachi（1996）：Chlorophyll d as a major pigment, Nature, 383, 402.

Miyashita H., H. Ikemoto, N. Kurano, S. Miyachi, and M. Chihara (2003): *Acaryochloris marina* gen. et sp. Nov. (cyanobacteria), an oxygenic photosynthetic prokaryote containing Chl *d* as a major pigment, *J. Phycol.*, 39, 1247-1253.

Moon, T. W. (2001): Glucose intolerance in teleost fish: fact or fiction? *Comp. Biochem. Physiol.*, 129B, 243-249.

Moroney J. V. and A. Somanchi (1999): How do algae concentrate CO_2 to increase the efficiency of photosynthetic carbon fixation?, *Plant Physiol.*, 119, 9-16.

野田宏行（1992）：色素，水産利用化学（鴻巣章二・橋本周久編），恒星社厚生閣，pp.312-327.

Planas, J.V., E Capilla, J.Gutierrez (2000): Molecular identification of a glucose transporter from fish muscle. *FEBS Lett*. 481, 266-270.

Reith M. (1995): Molecular-biology of Rhodophyte and Chromophyte plastids, *Annu. Rev. Plant Physiol.*, 46, 549-575.

佐藤和彦（1992）：エネルギー代謝，光合成（宮地重遠編），朝倉書店，pp.18-38.

Stauber J.L. and S.W. Jeffrey (1988): Photosynthetic pigments in fifty-one species of marine diatoms, *J. Phycol.*, 24, 158-172.

Teerijoki, H., A. Krasnov, T.I. Pitkanen, and H. Molsa (2000): Cloning and characterization of glucose transporter in teleost fish rainbow trout (*Oncorhynchus mykiss*). *Biochim. Biophys. Acta*, 1494, 290-294.

都筑幹夫・白岩善博（1992）：藻類の光合成，光合成（宮地重遠編），朝倉書店，pp.125-133.

臼田秀明（2002）：光合成の炭素同化系，光合成（駒嶺穆・佐藤公行編），朝倉書店，pp.70-94.

Wolf G.R., F.X. Cunningham ,D.Durnfordt ,B.R.Green ,and E.Gantt (1994): Evidence for a common origin of chloroplasts with light-harvesting complexes of different pigmentation, *Nature*, 367, 566-568.

Wright Jr., J.R., W.O'Hali, H. Yang, and A. Bonen (1998): GLUT-4 deficiency and absolute peripheral resistance to insulin in the teleost fish tilapia. *Gen. Comp. Endocrinol*. 111, 20-27.

Yamaguchi T., T. Ikawa, and K.Nishizawa (1969): Pathway of mannitol formation during photosynthesis in brown algae, *Plant Cell Physiol.*, 10, 425-440.

Yokohama Y., A. Kageyama, T. Ikawa, and S. Shimura (1977): A carotenoid characteristic of chlorophycean seaweeds living in deep coastal waters, *Bot. Mar.*, 20, 433-436.

Yokohama Y. (1981): Distribution of the green light-absorbing pigments siphonaxanthin and siphonein in marine green algae, *Bot. Mar.*, 24, 637-640.

Zhang, Z., R.S. Wu, H.O. Mok, Y. Wang, W.L. Poon, S.H. Cheng, R.Y. Kong (2003): Isolation, characterization and expression analysis of a hypoxia-responsive glucose transporter gene from the grass carp, *Ctenopharyngodon idellus*. *Eur. J. Biochem.*, 270, 3010-3017.

参考図書

阿武喜美子・瀬野信子（1984）：糖化学の基礎，講談社サイエンティフィク，197pp.

江上不二夫監修（1969）：多糖生化学（化学篇）（鈴木　旺・松村　剛／山科郁男編），共立出版，562pp.

Varki V., R. Cummings, J. Esko, H. Freeze, G. Hard, and J. Marth (1999): Essentials of Glycobiology, Cold Spring Harbor Laboratory Press, 653pp.

第6章　ミネラル・微量成分

§1. ミネラルおよび微量元素の種類，構造および分布

　地球には100種類ほどの元素が存在するが，その濃度は一様ではない．地球表層の地殻に存在する元素の濃度は，酸素，珪素，アルミニウム，鉄，カルシウム，ナトリウム，カリウム，マグネシウムが1%以上，チタンおよびリンが1,000〜10,000 ppm，マンガン，鉄，水素，炭素，硫黄，塩素が100〜1,000 ppmで，これらは主要元素と呼ばれている（表6-1）．酸素，珪素，アルミニウムで地球表層の地殻部分の約70〜80%を占めている．フッ素，バリウム，ストロンチウム，ジルコニウム，バナジウムも100〜1,000 ppm存在するが，これらは生物体内での濃度は低く，主要元素と呼ばない．

表6-1　地核，海水，生体の10大元素組成の比較（相対原子数）

順位	地殻	海水	生体（ヒト）
1	酸素	水素	水素
2	珪素	酸素	酸素
3	アルミニウム	塩素	炭素
4	鉄	ナトリウム	窒素
5	カルシウム	マグネシウム	カルシウム
6	ナトリウム	硫黄	リン
7	カリウム	カリウム	硫黄
8	マグネシウム	カルシウム	ナトリウム
9	チタン	炭素	カリウム
10	水素 炭素	窒素	塩素

（日本生化学会編「生化学データブック」などから引用改変）

　液体の海洋の組成は地球表層の地殻部分に比べてずっと単純である．海水（外洋水）は3.5%の食塩水溶液として，99.5%以上の質量の説明ができる．すなわち，多い順に水素（66%），酸素（20%），塩素（3%），ナトリウム（3%）となる．1%以下1,000 ppmまでの範囲に入る海洋の元素はマグネシウムである．100〜1,000 ppmでは硫黄，カルシウム，カリウムのみである．

　一方，生体内では水分，タンパク質がそれぞれ約80および20%と多く，脂質，糖質がそれらに続く．水分は酸素，水素からなるが，タンパク質は両元素のほか，炭素および窒素，脂質や糖質では炭素が多く含まれている．したがって，生体内の元素は多い順に，水素（60%），酸素（26%），炭素（11%），窒素（2%）などとなり，地殻表層や海洋に含まれている主要元素とは大きく異なる．これは地球が誕生してから45億年の間に生物が自らの生命を維持するためにそ

の有用性を認めて利用してきた結果による．ちなみに，地核表層では酸素（50%），珪素（28%），アルミニウム（8%），鉄（5%）である．

　生物は最初原始の海で発生したと考えられているが，生体の元素の濃度と海水中の元素の相関係数は0.8と，地殻表層の元素の濃度との相関係数0.7に比べるとかなり高い．しかしながら，先述のように海水に含まれる元素の組成は，生体のそれとは大きく異なる．したがって，生命が確固たる地位を占めたのは外部環境の海から独立できるような細胞内環境を確立したことによる．ただし，現生物においても血液や血リンパで代表される体液のイオン組成は海水との類似性を示す例は多い．クラゲなどの下等無脊椎動物の体液は海水の組成と驚くほどよく類似する（図6-1）．最も原始的な脊椎動物のメクラウナギのナトリウム濃度は海水のそれとほぼ同じであるが，マグネシウムはかなり低濃度である．硬骨魚になるとナトリウム，カルシウム，マグネシウムのいずれも海水中の濃度より著しく低くなり，海水の環境とは明らかに異なっている．硬骨魚ではリン酸カルシウムとして大量のカルシウムを骨に蓄積することにより，より高等な脊椎動物の陸上への進出を可能にしたと考えられている．骨には生体中のカルシウムの99%，リンで85%，マグネシウムで60%，ナトリウムで25%を蓄積している．

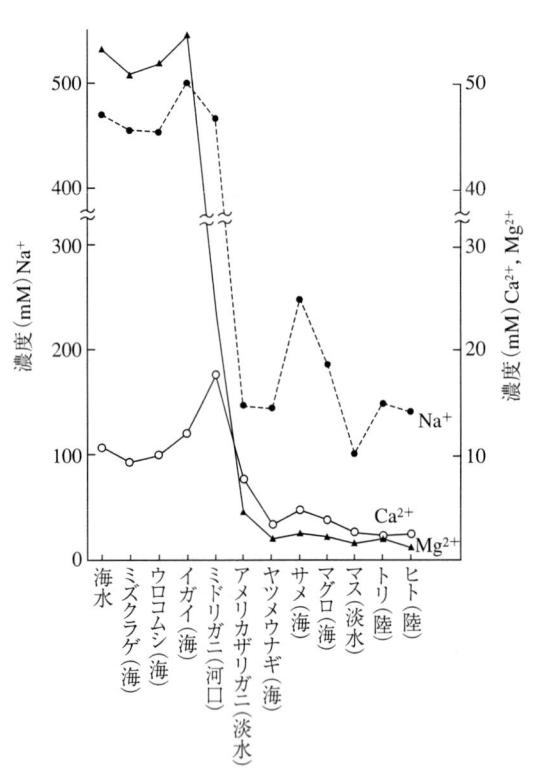

図6-1　動物の体液と海水のイオン濃度（吉里, 1989を一部改変）

　微量元素（minor element）は，上述した酸素，水素などの主要元素に対する用語であるが，厳密な定義があるわけではない．地球化学的には自然界に100 ppm以下の微量にしか存在しない元素を指す．一般的にはチタン，マンガン，リンを除いた成分を微量元素とすることが多い．生物学的には生命活動に必須の元素を必須微量元素と呼び，ヒトにおいては鉄，亜鉛，銅，マンガン，ヨウ素，モリブデン，セレン，クロム，コバルトが該当する（図6-2）．

　生物学の微量元素に関連して，栄養学ではミネラル（mineral）という言葉が定義されている．このミネラルとは，先述のように有機物（生体）に含まれる一般的な元素（水素，酸素，炭素，窒素）以外に，生体にとって欠かせない元素のことを指す．無機質ともいわれ，糖質，脂質，タンパク質，ビタミンと並んで五大栄養素の1つである．わが国においては厚生労働省が亜鉛，カリウム，カルシウム，クロム，セレン，鉄，銅，ナトリウム，マグネシウム，マンガン，ヨウ素，リンの12元素をミネラルと定義しており，食品の栄養表示基準となっている（表6-2）．

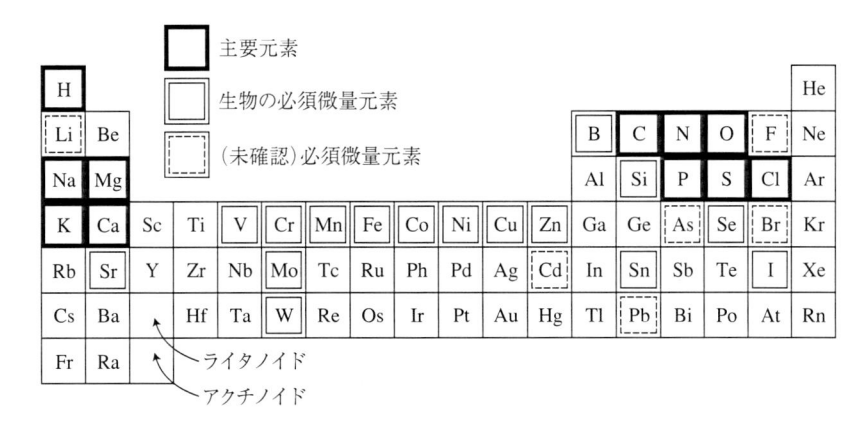

§1. ミネラルおよび微量元素の種類，構造および分布   137

図6-2 周期表からみた微量元素（左右田，1987を一部改変）

表6-2 生体（ヒト）の主要元素，必須微量元素およびミネラル

分類	元素	含有率(％)	1日当たりの必須量(mg)	ヒト生体中の存在量(mg)
多量元素				
主要元素	水素，酸素，炭素，窒素	96.6		
準主要元素		3～4		
（ミネラル）	カルシウム			2,000,000
	リン			3,000,000
	ナトリウム			720,000
	カリウム			100,000
	マグネシウム			150,000
（そのほか）	硫黄，塩素			28,000
微量元素		0.02		
（ミネラル）	鉄		12～15	4,000～5,000
	亜鉛		10～15	2,000～3,000
	銅		1.0～2.8	50～100
	クロム		0.2～0.4	
	セレン		0.04～0.2	
	マンガン			
	ヨウ素		0.1～0.14	
（そのほか）	コバルト		1.2	10～15
	モリブデン			

（木村ら，1987；吉里，1989などを改変）

　上述したように，ミネラルと生体内の必須微量元素で重複するものが多く，鉄，亜鉛，銅，マンガン，ヨウ素，セレン，クロムの7種類が該当し（表6-2），コバルトおよびモリブデンのみが栄養素のミネラルに含まれない微量元素となる．一方，カリウム，カルシウム，ナトリウム，マグネシウム，リンは地殻上の多く存在する元素であるが，生体内では少なく，生命活動に必須な元素のミネラルとなっている．

　その中でも鉄，亜鉛，カルシウムが三大必須金属元素で，ついでマグネシウムも加えると四大必須元素になる．

　動物以外の生物群の必須元素もほぼ同様であるが，中には著しい違いもみられる．例えば，ナ

トリウムは菌類では非必須，高等植物，藻類においてはその必須性が少数種のみで明らかにされているにすぎない．また，ホウ素は高等植物と藻類でのみ必須であり，高等植物では細胞壁の構成元素として知られる．

§2. ミネラルの機能と代謝

2-1 鉄

成人では4〜5 gの鉄を含む（表6-2）．このうち，55％は血液色素ヘモグロビン（hemoglobin）に，10％は筋肉色素ミオグロビン（myoglobin）に含まれている．いずれもポルフィリン（porphyrin）と鉄イオンが結合したヘム（heme）と呼ばれる非タンパク質の化合物中に存在する（図6-3, 第3章5-3-8項参照）．食物として取り入れられた鉄原子は腸から吸収され，トランスフェリン（transferrin）に結合して安定化し，生体の各組織に運ばれる．トランスフェリンはホヤな

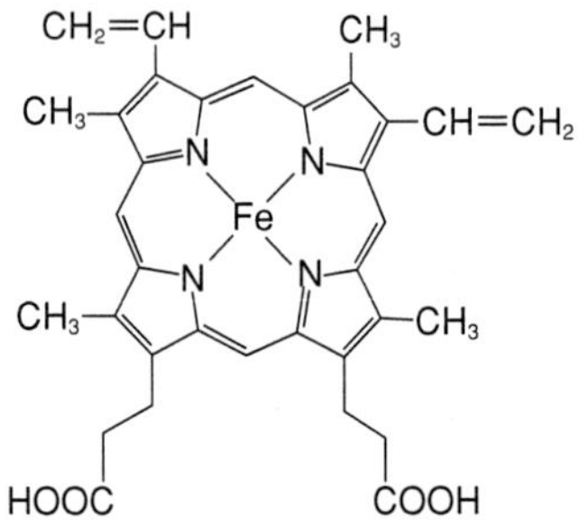

ヘム

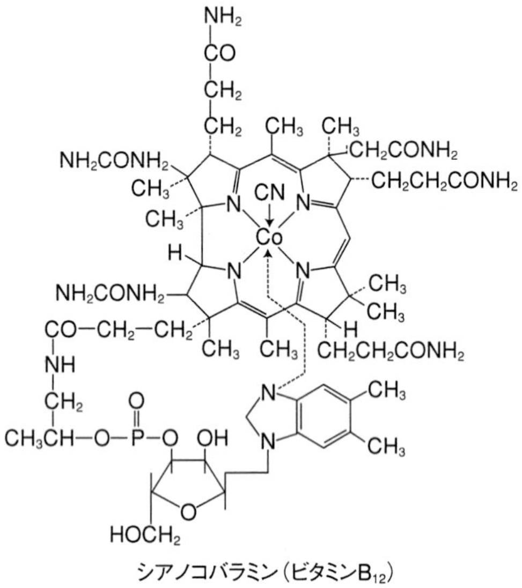

シアノコバラミン（ビタミンB_{12}）

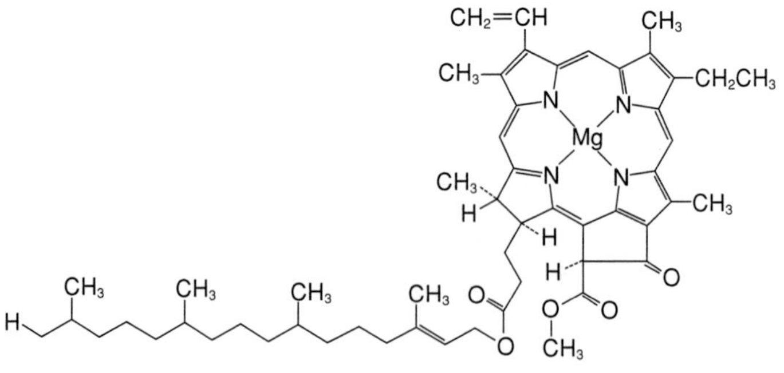

クロロフィル

図6-3　ポルフィリンとその化合物

どの脊索動物以上の動物に存在するが，Fe^{2+}よりFe^{3+}との結合力が強い．細胞内で鉄はフェリチン（ferritin）と呼ばれるタンパク質に結合して貯蔵される．トランスフェリンおよびフェリチンはいずれもヘム化合物ではない鉄イオンと結合している．

原子は原子核と電子（負電荷）からなっており，原子核は中性子と陽子（陽電荷プロトン）からなっている．金属状の原子は全体としては電子の数と陽子の数が等しく，電荷をもたない．しかしながら電気的に中性の原子から電子を引き離すことができ，この反応を酸化と呼ぶ（第2章1-4項参照）．例えば血液色素ヘモグロビンや筋肉色素ミオグロビンには前述のようにポルフィリンと呼ばれる非タンパク質性の化合物が含まれているが，その中央に鉄原子（Fe）が位置し合わせてヘムと呼ばれる（図6-3）．ヘモグロビン，ミオグロビン中のヘムに存在する鉄原子は通常2あるいは3個の電子が外れており，それぞれFe^{2+}およびFe^{3+}と表される．生体中ではさらにFe^{2+}からFe^{3+}への反応，すなわち酸化と，その逆の還元の反応が生じており，両者を併せて酸化還元反応と呼ぶ．生体でのこの還元反応には酵素の触媒が必要である．細胞の媒体は水で，水に溶けた状態でないと生体中の物質は代謝に利用できない．Fe^{2+}は最も水に溶けやすく，Fe^{3+}は水と反応して水酸化鉄となって沈殿する．現在の地球では大気中に高濃度の酸素が存在するため，大気と接している鉄はFe^{3+}の状態にあり，生物は利用可能な水溶性のFe^{2+}を確保するための大変な努力を払い，繰り返し利用している．これが鉄をミネラルと呼ぶ理由である．ちなみに，ヘモグロビンの酸素運搬，ミオグロビンの酸素貯蔵はいずれもヘム中の鉄がFe^{2+}においてのみ可能である．

Fe^{3+}に電子1個が加わってFe^{2+}になる反応では電位の変化（還元電位）が生ずる．この電位は－0.8～1.3ボルトと非常に広い範囲の異なった反応に対応しており，これが鉄が微量金属中で最も多くの生体機能に関連している理由である．なお，ヘム中のFe^{2+}/Fe^{3+}の還元電位は0.2ボルト程度である．酸化還元反応が起こるかどうかは還元電位によって決まる．

鉄はヒトへの吸収効果を基礎に考えると，ヘモグロビンとミオグロビンの色素部分を構成しているヘム鉄とそうでない非ヘム鉄に分けることができる．ヘム鉄はヒトの腸管から20～30％の効率で吸収されるが，非ヘム鉄はわずか数％にすぎない．その理由は，ヘム鉄は小腸の上皮細胞内でヘム部分が分解されて非ヘム鉄となった後，代謝プールに入ることによる．一方，非ヘム鉄は腸内の中性pHでは溶解度の低い水酸化鉄として存在し，小腸の上皮細胞からは吸収されにくい．

前述のように鉄は種々の生体機能を調節している．表6-3のように，いずれも特異的結合タンパク質を介してFe^{2+}/Fe^{3+}の酸化還元反応を利用している．代表的なタンパク質が先述のヘモグロビン，ミオグロビンである．さらには生体内のエネルギー（ATP）生産に重要な反応に関与しており，細胞内のミトコンドリアで好気的代謝（酸素呼吸）の電子伝達系に存在するシトクロム（cytochrome）類，植物の光合成に反応に必要な鉄・イオウを含むフェレドキシンが代表的な鉄を機能分子として利用するタンパク質である（第5章参照）．フェレドキシン（ferredoxin）は光合成電子伝達系の最終段階で高エネルギーNADPHの生成に関与する．植物プランクトンの増殖は鉄が制限要因となることもしばしばで，南極海などいわゆる「高栄養塩－低クロロフィル海域」に鉄を散布して基礎生産力を上げようとする試みもある．

表6-3　鉄の生理機能

機能	存在形態	代表例
酸化還元酵素	ヘム	カタラーゼ，シトクロムオキシダーゼ，シトクロム P-450，ペルオキシダーゼ
	非ヘム	スーパーオキシドジスムターゼ，ジオキシゲナーゼ，リボヌクレオチドリダクターゼ
電子伝達系	ヘム	シトクロム a，b，c，c1，c555 など
	非ヘム	フェレドキシン（鉄，イオウ複合体）
酸素運搬・貯蔵	ヘム	ヘモグロビン，ミオグロビン
	非ヘム	ヘムエリスリン，シデロフォアー
そのほかの反応	ヘム	
	非ヘム	トランスフェリン，フェリチン（鉄の運搬，貯蔵），アコニターゼ（鉄，イオウ複合体，クエン酸回路），セルロプラスミン

(落合，1991；吉里，1989を改変)

近年とくに活性酸素と老化現象の関係が注目を集めているが，活性酸素はミトコンドリアの好気的代謝で効率的にエネルギー産生の反応を行うときに副産物として生ずる．この活性酸素から生ずる生体内で有害な化合物につき，これを消去する酵素がカタラーゼ（catalase），ペルオキシダーゼ（peroxidase），シトクロム P-450（cytochrome p-450）で，いずれもヘムを含む．カタラーゼおよびペルオキシダーゼはそれぞれ，過酸化水素 H_2O_2 および有機過酸化物 ROOH を分解する．一方，非ヘム鉄を利用する酵素にスーパーオキシドジスムターゼ（superoxide dismutase, SOD）がある．この酵素は活性酸素（スーパーオキシド）を過酸化水素に変換する．この過酸化水素は前述のカタラーゼで分解されて無毒の水になる．したがって，酸素にかかわるいずれの反応にも鉄を含むタンパク質が関わっていることは大変興味深く，生物の進化との関連性が想像される．なお，SOD の活性発現には鉄のほか，マンガンおよび銅／亜鉛を補欠因子とする酵素が存在する．いずれも1モルの SOD 当たり2モルの金属を含む．

2-2　銅

原子状の銅 Cu から電子を引きはがして Cu^+ や Cu^{2+} に酸化することができるが，鉄を Fe^{2+} や Fe^{3+} に酸化するときと比べるとはるかに多くのエネルギーを要する．大部分の銅を含むタンパク質は真核生物のみに見いだされる．鉄では Fe^{2+} や Fe^{3+} の両方の酸化状態をとることで鉄を含むタンパク質はエネルギー産生の高い電子伝達系の反応に利用されている．同様に，銅も Cu^+ や Cu^{2+} の両方のイオンをとることからやはり電子伝達系に利用されている．しかしながら，先述のように銅は鉄と比較すると Cu^+/Cu^{2+} の還元電位は高いので，銅を含む電子伝達系のタンパク質や酵素は，鉄を含むものより還元電位の高いところで働く．

海洋で生息するイカ，タコ，貝類などの軟体動物の血リンパ中にはヘモシアニン（hemocyanin）と呼ばれる酸素運搬タンパク質が存在する（第3章5-4-2項参照）．脊椎動物のヘモグロビンに相当する．酸素を結合することによって青色に変わるが，これは二価の銅錯体が可逆的に酸素と結合することによる．

ヘモシアニンと組成や性質の似た酵素にチロシナーゼ（tyrosinase）がある．ヘモシアニンと同様に一対の銅が酵素作用に働いている．さらに鉄の項で述べたSODに銅依存性のアイソフォームが存在する．シトクロムオキシダーゼ（cytochrome oxidase）はシトクロム（cytochrome）aおよびa_3に含まれる2個のヘムと2個の銅原子，計4個の電子供与体を含んでいる．ドーパミン（dopamine）の代謝にも銅を含む酵素が関与している．

以上のように，銅は酸素を使って酸化する，酸素を運搬する，電子伝達系に関与する，など鉄によく似た使われ方を示す．

銅は成人男性に50〜100 mg含まれている（表6-2）．肝臓に最も多く，ついで脳となっている．また，目にも多く，これはメラニン色素の合成に銅を含む酵素チロシナーゼが用いられることによる．哺乳類では銅の欠乏により骨格系の異常や毛髪の発達異常が観察される．

2-3 亜 鉛

ヒト体内に含まれる微量金属で，鉄に次いで2番目に亜鉛が多く，成人男性で2〜3 gである（表6-2）．亜鉛も鉄や銅と同様に亜鉛イオン（Zn^{2+}）のように酸化状態で多くの酵素に含まれており，あらゆる生物に必須の金属である．しかしながら，亜鉛の場合は鉄や銅とは化学的に全く異なる性質を示す．すなわち，鉄や銅が酸化還元作用によって生体内で触媒機能を果たしているのに対して，亜鉛は酸塩基反応に基づいている．酸化還元反応は電子伝達系をはじめとするエネルギー産生に関与するが，その他の反応はほとんどすべてが酸塩基反応である．例えばタンパク質の加水分解反応ではプロトンがペプチド結合のC＝Oの酸素原子に付加し，C＝Oの炭素原子への水分子の結合を促し，ペプチド結合が切断される．このような反応を行うプロテアーゼ（protease）やペプチダーゼ（peptidase）には亜鉛イオンを含むものが多い．

亜鉛を必須とする酵素としてDNAポリメラーゼ（DNA polymerase），RNAポリメラーゼ（RNA polymerase）がある（第8章参照）．いずれも生命にとってもっとも重要な遺伝子複製や遺伝子発現に関わる酵素である．DNAポリメラーゼ中の亜鉛イオンはポリヌクレオチド末端のデオキシリボースの3'-OH基をモノヌクレオチドの5'位のリン酸基に結合させ，重合反応を進行させる．さらに，亜鉛イオンの電子吸引力によりOH基からH^+の解離を促す．このような理由から，亜鉛イオンは細胞質分裂が頻繁に行われる器官や発生段階にとくに必要とされる．

炭酸デヒドラターゼ（carbonate dehydratase，カルボニックアンヒドラーゼ，carbonic anhydrase）は赤血球中で二酸化炭素と水からHCO_3^-を生成して肺に運び，ここで二酸化炭素に戻して排出するが，この酵素に亜鉛イオンが含まれている．ヒトの血液中の亜鉛の約80％は赤血球中の炭酸デヒドラターゼに取り込

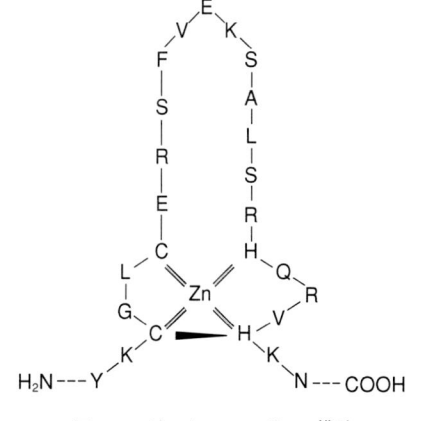

図6-4 ジンクフィンガーの構造
アミノ酸1文字表記
（Branden and Tooze, 1991を一部改変）

まれている．また，有機リン酸のエステルを加水分解するアルカリ性ホスファターゼにも亜鉛イオンが含まれており，骨の形成に一翼を担っている．亜鉛の欠乏は鳥では骨組織の成長異常となるが，これはリン酸を供給するアルカリ性ホスファターゼが亜鉛を補欠因子とするからである．そのほか，アルコールデヒドロゲナーゼなどの脱水素酵素，解糖酵素のアルドラーゼ，転写因子にみられるジンクフィンガー（zinc finger）と呼ばれる構造中（図6-4）に，亜鉛または亜鉛イオンが含まれている．また，鉄の項でも述べたSODの中には亜鉛によって活性化する種類があるが，これは銅による代替が可能で，Cu/Zn-SODと呼ばれる．

亜鉛はあらゆる生物にとって必須の金属である．ヒトでは20％ほどが皮膚に存在する．ちなみに表皮は細胞質分裂がとくに盛んな組織である．亜鉛の欠乏は発育不全となってあらわれる．亜鉛含量はカキで100 g当たり10〜100 mgと断然多い．魚類では2 mg程度で，牛乳では0.3 mgとなっている．

2-4　カルシウム

1）構造的機能　ヒトの体内に含まれる金属ではカルシウムが成人1人当たり約2〜3 kgと最も多い（表6-2）．その大部分はリン酸カルシウム$Ca_3(PO_4)_2$として骨と歯に蓄積している．カルシウムイオンはこれと結合するタンパク質を介して細胞内の多くの生理機能に関与しているが，貝殻，卵殻，サンゴなどの生体を防御する構造物としての役割も重要である．これらの構造物は炭酸カルシウム（$CaCO_3$）でできている．水圏生物に限ればカルシウムの供給は環境水からである．海水には十分なカルシウムイオンが含まれている．生体内の二酸化炭素と水中から吸収したカルシウムが結合して$CaCO_3$が形成される．

ほとんどの貝類では炭酸カルシウムはカルサイト（方解石，calcite）という結晶形をとっているが，この結晶形を含む貝殻層は稜柱層と呼ばれる．一方，少数の貝では$CaCO_3$はアラゴナイト（aragonite）という薄板構造の結晶形となっているが，この結晶形を含む貝殻層がアコヤガイ，カキ，アワビの貝殻の内側にみられる真珠層である．いずれの結晶形でもコンキオリン（conchiolin）と総称されるタンパク質が核となって形成される．このタンパク質にはアスパラギン酸が多く含まれており，そのカルボキシル基がカルシウムイオンと結合することが結晶の形成に重要とされている．また，このタンパク質には二酸化炭素を炭酸イオンに変換する炭酸テヒドラターゼが認められる．

二枚貝の靱帯は乾燥重量の40〜90％が不溶性タンパク質で占められるが，残りは炭酸カルシウムを主成分とする無機物である．この靱帯タンパク質はアブダクチンと呼ばれ，グリシンが全アミノ酸の50〜60％を占め，グリシンと疎水性アミノ酸の総和は80〜90％に達する．

甲殻類の外骨格ではとくにキチン（chitin）と呼ばれるムコ多糖がタンパク質と複合体を形成し，カルシウムの沈着によって硬化している（第5章2-2-2項参照）．その形成機構は未だ多くが不明のままとされている．セルロースとともに地球上の最も豊富なバイオマス資源といわれている．

脊椎動物の骨や歯は主としてリン酸カルシウム（鉱物ヒドロシキアパタイトに類似）で形成されている．魚類ではさらに体の平衡を保つ耳石，甲殻類では前述の外骨格の殻にもカルシウムが

多く含まれている．骨は生体の維持および骨格筋の働きになくてはならないが，生体内のカルシウム供給源としても重要である．血液中のカルシウム濃度は数種のホルモンで制御されている．血流を通して骨細胞にカルシウムが供給されると骨細胞から分泌されるタンパク質のコラーゲンやオステオネクチン（osteonectin）がカルシウムと結合して結晶核となり骨が形成されている．

以上のように，貝殻や骨など生体内で無機化合物が鉱物的になって存在するものをバイオミネラル（biomineral）と呼ぶ．カルシウムは，貝殻の$CaCO_3$，骨の$Ca_3(PO_4)_2$に代表されるように主要なバイオミネラル元素である．藻類においても紅藻の石灰藻，微細藻の円石藻は藻体表面や細胞表面に$CaCO_3$を大量に沈着させる．海水中の重炭酸イオンとカルシウムイオンから$CaCO_3$を生成する際には二酸化炭素が生じる．この二酸化炭素は光合成に利用されるので，石灰化は光合成の効率化戦略の1つという側面をもつ．カルシウム以外にも多様なバイオミネラルが知られている．酸化珪素SiO_2はホヤの一部構造に使われている．また，SiO_2の水和物シリカゲルがプランクトンの珪藻に使われている．いわゆる珪藻土は珪藻の殻の化石よりなる堆積物である．さらに，酸化鉄のマグネタイトFe_3O_4の小結晶がある種の細菌で形成され，地磁気に対するコンパスの役目を果たしている．マグネシウムもカルシウムのように不溶性の化合物を生成するが，その不溶化の程度はカルシウムに比べてはるかに低い．また，海水中にはカルシウムやマグネシウムよりも不溶化しやすい金属イオンは多いが，その濃度はマグネシウムやカルシウムに比べて低く，生体内では利用されていない．

脊椎動物ではカルシウムは主に小腸から吸収される．ヒトではこの吸収にビタミンD（vitamin D）の誘導体である1,25-ジヒドロキシコレカルシフェロール（1,25-dihydroxychole-calciferol）と呼ばれるステロイド系ホルモンが関係し，吸収されたカルシウムは血液によって種々の組織に運ばれる．カルシウムの血中濃度が低下すると副甲状腺ホルモンが作用して骨からカルシウムの放出が行われる．一方，カルシウムの血中濃度が高くなりすぎるとカルシトニン（calcitonin）と呼ばれるホルモンが分泌されて骨からのカルシウムの供給が停止する．

2）**生理的機能** カルシウムは種々の生体内の反応を調節する．例えば，脊椎動物では血中グルコースが不足すると肝臓に貯蔵されているグリコーゲンがエピネフリンと呼ばれるホルモンの働きによって分解されてグルコースが供給される．このエピネフリンが肝細胞膜上にある受容体に結合しているアデニル酸シクラーゼの触媒作用によりATPより生成したcAMPの働きによりタンパク質がリン酸化してグリコーゲンの分解が始まる（第5章3-1-5および第9章3-1項参照）．以降，グルコースまで分解される過程でカルモジュリン（calmodulin）と呼ばれるCa^{2+}と結合して酵素活性を調節するタンパク質が機能する．エピネフリンのように受容体に結合して細胞外の情報を細胞内に伝達する物質を第一次メッセンジャー（1st messenger），受容体から受け取った情報を細胞内に伝えるcAMPのような物質を第二次メッセンジャー（2nd messenger）と呼ぶ．カルシウムイオンも細胞外の情報をイオンチャネルを通して細胞内に最初に伝える物質であることから第二次メッセンジャーと呼ばれる．

上述した細胞内情報伝達にカルシウムイオンが関与する例としてイノシトール1,4,5-トリスリン酸（inositol 1,4,5-trisphosphate, IP_3）が関与する経路がある．バソプレッシンと呼ばれるホ

ルモンが特異的な受容体と結合するとこの受容体に結合しているGタンパク質が活性化し，ホスフォリパーゼCが活性化される．この酵素はホスファチジルイノシトールを分解してイノシトールトリスリン酸とジアシルグリセロール（DAG）を生成する（第9章3-1項参照）．DAGはCキナーゼ（c-kinase）をカルシウムイオンとともに活性化する．一方，IP_3は細胞内カルシウムイオンを貯蔵している小胞体に作用してカルシウムイオンを放出させる．このカルシウムイオンがCキナーゼを活性化した伝達経路の次の段階に存在するタンパク質をリン酸化してその生理活性，主に酵素活性を制御する（第9章3-1項参照）．

　カルシウムイオンは筋収縮にも重要な役割を果たす．筋肉は筋小胞体からのカルシウムイオンの放出によって細胞内のカルシウムイオン濃度が10^{-7}Mから10^{-5}M程度まで上昇することによって収縮する．筋小胞体膜に存在するCaポンプの作用による能動輸送によって細胞内カルシウムイオン濃度が低下すると筋肉は弛緩する．筋収縮時には筋肉中のトロポニンのCサブユニット（トロポニンC, troponin C）にカルシウムイオンが結合する（図6-5，第3章5-3-5項参照）．トロポニンは細いフィラメントにアクチンとともに局在する．その結果，アクチンと太いフィラメントの主要成分ミオシンとの相互作用を阻害するトロポニンのIサブユニット（トロポニンI）の作用が解除され，細いフィラメントに太いフィラメントが滑り込むことで筋肉が収縮する．なお，アクチンとミオシンの相互作用には数μMのカルシウムイオンのほか1～10 mM程度のマグネシウムイオンが必要である．

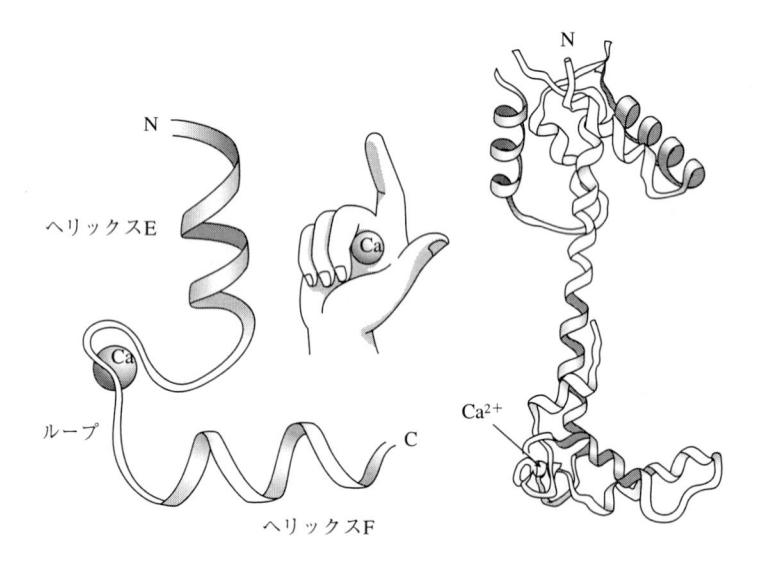

図6-5　トロポニンCの立体構造とEFハンド構造中のカルシウムイオン（Branden and Toozeを一部改変）

　魚類にはこのほかカルシウムイオン結合性のタンパク質パルブアルブミン（parvalbumin）が多量に存在するが，その生理作用は筋小胞体のカルシウムイオン取り込みを促進することにあるとの説もある（第3章5-3-9項参照）．カルシウムイオン結合タンパク質として最初に結晶構造が解析された．また，筋小胞体にはカルセクエストリン（calsequestrin）と呼ばれるカルシウムイオン結合タンパク質が存在し，カルシウムイオン貯蔵に重要な役割を果たしている．近年，魚類の

筋肉にはアスポリン（aspolin）と呼ばれるカルシウム結合タンパク質が発見され，カルセクエストリンと同様の機能が推定されている．カルセクエストリンおよびアスポリンはいずれもアスパラギン酸を多量に含んでおり，カルシウムイオンとの結合は図6-6のようになると考えられている．

カルシウムイオンは上記のほか，受精のときやタンパク質分解など，多くの生理機能に働いている

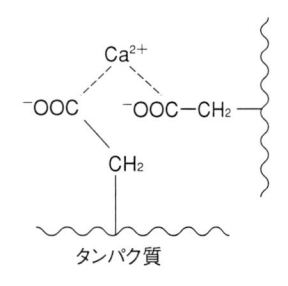

図6-6 タンパク質中のアスパラギン酸とカルシウムの結合

2-5 マグネシウム

本章の冒頭でも述べたように，マグネシウムは鉄，亜鉛，カルシウムと並ぶ生体内の主要な金属元素である．マグネシウムはカルシウムに次いで多いが，先述の筋収縮のところでも述べたように細胞内のマグネシウムイオン濃度はカルシウムイオン濃度の約10,000倍である．

植物においては，光合成の中心的な役割を果たす光エネルギーを吸収する葉緑素（クロロフィル類）にポルフィリンが存在し，マグネシウムと錯体を形成している（図6-3，第5章4-4-2項参照）．

2-6 その他の微量元素

マンガンを補欠因子として含む代表的な酵素は鉄，銅，亜鉛の項でも述べたSODで，Fe-SOD，Cu/Zn-SODに対して，Mn-SODと呼ばれている．酵素の中にはマグネシウムイオンと同時にマンガンイオン（Mn^{2+}）による活性制御を受けるものが多い．

クロムはとくに植物で必須といわれているが，その生体機能はよくわかっていない．

モリブデンを必要とする酵素は酸化還元酵素である．代表的な酵素は窒素固定反応を触媒するニトロゲナーゼ（nitrogenase）で豆科に属する植物に共生する根粒細菌に含まれている．ニトロゲナーゼは窒素ガス（N_2）をアンモニアに還元して生体物質に固定する過程に働き，大気中から窒素を生物圏に回収する．シアノバクテリアにもこの酵素が見つかっており，シアノバクテリアは水圏における窒素固定の主役を演じている．

バナジウムの化学形態はVO_4^{3-}で，これはリン酸イオンのPO_4^{3-}とよく類似する．バナジウムはホヤの血液細胞に含まれており，呼吸や酸化還元反応に関係していると考えられている．

コバルトはビタミンB_{12}に補欠因子として含まれている（図6-3）．脊椎動物では血液生成に関わっているとされている．

ニッケルは微量元素として知られているが，その生体での役割はよくわかっていない．酵素の中で初めて結晶化されたことで有名なウレアーゼ

図6-7 甲状腺ホルモンに含まれているヨウ素
T_2：チロシキン，T_3：トリヨウドチロキシン

(urease) にはニッケルが含まれている.

成人には15〜20 mgのヨウ素が存在する．このうち70〜80％が甲状腺に局在する．ヨウ素を含む甲状腺ホルモン（thyroid hormone）（図6-7）は生体の物質代謝を亢進し，成長に大きな影響を及ぼす．海藻に多く含まれている．

§3. 水生生物の微量元素

水生生物と微量元素との関係を知るためには魚貝類や海藻が生息する周辺環境を考慮する必要がある．水生生物は体表面，鰓などを通じて環境水を取り込む．また，餌料を摂取する場合でも環境水を同時に取り込む．海藻や動植物プランクトンは環境水中の微量元素を体内に直接濃縮し，食物連鎖によってこれらを捕食する水生生物は段階的に濃縮度を高め，最終的にわれわれヒトに食物中の成分として入る．厚生省（現，厚生労働省）が調査した主要食品50種について，ヒ素，鉛，マンガン，セレン，カドミウムを分析した結果の一部を表6-4に示す．いずれも清浄な環境水で生育したものである．海水を約1000倍に濃縮したヒ素濃度3.7 ppm，カドミウム0.12 ppmと比較してもコンブ中のヒ素63 ppm，アサリ中のカドミウム1.7 ppmは異常にみえる．現在，ヒジキに蓄積される高濃度のヒ素が国際的に問題にされている．

表6-4 食品中の微量金属含有量　　単位：ppm

食品名	As 最低〜最高	Pb 最低〜最高	Mn 最低〜最高	Se 最低〜最高	Cd 最低〜最高	Zn 最低〜最高
イワシ	0.01〜3.80	0〜0.40	0.05〜5.15	0.04〜0.91	0.01〜0.08	3.86〜20.89
マグロ	0〜4.40	0〜40.45	0〜0.70	0〜1.38	0〜0.08	2.77〜4.39
タラ	0〜10.00	0〜0.13	0.07〜0.58	0.06〜0.30	0〜0.01	3.70〜4.90
エビ	0.04〜18.00	0〜0.48	0.11〜5.17	0〜0.83	0〜1.23	4.42〜15.30
カキ	0.01〜9.26	0.01〜0.78	0.07〜10.80	0.08〜0.52	0.24〜0.72	87.45〜185.72
アサリ	0.01〜5.63	0.05〜0.60	0.30〜7.62	0.05〜0.55	0.06〜1.76	9.44〜13.80
カニ	0〜26.70	0〜0.30	0.03〜30.45	0.18〜3.21	0.04〜1.51	9.69〜39.75
ワカメ	0〜6.67	0〜0.73	0.20〜1.38	0〜0.09	0.07〜1.44	1.34〜32.90
コンブ	4.30〜63.33	0〜0.71	0.37〜2.37	0〜0.01	0.02〜0.27	1.20〜15.91

厚生省環境衛生局食品衛生課：食品含有微量金属調査結果について（通知）より抜粋
（木村・左右田, 1987から引用）

菊池らが調査した結果によると，亜鉛，鉄，セレン，クロムなどが中央値付近に集中して値が狭い範囲に収まるのに対して，ヒ素，アルミニウム，銅，水銀，カドミウムは分布域が広い．筋肉より肝臓で濃度が高い場合が多く，鉄，カドミウムで70〜80倍，銅，亜鉛で10〜20倍，ヒ素，セレン，アルミニウムで2〜3倍である．ヒ素，カドミウム，水銀のように魚種によって濃度に差があるものは食物連鎖の影響が考えられる．藻類や植物プランクトンを餌料とする場合は低く，肉食性のものは高い傾向にある．

水生生物にヒ素が多く含まれていることは古くから知られている．海水中のヒ素濃度は0.0037 ppmであるが，エビでは18 ppm，コンブでは63 ppmの測定例がある．ヒジキに至っては82 ppm

に達する．水道水のヒ素規制値0.05 ppmと比較すると海水中のヒ素濃度は極めて低い．無機態ヒ素は有機態ヒ素に比べて毒性が高いことが知られているが，無機態，有機態ヒ素の分別定量が可能となり，ヒジキ以外は有機態ヒ素が多いことがわかった．食品としての安全性に関して，ヒジキの無機態ヒ素は加熱，水洗工程を経て大量に除去できることが示されている．有機態ヒ素ではアルセノベタイン（arsenobetaine）が代表的で，これはグリシンベタイン（第7章1-7項参照）の窒素がヒ素に置き換わった分子形である（図6-8）．アルセノコリン（arsenocholine）はアルセノベタインの還元型である．アルセノシュガーはカジメから単離された．

図6-8　海産生物中の有機態ヒ素化合物

§4. 重金属の毒性

　毒性をもつ重金属は銅，カドミウム，水銀，亜鉛，鉛である．銅や亜鉛は生体に必須のミネラルとして取り扱ってきたが，ほとんどの重金属は生体内での最適濃度があり，その濃度以下であれば欠乏症が現れ，その濃度以上で有害な影響を及ぼす（図6-9）．

　重金属は通常二価の化学形態をとっている．これらの重金属は生体内のイオウに強く結合し，その傾向は水銀イオン（Hg^{2+}）＞銅イオン（Cu^{2+}）＞カドミウムイオン（Cd^{2+}）＞鉛イオン（Pb^{2+}）である．イオウを含む生体物質ではアミノ酸の1種，システインが代表的であるが，このアミノ酸はタンパク質の機能で重要な役割を果たしており，重金属と強く結合すると当該タンパク質の

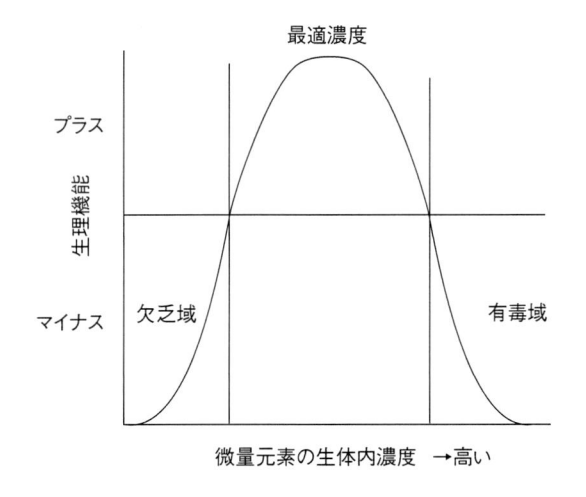

図6-9　微量元素の生体内濃度と生理機能

機能が阻害される．これが重金属がもつ毒性の原因である．

　細胞膜は一般的には金属の陽イオンを通過させないが，ヒトの胃や小腸など消化器官では有用金属と認識して有害重金属を吸収する場合がある．また，無機重金属を細胞膜の脂質と親和性をもつ有機重金属に変換すると細胞膜を通過する．代表例が水銀で，$Hg(CH_3)_2$や$HgCH_3^+$は細胞膜を容易に通過する．水中に廃棄された無機水銀が水中の細菌によって有機水銀となり，この有機水銀を蓄積した魚介類を摂取したヒトが水銀中毒になり大きな社会問題となった．銅やカドミウムでは有機化合物になりにくいが，鉛は$Pb(C_2H_5)_4$の化学形態をとる．

　魚類では重金属に接した場合に鰓の表面に粘液が分泌されて防御する方策がとられているようである．また，貝類ではカドミウムを中腸腺に蓄積するが，これはプランクトン由来の麻痺性貝毒を蓄積する場合と同じである．イカの肝臓でも同じようなカドミウムの蓄積が認められ，未利用資源の有効利用に障害となっている．

　一方，積極的に重金属を無害化する機構も生体にある．メタロチオネイン（metallothionein）と呼ばれるシステインを多量に含むタンパク質は細胞内に重金属が取り込まれたときに多量に発現して結合し，生体を重金属の毒性から守っている．メタロチオネインは銅，水銀，カドミウム，亜鉛などと結合するが，鉛とは結合しないとされる．水生哺乳類やマグロ類など，水圏に生息して食物連鎖の上位に位置する動物や，海底に生息してデトリタスを餌としている魚類には水銀が多く含まれる．厚生労働省は水銀を含有する魚介類などの摂食に関する注意事項を公表しているが，同時に，魚介類などは一般にはヒトの健康に有益であり，その注意事項が魚介類などの摂食の減少につながらないように正確に理解するよう求めている．例えば，妊婦のメカジキやキンメダイの摂食量として1週間に2回以下（1回60～80 gとして）を薦めている．興味深いことに水銀を含む水生哺乳類やマグロ類などではセレン（Se）を同時に含み，水銀との存在比が約1：1で$HgSe$の不溶性化合物を形成していることが明らかにされている．セレンは生体でごく微量は必須であるが，同時に毒性も強い．アザラシでは肝臓中の水銀の2～14％が有機水銀で，有機水銀を生体内で分解することによっても中毒から守ることが示唆されている．

　有機スズについては海産無脊椎動物に対するホルモン作用が指摘されている．有機スズは，四価のスズ原子にアルキル基またはアリル基とハロゲンなどの陰イオンが結合した多様な化合物群を指す．この化合物群の中で3個のブチル基あるいはフェニル基を有するトリブチルスズ（tributyltin, TBT）あるいはトリフェニルスズ（TPT）は毒性が強いため，船底塗料や殺生物剤として使用された．一方これら有機スズは，バイ，イボニシなどの新腹足目巻貝に2 mg/l程度の極めて低い濃度でも内分泌攪乱作用（ペニスなどの雄性生殖器官が雌に形成され，産卵不能に陥る症状）を引き起こす．また，ppbレベルで魚類，甲殻類などの水生生物に成長抑制，成長阻害，斃死が起きると報告されている．これら作用の詳細は未だ不明であるが，わが国では1990年よりこれら化合物の使用は制限されている．

〔緒方武比古・渡部終五〕

文　献

Branden, C. and J. Tooze (1991)：Introduction to Protein Structure, Garland Publishing, p22, p115.

木村修一・左右田健次編 (1987)：微量元素と生体，秀潤社，193 pp.

日本生化学会編 (1979)：生化学データブック，東京化学同人，1350 pp.

落合栄一郎 (1991)：生命と金属，共立出版，111 pp.

左右田健次 (1987)：微量元素と生体（木村修一・左右田健次編），秀潤社，p111.

吉里勝利 (1989)：からだの中の元素の旅，ブルーバックス，p.53.

第7章　低分子有機化合物

　水生生物に含まれる生体成分には，近縁の陸上生物種と比べて，含量が大きく異なるものがある．水中という環境に適応するために，成分組成の差違が生じていると解釈されることが多い．このような現象は，低分子有機化合物においてよくみられる．一方，特定の生物種にのみ含まれる低分子有機化合物を二次代謝産物という．二次代謝産物には，医薬品として用いられているものも多いが，生物の成長や繁殖と無関係なものが大多数で，二次代謝産物の生物における存在意義は未解明である．水生生物にも二次代謝産物を含むものが多数存在する．本章では，§1．および§2．で生体成分として含まれる低分子有機化合物について概説し，§3．では有毒成分および有用成分などの二次代謝産物についてふれる．

（松永茂樹）

§1．低分子有機化合物の種類，構造および分布

1-1　エキス窒素

　組織の水溶性成分を含む抽出液をエキスといい，その構成成分をエキス成分と呼ぶ．ただし，タンパク質，脂質，色素，ビタミン，多糖類，無機イオン類などはエキス成分に含めない．エキスとして抽出される成分の窒素量を測定することによってエキス窒素含量が求められる．後述するように尿素（urea）とTMAO（trimethylamineoxide）の含量が高い軟骨魚類ではエキス窒素含量が1,400 mg/100 g筋肉程度と非常に高い（表7-1）．次いで，マグロ類やカツオなどの大型回遊赤身魚で高く，マダイやヒラメなどの白身魚では低い．無脊椎動物では遊離アミノ酸含量が高く，そのためエキス窒素含量も高い傾向にある．

1-2　遊離アミノ酸

　タンパク質構成アミノ酸は基本的には20種類存在し，遊離アミノ酸はタンパク質合成のための細胞内アミノ酸プールを形成する．タンパク質を構

表7-1　主要魚貝類のエキス窒素含量（mg/100 g）

		エキス窒素
軟骨魚類	ホシザメ	1420
	アオザメ	1400
硬骨魚類	メバチマグロ	840
	クロマグロ	503
	カツオ	577
	マサバ	479
	サンマ	458
	マアジ	405
	マダイ	380
	ヒラメ	340
	マフグ	327
	アユ	345
	コイ	346
軟体類	スルメイカ	728
	ホタテガイ	764
	サザエ	507
	クロアワビ	506
	ハマグリ	450
	アサリ	429
	マガキ	311
甲殻類	イセエビ	803
	クルマエビ	766
	タラバガニ	863
	ズワイガニ	618
	ガザミ	564

（中田ら，2004；須山ら，1991より一部改変）

成しないアミノ酸としてタウリン (taurine), βアラニン (β alanine), γアミノ酪酸 (γ aminobutylate), オルニチン (ornithine), シトルリン (citrulline) などがある.

$H_2N-CH_2-CH_2-SO_3H$　　$H_2N-CH_2-CH_2-COOH$　　$H_2N-CH_2-CH_2-CH_2-COOH$
　　タウリン　　　　　　　　　　βアラニン　　　　　　　　　　γアミノ酪酸

$H_2N-CH_2-CH_2-CH_2-\underset{NH_2}{CH}-COOH$　　$O=\underset{NH_2}{C}-NH-CH_2-CH_2-CH_2-\underset{NH_2}{CH}-COOH$
　　　オルニチン　　　　　　　　　　　　　　　　シトルリン

一般に，白身魚にはタウリンが多く，赤身魚ではヒスチジン (histidine) が多い（表7-2）．また，タウリンは血合筋に，ヒスチジンは普通筋に多い傾向がみられる.

先述のように，無脊椎動物では一般に遊離アミノ酸含量が高く，タウリン，グルタミン酸 (glutamate), グルタミン (glutamine), グリシン (glycine), アラニン (alanine), プロリン (proline), アルギニン (arginine) が多い．遊離アミノ酸はL型が多いが，無脊椎動物にはD-アミノ酸を多く蓄積する種が存在する．エビ，カニ，数種の二枚貝ではD-アラニン (D-alanine) がL-アラニンに匹敵するほど，あるいは凌ぐほどの含量を示すことがある．また，D-アスパラギン酸 (D-aspartate) がアカガイやマダコなどでみられる.

表7-2 主要魚貝類筋肉の遊離アミノ酸組成　(mg/100 g)

	マダイ	ヒラメ	マアジ		マイワシ		クロマグロ	カツオ	ホタテガイ	マダコ	クルマエビ	ズワイガニ
	普通筋	普通筋	普通筋	血合筋	普通筋	血合筋	普通筋	普通筋	閉殻筋	腕筋	腹側筋	脚筋
タウリン	220	171	139	482	114	414	37	24	784	1498	111	881
アスパラギン酸	−	−	1	1	2	1	−	1	4	14	10	4
トレオニン	1	4	11	10	9	8	4	3	16	12	5	3
セリン	3	3	5	6	7	7	2	2	8	12	5	19
グルタミン酸	11	6	18	23	13	10	5	6	140	33	51	91
プロリン	3	1	7	7	8	7	5	2	51	85	331	151
グリシン	12	5	12	12	10	10	6	5	1925	9	1251	607
アラニン	18	13	18	26	27	37	10	13	256	55	49	204
バリン	3	1	8	7	6	6	4	4	8	12	24	5
シスチン	−	−	1	1	1	1	−	−	8	4	−	7
メチオニン	2	1	3	3	3	2	4	5	3	9	26	4
イソロイシン	2	1	5	4	4	4	2	2	2	10	8	6
ロイシン	4	1	7	7	6	7	4	5	3	16	20	4
チロシン	2	1	3	3	3	3	3	4		10	25	2
フェニルアラニン	2	1	3	4	3	4	7	3	2	9	7	4
リシン	70	17	31	22	27	19	33	16	5	21	34	12
ヒスチジン	26	1	280	122	477	197	698	993	2	1	27	2
アルギニン	7	3	5	3	5	3	7	2	323	235	624	575
合計量	386	230	557	743	725	740	831	1090	3540	2045	2608	2581

（中田ら, 2004より一部改変）
−：測定値なし

1-3 ペプチド

トリペプチドのグルタチオン (glutathione) は，無脊椎動物から脊椎動物まで広く分布する.

還元型グルタチオン（GSH）2分子がジスルフィド結合によって縮合した酸化型グルタチオン（GSSG）が存在するが，生体内ではGSHの方が多い．

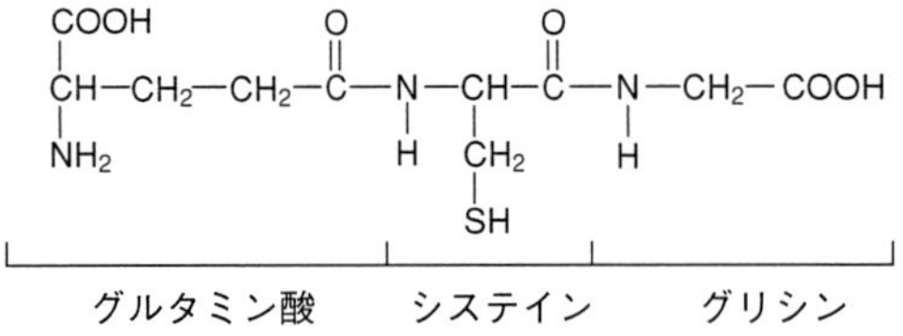

グルタミン酸　システイン　グリシン

還元型グルタチオン（GSH）

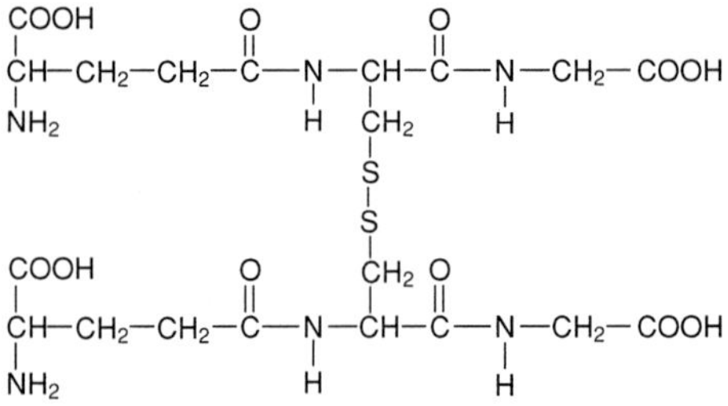

酸化型グルタチオン（GSSG）

ヒスチジン，π-メチルヒスチジン，τ-メチルヒスチジンとβアラニンからなるジペプチド［それぞれカルノシン（carnosine），アンセリン（anserine），バレニン（balenine）］が赤身魚および鯨類に認められる．カルノシンはウナギに，アンセリンはカツオやマグロ類などの大型回遊魚に，バレニンはヒゲクジラ類に多く蓄積される．白身魚や無脊椎動物ではほとんど認められない．

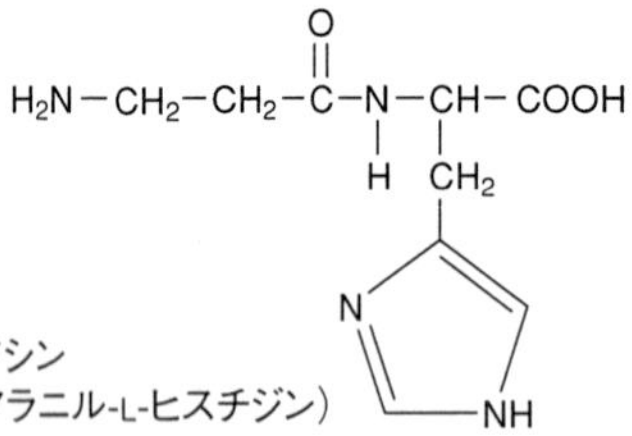

カルノシン
（β-アラニル-L-ヒスチジン）

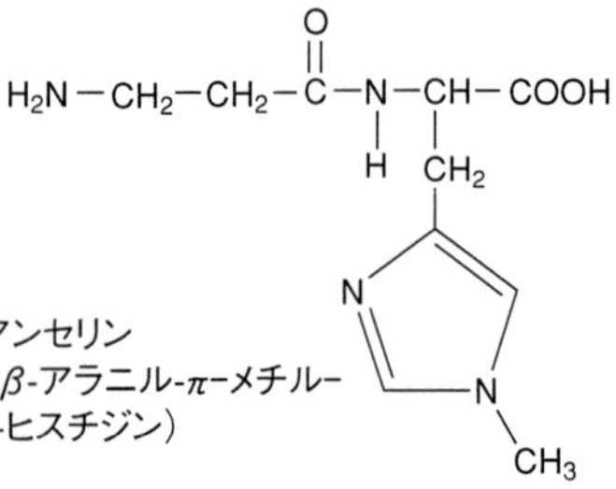

アンセリン
（β-アラニル-π-メチル-L-ヒスチジン）

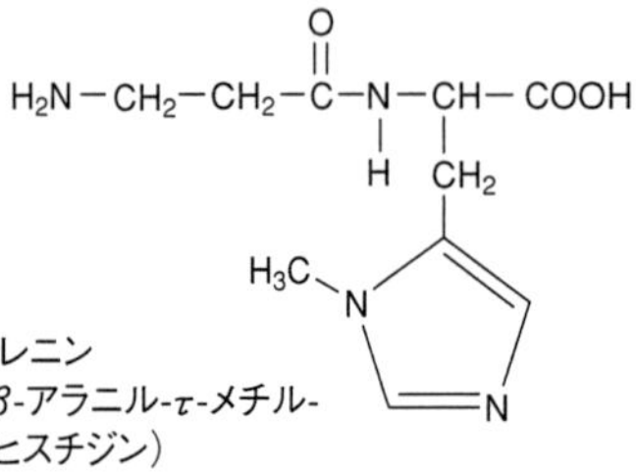

バレニン
（β-アラニル-τ-メチル-L-ヒスチジン）

1-4　ヌクレオチドおよび関連化合物

生体エネルギーとして機能するアデノシン5'-三リン酸（ATP）のほか，その代謝産物であるアデノシン5'-二リン酸（ADP），アデノシン5'-一リン酸（AMP），イノシン5'-一リン酸（IMP，イノシン酸）は糖（リボース，ribose），塩基（アデニン，adenine），リン酸基からなり，ヌクレオチド（nucleotide）と呼ばれ，魚類および無脊椎動物の筋肉，その他の臓器で多く含まれる．なお，リン酸基を含まないアデノシン（adenosine）はヌクレオシド（nucleoside）と呼ばれ，これも水生生物の諸組織に広く分布する．アデニンがヒポキサンチン（hypoxanthine）に置換したヌクレオシドはイノシン（inosine）で，イノシンはさらにヒポキサンチンに代謝される（本章2-1項参照）．

1-5　グアニジノ化合物

クレアチン（creatine）およびアルギニンはグアニジノ基を有し，グアニジノ化合物と呼ばれる．クレアチンは脱水反応によってクレアチニン（creatinine）となるが，魚類筋肉ではクレアチンの形で存在することが多い．クレアチンは赤身魚より白身魚に，血合筋より普通筋に多くみられ，リン酸と結合してクレアチンリン酸（creatine phosphate, ホスホクレアチン）として細胞内に蓄積される．無脊椎動物にはクレアチンリン酸の代わりにアルギニンリン酸が蓄積される．

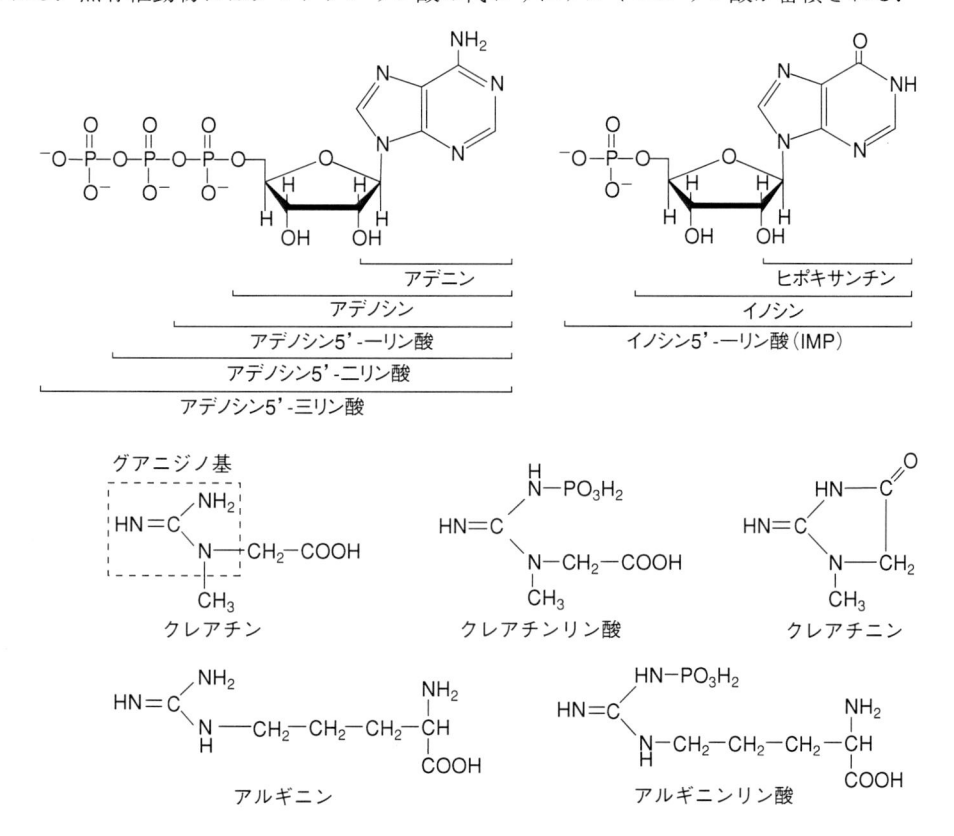

1-6　オピン類

オピン類はピルビン酸とアミノ酸が結合した化合物で，オクトピン，ストロンビン，アラノピン

が水生動物に多く含まれ，タウロピンやβアラノピンなどもみられる．オクトピンはその名のとおり最初はタコから発見されたが，軟体動物の各組織に広く分布することが明らかとなっている

1-7 アンモニア化合物

ほとんどの硬骨魚類では，排泄態窒素はアンモニア（ammonia）である．一方，サメなどの海産軟骨魚類やシーラカンスなどの肉鰭綱では尿素を生成し，筋肉，その他の臓器に高濃度に蓄積する（表7-3）．水生動物でみられる第4級アンモニウム塩基はトリメチルアミンオキシド（TMAO）とベタイン類である．TMAOは海産魚類，甲殻類や軟体類などの無脊椎動物に分布し，一般に淡水や汽水域に生息する水生動物では含量が少なく，陸上動物ではあまり認められない．TMAOは還元されるとトリメチルアミンになる．

$$(CH_3)_3NO \qquad (CH_3)_3N$$
トリメチルアミンオキシド　　　トリメチルアミン

表7-3 魚貝類筋肉における尿素およびTMAO含量

種	尿素	TMAO
	mg/100g	mg/100g
ホシザメ	1740	1410
ヨシキリザメ	1600	1390
アオザメ	1410	1000
ネズミザメ	1520	1100
マイワシ		30
マサバ		185
マダイ		365
ヒラメ		375
アユ		10
フナ		0.6
アオリイカ外套膜		1473
腕筋		627
スルメイカ外套膜		1736
腕筋		924
マダコ　外套膜		213
イタヤガイ閉殻筋		281
マガキ　閉殻筋		2
ハマグリ　閉殻筋		0
サザエ		2
クルマエビ		391
ズワイガニ		357

（須山ら，1999より一部改変）

ベタイン類は，グリシンベタイン（glycine betaine），ホマリン（homarine），トリゴネリン（trigonerine）などで，海産軟体類や甲殻類に多く蓄積される（表7-4）．カルニチン（carnitine）は含量は少ないものの無脊椎動物から哺乳類まで広く分布する．

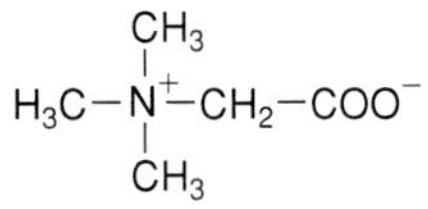

§1. 低分子有機化合物の種類，構造および分布　155

グリシンベタイン 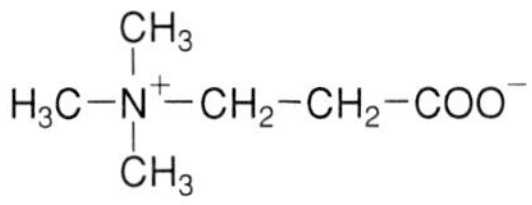　　βアラニンベタイン 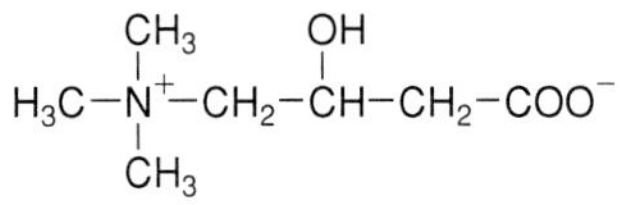　　カルニチン

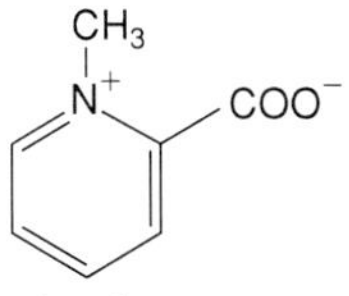

ホマリン 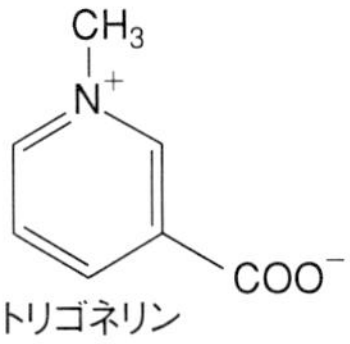　　トリゴネリン

表7-4　無脊椎動物におけるベタイン含量　（mg/100 g）

種		グリシンベタイン	ホマリン	トリゴネリン
イセエビ	筋肉	501	152	11
	中腸腺	−	204	15
クルマエビ	筋肉	480	212	17
	中腸腺	981	305	12
ガザミ	筋肉	646	146	32
	中腸腺	−	136	24
マダコ	腕筋	821	141	14
	肝臓	−	156	12
スルメイカ	外套筋	571	111	3
	肝臓	−	103	1
マガキ	閉殻筋	1584	157	8
ハマグリ	閉殻筋	808	66	+
マボヤ	筋膜体	94	122	14

−：測定値なし．
（中田ら，2004より一部改変）

1-8　有機酸

　魚類筋肉に認められる有機酸には，酢酸，プロピオン酸，ピルビン酸，L-乳酸，フマル酸，リンゴ酸，コハク酸，クエン酸，シュウ酸などがある．ピルビン酸やL-乳酸は上述した解糖で生じるもので，マグロ類やカツオでは筋肉100 g当たりで数百mgを超える．ただし，L-乳酸の蓄積量は第5章で述べたように嫌気的条件下における運動のあるなし，すなわち漁獲時の苦悶状態などによって大きく変動する．

　無脊椎動物では，組織内にみられる有機酸が種によって大きく異なる．エビやカニなどの甲殻類ではL-乳酸レベルが高い．一方，イカやタコなどの頭足類ではL-乳酸デヒドロゲナーゼの活性が低く，解糖で生じたピルビン酸はL-乳酸にはならず，D-乳酸を生じるほか，アルギニンなどと縮合して前述のオピン類を生じる．ホタテガイなどの二枚貝ではピルビン酸からオピン類を生成するほか，クエン酸回路の一部を利用してコハク酸，リンゴ酸，フマル酸などの有機酸を生じる．嫌気的環境にさらされやすい貝類は解糖に必要なNADを効率的に得るためにこのような有機酸代謝経路を発達させたとも考えられる．

1-9　臭気成分

特定の揮発性物質がヒトの嗅覚器に刺激を与えると臭いが感じ取られる．臭いは水産物を特徴づける重要な要素である上，水産物は一般に鮮度低下が早いことから，その受諾性および嗜好性にも大きな影響を与える．この項ではヒトが感じる臭気の原因物質を主対象とする．

臭いは，その種に特徴的な特有臭，貯蔵時に発生する鮮度低下臭，加熱加工時などに発生する加工調理臭に大別される．

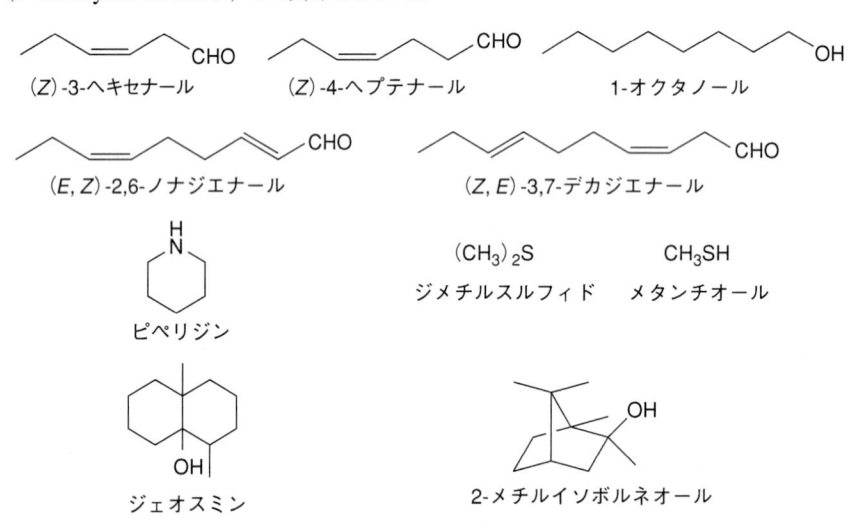

特有臭は，生時あるいは鮮度のよい状態の水生生物から発生する特有の臭いである．第4章でも触れているが，水生動物に豊富な高度不飽和脂肪酸が生体内で酸化分解されて生じるアルデヒドやアルコールなどにはヒトの閾値が極めて低いものがあり，水生動物種の特徴となる場合がある．また，チオール類などの含硫化合物も閾値が低く，特有臭となることが多い．一方，環境水に混入した化学成分が原因となる着臭もある．アユのキュウリ様の香りが特有臭の代表例である．これは(Z)-3-ヘキセナール［(Z)-3-hexenal］などの不飽和アルコールを主成分とする．アユのリポキシゲナーゼが脂肪酸を酸化する際に生じるとする説と，珪藻由来の成分による着臭とする説がある．ナマコ類，ホヤ類，マガキの特有臭も不飽和アルコールに由来すると考えられている．ジメチルスルフィド（dimethylsulfide）は海藻のジメチルβプロピオテチンの分解によって生じ，磯臭さを呈するために各種水生動物の異臭の原因となるが，極低濃度ではむしろ好ましく，マガキや甲殻類の特有臭を形成する．淡水魚の特有臭はピペリジンと呼ばれる環状アミンによる．魚肉や水道水のカビ臭はシアノバクテリア由来のジェオスミン（geosmin）や2-メチルイソボルネオール（2-methylisoborneol）が原因とされる．

(Z)-3-ヘキセナール　　(Z)-4-ヘプテナール　　1-オクタノール

(E, Z)-2,6-ノナジエナール　　(Z, E)-3,7-デカジエナール

ピペリジン　　ジメチルスルフィド $(CH_3)_2S$　　メタンチオール CH_3SH

ジェオスミン　　2-メチルイソボルネオール

漁獲後の時間経過に伴って，水産動物体内や体表では内在性の代謝酵素，外界微生物による分解で速やかに化学反応が進行し，新たな臭気成分が生じる．多くの場合，これらの臭気成分は不快に感じられ，鮮度低下臭を形成する．上述したTMAを代表とする含窒素化合物や脂質酸化によって生じる油焼け臭が代表例である．微生物による腐敗が進行すると含窒素化合物のほかに硫化水素，メタンチオール，ジメチルスルフィドなどの含硫化合物も増加し，いわゆる腐敗臭を

呈するようになる．軟骨魚類では筋肉中に多量に蓄積する尿素が分解してアンモニアが生成して刺激臭を発する．

　加熱を伴う加工・調理過程においては，体成分が熱分解したり，互いに反応したりして，アンモニア，カルボニル化合物，硫化水素などを発生し，さらに反応して各種ヘテロ環化合物となり，加熱加工臭を発する．

1-10　色　素

　胆汁色素は，ヘムが肝臓などで代謝されて生じる色素で，胆汁中に含まれるビリベルジン（biliverdin）やビリルビン（bilirubin）がある．ビリベルジンはヘモグロビンのポルフィリンが開環したもので緑色を呈する．ビリルビンはビリベルジンが酵素によって還元された黄色の色素である．サンマの鱗やブダイやベラ類の体表の青色，ウナギ血清の青色はビリベルジンとタンパク質からなる複合体に由来する．アワビ卵巣の緑色はクロロフィルに由来するターボベルジン（turboverdin）とタンパク質複合体による．

　メラニン（melanin）は2つのケトン構造をもつ環状化合物のキノン類が非酵素的に酸化し，さらに重合して生じる色素で分子量は一定ではない（図7-1）．水や有機溶媒には不溶で，酸・

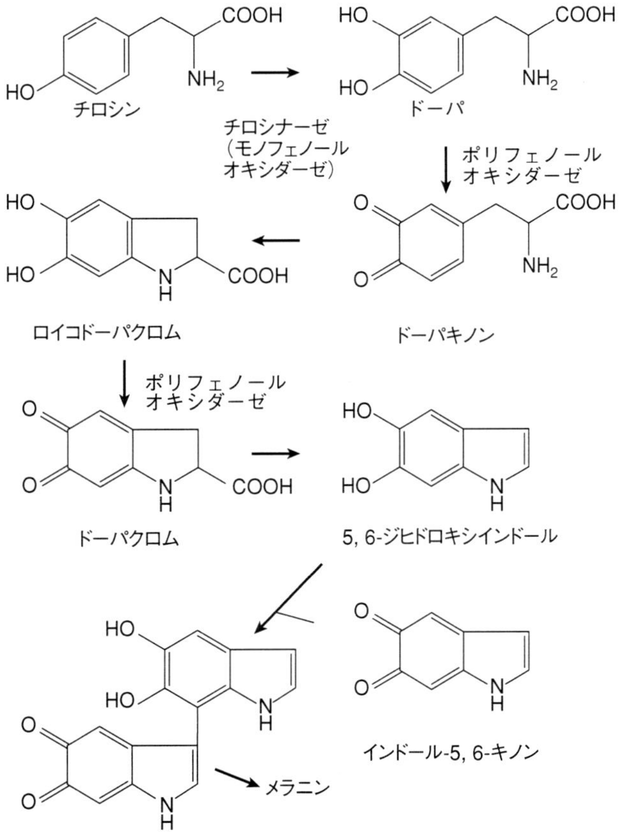

図7-1　メラニンの合成経路

アルカリに溶ける．水生動物の体表に分布する黒色素細胞中の黒色素顆粒に存在するほか，タンパク質などにも沈着する．過剰に生合成されたメラニンが筋肉中の毛細血管壁に沈着することもある．

オンモクロム（ommochrom）は甲殻類や軟体類に広く分布する赤，黄褐色，暗褐色の色素であり，体表の色素胞や目に存在する．

水生動物の色を醸し出している色素の1つがカロテノイドである（第4章参照）．カロテノイドは400～550 nmに吸収極大をもち，黄色から赤色を示す．カロテノイドには何も付加されていない遊離型のほか，脂肪酸，糖，硫酸，タンパク質などが結合したものも存在する．マダイの体表には鮮やかな赤色のアスタキサンチンが多く，黄色系のツナキサンチンも含まれる．マグロ類やブリの体側の黄色はツナキサンチンやルテインである．サケ・マス類の筋肉では遊離型のアスタキサンチンが筋原線維と結合しているが，体表では脂肪酸エステル型として色素細胞の色素顆粒に局在することが多い．

甲殻類の殻に含まれるカロテノイドもアスタキサンチンであるが，タンパク質と結合することによって黄，赤，褐，青，紫と，さまざまな色を呈する．このようなカロテノイドとタンパク質の複合体をカロテノプロテインと呼ぶ．甲殻のクラスタシアニンや卵のオボベルジンは加熱によってタンパク質が変性するとカロテノイド本来の色が現れる．貝類の筋肉もカロテノイドによって橙色を呈することがある．サザエでは，βカロテン，ルテイン，ゼアキサンチンなどが含まれる．

ヘム色素，シトクロム類はそれぞれ，第3，5章に記載した． （潮　秀樹）

1-11　ビタミン

ビタミン（vitamin）は生物体内には少量しか存在しないが必須の栄養素である．この性質は微量元素やミネラルに類似する．一方，ビタミンは食品的に重要で，多くの魚貝類，とくに可食部での含量が詳細に調べられている．その値は食品成分表に掲載されている．第1章の表1-1には四訂版で取扱っているビタミンA，B_1，B_2，Cおよびナイアシン（niacin）を示したが，実際の数値は現行の五訂版によるもので，この版ではさらにビタミンD，E，K，B_6，B_{12}および葉酸（folic acid），パントテン酸（panthothenic acid）が追加されている．

ビタミンは水溶性のものと脂溶性のものがある．脂溶性の代表的なビタミンはビタミンA（レチノール，retinol）でβ-カロテンから生成するが，その代謝については既に述べた（第4章4-6項参照）．主に視覚に機能する．また，強力な酸化防止剤のビタミンE（α-トコフェロール，α-tocopherol，第4章1-5-4項参照）は，生体内では脂質の過酸化を防ぐ（第4章2-1項参照）．脂溶性ビタミンにはそのほか，魚油に存在するビタミンD（コレカルシフェロール，D_3）と，植物由来のK（フィチルメナジオン，K_1）が重要であることがわかっている．ビタミンDはカルシウムと結合する特異的なタンパク質の生合成を調節し，骨格形成などに機能する（第6章2-4-1項参照）．ビタミンKは血液凝固に関連した機能を果たす．

一方，水溶性ビタミンは10種類ほどが知られているが，その中でもわが国で発見されたビタ

ミンB_1（チアミン，thiamine）が有名である．イネやムギの胚芽に多く含まれているが，ヒトでは不足すると脚気になる．ビタミンB_{12}（シアノコバラミン）については第6章で述べたようにコバルトとシアンを含む．ビタミンB_6にはピリドキサルなどがあり，アミノ酸代謝に重要な役割を果たす．葉酸は補酵素として種々の生体内反応に機能し，パントテン酸は補酵素Aの一部を構成する（第3章3-1項参照）．

　水溶性ビタミンでとくに重要な働きを示すものはビタミンB_2のリボフラビン（riboflavin）とナイアシンと総称されるニコチン酸（nicotinic acid）とニコチンアミド（nicotinamide）である．いずれも補酵素として重要な働きをするのみでなく，電子受容体としてミトコンドリアでのATP合成に必要なプロトンの供給源となる．その原理は第4章3-1項で示したように，次のように説明される．すなわち，ニコチンアミドはニコチンアミドアデニンジヌクレオチド（nicotinamide dinucleotide, NAD）またはニコチンアミドヂヌクレオチドリン酸（NADP）として存在しており，ニコチンアミドのピリミジン環にヒドリドイオン（H^-）がつくと還元型のNADHあるいはNADPHとなる．リボフラビンはフラビンモノヌクレオチド（flavin mononucleotide, FMN）やフラビンアデニンジヌクレオチド（flavin adenine dinucleotide, FAD）として存在する．水素原子2個の付加によって還元型FADH2を生ずる．FADはNADHによっても還元される．

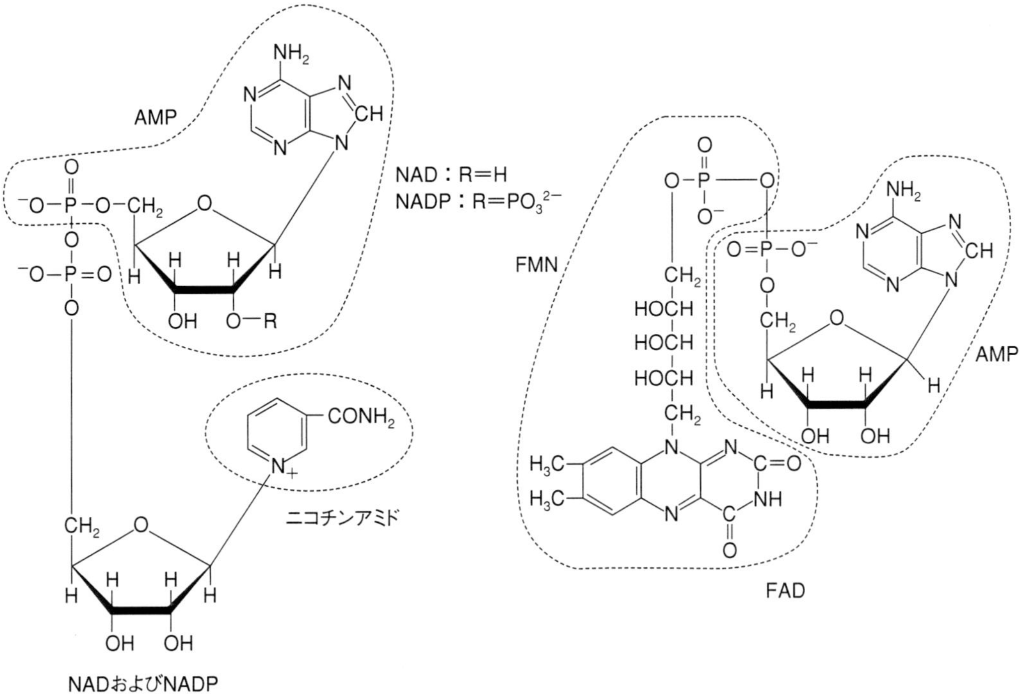

NADおよびNADP

　水溶性ビタミンのビタミンC（アスコルビン酸，ascorbic acid）はヒトでは合成できないため，重要なビタミンである．強力な還元剤として機能する．ビタミンCの構造は不安定で，容易に酸化分解する．淡水魚では卵巣や脳に多く，筋肉には少ない．

（渡部終五）

§2. 低分子有機化合物の機能と代謝

2-1 核酸関連物質

上述したように生体エネルギー源として存在するATPはATPaseによってADPと無機リン酸に加水分解される際に，生体膜に存在するイオンポンプや筋細胞のミオシンフィラメントがアクチンフィラメント上を滑るときの駆動力となる．生時では，生じたADPと無機リン酸から解糖やミトコンドリア酸化的リン酸化によってATPに再生されるほか，ミオキナーゼによって2分子

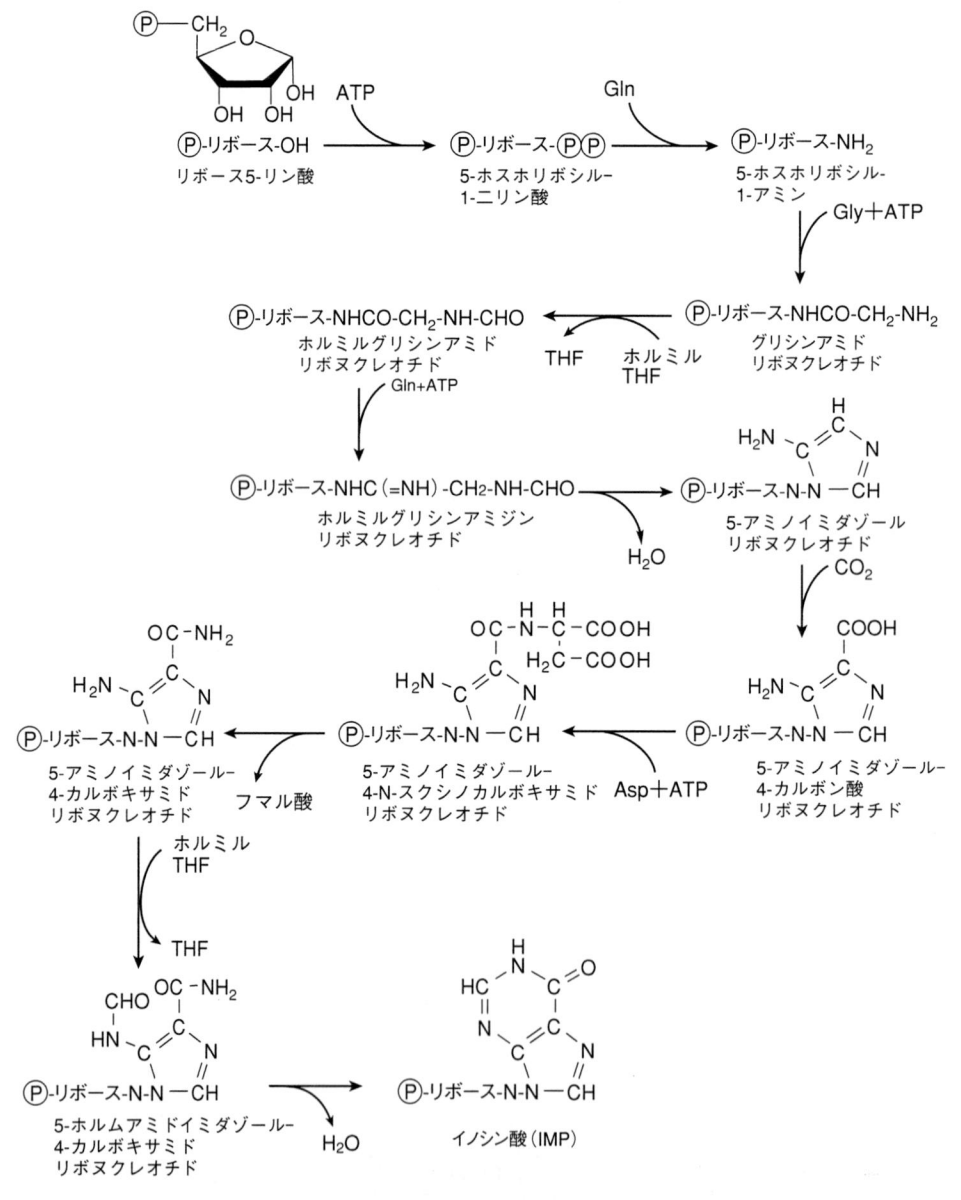

図7-2 プリンヌクレチドの生合成．Ⓟはリン酸基を表す．

のADPからATPとAMPが再生される．クレアチンリン酸の役割については後述する．一方，細胞が死に至り，ATPの合成が進まなくなると，さらにIMP，イノシン（HxR），ヒポキサンチン（Hx）にまで分解される．魚類ではATP→ADP→AMP→IMP→HxR→Hxの順に代謝され，AMPデアミナーゼ活性が高く，HxRホスホリラーゼ活性が低いことからIMPが蓄積されやすい．一方，二枚貝やタコなどの軟体動物では魚類と異なってATP→ADP→AMP→アデノシン→HxR→Hxの経路で代謝されると考えられていたが，最近になってAMPからIMPに代謝される経路も存在することが明らかとなった．いずれの代謝経路でもAMPが蓄積されやすい．クルマエビなどの甲殻類では魚類と同様にATP→ADP→AMP→IMP→HxR→Hxの順に代謝されてIMPが蓄積されるが，軟体動物と同様にアデノシンを介する経路も存在する．

　これら核酸関連物質の分解経路は，魚類の死後の鮮度判定にも用いられ，各物質の濃度を[ATP]のように表すと，$100 \times ([HxR]+[Hx])/([ATP]+[ADP]+[AMP]+[IMP]+[HxR]+[Hx])$がK値と定義され，K値が低いほど高鮮度となる．IMPおよびAMPはヒトでは弱いうま味を呈し，後述するアミノ酸の1ナトリウム塩であるグルタミン酸ナトリウムのうま味を相乗的に増強する．そのため，これらのヌクレオチドの弱いうま味は唾液中のグルタミン酸ナトリウムによって増強されて感じ取られているとする説もある．

　核酸のうち，IMP，AMPやグアノシン5'-一リン酸（GMP）などのプリン環はいくつかの簡単な前駆体からde novo合成される（図7-2）．まず，リボース5-リン酸とATPが反応し，5-ホスホリボシル1-二リン酸が作られ，グルタミンからアミノ基が供給されて5-ホスホリボシル-1-アミンが生じる．これにATP存在下でグリシンが付加してグリシンアミドリボヌクレオチドができる．ホルミルテトラヒドロ葉酸（ホルミルTHF）によるホルミル化後，グルタミンから窒素を受け取ってホルミルグリシンアミジンリボヌクレオチドとなる．脱水閉環によって5-アミノイミダゾールリボヌクレオチドとなる．二酸化炭素の付加，アスパラギン酸との縮合，ホルミルテトラヒドロ葉酸によるホルミル化を経て，IMPができる．IMPにアスパラギン酸からアミノ基が供給されてAMPが形成され，グルタミンからアミノ基が供給されてGMPができる．一方，ウリジン5'-

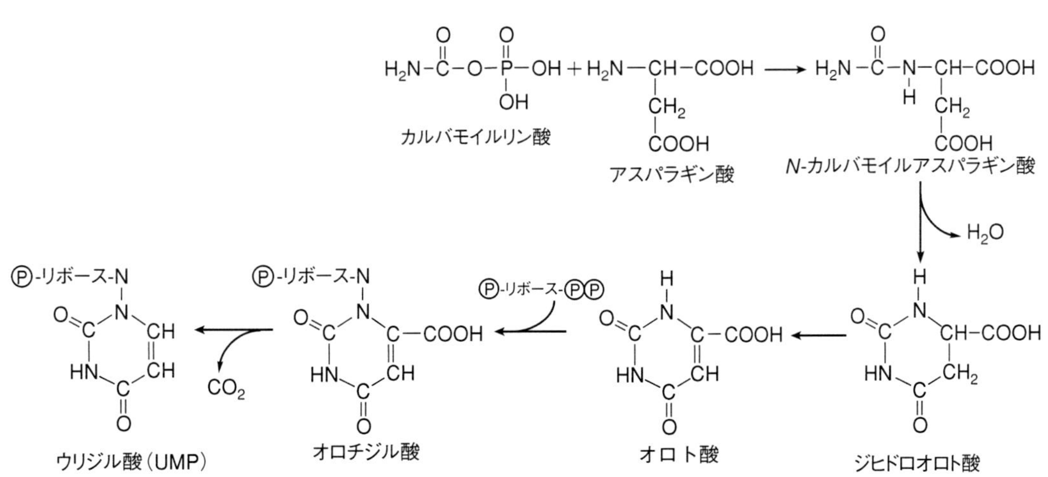

図7-3　ピリミジンヌクレオチドの生合成

一リン酸（ウリジル酸，UMP）やシチジン5'-一リン酸（シチジル酸，CMP）などのピリミジン環は後述する尿素回路でも重要なカルバモイルリン酸とアスパラギン酸から合成される（図7-3）．カルバモイルリン酸とアスパラギン酸が結合し，N-カルバモイルアスパラギン酸が生じ，これが閉環してジヒドロオロト酸，オロト酸，オロチジル酸を経てUMPが生じる．UMPはATPとヌクレオシド一リン酸キナーゼによってウリジン5'-二リン酸（UDP），次いでヌクレオシド二リン酸キナーゼによってウリジン5'-三リン酸（UTP）となり，グルタミンからアミノ基を受け取ってシチジン5'-三リン酸（CTP）となる．ヌクレオシド二リン酸キナーゼはいずれのヌクレオシド二リン酸でも基質にすることができる．このようにして生じた二リン酸あるいは三リン酸型のリボヌクレオチドはリボヌクレオチド還元酵素の働きによってデオキシ化される．また，チミジル酸合成酵素によってデオキシウリジル酸（dUMP）からデオキシチミジル酸（dTMP）が生成する．

2-2 遊離アミノ酸

遊離アミノ酸は細胞内アミノ酸プールを形成してタンパク質合成のための準備を整えるほか（第3章4-3項参照），解糖やクエン酸回路の中間体としてエネルギー生産にも用いられる．魚類では第5章3-1項でも述べたように，細胞への糖の取り込みが哺乳類に比べてかなり遅い．このため，魚類細胞ではアミノ酸の炭素鎖を利用してエネルギー生産を行う割合が哺乳類に比べて高いといわれる．アラニン，システイン（cysteine），グリシン（glycine），セリン（serine），トレオニン（threonine），トリプトファン（tryptophan）は解糖において重要な中間代謝物であるピルビン酸を供給する．アスパラギン（asparagine），アスパラギン酸（aspartate）はクエン酸回路の代謝産物であるオキサロ酢酸に，アスパラギン酸，フェニルアラニン（phenylalanine），チロシン（tyrosine）はフマル酸に，イソロイシン（isoleucine），メチオニン（methionine），トレオニン，バリン（valine）はスクシニルCoAに，アルギニン，グルタミン酸，グルタミン，ヒ

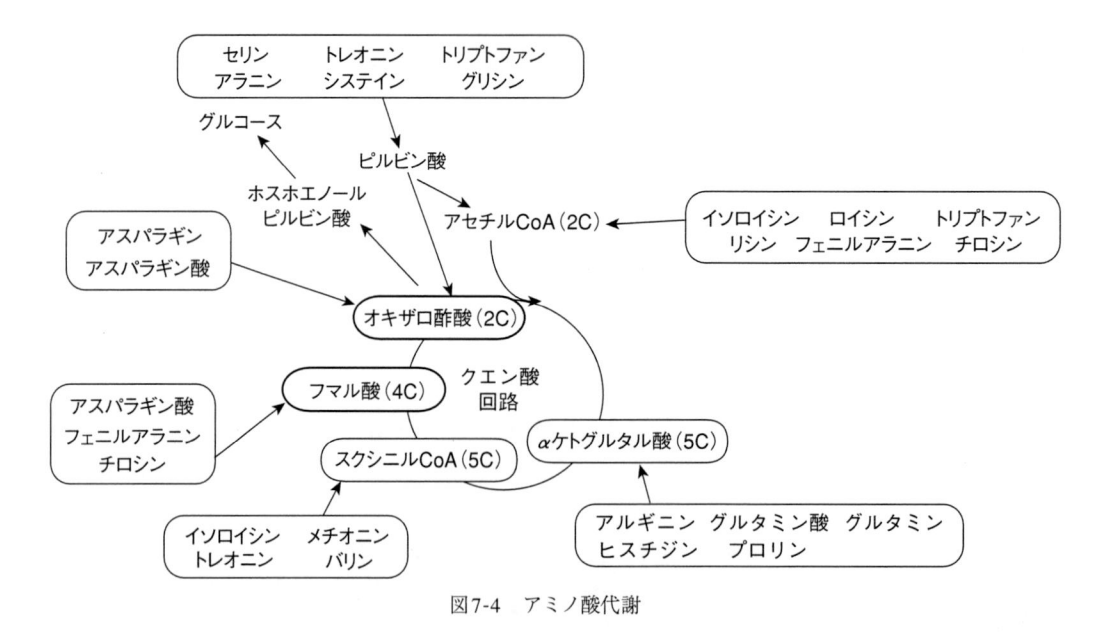

図7-4　アミノ酸代謝

スチジン，プロリンはαケトグルタル酸に，イソロイシン，ロイシン（leucine），トリプトファン，リシン（lysine），フェニルアラニン，チロシンはアセチルCoAに代謝され，クエン酸回路を経てエネルギー生産に用いられる（図7-4）．遊離アミノ酸プールが枯渇した場合，タンパク質が分解されて生じたアミノ酸を用いることとなる．したがって，魚体中でもっとも大きな体積を占める筋肉は運動のための臓器であるとともに，エネルギー源の蓄積のための臓器でもある．このようなアミノ酸代謝に重要な役割を果たすのがアラニンアミノトランスフェラーゼ（alanine aminotransferase, ALT）やアスパラギン酸アミノトランスフェラーゼ（aspartate aminotransferase, AST）などのアミノ基転移酵素である．これらの酵素の働きによって多くのアミノ酸とケト酸がアミノ基を授受して栄養学上重要な（食物からしか得られない）アミノ酸以外のアミノ酸が合成される（第3章1項参照）．無脊椎動物のアミノ酸代謝については完全には解明されていないが，魚類とほぼ同様な経路をもつものと考えられる．

　アミノ酸は細胞内に大量蓄積しても毒性を示さない溶質（適合溶質）の1つとされ，無脊椎動物では浸透圧調節物質としても機能する．運動性が比較的小さい無脊椎動物の場合，環境水の塩分が変化すると細胞内外の浸透圧差が生じて細胞体積が大きく変動することになる．これを防ぐために，アミノ酸を細胞内に蓄積したり，分解することで浸透圧調節を行っている．中でも，タンパク質非構成アミノ酸の1つであるタウリンは浸透圧調節に重要な働きを担うと考えられている．このように生体内で浸透圧調節に用いられる物質をオスモライトと総称する．一部の魚種ではシステインからタウリンの前駆物質ヒポタウリンに変換する酵素活性が低いことから，養殖飼料にタウリンが強化されることがある．タウリンにはそのほか，抗酸化ストレス作用や神経細胞の脱分極抑制作用などが報告されており（Huxtable, 1992），同様な作用が水生動物においても発揮されている可能性が高い．

　一般に自然界に存在するほとんどのアミノ酸はL型であるが，無脊椎動物では遊離のD-アミノ酸を蓄積する種がみられる．アカガイ，ムラサキイガイ，マダコでD-アスパラギン酸，エビ・カニ類および数種の二枚貝でD-アラニンが比較的多量に存在する．甲殻類や二枚貝ではD-アラニンはL-アラニンとともにもっとも良い適合溶質の1つとして機能する．これらを相互変換するアラニンラセマーゼが存在する．

　ほとんどの硬骨魚類はアミノ酸の代謝によって生じるアンモニアをそのまま体外に排泄するが，軟骨魚類や肺魚などでは哺乳類のように尿素回路（urea cycle）によって尿素とする（図7-5）．アミノ酸を代謝する際には，アミノ基転移酵素によってアミノ基がαケトグルタル酸へと転移されてグルタミン酸となり，カルバモイルリン酸（carbamoyl phosphate）を介して尿素回路へと入る．軟骨魚類などのカルバモイルリン酸合成酵素の基質はグルタミンであるため，グルタミン酸由来のアンモニアはグルタミンを介してカルバモイルリン酸とされる．肺魚では哺乳類と同様にカルバモイルリン酸の基質がアンモニアであるため，グルタミン酸由来のアンモニアはそのままカルバモイルリン酸とされる．オルニチンとカルバモイルリン酸の縮合によってシトルリンが生じ，さらにアスパラギン酸が加わってアルギニノコハク酸となる．アルギニノコハク酸は，フマル酸とアルギニンとなり，アルギニンから尿素が解離してオルニチンへと戻る．肺魚におけ

るカルバモイルリン酸の合成では，乾季には尿素，雨季にはアンモニアを出発物質として環境に応じて排泄態窒素の代謝を厳密にコントロールしている．

　プリン態窒素については，硬骨魚類では尿素として排泄しているが，無脊椎動物では尿素やアンモニア以外に尿酸やアラントインとして排泄するものもある（図7-6）．

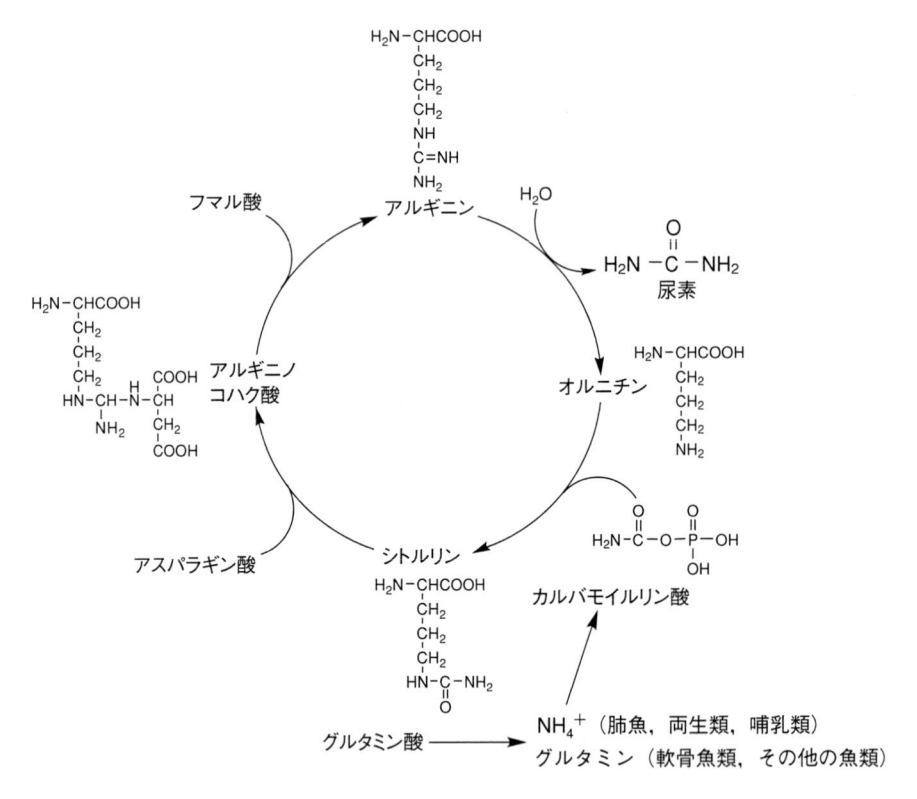

図7-5　尿素回路（オルニチン回路）

図7-6　プリンの分解経路

アミノ酸は哺乳類において味覚で認識される．グルタミン酸ナトリウムが代表例で，うま味を呈するアミノ酸として池田によって1908年に見出された．長い間，西欧諸国では基本味として認められていなかったが，現在では甘味，苦味，酸味，塩味とともに5基本味の1つとされている．哺乳類のアミノ酸受容体については最近研究が進みつつあり，味覚器である味蕾中の味細胞に存在するGタンパク質共役受容体（G-protein coupled receptor, GPCR，第9章3-1項参照）が特定のアミノ酸を受容した際に味細胞から神経伝達物質が放出され，中枢で味として認識される．魚類でも同様な機構が存在するが，哺乳類に比べて魚類ではアミノ酸に応答する細胞が多く，その感受性も高いとされる．魚種によって異なるが，摂食行動に重要な役割を果たすものと考えられている．上述したように魚類では遊離アミノ酸がエネルギー源として重要であることから，アミノ酸への嗜好が強いと考えることもできる．哺乳類の味覚におけるアミノ酸の味について表7-5にまとめる．L-アラニン，L-グリシン，L-セリン，L-トレオニンは甘みを呈し，L-バリン，L-ロイシン，L-イソロイシン，L-メチオニン，L-ヒスチジン，L-チロシン，L-オルニチン，L-アルギニンは苦味を呈する．自然界にそれほど多く存在していないD-型のアミノ酸にも味が割り当てられており興味深い．

表7-5　哺乳類の味覚におけるアミノ酸の呈味

アミノ酸	L型	D型	アミノ酸	L型	D型
アラニン	甘い	非常に甘い	メチオニン	苦い	甘い
セリン	少し甘い	非常に甘い	ヒスチジン	苦い	甘い
トレオニン	少し甘い	少し甘い	チロシン	少し苦い	甘い
バリン	苦い	非常に甘い	トリプトファン	苦い	非常に甘い
ロイシン	苦い	非常に甘い	オルニチン	苦い	少し甘い
イソロイシン	苦い	甘い	アルギニン	少し苦い	少し甘い

水生無脊椎動物の味覚についても研究が進んでおり，アミノ酸の刺激によく応答する細胞の存在が示唆されているほか，トリペプチドのグルタチオンにも応答する種が見つかっている．魚類の場合と同様に摂食行動に重要な働きを担っているものと考えられる．

2-3　ペプチド

グルタチオンは酸化型と還元型が存在し，グルタチオンペルオキシダーゼ（glutathione peroxidase）などの酵素の働きを介して生体内の酸化還元反応を調節する，生体内には必須の生体成分である．上述したようにグルタチオンに強く反応する動物がいることもうなずける．

アンセリンなどのジペプチドは生理的pH範囲で水素イオン緩衝能を示し，嫌気的エネルギー代謝による水素イオン濃度の上昇に伴う細胞内pHの低下を抑制していると考えられている．カツオやクロカジキなどの普通筋ではこれらのジペプチドの含量が高く，嫌気的条件下で行われる瞬時の高速遊泳を可能としているものと思われる．これらのジペプチドは活性酸素の消去能もあり，細胞内外の酸化ストレスから細胞を守る．

2-4 グアニジノ化合物

ミトコンドリアではクレアチンからATPを消費してエネルギー貯蔵物質であるクレアチンリン酸（ホスホクレアチン）を生産し，生成したADPによって呼吸が促進される．細胞質に運搬されたクレアチンリン酸は細胞質でのエネルギー消費のときにクレアチンリン酸とADPから迅速にATPを産生する（シャトル機能）（図7-7）．筋原線維や細胞膜ではATPaseによるエネルギー消費でATPから生成したADPを蓄積されたクレアチンリン酸を利用して直ちにATPに再生産し，急速な運動でも細胞内におけるATP濃度を一定レベルに保つ（ホスファゲン機能）．ATP＋クレアチン⇄ADP＋クレアチンリン酸の反応は魚類普通筋では筋形質タンパク質中の10～20％を占めるクレアチンキナーゼ（creatine kinase）（第3章5-2項参照）が触媒する．

無脊椎動物では，ホスファゲンとして一般にアルギニンリン酸（arginine phosphate）が用いられる．そのほか，環形動物などにはグリコシアミンリン酸やタウロシアミンリン酸などがホスファゲンとして存在する．

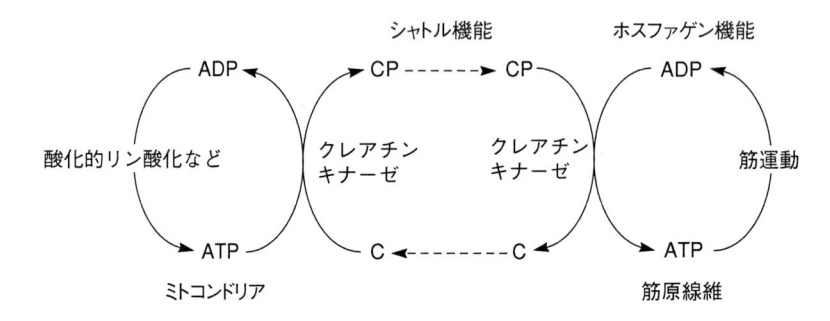

図7-7 クレアチンリン酸のシャトル機能とホスファゲン機能
CP：クレアチンリン酸　　C：クレアチン

2-5 アンモニア化合物

硬骨魚類の排泄態窒素はアンモニアであるが，これは生体に有毒なアンモニアを容易に溶かすことのできる水が体外に大量に存在するため，哺乳類の尿素や鳥類の尿酸のようにエネルギーを消費してアンモニア以外の化学物質を作り出す必要がないためであると考えられる．ハゼの仲間では環境水のアンモニア濃度が上昇した際に尿素を生成して排泄することもある．尿素は水素結合を形成する能力が強く，タンパク質の構造をまき戻して（アンフォールド）変性させる．しかしながら，軟骨魚類のタンパク質は尿素の影響を受けにくいように設計されており，後述するように尿素による浸透圧調節を可能としている．

TMAOやベタイン類は適合溶質の1つで，水生生物の浸透圧調節に広く利用されているとともに，糖と同様に水和性が高くタンパク質の安定化にも機能する．上述したように尿素はタンパク質を変性させるが，TMAOやベタイン類がタンパク質の変性を抑制する．海産軟骨魚類は筋肉中に尿素を高濃度に蓄積するが，同時に高濃度に蓄積したTMAOが尿素のタンパク質変性作用を抑制していると考えられている．

TMAOは餌から摂取されるほか，トリメチルアミン（TMA）からも合成される．生体毒性が

比較的高いTMAを避け，毒性がほとんどないTMAOに変換して蓄積されると考えられる．TMAは生時ではその含量が低いが，死後，主に微生物によってTMAOから生成され，水生動物の腐敗臭の一因となる（図7-8）．タラ類では組織中の酵素によってTMAOがジメチルアミンとホルマリンに分解され特異臭の原因となる．

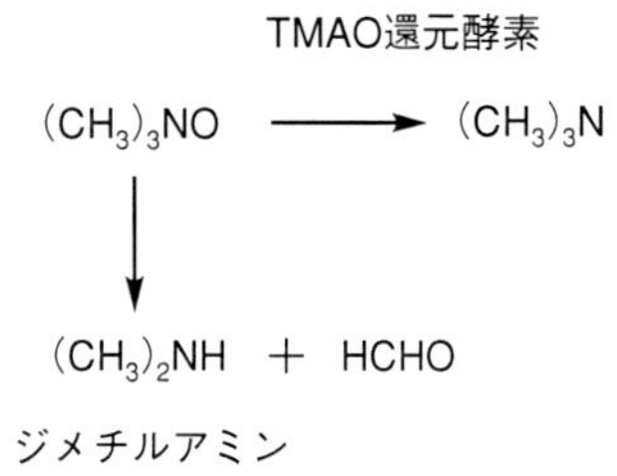

$$(CH_3)_3NO \xrightarrow{\text{TMAO還元酵素}} (CH_3)_3N$$
$$\downarrow$$
$$(CH_3)_2NH + HCHO$$
ジメチルアミン

図7-8 TMAOの代謝

ベタイン含量は汽水域に生息するシジミで低く，海産無脊椎動物では高いことから，浸透圧調節に関与するものと考えられている．グリシンベタインはメチル基を分子内に3つ含むため，πメチルヒスチジンなどのメチル基の供与体として働く可能性も示唆されている．また，甘味を呈し，貝類における呈味成分としても注目される．グリシンベタインはトレハロースなどと同様に耐凍性や耐乾性の獲得のために陸上植物でも機能している．また，二本鎖DNAにおけるGC結合を弱めてDNA変性を容易にする効果があるといわれ，PCR（巻末解説8-2参照）の効率向上に一役買っている．

カルニチンは脂肪酸のβ酸化によって生成するアシル基（第4章3-1項参照）をミトコンドリア内に運ぶカルニチンシャトル（carnitine shuttle）に必須である．

2-6 オピン類

無脊椎動物の中でも二枚貝や一部の巻貝は嫌気的な条件下におかれても長時間生存し続ける．これは，潮汐の変化が潮干帯で空気中に露出されたときに貝殻を閉じて乾燥に耐えるという進化戦略をとり，第5章で述べたように低酸素状態でもATPを効率よく生産するよう適応したことによる．一方，二枚貝などでは嫌気的条件下での解糖最終産物はL-乳酸ではなく，オピンデヒドロゲナーゼ（opine dehydrogenase）によって生成されるオクトピンやストロンビンなどのオピン類である．これによって嫌気的条件下の解糖によって失われる可能性のある酸化還元平衡を一定に保つ機能もあると考えられる．同様にコハク酸からオキサロ酢酸を生ずる反応も酸化還元平衡を保つように機能する（第5章3-2項参照）．

2-7 色 素

動物は一般にカロテノイドを生合成する能力がなく，植物が合成したカロテノイドを食物中に取り入れて補完している．通常，最初のカロテノイドは植物由来のβカロテンで，餌生物が変換したカロテノイドをそのまま蓄積するか，種々の代謝経路で種特有のカロテノイドに変換する（第4章4-5項参照）．カロテノイドが水生動物の体色や肉色を決定するため，養殖においては種特有の色を発現するカロテノイドを飼料に添加して飼育する．ハマチではアスタキサンチン，ゼアキサンチン，ルテインを，クルマエビではβカロテン，ゼアキサンチン，アスタキサンチンなどを飼料に添加することで体色の改善が図られる．マダイやサケ・マス類ではアスタキサンチンをそのまま蓄積するため，飼料にアスタキサンチンが頻繁に添加される．

カロテノイドは植物では光受容や光合成に機能し，動物体内では半分に開裂してビタミンAと

なる．多くの水生動物は体表の色素細胞中にカロテノイドを含む色素顆粒を発現し，それを移動させることによって体色を変化させるカモフラージュ効果によって自己防衛する．マダイのようにアスタキサンチンなどのカロテノイドを含まない飼料で親魚を飼育すると正常な孵化仔魚が得られない魚種がいることから，卵の発生や孵化に重要な役割を果たすことが示唆されている．アスタキサンチンには反応性の高い励起状態にある酸素（一重項酸素）の消去作用や反応性の高い不対電子をもつフリーラジカルの捕捉作用があり，哺乳類において酸化ストレスから細胞を防御する作用が示されており，水生動物でも同様な作用があるものと考えられる．

メラニンは魚類で，オンモクロムは軟体類や甲殻類などの無脊椎動物で，日光を遮蔽するほか，体色を変化させる際に重要な役割を果たしている．日光を遮蔽しない環境で養殖マダイを飼育すると体表が黒くなるが，これはヒトの日焼けと同様に強い日光に対する生体防御機構の1つとしてメラニンを生合成するためである．

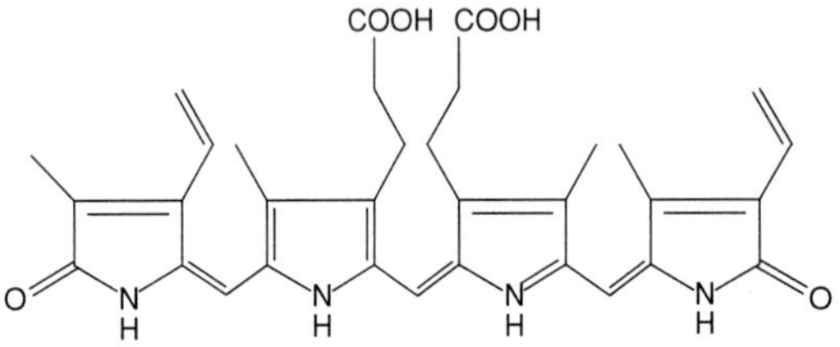

ビリベルジン IXα   ターボベルジン

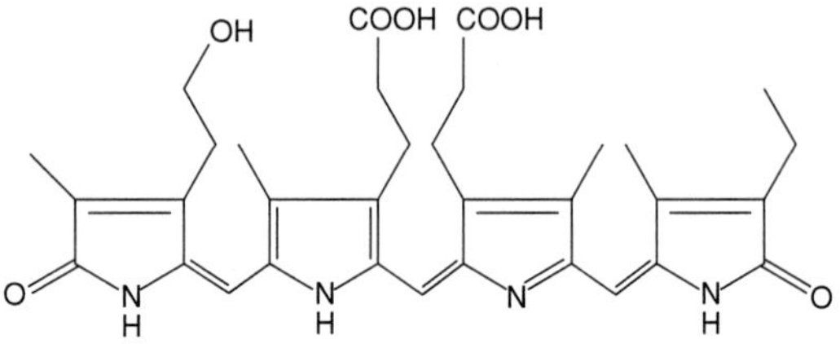

ビリベルジン，ビリルビンはポルフィリンの代謝産物であるが，哺乳類では血中を循環する際に抗酸化成分として機能することが示されており，水生動物でも同様な機能を果たすものと考えられる．

（潮　秀樹）

§3．水生生物の特殊成分（二次代謝産物）

3-1　有毒成分

1）貝　毒　　二枚貝は，大量の海水をろ過し，その中に含まれるバクテリアや微細藻を摂取する．養殖海域で有毒物質を生産する微細藻が発生すると，それを摂取した貝の中腸腺に有毒成分が濃縮されて蓄積するため，食品衛生上問題となる．

i）麻痺性貝毒（paralytic shellfish poison）　　北米や北海周辺で，二枚貝による麻痺性の食中毒が古くから知られていたが，その原因は解明されていなかった．1927年にカリフォルニア沿岸で発生した大規模な食中毒をきっかけに，詳しい調査が実施され，渦鞭毛藻が生産する有毒物質が二枚貝に蓄積するという毒化機構の構図が初めて明らかにされた．その後，有毒成分に関する化学的研究も進み，水溶性塩基性物質のサキシトキシン（saxitoxin）とその多数の類縁化合物が原因物質として同定された．

寒帯，冷帯および温帯の海域で麻痺性貝毒を生産するのは *Alexandrium* 属の数種および *Gymnodinium catenatum*，熱帯域では *Pyrodinium bahamense* var. *compressum* で，さらに淡

水性シアノバクテリア(藍藻,藍色植物,第5章4-1項参照)の *Aphanizomenon flos-aquae*, *Anabaena circinalis*, *Lyngbya wollei*, *Cylindrospermopsis raciborskii* も同種の化合物を生産する.

麻痺性貝毒成分には,アラスカバラークラム(*Saxidomas giganteus*)から最初に単離され構造決定がなされたサキシトキシン,*Alexandrium*(旧名 *Gonyaulax*)属渦鞭毛藻から単離されたゴニオトキシン類や C1～C4 毒素,*P. bahamense* var. *compressum* に特徴的なデカルバモイル型毒素などがある.いずれもサキシトキシンと同一の基本骨格を有し,骨格中の置換基の差違に基づく多数の類縁化合物が知られる.サキシトキシンは,グアニジノ基を2つもつため強い塩基性を示す.ゴニオトキシン1～4は硫酸エステル基を1つもつため塩基性が弱まり,C1～C4 毒素は硫酸エステルに加えスルホカルバモイル基をもつため中性となる.スルホカルバモイル基をもつ化合物群は,それ以外の類縁体と比べ著しく毒性が弱い.しかし,スルホカルバモイル基は,酸性水溶液中で容易に加水分解を受けてカルバモイル基に変換されて毒性が上昇する.

	R^1	R^2
サキシトキシン	H	$CONH_2$
ゴニオトキシン1	OSO_3^-	$CONH_2$
C1毒素	H	$CONHSO_3^-$
デカルバモイルサキシトキシン	H	H

軽度の中毒では,吐き気,筋肉の脱力,唇や指先の知覚異常などの症状を示し,中毒の度合いが重くなるにつれ,呼吸機能不全,顔面麻痺,瞳孔拡張,呼吸麻痺を経て血圧低下,心拍停止に至る.このような中毒症状は,テトロドトキシンによる中毒(本章3-1-2項参照)とよく似ている.実際,サキシトキシンとテトロドトキシンは,電位依存性ナトリウムチャネルの同一箇所に結合し,いずれも細胞内へのナトリウムイオンの流入を阻害する.

ⅱ) **下痢性貝毒**(diarrhetic shellfish poison) 下痢などの消化管障害を主症状とする二枚貝による食中毒で,オカダ酸およびディノフィシストキシン類と命名された一連の同族化合物が原因物質である.宮城県で1976年に発生した事例をきっかけに,有毒成分ならびに毒化機構が解明された.この中毒が最初に報じられたのは東北地方であったが,その後,わが国沿岸各地での毒化が確認され,さらに,近年,ヨーロッパ各地で発生し,養殖業にとって大きな問題になっている.中毒患者のほぼすべてが下痢を起こし,吐き気や腹痛を伴うことが多い.食後4時間以内に発症するが,死亡例の報告はない.貝からの原因物質の排出が遅いため,毒化が長期化する傾向がある.わが国の事例では,渦鞭毛藻の *Dinophysis fortii* が原因毒を生産し,ヨーロッパの事例でも *Dinophysis* 属の渦鞭毛藻が毒化の原因である.

オカダ酸およびディノフィシストキシン類は,エーテル環を多数含むポリエーテルと呼ばれる化合物群に属し,末端に存在するカルボキシル基が毒性の発現に重要である.*D. fortii* のほかに,*Prorocentrum* 属の底生性渦鞭毛藻にもオカダ酸の同族体を生産するものがある.

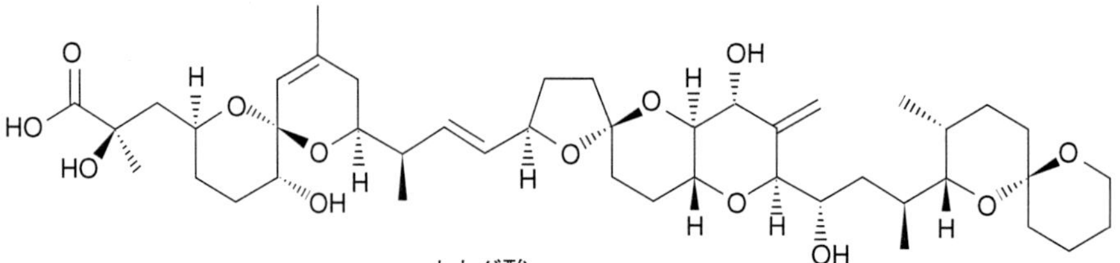

オカダ酸

下痢性貝毒成分は，いずれも，ホスホプロテインホスファターゼ（第9章3-2項参照）を強く阻害する．下痢が発症する機構は未解明であるが，細胞内タンパク質のリン酸化の亢進が原因と考えられる．オカダ酸は発がんプロモーション作用も示す．

iii) **神経性貝毒**（neurotoxic shellfish poison） 渦鞭毛藻 *Gymnodinium breve* が大量発生した海域で毒化した二枚貝による食中毒を神経性貝毒という．*G. breve* のブルームがしばしば認められるフロリダでよく起きる現象であるが，ニュージーランドで発生したこともある．*G. breve* は，エーテル環が連続して縮合環を形成したブレベトキシン（brevetoxin）類という一連の化合物を生産する．ブレベトキシン類はナトリウムチャネルに結合し，ナトリウムイオンの細胞内への流入を促進させる．二枚貝において，ブレベトキシンは代謝を受けた形で中腸腺に蓄積される．代謝産物も有毒で，ナトリウムチャネルに対する作用を保持している．

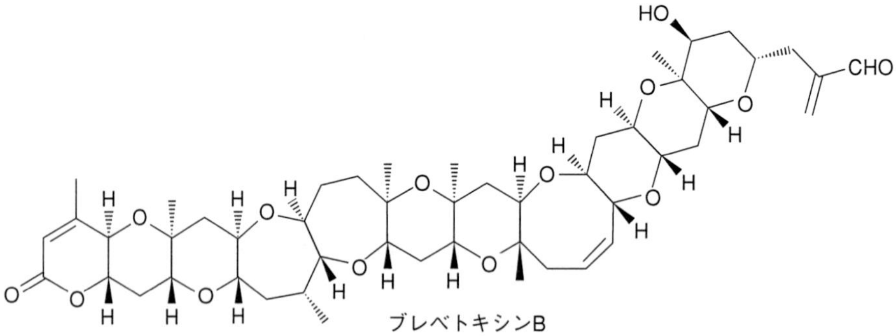

ブレベトキシンB

iv) **記憶喪失性貝毒**（amnestic shellfish poison） 1987年にカナダで，ムラサキイガイを食べて250名が食中毒を発症し，うち3名が死亡するという事例が発生した．消化器系障害に続き，中枢神経系に症状が現れるという，過去の貝中毒にはみられない症例であった．この食中毒の原因物質は，アミノ酸誘導体のドウモイ酸（domoic acid）であった．ムラサキイガイの養殖海域で，異常増殖した珪藻 *Pseudo-nitzschia pungens* がドウモイ酸を生産し，それがムラサキイガイに蓄積したことが明らかにされた．

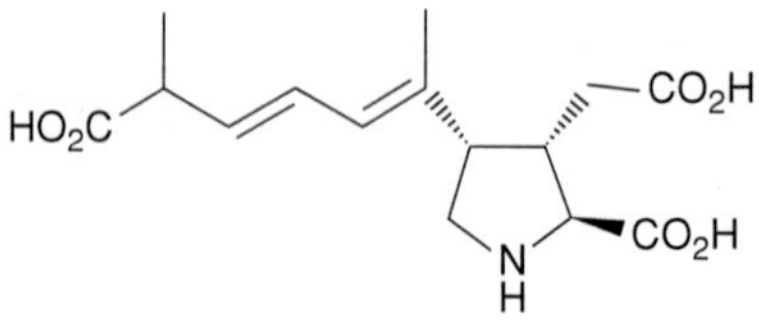

ドウモイ酸

ドウモイ酸は，鹿児島県徳之島で民間療法の駆虫薬として利用されていた，ドウモイと呼ばれる紅藻のハナヤナギに含まれる駆虫成分である．中枢神経系のグルタミン酸受容体に結合し，神経細胞死を引き起こす．その後の調査により，ドウモイ酸生産能を有する珪藻は，北米のみならず世界各地に分布することがわかった．2015年には北米西岸でドウモイ酸生産性の*Pseudo-nitzschia* が大発生し，二枚貝やカニの養殖場が長期間にわたり多数閉鎖された．

v）**アザスピロ酸中毒** アイルランド産のムラサキイガイで初めて報告された食中毒であるが，アザスピロ酸（azaspiracid）による二枚貝の毒化はヨーロッパ各地に広がっている．アザスピロ酸は渦鞭毛藻*Protoperidinium* sp. が生産するポリエーテル化合物で，中毒症状は下痢性貝毒と似ている．しかし，オカダ酸とは異なり，アザスピロ酸はホスホプロテインホスファターゼを阻害しない．アザスピロ酸を動物に投与すると，多数の臓器に障害が起こる．

アザスピロ酸

2）**魚　毒**

i）**フグ毒** わが国で美味な食材として認められているフグ類は，その特徴的な外見とともに，猛毒をもつことがよく知られている．わが国でフグ食の習慣が広まったのは江戸時代のことで，それ以来フグ類による食中毒が頻発していたものと思われる．明治時代から1960年頃まで，毎年100名程度の死者が全国で数えられたが，フグ調理のための資格試験制度が導入されてからは，中毒による死者は激減した．それでも，釣り上げたフグ類の素人調理による中毒例は後を絶たない．

フグ類による食中毒が社会的問題となっていたのはわが国だけであったため，フグ毒に関する科学的研究がわが国でのみ盛んに行われていたのは自然なことである．西洋からもたらされた近代科学に助けられ，明治時代にフグ毒に関する生物学，薬理学および化学的研究が始まった．しかし，毒成分の精製が困難で，他に例のない化学構造をもつ化合物であったため，フグ毒テトロドトキシン（tetrodotoxin）の化学構造が決定されたのは1964年のことであった．フグ毒の研究と並行して，米国でカリフォルニアイモリに含まれる毒素の研究が行われ，これもテトロドトキシンであることが同年に示された．また，南西諸島での毒ハゼに関する伝承から，当地に生息するツムギハゼに含まれる有毒成分がテトロドトキシンであることが示された．ついで，コスタリカで矢毒の原料に用いられる*Ateropus* 属のカエル，オーストラリアで咬傷による死亡事故の原因となったヒョウモンダコ，食中毒を引き起こしたバイなどの巻貝，それらの巻貝の餌となるト

ゲモミジガイなどのヒトデ類，およびウモレオウギガニやスベスベマンジュウガニなどの甲殻類，さらには，石灰藻のヒメモサズキからもテトロドトキシンが単離された．この分布の広がりを説明するために，それぞれの生物にテトロドトキシンを供給する共通の生産者の存在が疑われた．ヒメモサズキ，ウモレオウギガニからフグ類に至る，様々なテトロドトキシン保有生物から細菌が分離され，それらがテトロドトキシンを生産することが示された．

テトロドトキシンはマフグ科の魚類に広く分布する．一般に，肝臓，卵巣および皮膚の毒性が高いが，同一種であっても毒性の個体差，季節差および地域差が著しい．

テトロドトキシンはグアニジノ基と多数の水酸基をもつ水溶性の塩基性化合物で，ヘミラクタールという珍しい官能基をもつ．フグ類，イモリ類およびある種のカエルなどから多数の同族体が分離されている．

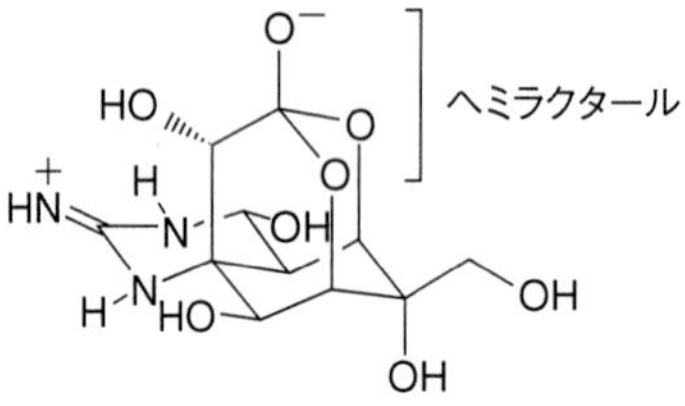

テトロドトキシン

テトロドトキシンは神経および筋肉を強力に麻痺させる．この作用は，細胞膜上にあるナトリウムチャネルを通したナトリウムイオンの細胞内への流入の阻止による．テトロドトキシンやサキシトキシンは，イオンチャネルの機能解析，興奮性細胞膜やシナプス伝達の研究に有用である．

テトロドトキシンは紫外部吸収をもたないため，そのままの形では高速液体クロマトグラフィー（HPLC）での検出が困難である．しかし，アルカリ性条件下で加熱すると，紫外部吸収を示すC_9塩基と呼ばれる化合物が生成する．このことを利用すると高速液体クロマトグラフィー（HPLC）によりテトロドトキシンを感度よく検出できる．

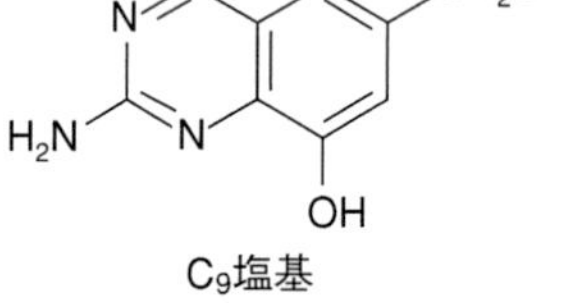

C_9塩基

ⅱ）シガテラ（ciguatera） シガテラは，太平洋，インド洋からカリブ海に至る，世界中のサンゴ礁域に生息する魚類の摂取に伴う食中毒で，神経系障害を主症状とするが死亡率は低い．年間数万人が罹患すると見積もられている．魚類を主なタンパク質源とする熱帯域の島国にとって，深刻な問題である．原因毒はシガトキシン（ciguatoxin）で，70 ngとごく微量でヒトに中毒を起こさせる．

シガテラによる食中毒の特徴は，複数の症状が併発することで，1日程度で終わる胃腸障害と，数週間から長い場合数年に及ぶ神経障害がある．後者は，唇や舌および手足の指先の知覚異常症で，手足が冷たい物に触れたときに，熱い物にさわったような鋭い痛みを感じるようになる．こ

の温度感覚の異常は，ドライアイスセンセーションと呼ばれ，シガテラ中毒の特徴的な症状である．シガテラ中毒に繰り返しかかっても免疫はできず，却って過敏に反応するようになることが多い．

　毒化する魚類は，藻類やサンゴ上の堆積物を餌とするサザナミハギやナンヨウブダイ，あるいはこれらの草食魚を餌とするバラフエダイ，ドクウツボおよびドクカマスなどの大型の肉食魚で，プランクトン食性の魚が毒化することはない．このような毒化魚の食性の傾向に基づき，底生生物が生産した毒が，草食魚を経て肉食魚に食物連鎖を通して移行するものと考えられた．毒化した草食魚の消化管内容物および毒化魚出現海域の生物が精査された結果，海藻表面で付着生活を送る渦鞭毛藻 *Gambierdiscus toxicus* がシガトキシンの来源であることが示された．

　シガトキシンは分子量が1,100で，多数のエーテル環が連続して縮合環を形成したブレベトキシン類と同系統の化合物である．*G. toxicus* に含まれるのはCTX4Bと呼ばれる側鎖に共役二重結合をもつ前駆物質で，これが食物連鎖を経る間に酸化され3つヒドロキシ基が導入されたシガトキシンとなる．この生体内酸化に伴い毒性が約10倍強くなる．これらの化合物は南太平洋で発生するシガテラの原因物質であるが，カリブ海で発生するシガテラの原因物質はC-CTXと呼ばれる類縁化合物である．*G. toxicus* は毒性のさらに強いマイトトキシンというポリエーテル化合物を生産するが，マイトトキシンは肉食魚に移行しないため，典型的なシガテラ中毒には関与しない．

シガトキシン：R^1=CH(OH)CH$_2$OH, R^2=OH
CTX4B：R^1=CH=CH$_2$, R^2=H

　シガトキシンは，ブレベトキシンと同様，電位依存性ナトリウムチャネルに結合し，ナトリウムイオンの透過性を増大させる．そのため，神経興奮が持続するようになり，ナトリウムイオン濃度により制御されている生体機能が障害を受ける．ナトリウムチャネルに対する親和性は，シガトキシンの方がブレベトキシンより高い．なお，重度な患者にはマンニトールの注射が有効とされている．

　3）アオコの毒　　有毒物質を生産するシアノバクテリアが異常増殖した湖沼の水を飲んで，家畜や野生動物が中毒を引き起こすことがある．そのような湖沼の水が飲料水として用いられている場合には，飲料水中への毒の混入が問題となる．シアノバクテリアが生産する毒には，前述した麻痺性貝毒成分のような神経毒に加え，肝臓毒のミクロシスチン類（microcystin）がある．

ミクロシスチン類は最初に*Microcystis aeruginosa*から発見された化合物で，*Anabaena*属，*Oscillatoria*属，*Nostoc*属などのシアノバクテリアにもミクロシスチン類を生産する種がある．

ミクロシスチン類は7残基のアミノ酸からなる環状ペプチドで，非タンパク質構成アミノ酸を多数含む．アミノ酸の置換により50種以上の類縁化合物が知られている．この化学構造式で最も特徴的なのは，Adda（3-amino-9-methoxy-2, 6, 8-trimethyl-10-phenyl-4, 6-decadienoic acid）と称する，長い側鎖の末端にベンゼン環をもつアミノ酸で，このアミノ酸が毒性の発現に必須である．ミクロシスチン類は，摂取した動物の体内で消化酵素による分解を受けることなく吸収され，血流に乗り有機分子トランスポーターを通して肝臓細胞に取り込まれる．肝臓細胞内でホスホプロテインホスファターゼが阻害されるため，細胞骨格タンパク質のリン酸化が亢進し，細胞が正常な形状を維持できなくなり，ネクローシス（第9章2-4項参照）をきたす．このようにして肝毒性が発現するものと考えられている．

ミクロシスチン YR

3-2 有用成分

1）ネライストキシン 釣り餌として用いられる環形動物イソメには，殺虫作用を示すネライストキシンという含硫アミンが含まれる．ネライストキシン（nereistoxin）は，イネの害虫であるニカメイチュウに対して優れた効果を示すが，ヒトにも有害である．そこで，殺虫作用を維持し，哺乳類に対して低毒性の化合物を得る目的で多数の誘導体が化学合成され，その中からカルタップと命名された化合物が選抜された．カルタップは「パダン」という商品名で，稲作用農薬として重用されている．

ネライストキシン　　　カルタップ

2）イモガイの刺毒 イモガイは暖海に生息する肉食性巻貝で，刺毒を用いて獲物を捕る．

イモガイはその食性により，魚食性，貝食性および環形動物などを食する虫食性に大別される．イモガイの刺毒には多数の生理活性ペプチドが含まれており，標的生物種に対してよく効く成分を含む毒液のカクテルなっている．ヒトにとって最も危険なのは，魚食性の種類である．有毒成分はジスルフィド結合に富んだ小型ペプチドで，イオンチャネルの機能を阻害することにより強い毒性を示すものが多い．主なものとして，12-15残基程度のアミノ酸からなり分子内に2つのジスルフィド結合を有しニコチン性アセチルコリン受容体に結合するα-コノトキシン（conotoxin），21-22残基程度のアミノ酸からなり分子内に3つのジスルフィド結合を有し電位依存性ナトリウムチャネルに結合するμ-コノトキシン，24-29残基程度のアミノ酸からなり分子内に3つのジスルフィド結合を有しカルシウムチャネルに結合するω-コノトキシンがある．ω-コノトキシンの1種は鎮痛薬として用いられている．

3）ハリコンドリンB　　海綿類やホヤ類などの海洋生物から，陸上生物にみられない化学構造の化合物が多数発見されている．その中には，ユニークな生物活性を示すため，医薬品や農薬などのリード化合物（有用物質創製の際にその基本骨格となる化合物）としての利用が期待される物質がある．ハリコンドリン（halichondrin）Bは，クロイソカイメン*Halichondria okadai*の微量抗腫瘍性成分として発見された化合物で，微小管の重合阻害を介してがん細胞に対して毒性を示す．動物実験でもよい成績を挙げ，抗がん剤としての応用が期待されていた．この化合物は化学合成によっても作られたが，合成には多段階を要するため，十分量の試料を経済的に供給することは不可能である．化学合成の中間体の生物活性を調べたところ，右半分の構造があれば

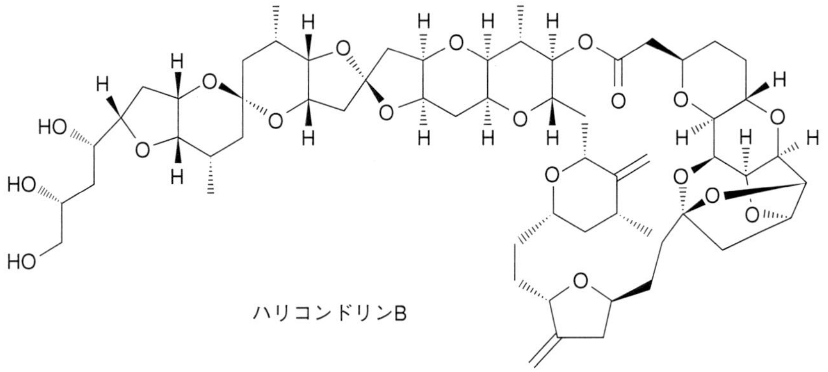

ハリコンドリンB

ハリコンドリンBと同等の生物活性を示すことが判明した．そこで，右半分の化学構造式をモデルとし，化学的に安定で高い抗腫瘍活性を維持した化合物が開発され，抗腫瘍物質として認可された．ハリコンドリンB以外にも，海洋生物から多数の抗腫瘍性物質が見いだされており，新たな有用物質の開発を目的に，海洋生物からの生物活性成分の探索研究が進められている．

（松永茂樹）

文　献

Fusetani, N. Ed.（2000）: Drugs from the sea, Karger, 158pp.

Huxtable, R.J.（1992）: Physiological actions of taurine. *Physiol. Rev.*, 72, 101-163.

中田英昭・上田　宏・和田時夫・竹内俊郎・渡部終五・中前明編（2004）：水産海洋ハンドブック，生物研究社，655pp.

須山三千三・鴻巣章二編（1999）：水産食品学，恒星社厚生閣，341pp.

参考図書

Botana, L. M. ed.（2000）: Seafood and freshwater toxins, Marcel Dekker.

第8章　核酸と遺伝子

　核酸（nucleic acid）は糖，リン酸および塩基からなる化合物の総称である．もともとは19世紀半ばに傷口の膿の中に見出された酸性物質で，後にこの物質が核内に存在することが明らかとなったことから「核酸」と命名された．厳密には，核酸は必ずしも遺伝子の構成成分を意味するわけではなく，例えば高エネルギーリン酸化合物ATPや呈味性成分IMPなども広い意味の核酸であるが，これらはヌクレオチドまたは核酸関連物質と呼ばれることが多い（第7章1-4項参照）．通常，核酸は遺伝子の構成要素としてのDNAとRNAをさす．DNAもRNAもともに5個の炭素を含む糖，五炭糖をもつが，DNAはデオキシリボース（厳密には2'-デオキシリボース）を，RNAはリボースをもつことに大きな構造上の違いがある．両者にはこのような構造上の違いがあるだけではない．DNAはヌクレオチドが重合したポリヌクレオチドの二本鎖が絡まりあって二重らせん構造（double helix structure）を形成して遺伝情報の本体として機能するのに対し，RNAはポリヌクレオチドが一本鎖として存在し，DNA塩基配列として保存された遺伝情報のタンパク質への翻訳などに関わるという機能上の違いもある．以下ではまず核酸をDNAとRNAに分けてそれぞれの化学的特徴を述べ，次にDNAの遺伝子の構造と機能に触れ，さらに遺伝情報の担い手としてのゲノムの構造と機能を解説するとともに，遺伝子発現調節と分子進化についても解説する．

（豊原治彦）

§1．遺伝子研究の歴史的背景

1-1　遺伝現象

　親子の類似性や交配による農作物の品種改良などから，遺伝という現象は古くから知られていた．メンデルは1868年にエンドウマメを用いた交配実験から遺伝の法則性（優性の法則，分離の法則，独立の法則）を見出し，遺伝現象が液性ではなく粒子性の要素に起因することを発見したが，この発見は20世紀初頭になるまで顧みられることがなかった．遺伝子という概念をはじめて定義したのはデンマークの植物学者であるヨハンセンで，1909年のことであった．彼はこのときすでに，遺伝の潜在能力を遺伝子型，実際に現れる形質を表現型と呼んで区別していた．

　一方，20世紀初頭にサットンのバッタ生殖細胞の減数分裂の際の塩基性色素で染色される染色体（クロモソーム）の詳細な観察，ならびにモルガンのショウジョウバエを用いた交配実験から，染色体上に遺伝要素が配置されていることが知られるに至った．しかし，まだこの時点では遺伝現象の生化学的な本体が何であるかは知られていなかった．

1-2 遺伝子の本体の解明

遺伝因子の生化学的な本体がDNAであることを示したのはグリフィスやエイブリーの肺炎双球菌の形質転換実験と，ハーシーとチェイスのT2ファージの感染実験である．一方で染色体DNA中ではその構成塩基であるアデニンとチミンおよびグアニンとシトシンの存在比がほぼ等しいこと（シャルガフの法則）やX線を用いたDNAの構造解析から，1953年にDNAの二重らせんモデルがワトソンとクリックにより提唱されるに至った．

DNAが遺伝現象を担う機構は，その後メーセルソンとスタールの安定同位体^{15}Nを用いた半保存的複製の証明によって確立された．また，すでにアカパンカビを用いたビードルとテータムの実験の結果から知られていた1遺伝子1酵素説や，ニーレンバーグによる遺伝暗号の解明から，DNAがmRNAを介してタンパク質に翻訳される機構が解明され（セントラルドグマ），生物進化が塩基配列を基盤に分子進化として論じることが可能となるとともに，これらの知識は遺伝子組換え技術として医学・農学分野で広く応用されるに至っている．

§2．核酸の構造と機能

2-1 DNAの構造

1）DNAの基本構造　DNAの基本単位はヌクレオチドと呼ばれ，2'-デオキシリボースにリン酸と塩基が結合したものである．図8-1に塩基成分としてアデニンをもつヌクレオチドの構造を示す．2'-デオキシリボースは，五炭糖であるリボースの2'位の炭素に結合したヒドロキシ基（水酸基，OH基）から酸素原子が除かれている（デオキシ）ことから，こう呼ばれる．なお，リボース上の炭素の位置に"'（ダッシュ）"をつけて呼ぶのは，もう1つの構成単位である塩基上の元素の位置（こちらは"'"をつけない）と区別するためである．

図8-1に示すように，塩基（この図ではアデニン）は，2'-デオキシリボースの1'位の炭素にグリコシド結合し，リン酸基は5'位の炭素に結合する．なお，糖と塩基のみの構造体はヌクレオシドと呼んで区別する（第7章1-4項参照）．DNAを構成する塩基は，アデニンのほかに，グアニン，シトシン，チミンがある．アデニンとグアニンはプリン環という二環構造をもつのに対し，シトシンとチミンはピリミジン環という単環構造をもつ（図8-2）．これら4種の塩基は，A（アデニン），T（チミン），G（グアニン），C（シトシン）と1文字表記されることも多い．

2）DNAの二重らせん構造　DNAはヌクレオチドの重合体であるポリヌクレオチド2本がたがいに巻きついた構造をとり，これを二重

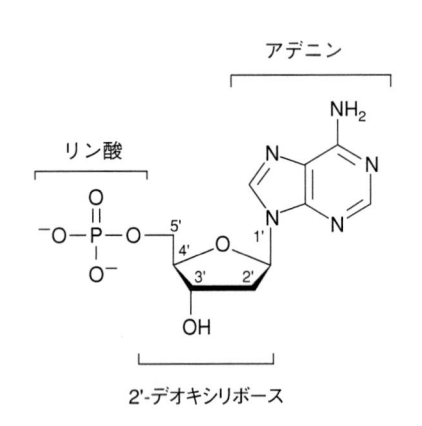

図8-1　ヌクレオチドの構造
ヌクレオチドはDNAの基本単位で2'-デオキシリボースにリン酸と塩基（この図ではアデニン）が結合したものである．

図8-2 DNAを構成する4種類の塩基の構造
アデニンとグアニンはプリン環という二環構造をもつのに対し，シトシンとチミンはピリミジン環という単環構造をもつ．

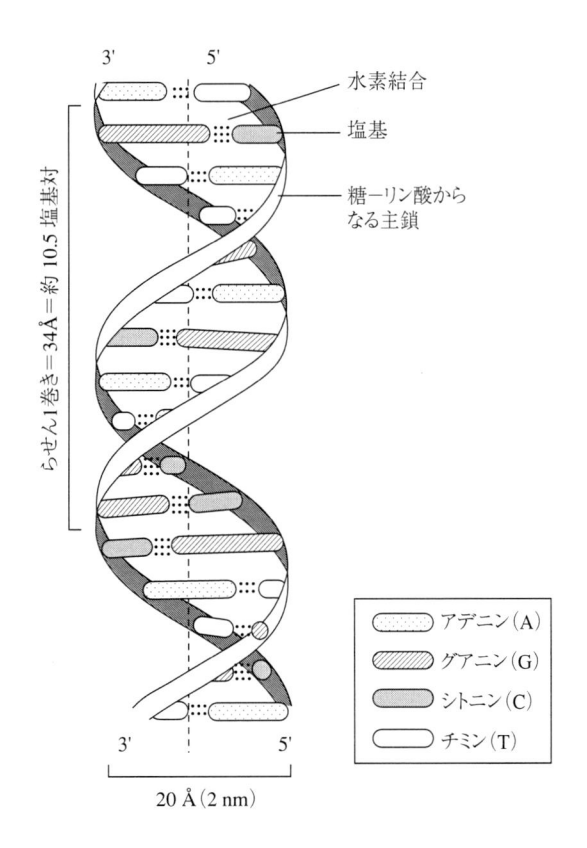

図8-3 二重らせん構造
ヌクレオチドの重合体であるポリヌクレオチド2本がたがいに巻きついた構造を二重らせん構造と呼ぶ．後述するように，各塩基は水素結合を形成する．（Watsonら，2006より）

らせん構造と呼ぶ（図8-3）．各ポリヌクレオチド鎖は，糖とリン酸の繰り返し構造で，2'-デオキシリボースの3'-OHと5'-OHをリン酸が橋渡しするようにホスホジエステル結合している．ホスホジエステル結合は，2'-デオキシリボース上の3'位と5'位という異なる炭素間に形成されるため，このようにして形成されるポリヌクレオチド鎖は片方の端で2'-デオキシリボース糖が遊離の3'-OHをもち，もう片方で遊離の5'-PO_4^{2-}をもつことになる．その結果，ポリヌクレオチド鎖には方向性（極性）が生ずる．二重らせん構造では2本のポリヌクレオチド鎖は互いに逆向きの極性（逆平行）を示す．なお，ポリヌクレオチドの塩基配列を表記する場合には，5'-ACTG-3'のように5'から3'の方向に左から右に向かって表記する．塩基成分は2'-デオキシリボースの

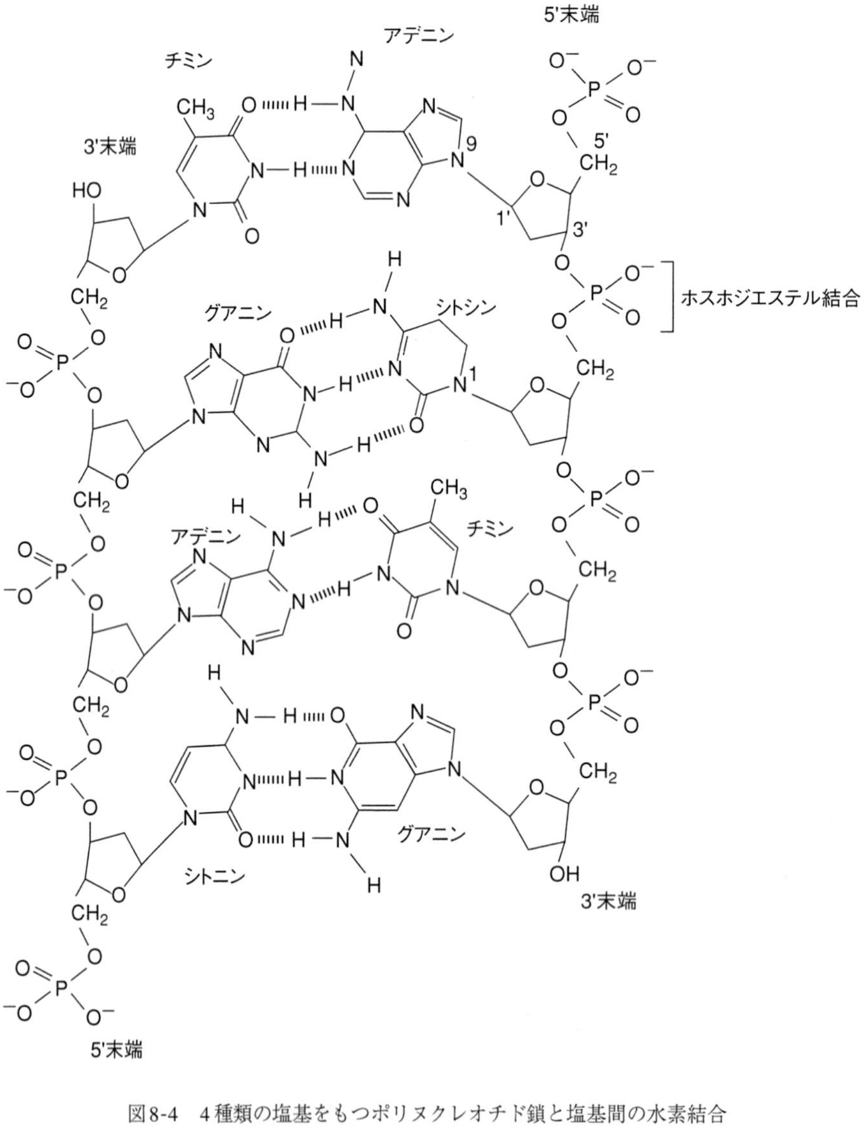

図8-4 4種類の塩基をもつポリヌクレオチド鎖と塩基間の水素結合
塩基は2'-デオキシリボースの1'位の炭素にN9位（プリン）またはN1位（ピリミジン）で結合し，リン酸基は5'位と3'位の炭素に結合する．アデニンとチミン，グアニンとシトシンの間に相補的な水素結合を生じていることに注目．点線は水素結合を表す．（Watsonら，2006より）

1'の位置の炭素に，ピリミジン塩基（シトシンとチミン）ではN1の位置で，プリン塩基（アデニンとグアニン）ではN9の位置で結合している．二重らせんを形成するにあたって，アデニンとチミン，グアニンとシトシンは，それぞれ安定な水素結合に基づき相補的に結合する（図8-4）．アデニンとチミンの間の水素結合が2ヶ所であるのに対し，グアニンとシトシンでは3ヶ所であることから，後者の方がより安定な相補的構造である．形成される2種類の塩基対は幾何学的に同じ構造をもつため，二重らせん内で同じ空間配置内に収められる．

2本の糸を束ねてよじってみるとわかるように，DNA二本鎖の絡まり方には右巻き（ネジを締める方向）と左巻き（ネジを緩める方向）の2通りがある．生体内に存在するDNAの2本鎖は，通常，右巻きで存在する（図8-5）．生体内で右巻きの構造をとる理由として，二本鎖の内側に突き出している塩基どうしの水素結合が，右巻きのほうが熱力学的に安定性であるためと考えられている．

このようにDNAのポリヌクレオチド鎖はねじれた構造をとるため，各塩基対が形成する水素結合の平面は，上から見た場合完全に重なるわけではなく，隣接した平面では約36°回転しており，約10個の塩基対（正確には10.5塩基対）で1回転して元にもどる．このようなねじれた二重らせん構造を横からみると，2本鎖間の溝の間の距離は均等ではなく，大きい溝（主溝，2.2 nm）と小さい溝（副溝，1.2 nm）が交互に現れる（図8-6）．これは，各塩基対が形成する水素結合の平面上において，両鎖の塩基と糖のグリコシド結合が，完全に直線状に向かい合っておらず，約120°の角度をなすためである．

右巻きのDNA二重らせん構造は，もともと試験管内において結晶化されたポリヌクレオチド構造のX線結晶解析データをもとに明らかにされたものである．いわゆる「ワトソン・クリック型」と呼ばれるこの構造は，現

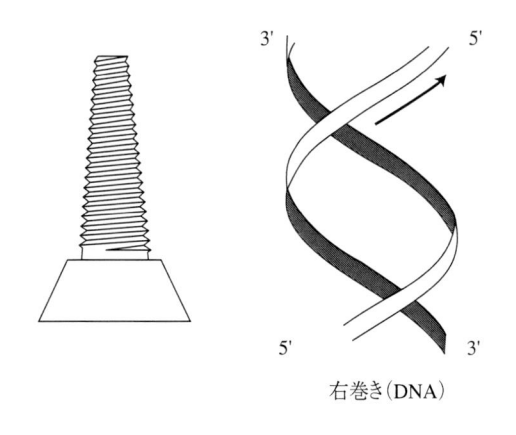

図8-5　右巻きのDNA二重らせん
ワトソン・クリック型あるいはB形DNA二重らせんとも呼ばれる．

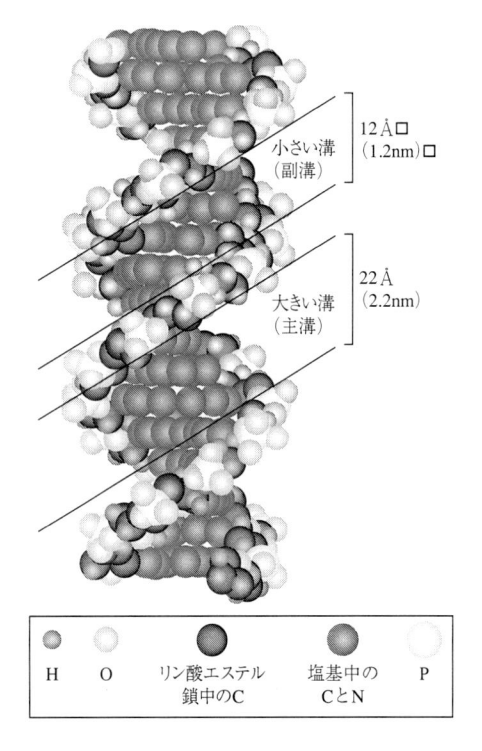

図8-6　DNA二重らせんにおける大きい溝（主溝，2.2 nm）と小さい溝（副溝，1.2 nm）．(Watsonら，2006より)

在ではB形DNAと呼ばれ生体内におけるDNA二重らせんの構造に最も近いと考えられているが，同じ右巻きでもA形と呼ばれる異なったらせん構造をとる場合もある（図8-7）．A形では11塩基対で1回転するため，溝の形などがB形とは異なる．また，DNA二重らせんは条件によっては左巻きの構造もとることができ，この場合にはジグザグとなるためZ形と呼ばれている．生体内に存在するDNA二重鎖のほとんどはB形であるが，ごくまれにA形やZ形をとる場合がある．

　DNAの分離については巻末解説8-1を参照．

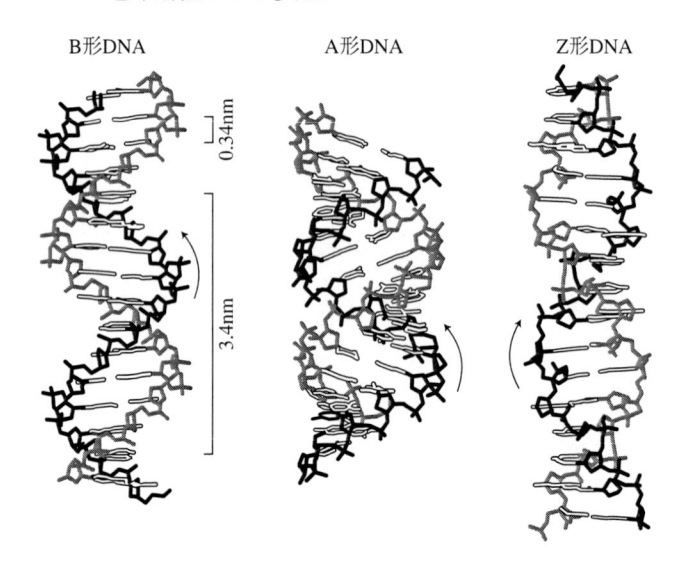

図8-7　B形DNA二重らせん，A形DNA二重らせんおよびZ形DNA二重らせん．生体内に存在するDNA二重らせんのほとんどはB形であるが，ごく一部にはA形やZ形をとる場合がある．（Watsonら，2006より）

3）DNA二重らせんの機能

生命現象の動的な基盤要素を担うのはタンパク質であるが，DNAはタンパク質を構成するアミノ酸配列を塩基配列に変換して保存し，その情報を次世代へと継承するという機能をもつ．DNA二重らせん構造は塩基成分が異なっても立体構造的に安定した規則正しい構造をもつにもかかわらず，らせんの内向きに2種類の対合（アデニンとチミン，グアニンとシトシン）をもつことが，膨大な遺伝情報を化学情報に変換するための鍵となっている．DNA二重らせん構造は，半保存的複製（semiconservatire replication，複製過程において二本鎖がほどけ，それぞれの鎖を鋳型として新しいDNA鎖が複製される現象）により遺伝情報を正確に次世代へ伝達するために適した構造であるとともに，2本あることで片方のDNA鎖が損傷を受けた場合に修復が可能であるという長所を有する．

　DNAからなる遺伝子の重要な機能に，塩基配列情報として保存されている遺伝情報の次世代への伝達（複製）とmRNAへの情報伝達（転写）がある．複製・転写のいずれのプロセスにおいても，DNA二重らせん構造に外部からタンパク質をはじめとするさまざまな因子が近づき，特定の塩基配列を読み取ることが必要となる．では，これらの因子はどのようにして二重らせんの

中に埋もれている塩基配列情報を読み取っているのであろうか．二重らせんをときほぐして開いてしまえば中に埋もれた塩基配列情報を容易に読み取ることができるが，タンパク質因子は実際に生体内では二本鎖をときほぐすことなく，外から大きな溝を通してのぞき見るようにして塩基配列情報を読み取っていることがわかっている．たとえばグアニンとシトシンの塩基対では，グアニンのプリン環のN7の窒素とC6のカルボニル基，シトシンのC4のアミノ基とC5の水素の4つの官能基に，大きな溝からアクセスすることができる（図8-8）．これらの官能基はいずれも塩基間の水素結合に関わっており，グアニンとシトシン間の結合に特有な構造である．アデニンとチミン間の結合の場合も同様に，大きな溝を通してこの塩基対結合に特有の構造を読み取ることができる．一方，小さな溝には，このような塩基対特有の構造は現れてこない．したがって大きな溝は，情報提示の窓としてDNA二重らせんが遺伝子としての機能を果たす上で極めて重要である．

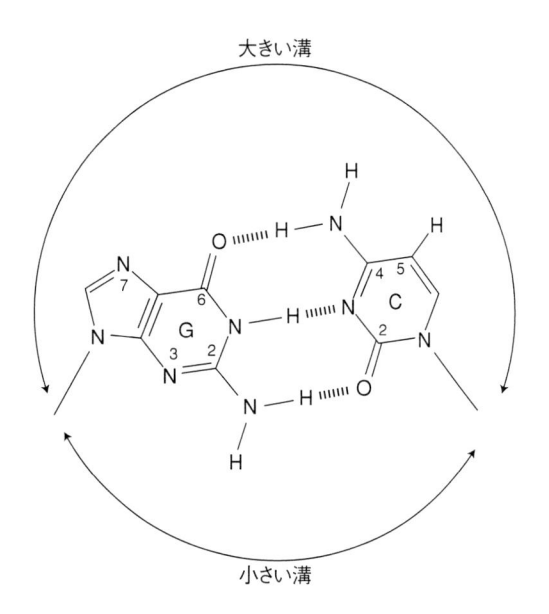

図8-8 DNA二本鎖における大きい溝を通してアクセスできるグアニンとシトシンの塩基対に特有な4つの官能基．（Watsonら，2006より）

遺伝子の検出方法と組替え技術については巻末解説8-2を参照．

4）**DNAの複製**　　細胞分裂時には親細胞のDNAが複製され，2個の娘細胞に同一のDNAが引き継がれるが，それぞれの娘DNA鎖の1本は親細胞のもの，もう1本はそれを鋳型に新たに合成されたものである．これを半保存的複製と呼ぶ．DNAの複製はある起点から始まり，2方向に進行する．その起点は，複製起点または複製開始点と呼ばれ，終結点までの複製単位をレプリコンと称する．バクテリアやウィルスのDNAやプラスミドDNAには複製起点は1ヶ所で，1個のレプリコンである．一方，真核生物のDNAは多くのレプリコンから構成される．

DNAの複製には酵素であるDNAポリメラーゼと鋳型となるDNA鎖および基質となる4種のデオキシヌクレオチド三リン酸，およびプライマーと呼ばれる短いDNAあるいはRNA鎖が必要となる．プライマーは一本鎖で，鋳型DNA鎖に相補的に結合し，複製開始に必要な3'-OH末端を提供する．プライマーRNAの3'-OH末端には，DNAポリメラーゼによって鋳型DNAに相補的なデオキシリボヌクレオシド三リン酸がホスホジエステル結合で連結され，三リン酸の末端の2個のリン酸基はピロリン酸として遊離する．このようにして，合成されるDNA鎖は5'から3'方向へと伸長する．また，DNAポリメラーゼは，形成したヌクレオチドを除去するエキソヌクレアーゼ活性をもっており，誤った塩基対を形成したDNA鎖を校正する．

さて，DNAの複製では，まずDNAの二重らせん構造がDNAヘリカーゼにより複製開始点で局所的に巻き戻され，二本鎖DNAが部分的に一本鎖に開裂する．次にRNAプライマーゼによ

り一本鎖DNAを鋳型にしてプライマーとなる短いRNA鎖が5'から3'方向へ合成される．プライマー合成が終了すると，DNAポリメラーゼが一本鎖DNAを鋳型にして相補的なDNAを，プライマーの3'-OH基に結合する．それ以降，鋳型と対塩基を構成するDNAが5'から3'方向へと順次付加されていく．この開裂した鋳型DNA鎖と合成途中のDNA鎖による複製フォークと呼ばれる構造が形成される（図8-9）．ところで，鋳型となる二本鎖DNAの各一本鎖DNAの方向は，一方が5'から3'，他方が3'から5'である．鋳型DNA鎖が3'から5'方向の場合，複製されるDNA鎖は複製フォークの移動と同一方向に伸長し，連続的に合成されていく．このDNA鎖をリーディング鎖と呼ぶ．一方，鋳型DNA鎖が5'から3'方向の場合，複製されるDNA鎖は複製フォークの移動と反対方向に伸長する．このDNA鎖をラギング鎖と呼ぶ．ラギング鎖では複製フォークの進行とともに，ある程度の長さの鋳型DNAが一本鎖として露出すると，順次，岡崎フラグメントと呼ばれる短いDNA断片が合成される．岡崎フラグメントの長さは様々で，細菌では1,000〜2,000ヌクレオチド，真核細胞で100〜400ヌクレオチドである．岡崎フラグメントが合成された後，リボヌクレアーゼによりプライマーRNAが分解され，生じた間隙はDNAポリメラーゼにより埋められ，さらにDNAリガーゼにより連結される．このようにラギング鎖の合成は不連続的である．

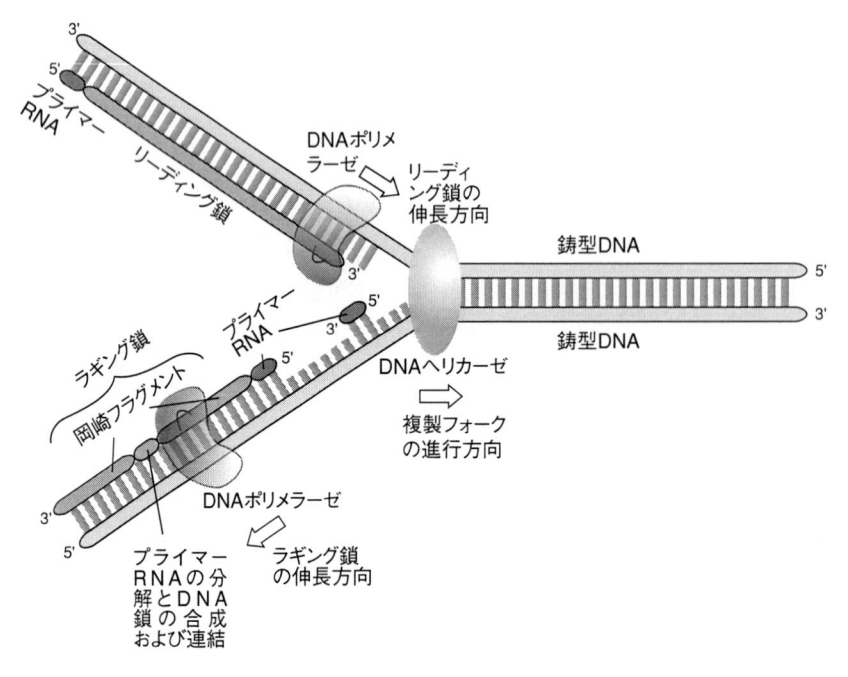

図8-9 複製フォークの形成とDNA鎖の複製

2-2　RNAの構造

1）**RNAの基本構造**　RNAはDNAと同様にヌクレオチドが重合して高分子のポリヌクレオチドを形成するが，生体内で二重らせん構造を形成することはほとんどなく，通常，一本鎖として存在する．DNAと同様に，RNAも糖，リン酸，塩基から構成されるが，糖成分がDNAの

構成成分である2'-デオキシリボースとは異なり，2'の位置の炭素にヒドロキシ基をもつリボースであること，および塩基成分としてDNAに含まれるチミンでなく，代わりにウラシル（U，図8-10）を含むことにある．ウラシルはチミンと同じくピリミジン骨格からなる単環構造をもつが，チミンとは異なり5位の炭素がメチル化されていない（つまりチミンは5-メチルウラシルに相当する）．また，ウラシルはアデニン以外にグアニンとも水素結合を形成することができる．このような多様な塩基間の水素結合のために，RNA分子は一本鎖であるが複雑な高次構造をもつ．たとえばRNA分子中に部分的に相補的な塩基配列が存在する場合には，図8-11に示すようなヘアピン構造をとることができる．

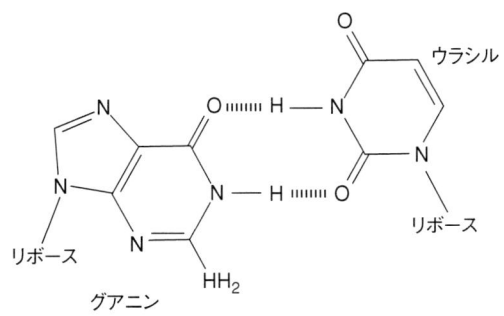

図8-10 ウラシルとグアニンとの水素結合
ウラシルはアデニン以外にグアニンとも水素結合を形成することができるため，RNAは多様な分子内水素結合を形成する．

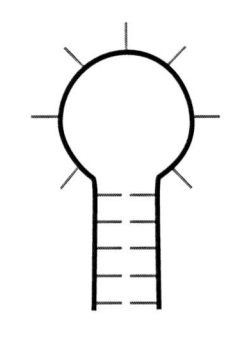

図8-11 RNAにみられるヘアピン構造．
（Watsonら，2006より）

2）**RNAの構造と機能**　　DNAの二重らせん構造が遺伝情報の保存のために必須であるのに対し，RNAはタンパク質の生合成の過程で重要な機能を果たす．例えばDNAの転写産物は，メッセンジャーRNA（mRNA）としてタンパク質への翻訳の仲介役を果たしたり，翻訳の際にアミノ酸とmRNA上の塩基情報を仲介するアダプター分子であるトランスファーRNA（tRNA）として機能したり，あるいはタンパク質の翻訳工場であるリボソームの構成要素であるリボソームRNA（rRNA）として働く．

RNA一本鎖のポリヌクレオチド内部では，グアニンとシトシンが対合をなすのはDNAの場合と同様であるが，先述のようにアデニンはウラシルと水素結合を形成することで対合をなす．mRNAに転写された遺伝暗号（コドン）がtRNAのアンチコドンと対合を形成し，アミノ酸情報に変換される場合にも同様の塩基どうしの対形成が利用される．また，特有の高次構造のため，RNAにはリボザイムと呼ばれる酵素としての触媒活性をもつものもある．生命の発生の初期段階の化学進化と呼ばれる段階においては，まだタンパク質が化学反応の触媒機能を果たすまでには進化しておらず，RNAの酵素としての触媒機能が生命の誕生に重要な役割を果たしていたと推測されるRNAワールドともいうべき時代があったと考えられている．

（豊原治彦）

§3. ゲノムの構造と格納機構

3-1 ゲノムの構造とサイズ

1）ゲノムの構造　「遺伝子」が形質となって現れる表現型の遺伝情報をコードする要素，つまり分子生物学的には転写されるRNA分子をコードするDNAすべてとして定義されるのに対して，「ゲノム」は染色体に含まれるDNAすべてを指す言葉である．

一般にゲノムというときには核の線状の染色体ゲノムを指すことが多いが，ミトコンドリアや葉緑体には核ゲノムとは別の環状ゲノムがある．また，バクテリアには環状ゲノムをもつものが多い．特にプラスミドとよばれる小型の環状DNAはバクテリアにおいて薬剤耐性遺伝子をコードしていることがあり，プラスミドをもとに種々の遺伝子組換え実験のためのベクター（宿主に異種DNAを運搬するDNA）が開発されている．

ゲノム中の遺伝子はエキソンとイントロンから構成されている．イントロンは介在配列とも呼ばれ，一旦mRNAに転写されるが最終的な成熟mRNAができる段階でスプライシングという編集操作により取り除かれる配列のことで，成熟mRNAの構成要素であるエキソンと区別される（本章4-3項参照）．真核生物ではタンパク質をコードする遺伝子は通常いくつかのエキソンに分かれてゲノム上に分散して存在している．1つのエキソンはもともとはタンパク質の1つの機能単位（ドメイン）に相当していたと考えられ，エキソンはドメインを自由に取り組み合わせることでタンパク質機能の多様化を可能にする機構（ドメインシャッフリング）と深くかかわっている．実際には1つのドメインが複数のエキソンに分かれてコードされていることも多いため，エキソンシャッフリングとも呼ばれる．ヒトにおいてタンパク質をコードする大半の遺伝子では，エキソン領域は平均的には5％に過ぎず，残る95％はイントロンであるといわれている．

遺伝子間配列はヒトゲノムでは全体の60％を占め，遺伝子発現のための機能的な調整領域のほか，マイクロサテライト，転移因子（後述）に原因する反復配列，偽遺伝子など非機能的な領域，などからなる．マイクロサテライトの多くはCA，GT，CAG，CTGなどの2−3塩基が，多い場合は数十回も繰り返し並んだものであり，繰り返し数の個体差が大きいことからいわゆる個体識別（DNA）鑑定に用いられる．また，タンパク質コード領域に侵入してさまざまな遺伝病の原因になることもある．転移因子に原因する反復配列は，いわゆる動く遺伝子（トランスポゾン）と呼ばれるもので，トウモロコシの葉の斑入りに関わる遺伝子として発見されたが，ヒトでも全ゲノムの45％を占める，両端に特有のトランスポゼース認識配列をもつ．昆虫ではP因子と呼ばれており，染色体ゲノムへの外来遺伝子導入を目的としたベクターにも用いられる．偽遺伝子など非機能的な遺伝子の断片は，たとえばウイルス感染などによりウイルス由来の逆転写酵素の働きでmRNAから逆転写されたDNA断片が染色体に組み込まれたものである．

そのほかにもゲノム上にはDNA複製にかかわる重要な領域として，複製起点（複製開始点），セントロメア（動原体）およびテロメアが存在する（図8-12）．真核生物の染色体には複製起点が複数存在するが，細胞周期1回について正確に1回だけ複製開始点から複製が始まらなければな

らない．この厳密な制御は，サイクリン（細胞周期によって特異的に誘導されるタンパク質）依存性タンパク質リン酸化酵素による複製起点認識タンパク質複合体のリン酸化が重要な鍵をにぎっていることがわかっている．

セントロメアは染色体の複製の際に微小管が結合する領域で，複製起点が1染色体当たり複数存在するのに対し，セントロメアは1ヶ所しか存在しない．真核生物のセントロメアは反復DNA配列を多数含む40塩基対以上からなる領域で，染色体分配にあたっては複数のタンパク質が結合し，微小管結合構造（キネトコア）を形成する．

テロメアは線状の染色体の両端に存在し，チミンとグアニンを多く含む反復配列（ヒトでは5'-TTAGGG-3'）からなり，ヘテロクロマチンという染色体が凝縮した構造を示す．真核生物の複製の際にDNAポリメラーゼは複製機構の制約から5'側を複製することができず，線状構造をもつDNAは複製のたびに短くなってしまう．テロメアはこの短縮を防ぐために重要な構造で，テロメラーゼという酵素が複製のたびにテロメアに反復配列を付加し，短くなるのを防いでいる．テロメアの変異は細胞の不死化，つまりがん化とも深くかかわっている．

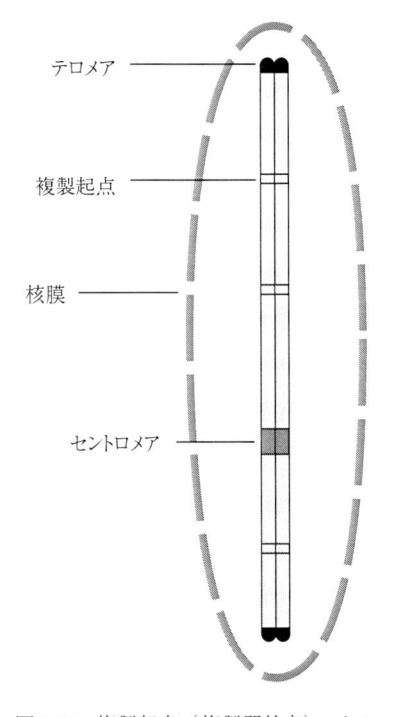

図8-12 複製起点（複製開始点），セントロメア（動原体）およびテロメア．これらは，タンパク質やRNAをコードする配列ではないが，染色体の複製過程において重要な役割を果たしている．(Watsonら，2006より)

最近ゲノム上の塩基配列のうち，上述の領域以外に遺伝子の発現を調節するために重要な働きをしている部分があることがわかってきた．これらのゲノムから転写されるRNAはタンパク質には翻訳されないが，タンパク質に翻訳されるRNAと相補的な配列をもっており，これらのRNAどうしが二本鎖を形成することで翻訳が制御されている（本章4-4項参照）．

真核生物と原核生物のゲノム構造の大きな違いは2点ある．1つは真核生物では染色体は小胞体と連続した膜構造に包まれた核の中に存在すること，もう1つは真核生物のゲノムには遺伝子間配列やイントロンなど，最終的な翻訳産物であるタンパク質や各種構造RNA（rRNAやtRNAなど）などの遺伝情報を直接コードしていない塩基配列領域が含まれることである．

2）ゲノムのサイズ ゲノムのサイズは生物によってかなり異なるが，おおむね原核細胞であるバクテリアでは10^6塩基対，酵母などの単細胞の真核生物で10^7塩基対，多細胞真核生物では10^8から10^9塩基対のオーダーである．これを本にたとえると，大腸菌では1ページ当たり1,000文字（塩基）印刷された1,000ページの本4.6冊分の情報に相当する．ヒトでは同じ本2,900冊分，脊椎動物の中では例外的にコンパクトなゲノムをもつトラフグでは365冊分の情報となる．おおむね生物体の複雑さとゲノム量は比例関係にあるが，ある種のアメーバやシダにはヒトの100倍以上のゲノムサイズをもち，必ずしも哺乳類が一番多いわけではない（図8-13）．

ヒトの全DNAは一倍体（後述する二倍体の対語）当たり2.9×10^9塩基対であり，多くの海洋生物のDNAも多細胞生物という意味においてヒトとそれほど異なるわけではない．そのなかでフグの仲間はなぜかイントロン（後述）のサイズが小さいため，全DNA量が3.65×10^8塩基対とヒトの1/8程度しかない．そのため全ゲノム配列を決定するためのコストや労力が少なくてすむことから，トラフグは魚類では最も早くゲノムプロジェクトの対象となった．基本的な遺伝子の構成（シンテニー）は脊椎動物間でそれほど顕著には異ならないので，トラフグのゲノム情

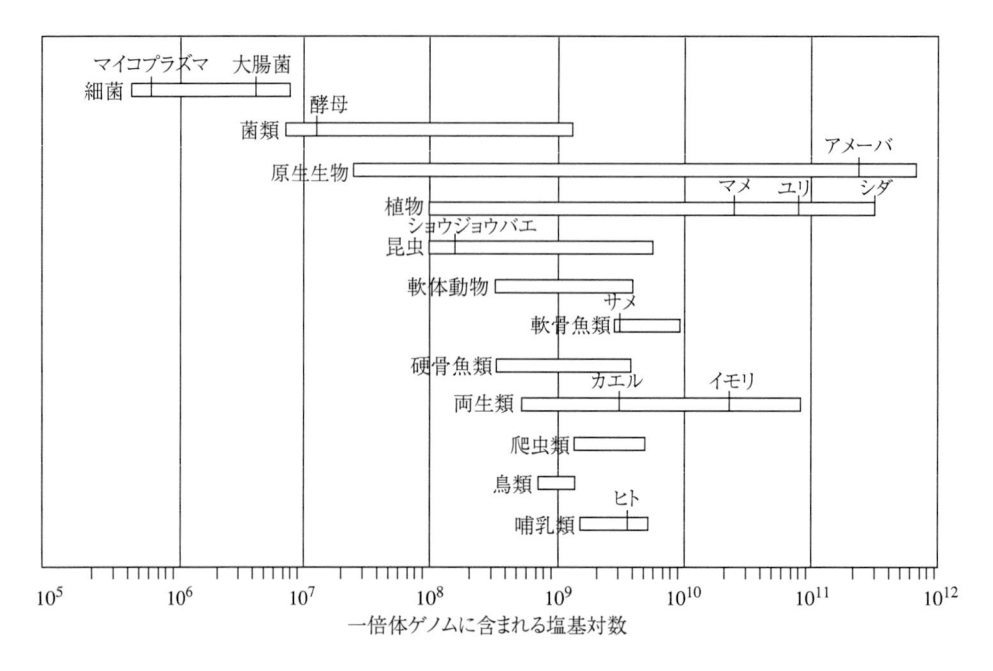

図8-13 生物のゲノムサイズの比較（Li, 1977）

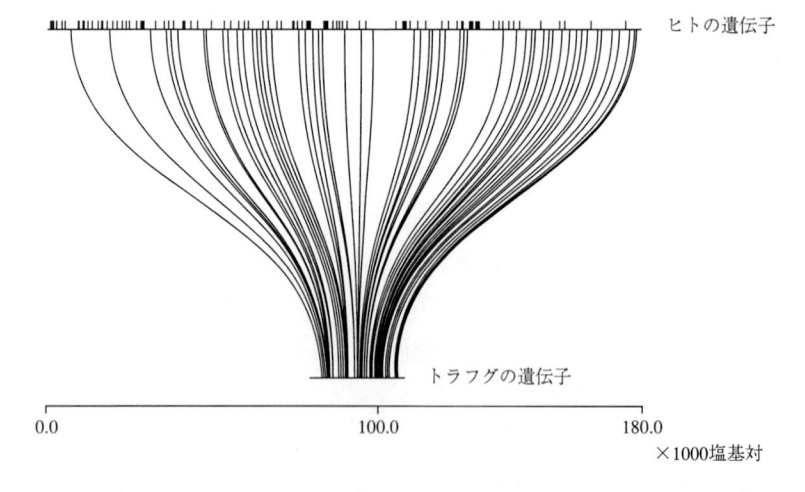

図8-14 ヒトとトラフグのハンチントン病の原因遺伝子領域のゲノム構造
ともに67個の対応するエキソンからなるが，ヒトの遺伝子はイントロン部分が長いため，トラフグの7.5倍のサイズがある．（Baxendaleら，1995）

報をもとにさまざまな脊椎動物の遺伝子がクローン化された．図8-14にヒトの遺伝病であるハンチントン病の原因遺伝子をコードする領域について，トラフグとヒトの比較を示す．この図を見れば，トラフグの遺伝子がいかにコンパクトであるかがわかる．

なお，ゲノムプロジェクトとは，特定の生物の全塩基配列を決定することを目的とした研究計画であり，ヒト以外にチンパンジー，マウス，ラット，ニワトリ，ウシ，イヌ，ネコ，アフリカツメガエル，トラフグ，ミドリフグ，メダカ，ゼブラフィッシュ，カタユウレイボヤなどの脊索動物，カイコ，キイロショウジョウバエ，ハマダラカ，ミツバチ，ムラサキウニ，センチュウなどの無脊椎動物，シロイヌナズナ，イネなどの植物などの様々な生物で終了あるいは進行中である．

3-2 ゲノムの格納機構

一般的な脊椎動物の体細胞は，両親に由来する相同な染色体を1対ずつもつ二倍体である．染色体は，もともとは細胞分裂期であるM期に核内に検出される構造体を指していたが，現在ではDNAとタンパク質とからなる構造体をさす．染色体の基本数，大きさ，形は生物種ごとに固有である．たとえばヒトでは22対の常染色体と1対の性染色体をもつ．

ヒトの1つの細胞に含まれる染色体中の全DNAをつなぐと2 mにもなる．このように長大な染色体DNAを10 μm程度のサイズの細胞内に収めるには，DNAを巻き取ったり，折りたたんだりしてもとの長さの$1/10^5$以下に凝縮する必要がある．しかも必要な時期に特定の遺伝子を必要な量だけ転写させ，また細胞が分裂する際に正確に複製するためには，きわめて秩序正しく凝縮する必要がある．そのために，DNAはヒストンおよび非ヒストンタンパク質と呼ばれるDNA結合タンパク質によってクロマチンと呼ばれる特殊な構造体として格納されている．クロマチンは，もともとは塩基性色素で濃く染色される真核生物の核内構造体として定義されたが，現在では染色体と同義である．なお細菌やシアノバクテリウムなどの原核生物でもDNAはタンパク質と複合体を形成し，核様体と呼ばれる特有の構造体として格納されている．

クロマチンはヌクレオソームと呼ばれる基本構造により構成されている．ヌクレオソームは，コアヒストン（H2A，H2B，H3，H4各2分子ずつの会合体）のまわりにDNAが1.65回巻きついた太鼓状のコアDNA部分と各コアのDNAのまき始めと巻き終わりの部分に結合した1分子のリンカーヒストンであるヒストンH1からなる（図8-15）．真核生物のコアDNAは146塩基対前後からなり生物を問わずその塩基数はほぼ同じであるが，コアDNA同士を連結するリンカーDNA部分は20～60塩基対と生物によって異なる．ヒストンはリシンやアルギニンを多く含む塩基性タンパク質で，いずれも分子量は2万以下である．

コアヒストンとリンカーヒストンにDNAが結合することで，クロマチンの構造は安定化し30 nm線維と呼ばれ

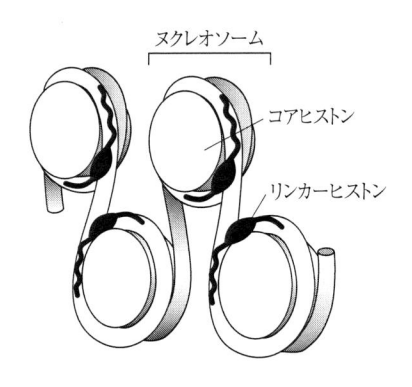

図8-15　ヌクレオソームの構造
コアヒストンはH2A，H2B，H3，H4各2分子ずつの会合体で構成されており，リンカーヒストンは1分子のヒストンH1から構成されている．（Watsonら，2006より）

る構造をとる（図8-16）．この段階で引き伸ばされた二本鎖DNAとくらべると約1/40に凝縮される．しかしこの程度の凝縮では全ゲノムを1つの細胞の核内に格納することは困難なため，さらにさまざまな非ヒストンタンパク質，たとえば核内足場構造と呼ばれる構造体がループを形成した30 nm線維を束ねて凝縮し，クロマチン線維を形成している．複製や転写の際には，30 nm線維は10 nm線維やさらに裸のDNA鎖となる．

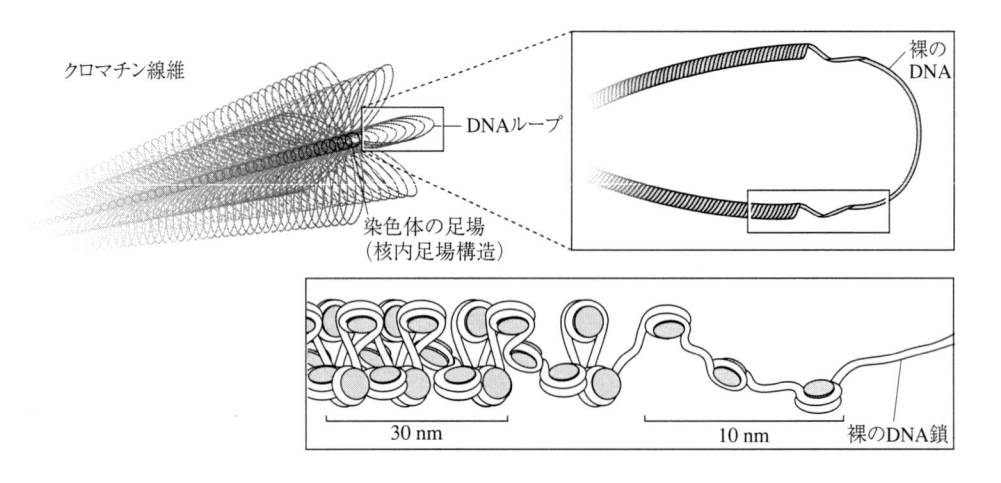

図8-16 クロマチン線維の構造
30 nm線維を核内足場構造が束ねてクロマチン線維を形成する．転写や複製の際には，30 nm線維は緩んで，10 nm線維や裸のDNA鎖となる．（Watsonら，2006より）

　密にパッケージングされた30 nm線維には転写などに必要な酵素やタンパク質は近づきにくい．そこでこれらのタンパク質がDNAに近づくためには，クロマチン再構築複合体や各種のDNA結合タンパク質が，ヒストンとDNAとの結合をゆるめる必要がある．この過程にはヒストンアセチル基転移酵素やヒストンメチル基転移酵素などによるヒストン分子のN末端付近のリシンのアセチル化やメチル化，およびセリンのリン酸化が重要な役割を果たしている

（豊原治彦・木下滋晴）

§4．遺伝子の発現調節

4-1　遺伝子の発現

　遺伝子DNAに書き記された暗号は，生体内で実際に働く分子であるRNAやタンパク質に変換され，その機能を発揮する．DNAを鋳型としたRNAの合成は転写，RNAを鋳型にしたタンパク質の合成は翻訳であるが，このような転写や翻訳という過程を遺伝子の発現と呼ぶ．すべての細胞がDNAという全遺伝暗号の一揃いをもっているが，機能分子であるRNAやタンパク質は，すべてが常に働く必要はないし，逆に必要のないとき働くのは不都合である．そこで，細胞は状況に応じて，どの遺伝子（DNA領域）をいつどれくらい転写するか，転写産物をどのように修飾するか，いつ核外に輸送するか，さらに転写されたRNA鎖をいつどのように翻訳するか，

といった遺伝子発現の様々な段階で調節を行っている（図8-17）．この発現調節の機構があってはじめて，細胞は遺伝子という単なる情報媒体を生命活動への利用へと適切に機能変換することができる．本節ではこのような発現調節の機構について述べる．

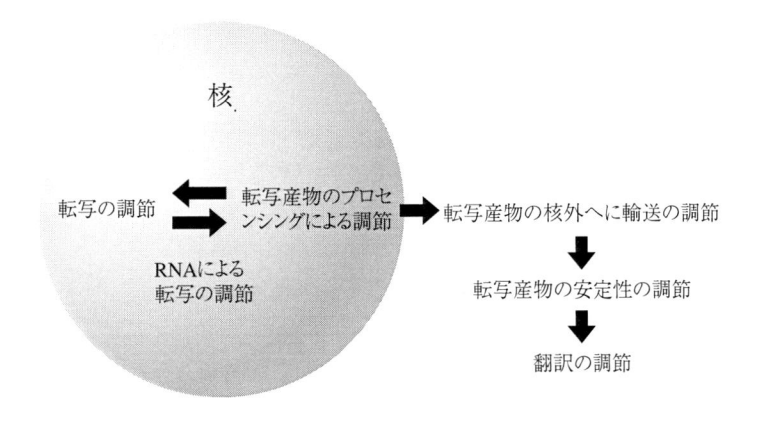

図8-17　様々な段階における遺伝子の発現調節

4-2　転写の調節

1）転写の基本的な機構　遺伝子の発現は転写の段階で調節されることが多い．DNAを鋳型にRNAを合成するのが転写であるが，この反応の基本となる成分がRNAポリメラーゼ（RNA polymerase）と基本転写因子である．原核生物では1種類のRNAポリメラーゼしかもたないが，真核細胞には3種類のRNAポリメラーゼI，II，IIIが存在し，タンパク質をコードする遺伝子の転写，すなわちmRNAの転写はRNAポリメラーゼIIによって行われる．RNAポリメラーゼIとIIIはrRNAなど，タンパク質をコードしないRNAの転写を行う．RNAポリメラーゼ単独では転写を行えず，基本転写因子と呼ばれる，いくつかのタンパク質を必要とする．すなわち，RNAポリメラーゼと基本転写因子の複合体（転写装置）が転写を行う．遺伝子は遺伝子産物をコードする領域と，そのすぐ5'上流にあるプロモーター領域に分けられる．転写はまず転写装置がプロモーターの転写開始点に結合することで始まる．通常，DNA鎖は二本鎖を形成したままであるが，結合に伴い転写開始点付近の14塩基ほどのDNA二本鎖がほどけ，このほどけたDNA鎖を鋳型にしてRNAが合成される．RNAポリメラーゼIIによって転写される遺伝子について例示すると，基本転写因子の結合配列には4種類があり，このうち2ないし3配列が転写開始点の上流下流40 bp程度に分布する．これをコアプロモーターと呼ぶ（図8-18）．多くのコアプロモーターに含まれる配列がTATAボックスで，ここには基本転写因子の構成要素の1つTFIIDが結合する．TFII（transcription factor for Poll II）の個々の基本転写因子はA，B，Cなどアルファベットで区別する．TFIIDのサブユニットであるTATA結合タンパク質（TATA binding protein, TBP）は，結合したDNA領域の構造をゆがめ，他の基本転写因子とRNAポリメラーゼをプロモーター上に呼びよせる働きをもつ．まず，TFIIAとTFIIBが，続いてTFIIFとRNAポリメラーゼIIが結合する．さらにTFIIEとTFIIHが会合し転写装置が完成する．

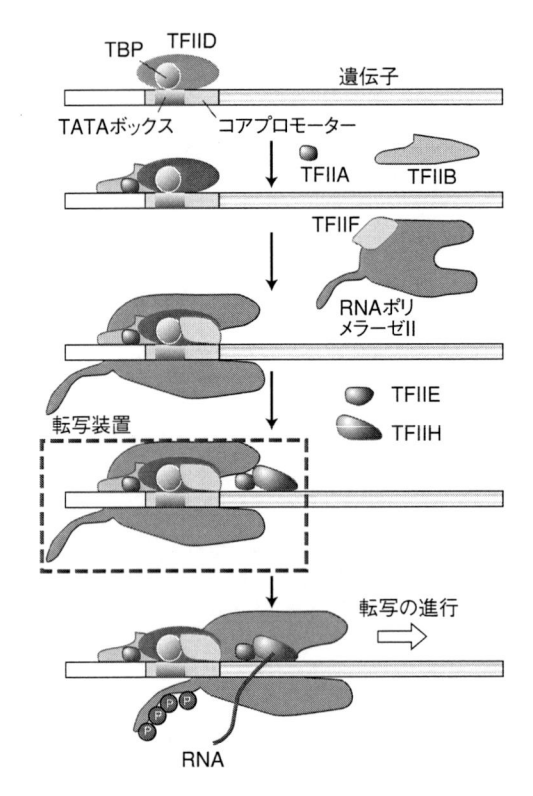

図8-18 転写の基本的な機構．転写装置が完成するまでを段階的に示す．転写装置の形成はコアプロモーターに基本転写因子TFIIDが結合することで始まる．転写装置が完成すると，RNAポリメラーゼIIがリン酸化されて転写装置から離れ，RNAの合成が進行する（Watsonら，2006より改変）．

　コアプロモーターは転写を行うための必要最小限の配列であるが，生体内では実際にはこれだけでは遺伝子の転写は行えない場合が大半である．とくに真核細胞ではDNA鎖はヒストンを主成分とするタンパク質が核タンパク質複合体として強固に凝集してクロマチン構造を形成しており，そのままではその構造を解きほぐせず，転写装置がコアプロモーターに接近できない．そこで，次項以降で述べる転写調節因子やヌクレオソーム修飾酵素が必要になる．

　2）**エンハンサーやリプレッサーと特異的転写因子**　　転写のレベルは様々な特異的転写因子によって制御されている．これら転写因子はプロモーターの上流や下流にあるエンハンサーと呼ばれる配列に結合し（活性化因子），介在複合体や後に述べるクロマチンの修飾酵素群と協調して，転写装置のプロモーターへの結合を助ける．逆にリプレッサーと呼ばれる配列に結合する転写因子（抑制因子）は転写を抑制する．エンハンサーやリプレッサーは制御する遺伝子の上流にあるとは限らず，下流にあることもあれば，イントロンや非翻訳領域のエキソンにある場合もある．また制御する遺伝子から数万〜数十万塩基も離れて存在することもある．さらに，1個のエンハンサーが複数の遺伝子の転写を制御する例や，制御する遺伝子と同じDNA鎖上にない例も報告されている．例えば嗅細胞で発現する匂いレセプター遺伝子は，哺乳類で複数の染色体上に数百もの種類が分布するが，1個の嗅細胞は厳密にそのうちの1つだけの転写を活性化している．

これは数百もの匂いレセプター遺伝子に共通して働く1個のエンハンサーが作用するためと考えられている．また，複数の転写因子が協調して働き，1つの遺伝子の転写を制御することもよくみられる現象である．複数の転写因子の組み合わせとバランスによって，複雑な遺伝子の転写制御を可能にしている．RNAポリメラーゼと基本転写因子群は全遺伝子に共通であることから，ある特定の遺伝子の転写制御に着目するとき，特異的転写因子とその結合配列を解析することは重要である．

3）ヒストンとDNAの修飾 活発に転写が行われているDNA領域では，ヒストンアセチル基転移酵素とクロマチン再構築複合体が働き，ヒストンがアセチル化されて一部の複合体が外れた状態になり，クロマチン構造が緩んでいる（本章3-2項参照）．このような領域では，転写装置がプロモーターへ接近しやすくなっている．また，DNAの特定の領域のメチル化も転写調節に関与することが知られている．エンハンサーやプロモーター領域にはCGジヌクレオチドを多く含む領域（CpGアイランド）がしばしば存在するが，このうちCがメチル化され5-メチルシトシンとなる．一般的にメチル化は遺伝子の発現を抑制する．例えばプロモーター領域のメチル化によって転写が抑制されるのは，立体障害により転写装置の接近を阻害するためと考えられている．一方，メチル化によって転写が活性化される例も報告されており，メチル化の転写調節への影響は不明な点が多い．興味深いことに，あるDNA領域のメチル化のパターンはそれが父親由来か母親由来かで異なっている場合がある．例えば，インスリン様成長因子2（IGF-2）遺伝子の場合，精子由来のものはメチル化されていないが，卵由来のものはメチル化されており，両者の発現パターンが異なる．このような現象はゲノム刷り込み（genome imprinting）と呼ばれており，発生の制御において重要な意味をもつ．

4-3 転写産物のプロセシング

1）スプライシング 真核生物の遺伝子ではタンパク質をコードする領域（エキソン）は一般にイントロンにより分断されている．このような遺伝子はエキソンとイントロンがつながったRNAとして転写された後，イントロンが除去され，エキソン領域が継ぎ合わされて成熟したmRNAとなる（本章3-1-1項参照）．この過程はスプライシングと呼ばれ，スプライソソームがその反応を触媒する．イントロンを除くにはイントロンの5'スプライスサイトと3'スプライスサイトの配列が目印となる．スプライシングは2回のエステル転移反応によって行われる（図8-19）．最初の反応でイントロンの5'側にあるエキソンが切り離される．このとき，イントロンの5'グアノシンはイントロンの3'末端近くにあるアデノシンと2',5'-ホスホジエステル結合によってつながり，イントロンは投げ縄様の構造になる．続いて，切り離されたエキソンが，3'スプライス部位のホスホリル基を攻撃しイントロンが切り離され，エキソン同士が連結される．

重要なのは，スプライシングのパターンは必ずしも一通りではないということである（図8-20）．例えば，複数の選択的なエキソンを含む遺伝子でそのうちの1つが選ばれたり，除かれたりする．また，スプライスサイトがずれてエキソンが長くなったり，特定のイントロンが取り除かれずに残る場合もある．このような選択的スプライシングの結果，1個の遺伝子から複数種類のmRNA

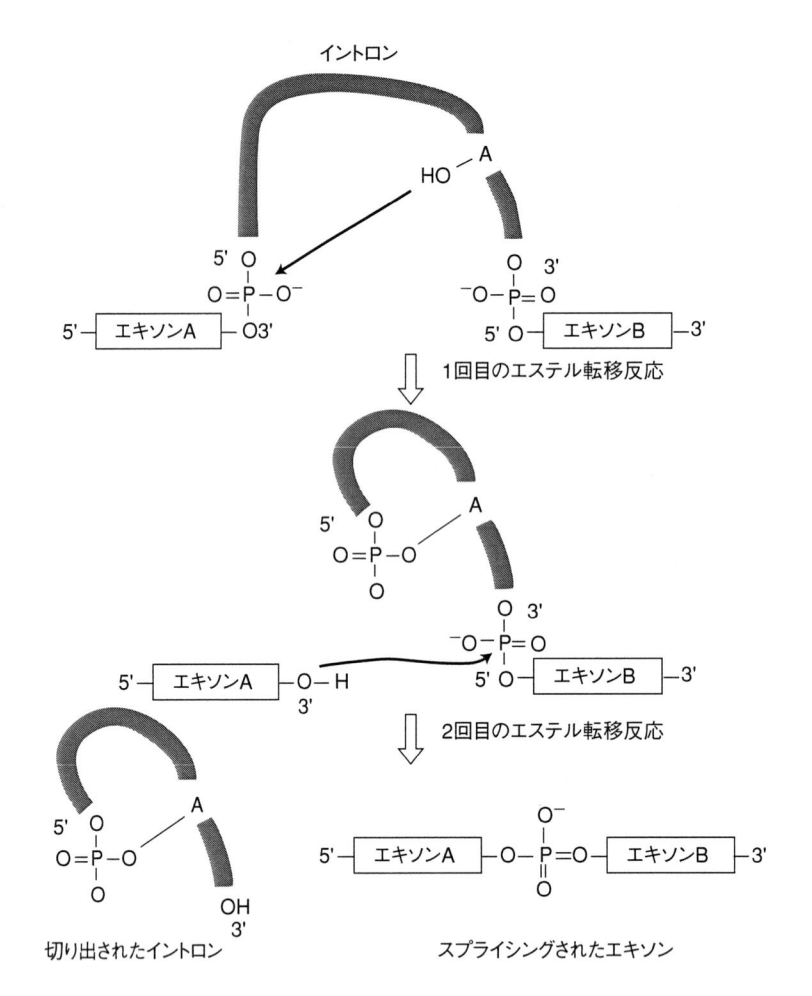

図8-19　2回のエステル転移反応によるスプライシングの進行

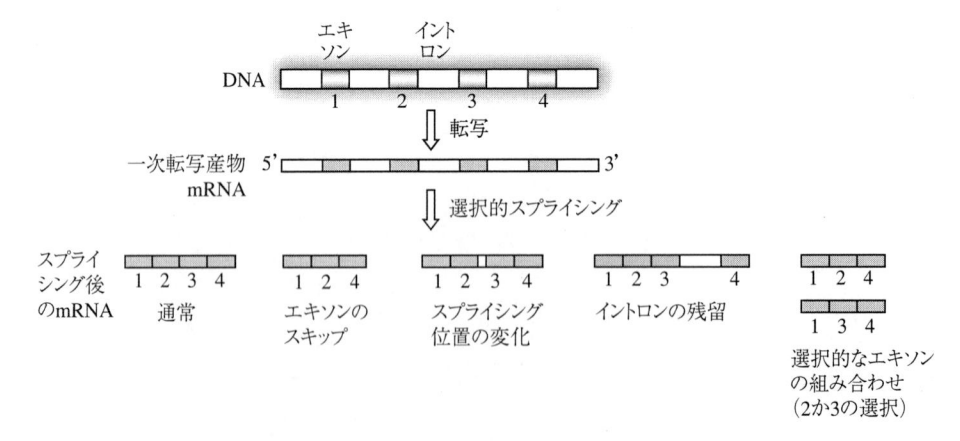

図8-20　選択的スプライシングによる転写産物のプロセシング
選択的スプライシングには様々なタイプがあり，エキソンのスキップ，スプライシング位置の変化，イントロンの挿入，選択的なエキソンの組み合わせなどが起き，多様な転写産物がつくられる．
（Watsonら，2006より一部改変）

が作られる．さらに，スプライシングは通常，1個の遺伝子からの転写産物中で起きるが，異なる遺伝子からの転写産物間でエキソンのつなぎ合わせをする例，いわゆる分子間スプライシングも報告されている．

2）**RNAの編集**　　スプライシング以外でも，転写産物の配列が変化する機構が存在する．RNAの編集（RNA editing）は，転写産物が作られた後に，塩基の挿入や欠失，あるいは置換が起きる現象であり，その結果，転写産物の配列がもとのDNAにコードされていた配列とは異なる．真核生物の細胞小器官のミトコンドリアで最初に報告されたが，哺乳類細胞においても，アポリポタンパク質BのmRNAについて，小腸で転写されたものは1ヶ所シトシンがウリジンに置換されることが知られている．その結果，小腸のmRNAには本来ない終止コドンがその場所に形成されてしまうが，肝臓で転写されるアポリポタンパク質BのmRNAについてはそのような編集は行われない．その結果，臓器によって大きさの異なるタンパク質が翻訳され，その働きも異なる．

3）**プロセシングの意義**　　上述した転写産物のプロセシングの存在は，ゲノムのもつ情報量を飛躍的に増大させている．多様な転写産物のプロセシングの機構によって，細胞の種類や環境の違いに応じて多様な遺伝子産物が形成される．ショウジョウバエのDSCAM遺伝子は神経軸索の伸長において，成長円錐の方向を決定するためのシグナルを受け取る受容体をコードしているが，あまりにも多様な選択的スプライシングの例として有名である．同遺伝子は選択的スプライシングの結果，38,016種類ものmRNAを形成する．これはたった1つの遺伝子がショウジョウバエのもつ全遺伝子数を凌駕する数の転写産物を生成することを示している．

4-4　RNAによる転写の調節

RNA自体が，自身のあるいは他の遺伝子の発現を調節する現象が知られる．RNA干渉（RNA interference, RNAi）では酵素ダイサーによる作用で生じた短い二本鎖RNA（短鎖干渉RNA，siRNA）がそれと相補的な配列をもつ遺伝子の発現を抑制する．1997年にファイアーとメローにより線虫で発見されたが，その後，様々な生物種で共通の現象として認められた．また，miRNA（microRNA）はヘアピン構造のRNA分子からダイサーにより切り出される一本鎖の短いRNAで，線虫で初めて発見されたが，動植物に広く分布する．siRNAもmiRNAも遺伝子発現を抑制するが，前者が相補的な配列のmRNAを分解して遺伝子発現を抑制するのに対し，後者では完全に相補的でない場合でもmRNAを分解せずに翻訳阻害を引き起こし，発現を抑制するという違いがある．また，siRNAはウイルス感染など外来遺伝子に対する防御システムで，miRNAは内在遺伝子の発現調節のためのシステムと考えられている．最近，発生過程を制御するmiRNAが続々と報告されており，RNAによる遺伝子発現の調節は，幅広い生命現象に積極的な役割を果たしていることが明らかになっている．また，この現象を利用して，任意の遺伝子の発現を抑制する実験技術が確立され，遺伝子の機能解析を行うための有力な手段となっている．

4-5 核外へのmRNAの輸送

真核細胞において，核内で転写されプロセシングを受けたmRNAは，細胞質へと輸送されないと翻訳されない．したがって，mRNAを核外へ輸送するかどうかを制御することによっても，遺伝子発現を調節できる．

核膜には3,000〜4,000個の核膜孔が分布し，そこには多数のタンパク質からなる核膜孔複合体が存在する．核内のRNAは合成中からRNA結合タンパク質と結合してヘテロ核複合体（hnRNP）を形成する．これが核膜孔複合体と相互作用し，核膜孔から細胞質へと輸送されると考えられている．mRNAが核外に輸送されるには，その構造が重要である．すなわち5'側にキャップ構造が，3'側にポリ（A）テールが付加されていなくてはならない（図8-21）．これらは真核細胞のmRNAに一般的な構造で，キャップ構造は7-メチルグアノシンが三リン酸橋を介して5'末端ヌクレオシドに結合したもの，ポリ（A）テールは3'末端にある50〜250個のポリアデニル酸で，転写の際にポリ（A）ポリメラーゼによって付加されるもので，DNAにコードされていない．また，mRNAがスプライシング反応を触媒するスプライソソームと結合していると（すなわちスプライシングの途中であると）核外へ輸送されない機構も存在する．一部の遺伝子では，この調節機構をうまく利用して，通常はイントロンを含む形のまま転写され核内に留まっていて，ある状況になると，イントロンがはずれて，核外へと移行し翻訳される．その結果，状況に応じて転写の過程を経ずに速やかにタンパク質を産生することができる．

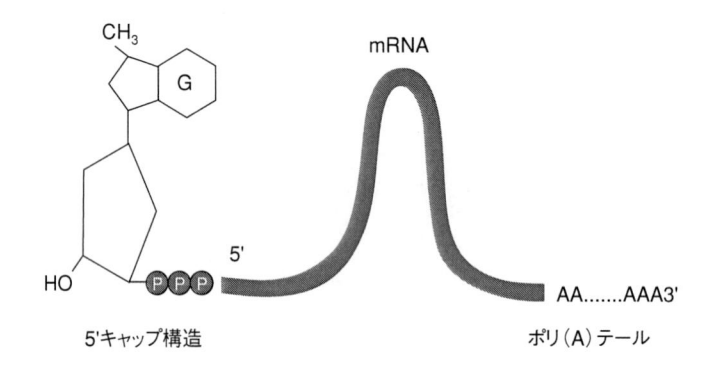

図8-21 真核細胞の成熟したmRNAにみられる5'末端のキャップ構造と3'末端のポリ（A）テール

4-6 mRNAの安定性

生体にはRNA分解酵素が多量に存在することから，基本的にmRNAは短命である．したがって，例えばある遺伝子群を発現していた細胞が，環境変化に応じて別の遺伝子群を転写して，すばやく細胞内の遺伝子産物の組成を変えることができる．しかしながら，mRNAの種類によってその安定性は大きく異なるし，また，同じ遺伝子からのmRNAでも，状況に応じてその安定性を変化させる仕組みがある．例えば，卵の主要タンパク質ビテロゲニンをコードするmRNAの安定性は，雌性ホルモンのエストロゲンを与えることで，大きく増大する．

4-7 翻訳の調節

1) 翻訳の機構　mRNAの塩基配列がもつ遺伝暗号はアミノ酸の連なり（ポリペプチド鎖）であるタンパク質に翻訳される．ところで，タンパク質を構成するアミノ酸は20種類であるが，塩基は4種類しかない．1アミノ酸が1個の塩基でコードされていると4種類，2個でも4×4＝16種類にしか対応できない．そこで3塩基で1アミノ酸をコードすることで，4×4×4＝64種類の多様性が確保されている．この3塩基はコドン（codon）と呼ばれる．表8-1に示すように，メチオニンやトリプトファンを除き，1つのアミノ酸が2～6個の複数のコドンにコードされる縮重（degeneracy）がみられ，同一のアミノ酸をコードするものは同義コドン（synonymous codon）と呼ばれる．またアミノ酸をコードしないコドンが3個含まれ，これらは翻訳を終了させる遺伝暗号（終止コドン）として働いている．タンパク質の合成はメチオニンから始まるが，この開始メチオニンをコードするコドンAUGは開始コドンと呼ばれ，開始コドンから終止コドンまでを読み枠（reading frame）という．ちなみに，複数の同義コドンのうち，どれが使われるかは生物種によって偏りがみられ，これはコドン出現頻度（codon frequencyまたはコドン使用頻度codon usage）と呼ばれる．偏りのパターンは生物種が近ければ近いほど類似する．

表8-1　コドンからアミノ酸への対応表

第一塩基	第二塩基			
	U	C	A	G
U	UUU UUC] Phe UUA UUG] Leu	UCU UCC UCA UCG] Ser	UAU UAC] Tyr UAA UAG] 終止	UGU UGC] Cys UGA 終止 UGG Trp
C	CUU CUC CUA CUG] Leu	CCU CCC CCA CCG] Pro	CAU CAC] His CAA CAG] Gln	CGU CGC CGA CGG] Arg
A	AUU AUC] Ile AUA AUG Met（開始）	ACU ACC ACA ACG] Thr	AAU AAC] Asn AAA AAG] Lys	AGU AGC] Ser AGA AGG] Arg
G	GUU GUC GUA GUG] Val	GCU GCC GCA GCG] Ala	GAU GAC] Asp GAA GAG] Glu	GGU GGC GGA GGG] Gly

　タンパク質合成の場はリボソームである．原核細胞と真核細胞でやや組成が異なるが，いずれもリボソームRNA（ribosomal RNA，rRNA）とタンパク質の複合体であり，大サブユニットと小サブユニットで構成されている．リボソームのサブユニットの大きさやそれを構成するrRNAの大きさは，標準条件下で遠心した場合の沈降速度を表すスベドベリ単位（S）で表わされ，真核細胞のリボソームは2.8S，5.8S，および5S rRNAで構成される大サブユニット（60S）と18S rRNAで構成される小サブユニット（40S）からなる（図8-22）．各アミノ酸は特定の転移RNA（transfer RNA, tRNA）と結合した状態（アミノアシルtRNA）でリボソームのA部位に取り込まれる．各tRNAは特定のコドンに応じたアンチコドンをもち，それに相補的に結合する．続いて，A部位のアミノアシルtRNAとP部位にあるペプチジルtRNAのペプチド鎖との間にペプチド結合が形成される．次に，A部位に生じたペプチジルtRNAとそれに結合したコドンはP部位に転位し，次のコドンに対応したアミノアシルtRNAがA部位に進入できるようになる．ペプチド鎖と離れたtRNAはE部位に移動する．このサイクルを繰り返すことによって，mRNAの遺伝情報に基づきアミノ酸が適切に並び，正しいポリペプチド鎖が合成される．終止コドンには終結因子というタンパク質が結合し，タンパク質の翻訳を終結させる．

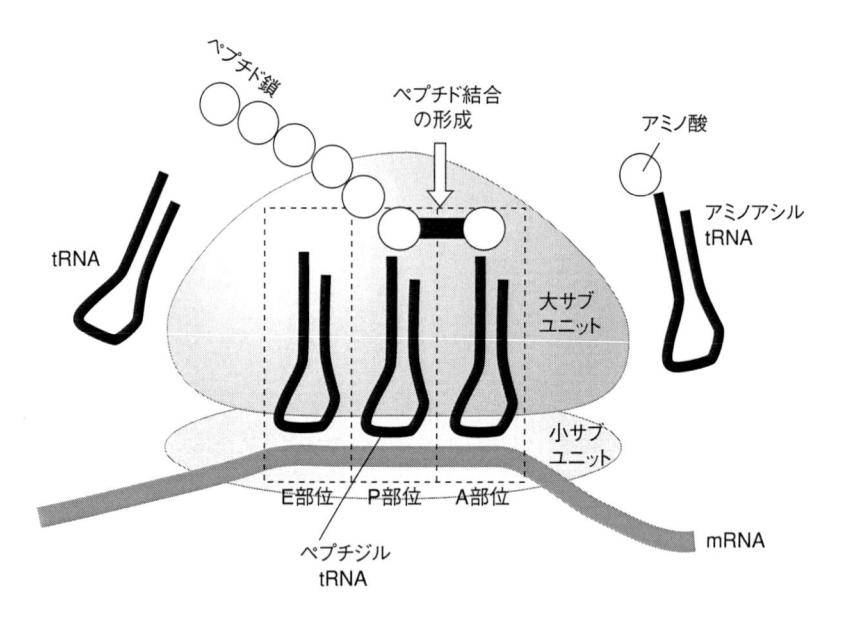

図8-22 リボソームにおける翻訳の進行
リボソームは大サブユニットと小サブユニットからなり，アミノアシルtRNAが結合するA部位，ペプチジルtRNAが結合するP部位，tRNAが結合するE部位をもつ．

2）翻訳の調節　熱ストレス時にはタンパク質の構造が不安定になるため，新規タンパク質の生産は細胞にとって有利でない．そのため，熱ショックに応じて翻訳全体が抑制される現象がみられる．このような状況下では，eIF-2のリン酸化が誘導される．eIF-2はリボソームに開始メチオニン-tRNA（ポリペプチド鎖の合成はメチオニンから始まる）を結合させるタンパク質であり，リン酸化により活性が抑制される．

母性mRNAの翻訳調節もまた興味深い．発生初期に働く様々なmRNAは，母親由来のものが未受精卵に蓄えられている．これらの母性mRNAは未受精卵ではその翻訳は抑制されていて，受精によって翻訳されるようになる．その調節機構はよくわかっていないが，母性mRNAはポリ（A）テールの長さが短く，受精後ポリ（A）テールが付加されて長くなり，翻訳活性が大きく上昇することが知られている．

4-8 遺伝子発現の解析

遺伝子発現の調節は大部分が転写の段階で行われており，mRNAの量や組成を探るのは，遺伝子発現を解析する基本となる．RNAは構造的には安定であるが，普遍的に存在するRNA分解酵素の働きなどにより，速やかに失われてしまうことが多く，試料としては扱い難い．そこでRNAを鋳型に相補的なDNA鎖（complementary DNA，cDNA）を作成して解析するのが一般的である（巻末解説8-3）．また，転写の制御機構の解析では，レポーターアッセイ，ゲルシフトアッセイ，クロマチン免疫沈降法（chromatin immunoprecipitation，ChIP）などの手法により，あるDNA領域への特定のタンパク質の結合と転写活性との関連が調べられている（巻末解説8-4）．

近年ではクローニングや配列決定の技術革新により，ゲノムプロジェクトが続々と行われその成果を出しつつある．その結果，種々の生物の全遺伝情報に簡単にアクセスでき，網羅的な遺伝子発現解析が行われるようになってきた．マイクロアレイや二次元電気泳動分析による全遺伝子産物の解析は，まだその解像度は高くないが，今後さらに情報が蓄積されるに従って，生命現象の全体像を眺められるようになるかもしれない．

（木下滋晴）

§5. 分子進化

5-1 分子進化

地球上に存在するすべての生物の遺伝情報はDNAによって記されており，その遺伝暗号も基本的に共通している．これは，すべての生物が共通の祖先から進化してきたことを端的に表している．また，細菌からヒトまで，あらゆる生物種をDNAという共通のものさしで比較できることを意味している．分子生物学的技術の発展は，あらゆる生物の任意のDNA領域を抽出し，その配列を決定することを可能にした．その結果，膨大な量の遺伝情報が生物種間で比較検討され，従来考えられてきた生物の進化や分類を，理論的に裏づけ，否定し，あるいはまったく新しい知見を多く提示してきた．

5-2 オルソロガス遺伝子とパラロガス遺伝子

共通祖先がもっていた遺伝子αにつき，種分化によって新たに生まれた種Aと種Bがもつ遺伝子α（α_Aとα_B）をオルソロガス遺伝子（orthologous gene）と呼ぶ（図8-23）．オルソロガス遺伝子の生物界における分布範囲は，その遺伝子の機能を端的に反映する．すべての生物に存在するオルソロガス遺伝子は，細胞質分裂や転写など基本的な生命現象に関連する場合が多い．一方，例えば魚類にのみ存在するオルソロガス遺伝子は，魚類特有の生命現象に関連することが考えられる．また，オルソロガス遺伝子を比較し，種特有の構造があれば，それはその種に特徴的な表現型に関連することが考えられる．一方，同一ゲノム内の遺伝子重複の結果誕生し，機能的に分化した遺伝子（α_{A1}とα_{A2}）をパラロガス遺伝子（paralogous gene）と呼ぶ（図8-23）．また，オルソロガス遺伝子とパラロガス遺伝子を含めて相同遺伝子（homologous gene）と呼ぶ．生命の

進化の過程では，DNA複製の際のずれや相同組換えの際の不等交差などによるゲノムの一部の重複や，倍数化によるゲノム全体の重複により，遺伝子の重複が繰り返されてきた．重複した遺伝子はその機能も重複するため，やがてどちらかが突然変異の蓄積や染色体の欠失で失われるが，重複した遺伝子間で機能的な多様化が起きると，パラロガス遺伝子として保持される．遺伝子重複によるパラロガス遺伝子の獲得は生命の多様性の進化に極めて重要で，動物の発生過程で働くホメオティック遺伝子などでよく研究されている．ちなみに祖先分子は異なるが，機能的適応の結果，類似の機能や構造的特徴をもつに至る場合もあり，これは収斂進化と呼ばれる．

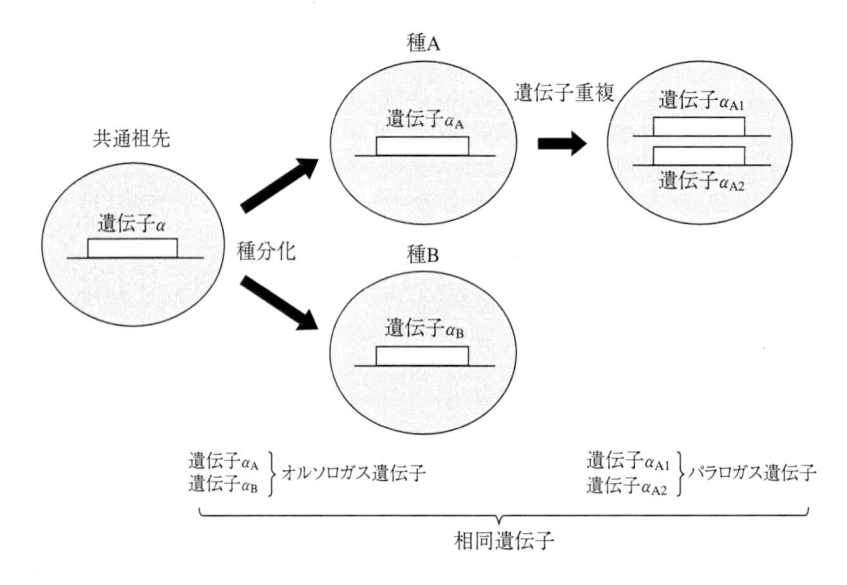

図8-23　オルソロガス遺伝子とパラロガス遺伝子

5-3　分子時計仮説

　ポーリングは化学結合論でノーベル賞を受賞したが，一方で分子時計仮説を提唱し，分子進化という考え方を提起したことでも知られる．1960年代から，アイソザイム（アイソフォーム，第3章2-2項参照）などタンパク質の性質の違いを分類に用いる研究が盛んに行われてきたが，1980年代に入りタンパク質の配列決定が容易に行えるようになると，その違いが分類に用いられるようになってきた．ポーリングは，血液中に存在する酸素運搬タンパク質ヘモグロビンのアミノ酸の配列を様々な生物種間で比べた．その結果，各生物種でヘモグロビンは同じ機能をもつにもかかわらず，その配列には種間で大きな違いがあることがわかった．ヘモグロビンはα鎖とβ鎖の2種類のポリペプチド鎖が各々2本ずつ存在し，合計4つのサブユニットより構成される四量体であるが（第3章5-4-1項参照），例えば図8-24に示したように，ヘモグロビンα鎖のアミノ酸配列はヒトと魚類（コイ）では50％近くも異なる．さらに，異なるアミノ酸の数の多さと生物の分岐年代の間には直線的な比例関係があることがわかった．つまりDNAやタンパク質は時間に比例して塩基やアミノ酸の置換を蓄積する性質があることが示された．

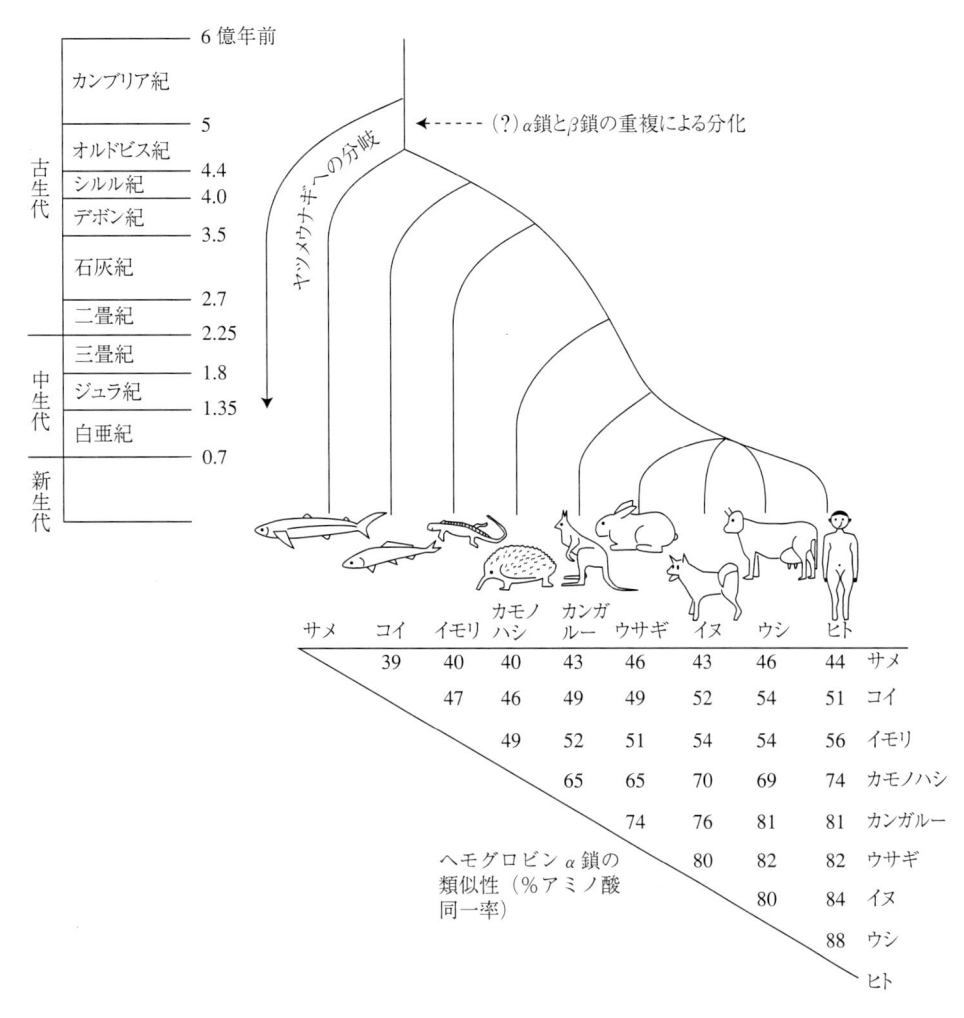

図8-24 ヘモグロビンα鎖の配列の多様性と進化との関連性
（木村，1986より一部改変）

5-4 分子進化の中立説

分子進化速度は分子の種類によって異なるし，同一分子内でも機能的に重要でない部分は速く変化することが明らかになっている．この現象は1968年に木村により提唱された分子進化の中立説で説明できる．「分子の変化は自然選択の結果ではなく，中立で偶発的な変異が，集団内で定着し蓄積したもの」とする説である．この説は，分子に起きる変異が生物に有利に働いて保持されることはごく稀で，変異の大部分は生物にとって有害なものか有害でも無害でもないものである．有害なものは自然選択によって失われるので，結果的に分子内には中立的な変異が蓄積されていくというものである．この説の証明には，偽遺伝子の発見が大きく貢献した．偽遺伝子とは正常な遺伝子の重複によって生まれた後，何らかの理由で遺伝子としての機能を失ったものをいう．このような偽遺伝子はDNA上に多く存在するが，偽遺伝子の中に起きた突然変異は個体

にとっては何の害にもならない．逆に，有益なこともない．すなわちすべての変異は中立的である．中立説によると，分子進化速度は中立な突然変異率で決まり，偽遺伝子では有害な変異がないので最大の速さで進化する．実際マウスのヘモグロビンの正常遺伝子と偽遺伝子の比較から，この理論が支持された．現在中立説は理論として定着し，分子進化学の基本となっている．

5-5 分子系統解析

従来は，形態，発生，生化学的性質のような形質を利用し，生物の系統関係が調べられてきたが，中立説を理論的根拠とする分子時計によって，種分化の起きた時期や，生物種間の系統関係などを調べることができるようになった．また，分子系統解析によって，これまでの分類法では見つからなかった，新しい生物分類群が生まれた．高度好熱菌やメタン細菌などはrRNA配列の比較で，従来の細菌や真核生物と大きく異なり，新しい系統を構成していることが示された．そこで，これら細菌を古細菌とし，従来の細菌（真性細菌），真核生物と区別する新しい分類が提唱された．ミトコンドリアや葉緑体はそれぞれ独自のDNAをもつ細胞小器官であり，両者は細菌の細胞内共生によって獲得されたものとする考え方が従来からあった．これについても，ミトコンドリアや葉緑体のDNA塩基配列が好気細菌と光合成細菌のそれとよく類似することが明らかになり，上述の細胞内共生説が定説となった（第5章4-1-3項参照）．

分子進化を利用したゲノム解析，分子時計を基にして作られる分子系統樹の作成法については巻末解説8-5，8-6を参照．

（木下滋晴）

文　献

Baxendale, S., S. Abdulla, G. Elgar, D. Buck, M. Berks, G. Micklem, R. Durbin, G. l Bates, S. Brenner, S. Beck, and H. Lehrach (1995)：*Genet*, 10 (67-76)

木村資生（監訳）(1986)：分子進化の中立説，紀伊国屋書店．P.84.

Li, W.-H (1977)：Molecular Evolution, Sinauer, pp.380-383.

Watson, J. D., S. P. Bell, A. Gann, M.Levine, and R.M.Losick (2006)：Molecular Biology of the gene 5th edition Pearson Education, Benjamin Cummings, 880pp.

参考図書

Alberts, B.ら (2004)：細胞の分子生物学第4版（中村桂子・松原謙一監訳），ニュートンプレス，1681pp.

青木　宙・平野哲也・隆島史夫編 (1996)：魚類のDNA－分子生物学的アプローチ，恒星社厚生閣，467pp.

Brown, T. (2003)：ゲノム2－新しい生命情報システムへのアプローチ（村松正実監訳），メディカルサイエンスインターナショナル，626pp.

J. クロー (1972)：遺伝学概説（木村資生・太田朋子訳），培風館，341pp.

Malacinski G. M. (2004)：分子生物学の基礎　第4版（川喜田正夫訳），東京化学同人，568pp.

渡辺政隆 (1998)：DNAの謎に挑む，朝日新聞社，326pp.

Watson, J.D (1986)：二重らせん（中村桂子・江上不二夫訳），講談社，243pp.

Watson, J.D and A. Berry (2003)：DNA－すべてはここからはじまった，講談社，522pp.

第9章　細胞の構造と機能

　細胞（cell）は生物の構造と機能の基本単位である．細胞内の構造の違いから，原核細胞（prokaryotic cell）と核（nucleus）をもつ真核細胞（eukaryotic cell）に分けられる．原核細胞から構成される生物は，原核生物（prokaryote）と呼ばれ，真正細菌および古細菌が含まれる．また，真核細胞から構成される生物は，真核生物（eukaryote）と呼ばれ，動物，植物，真菌および原生生物が含まれる．本章では広く水生生物のもつ細胞の構造と機能について解説する．

〔山下倫明〕

§1. 細胞の構造

1-1　細胞の基本構造

1）原核細胞　　大腸菌などの原核細胞は，単細胞生物であり，一組の環状のゲノムDNAを有している（図9-1）．そのゲノムDNAは塩基性タンパク質に結合して折りたたまれ，核様体（nucleoid）として細胞質に露出している．真核細胞のように染色体をもたないが，原核細胞のゲノムDNAの場合も真核細胞と同様に統一して染色体（chromosome）と呼ばれる（第8章1-1項参照）．細胞膜の外側には，ペプチドグリカン，糖脂質，リポタンパク質などを主成分とする外膜があり，細胞膜を内膜と呼ぶ．外膜と内膜の間はペリプラズムと呼ばれるペプチドグリカン層が形成されている．グラム陽性細菌の場合は，外膜がなく，厚いペプチドグリカン層を有している．原核細胞は繊毛で覆われているものもある．また，運動性の細胞は，タンパク質の線維から構成された鞭毛を有している．原核細胞では染色体DNA以外に，プラスミド（plasmid）と呼ばれる小型の環状DNAを細胞質にもつ場合がある．プラスミドには，薬剤耐性遺伝子や性因子☞を有し，細胞間で交

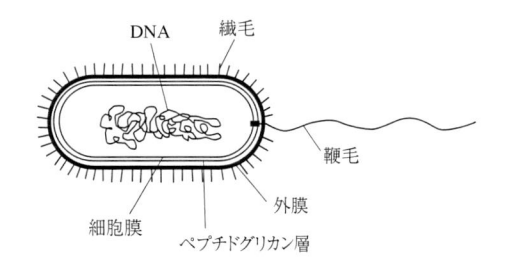

図9-1　原核細胞の構造

☞ **性因子 sex factor**

稔性プラスミド，接合性プラスミド，伝達性プラスミドともいう．接合により自己伝達能をもつ．大腸菌FプラスミドやRプラスミド，コリシン因子などが知られている．Fプラスミドの場合，自律増殖状態ではこのプラスミドを保有する供与体（雄菌）はF線毛をつくり，これを保有しない受容体（雌菌）に性線毛を介して接合し，プラスミドを伝達する．このように雄菌には性器官として性線毛があり，雌菌の受容体に対して接触し，接合する．

換する．

2）真核細胞　真核細胞では，二重の生体膜で構成された核膜（nuclear envelope）によってゲノムDNAが保護されており，細胞質から明確に分離されている（図9-2）．DNAには塩基性タンパク質ヒストンが結合したヌクレオソーム（nucleosome）が構造の基本単位となって高密度に折り畳まれ，染色体を形成している．核膜は小胞体と連続しており，核膜孔を通じて細胞質と連絡している．また，小胞体，ゴルジ体，リソソーム，ミトコンドリアなどの細胞小器官（organelle）が細胞質に分布している．植物細胞も基本構造は同じであるが，葉緑体（chloroplast）や大きな液胞を含み，細胞膜の外側はさらに細胞壁（cell wall）によって覆われる．

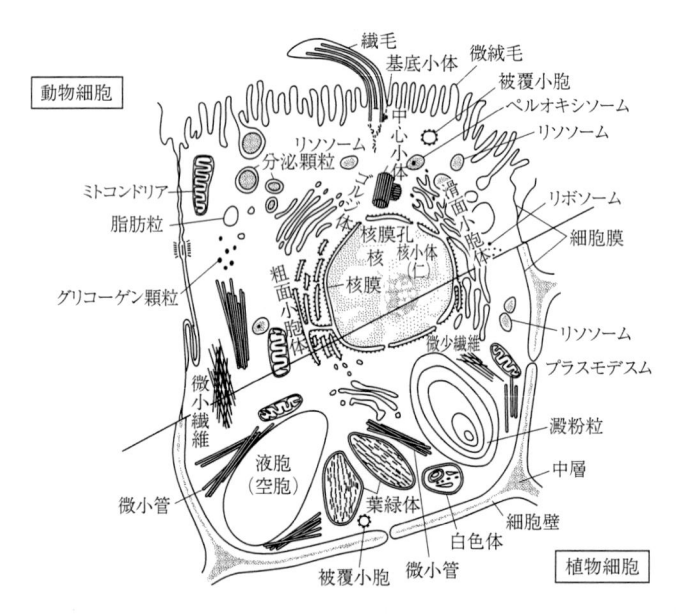

図9-2　真核細胞の構造．植物細胞および動物細胞（八杉ら編，1996）

1-2　細胞膜および細胞小器官

1）細胞膜　細胞は膜で覆われており，細胞膜（cell membrane）と呼ばれる．さらに真核細胞の細胞内に分布する細胞小器官も膜で覆われている．このような細胞を構成する膜は，生体膜と呼ばれ，共通の構造を有している．生体膜は，リン脂質による脂質二重膜（lipid bilayer，第2章1-3-2項参照）とそれに埋め込まれた膜タンパク質（membrane protein）によって構成される（図9-3）．このような細胞膜の構造モデルは流動モザイクモデル（fluid mosaic model）と呼ばれる．脂質二重膜は，半透膜としての特性をもつため，水や酸素分子など極めて小さな分子や疎水性の炭化水素は透過する（単純拡散）が，グルコースやアミノ酸，イオンなどの大部分の生体成分は透過しない．

生体膜を隔てた物質の移動は膜輸送（membrane transport）と呼ばれる．電気化学ポテンシャルの高い方から低い方への物質移動はエネルギーを必要としないので，受動輸送と呼び，エネルギーを必要とする逆方向の移動は能動輸送と呼ぶ．このような膜輸送を担うタンパク質は，Na,

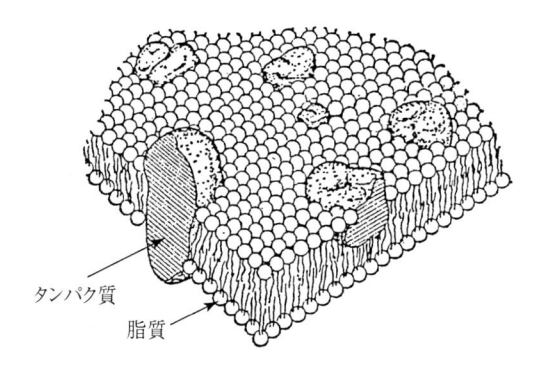

図9-3　生体膜の流動モザイクモデル（野中順三九編，1987より）

K-ATPase, Ca-ATPase, ATP合成酵素（F_oF_1-ATPase）などの特定のイオンを通過させるイオンポンプ，膜電位やホルモンの刺激によって物質透過を受動的に行うイオンチャネル，単原子イオン以外の物質の膜輸送に使われるトランスポーターなどに分類され，いずれも輸送される分子との間に高い特異性があり，細胞膜に埋め込まれている．

　増殖因子，ホルモン，サイトカインなどの細胞外からのシグナル分子に対して特異的に認識・結合し，細胞内に刺激を伝達する受容体タンパク質も細胞膜に埋め込まれており，受容体の部分が細胞膜上に露出している（本章3項参照）．

　2）**細胞小器官**　真核細胞の細胞小器官は生体膜に囲まれ，それぞれ個別の機能を有している．細胞核およびミトコンドリアは二重の膜構造を有しているが，葉緑体は二重から四重の膜構造を有している（第5章4-1-2項参照）．

　i）**ミトコンドリア（mitochondria）**　ミトコンドリアは，酸素呼吸による細胞内の主要なエネルギー生産の場である．電子伝達系による酸化的リン酸化によって，エネルギー物質であるATPを産生する．ミトコンドリアは，外膜と内膜の二層の膜構造から構成されている（図9-4）．内膜の内側はマトリックスと呼ばれ，クエン酸回路の酵素系を有している（第5章3-1-2項参照）．細胞質の解糖系で生産されたピルビン酸はミトコンドリア内膜に取り込まれ，エネルギー産生に

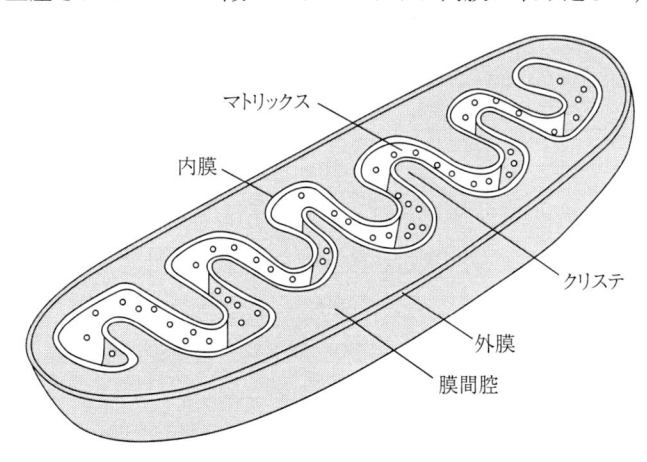

図9-4　ミトコンドリアの構造

利用される．内膜にはクリステと呼ばれる多くのひだがあり，呼吸に伴う酸化的リン酸化反応によってATPが合成される．このようにして合成されたATPはミトコンドリアから細胞質へ搬出され，細胞の活動に利用される．

ミトコンドリアは独自の環状のミトコンドリアDNAをもち複製する．ミトコンドリア内で必要とする酵素およびRNAの一部を合成しているが，ミトコンドリア内の大部分のタンパク質は核ゲノムにコードされており，細胞質で合成され，ミトコンドリア内に輸送される．

生物進化の過程で，ミトコンドリアは，真核細胞への好気的細菌による共生によって生じたと考えられる（第8章5-5項参照）．ミトコンドリアDNAの塩基配列の生物種間の差違を解析することによって，種や系群，品種の遺伝的解析や判別が行われる．

ii）**小胞体（endoplasmic reticulum，ER）** 小胞体は真核細胞の細胞質内に核の外膜と連続して網目状に広がっている（図9-5）．粗面小胞体（rough endoplasmic reticulum）は，細胞質側の膜上表面に多数の膜結合型リボソーム（ribosome）が付着している．細胞外へ分泌されるタンパク質は，膜結合型リボソームで合成され，ゴルジ体へ輸送される（第3章4-2項参照）．滑面小胞体（smooth endoplasmic reticulum）は一般に，ステロイド，リン脂質などの合成および代謝を担っている．

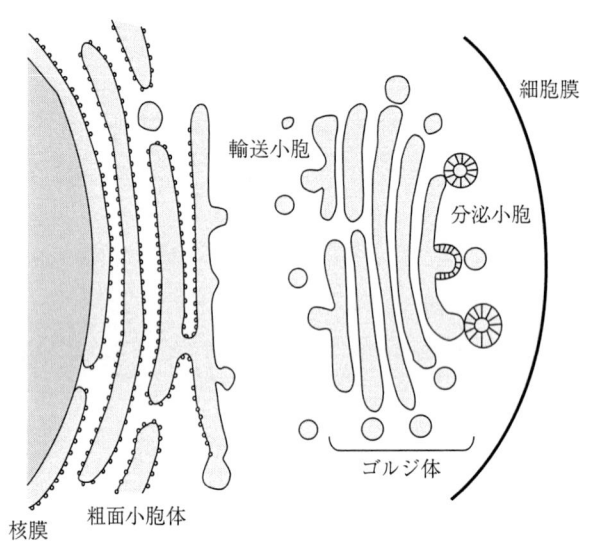

図9-5 粗面小胞体とゴルジ体の構造

iii）**ゴルジ体（Golgi body）** ゴルジ体は扁平な袋状の生体膜から構成される．小胞体で合成されたタンパク質の糖鎖付加など翻訳後の修飾が行われ，分泌顆粒やリソソームへと選別され細胞内外へと輸送される．

iv）**リソソーム（lysosome）** 酸性で作用する加水分解酵素群（カテプシン，リパーゼ，ヌクレアーゼなど）を含む酸性顆粒で細胞内の分解装置として利用される．pHは4.8に保たれている．

v）**ペルオキシソーム（peroxisome）** カタラーゼおよび酸化酵素を含む小顆粒である．酸化酵素の作用により分子状酸素を用いる脱水素反応によって，アミノ酸，アルコール，フェノール，

ギ酸などを酸化して，過酸化水素を生産する．過酸化水素は，カタラーゼで分解される．

　vi）**葉緑体（chloroplast）**　光合成が行われる色素体であり，緑色植物では外膜と内膜の二層の膜に囲まれている（図9-6）．内側に葉緑素を含むチラコイド膜（thylakoid）によってつくられた構造物があり，チラコイドが積み重なってできた塊はグラナ（granum）と呼ばれる．一部のチラコイドはグラナ間を結んでおり，ラメラ（lamella）と呼ばれる．光合成は，チラコイド膜内部のルーメン（lumen）において，水素イオンの濃度勾配を利用して，チラコイド膜上に分布するATP合成酵素によってATPが合成される．葉緑体の内部空間はストロマと呼ばれる．ストロマには，ミトコンドリアと同様に，独自のゲノムDNAが存在し，複製する．葉緑体のタンパク質の一部をコードしている．

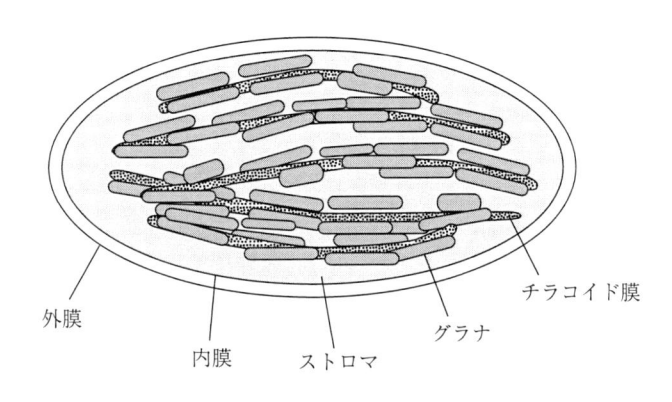

図9-6　葉緑体の構造

1-3　細胞骨格

　細胞骨格（cytoskelton）は，細胞の形態維持および細胞運動に必要な細胞内の線維状構造をいう．細胞小器官の変形，移動および配置，細胞質分裂，筋収縮，繊毛運動など細胞内の活動に関与している．線維の構造および太さから3種類に分類される（図9-7）．

　1）**アクチンフィラメント**　アクチンフィラメント（actin filament）は，主としてアクチンから形成される直径7 nm程度の線維であり，細胞の形態維持に機能するとともに，細胞運動，細胞分裂および筋収縮に関与している．

　2）**中間径フィラメント**　中間径フィラメント（intermediate filament）は直径10 nm程度の線維であり，ケラチン，ニューロフィラメント，デスミン，ビメンチンなどのタンパク質から構成される多種の線維が知られている．核を取り囲んでいる．

　3）**微小管**　微小管（microtubule）は，チューブリン（tubulin）から構成される直径25 nmの管状の細胞骨格をいう．微小管はチューブリンαとチューブリンβとが結合したヘテロ二量体が基本単位となって，その重合物から構成される．細胞分裂の際に形成される星状体，紡錘体および染色体を構成している．微小管に結合する微小管関連タンパク質が，微小管の伸長，連結，架橋および平行束の形成に関与している．また，繊毛および真核生物の鞭毛は微小管の束から構成されており，運動を担っている．微小管を足場とするモータータンパク質ダイニンおよびキネ

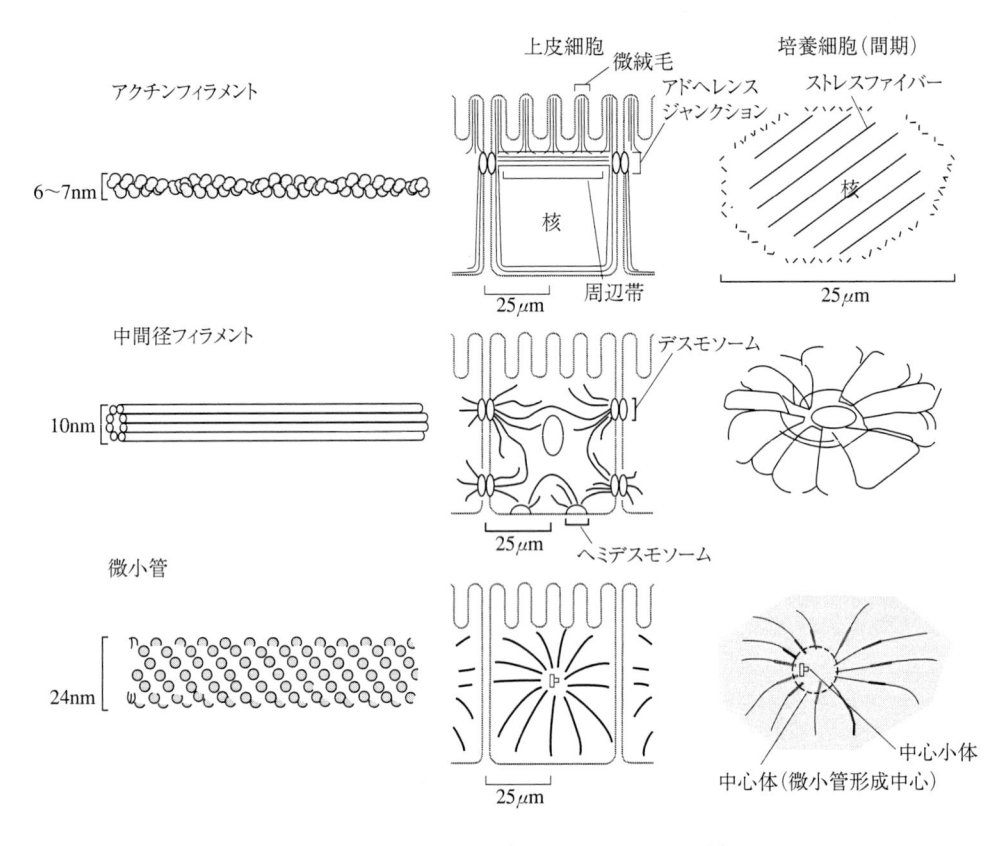

図9-7 細胞骨格の構造(藤本・馬渕,2002より)

シンが知られている．アルカロイド化合物であるコルヒチンは，チューブリンの脱重合作用をもち，微小管の伸長阻害剤として，医薬品や不稔性果実の作出に使われている．

1-4 細胞接着と細胞外マトリックス

1) カドヘリン カドヘリン(cadherin)ファミリーのタンパク質は同じタイプの細胞同士を接着させる作用をもつカルシウムイオン依存性の細胞間接着分子である．カドヘリンは，細胞膜上に分布し，カテニン(catenin)タンパク質を介して，細胞骨格と連結しており，細胞内外の情報伝達を担っている．胚発生における組織の形態形成において，カドヘリンの発現と消失が重要な役割を果たしている．

2) 細胞外マトリックス 細胞外マトリックス(extracellular matrix，細胞外基質または細胞間マトリックス)は，タンパク質，多糖類などによって作られる構造物であり，多細胞生物の細胞外に存在する．動物の軟骨，骨など骨格，細胞接着における足場，細胞増殖因子の保持などの役割を果たしている．動物における主要な細胞外マトリックス成分は，コラーゲン(collagen)，プロテオグリカン(proteoglycan)，フィブロネクチン(fibronectin)などである．

脊椎動物のI型コラーゲンは，骨，真皮，筋肉などに分布する主要なタンパク質である．I型コラーゲンが最も多く分布しているが，魚類筋肉では筋線維周辺にV型コラーゲンが，また，軟骨

組織はII型コラーゲンが分布している（第3章5-3-10項参照）．

プロテオグリカンは，コアタンパク質に，1本または多数のグリコサミノグリカン鎖が結合している．コンドロイチン硫酸（chondroitin sulfate），ヒアルロン酸（hyaluronic acid）などが構成多糖である（第5章1-4-1項参照）．

フィブロネクチンは，ポリペプチド鎖の内部に細胞結合部位としてRGD配列☞を有して，細胞膜上の受容体インテグリン（integrin）によって認識され，結合し，もう一方でコラーゲンと結合して，細胞接着および伸展に関与している（図9-8）．

一方，植物における主要な細胞外マトリックス成分は，セルロースである．

（山下倫明）

> ☞ **RGD配列**
>
> フィブロネクチン，ビトロネクチン，コラーゲンなどの細胞外基質タンパク質は，RGD（Arg-Gly-Asp）配列をもち，これに対するレセプター群として細胞膜に分布するインテグリンが認識し，細胞と細胞外マトリックスを接着する．インテグリンは，α鎖とβ鎖2つのサブユニットからなるタンパク質で，細胞外部で細胞外基質タンパク質と結合し，短い細胞質部で細胞骨格に結合している．カルシウムイオンなど2価金属イオンに依存性である．

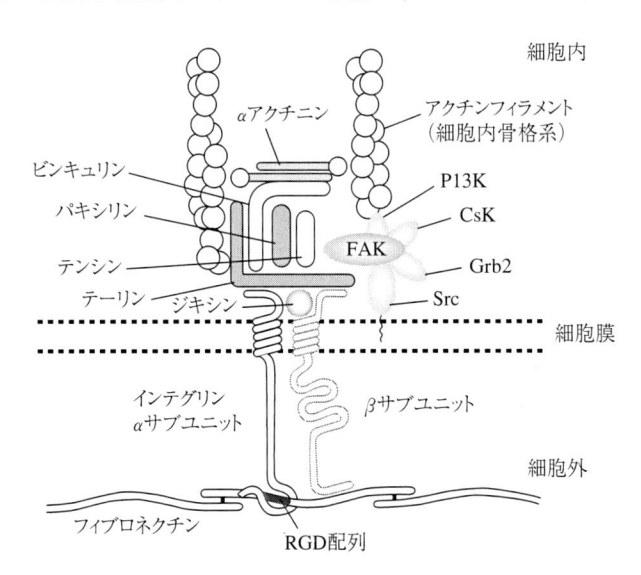

図9-8　フィブロネクチンとインテグリンを含む構造（林，1998）

§2．細胞の代謝と機能

2-1　食作用と分泌作用

1）エンドサイトーシス　エンドサイトーシス（endocytosis）は，細胞外の分子が細胞内へと取り込まれる作用である（図9-9）．小さい小胞へと細胞外から液体や溶質を取り込む過程は飲作用（ピノサイトーシス）と呼ばれる．また，細胞表面の受容体と結合した高分子を細胞内へ取り込み，クラスリン☞から構成される被覆小胞を形成する機構は受容体介在性エンドサイト

ーシスと呼ばれる．被覆小胞はクラスリンが外されたのち，取り込まれた分子が選択的に細胞膜へ戻る場合もあるが，大部分は酸性顆粒のエンドソームと融合し，リソソームによる分解経路へと輸送される．血中のコレステロールが結合した低密度リポタンパク質（low-density lipoprotein, LDL）や卵黄タンパク質のビデロゲニンは，肝臓から血中へ分泌されたのち，細胞表面上の受容体を介してエンドサイトーシスにより細胞に取り込まれて，卵黄に蓄積される．

> **☞ クラスリン**
>
> エンドサイトーシスを担う分子量18万のタンパク質．クラスリンで覆われた小胞（被覆小胞）が細胞膜上で形成されて，細胞膜表面にあるタンパク質や脂質が小胞内に取り込まれる．クラスリン3分子が自己集合し，トリスケリオンと呼ばれる三脚タンパク質複合体が形成され，さらにトリスケリオンの網状体となって籠状の被覆小胞を作る．小胞が形成された後，この被覆構造は解体される．

鉄を配位したトランスフェリン，ホルモン，細胞成長因子などは，細胞膜上に分布する受容体に結合したのち，細胞内へとエンドサイトーシスによって取り込まれ，クラスリン被覆小胞が形成され，リソソームによって分解される経路が知られている．

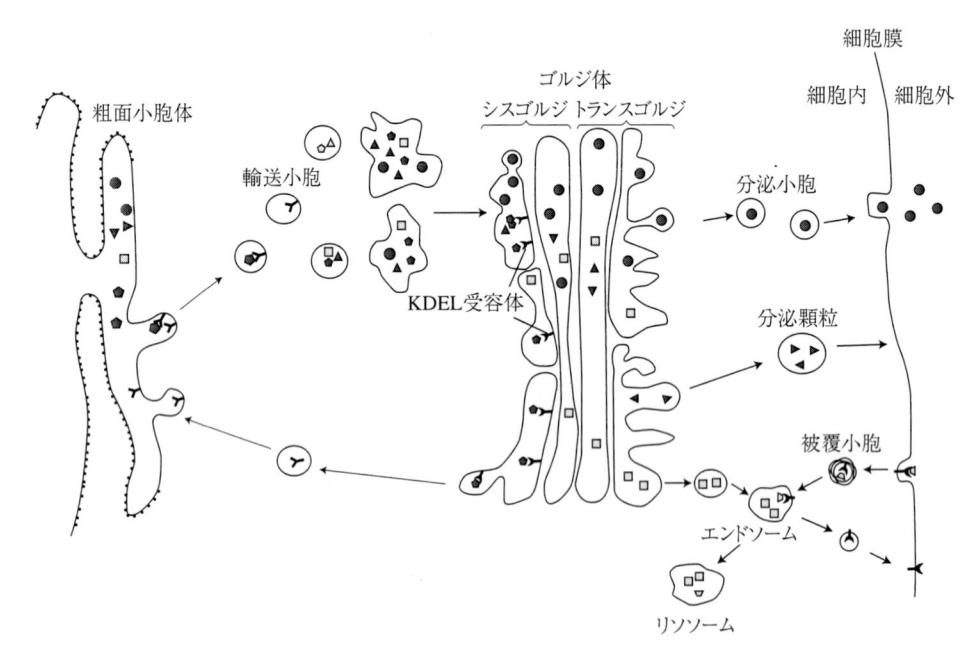

図9-9 エキソサイトーシスとエンドサイトーシス

2）ファゴサイトーシス 原生動物は，細菌などの粒子をファゴサイトーシス（phagocytosis, 貪食作用または食作用とも呼ばれる）によって摂食し，食胞に取り込んだのち，リソソームで分解することによって栄養源としている．動物細胞の例では，マクロファージや好中球などの食細胞が異物や病原体をエンドサイトーシスによって細胞内に取り込み，リソソームで消化する．

3）オートファジー オートファジー（autophagy）は，自食作用とも呼ばれ，広く真核細胞に共通している細胞内タンパク質分解の主要な経路である．細胞内で異常なタンパク質が蓄積す

るのを防いでいるほか，細胞での栄養状態が悪化したときにタンパク質分解を促す．また，病原微生物感染に対する防御機構として，細胞内に侵入したウイルスやバクテリアを排除する役割も担っている．細胞レベルでの飢餓状態，すなわち，アミノ酸が欠乏した状態や異常タンパク質が蓄積した状態では，不要なタンパク質や異常タンパク質がオートファゴソーム（autophagosome またはオートファジー小胞 autophagic vesicle）にとりこまれ，リソソームと膜融合を起こして，オートリソソームと呼ばれる大型の小胞に成長したのち，リソソームに由来するプロテアーゼによって消化される（第3章4-3-1項参照）．

4）エキソサイトーシス　エキソサイトーシス（exocytosis）は細胞内の分子が細胞外へ分泌される作用をいう．トランスゴルジ網で形成された分泌小胞は，細胞膜と融合して，内容物が細胞外へと放出される（図9-9）．細胞外タンパク質は構成性分泌経路で常に分泌されるのに対し，カテコールアミンや神経伝達物質などの低分子は，ホルモンや神経による刺激に対して応答して膜融合が生じて分泌されるという調節性分泌経路を担っている．

2-2　細胞内輸送

真核細胞では，リボソームで新たに合成されたタンパク質が目的の細胞小器官へと選別されて輸送される機構が知られている．小胞体，ペルオキシソームなど一重膜系およびミトコンドリアや葉緑体の二重膜系へのタンパク質の輸送は膜透過を伴うが，核への輸送は核膜孔を通じて行われる．

1）小胞体への輸送　小胞体に局在するタンパク質は，小胞体膜上に結合したリボソームで合成され，小胞体膜を通過し，小胞体内に蓄積される．小胞輸送の経路として，小胞体からゴルジ体を経て分泌小胞が形成され，細胞膜上から内容物が放出される分泌経路，小胞体からゴルジ体を経て後期エンドソームを形成し，リソソームまたは液胞へ至る分解経路，および細胞膜に由来する初期・後期エンドソームからリソソームへ至るエンドサイトーシス経路に分類される（図9-9）．

タンパク質が小胞体内へ導かれるためには，タンパク質のN末端にある疎水性のアミノ酸配列を有するシグナルペプチド（シグナル配列）が利用される．シグナルペプチドは，小胞体膜上の受容体で認識され，疎水性領域を介して小胞体膜を貫通して，タンパク質は小胞体膜の内部に取り込まれる．小胞輸送の過程では，小胞体に残留するタンパク質は，C末端にあるKDELまたはHDEL配列，小胞体膜タンパク質の細胞質側C末端にあるKKXX配列などのシグナル配列を介して選別される（第3章4-2項参照）．さらに，リソソーム・液胞を形成するタンパク質は，アスパラギン結合型（N-結合型）糖鎖上のマンノース6-リン酸が受容体によって認識され，選別される．

2）ミトコンドリアへの輸送　ミトコンドリアタンパク質は，N末端にあるマトリックスターゲッティング配列によってミトコンドリア内へ導入され，さらに二次選別シグナルによってミトコンドリア内の局在が決定される．すなわち，二次選別シグナルをもたないタンパク質は膜透過し，マトリックス内に導入されるが，二次選別シグナルを有するタンパク質は，内膜や膜間腔

に導入される.

3) 葉緑体への輸送 葉緑体タンパク質の葉緑体への導入には，N末端にあるストロマターゲッティング配列が利用され，さらにチラコイドへの選別には，チラコイドターゲッティング配列が加わる．

4) 核への輸送 核へのタンパク質の輸送は核膜孔を通じて行われる．塩基性アミノ酸に富む核局在化シグナル（nuclear localization signal, NLS）は，細胞内に分布する受容体タンパク質インポーチンによって認識され，核へと輸送される．核内で合成されたmRNAは核膜孔を通して細胞質へと輸送される．

2-3 細胞（質）分裂と細胞周期

1) 無性生殖と有性生殖 生物の増殖は，無性生殖および有性生殖に分類される．無性生殖は，他の細胞との遺伝子のやり取りをせずに行う生殖様式をいい，単細胞生物は細胞質分裂によって個体数を増加させる．多細胞生物でみられる無性生殖は，菌類やコケ植物，シダ植物などでは胞子が形成され，発芽し，増殖し，次世代を生じる例がある．栄養生殖と呼ばれ，受精を行う種子植物であっても，親の一部が分かれて新しい個体を形成する例がある．無性生殖で増殖したすべての細胞は有糸分裂（後述）によって生じるので，その遺伝的特性は親と同一であり，クローンと呼ばれる．有性生殖は，性または接合型が異なる2種類の細胞，すなわち配偶子（gamate）が融合することによって生じる生殖様式である．この過程は，菌類，植物などでは接合または受精と呼ばれ，融合した細胞は接合子（zygote）と呼ばれる．高等動物の場合は卵（egg）および精子（sperm）が受精し，接合子として受精卵（fertilized egg）が得られる．

2) 細胞質分裂 多細胞生物の細胞質分裂は体細胞分裂および減数分裂に分かれる．一般の細胞質分裂は，核分裂に引き続いて生じる．真核生物の核分裂は染色体，紡錘糸など糸状構造が出現することから有糸分裂（mitosis）と呼ばれる．

細胞周期（cell cycle）で染色体が分裂する時期をM期と呼び，DNA合成および複製が進行する時期をS期と呼ぶ（図9-10）．M期からS期，S期からM期への過程（間期）は，それぞれG_1期およびG_2期と呼ばれ，G_1期ではDNA複製の準備，G_2期では有糸分裂の準備が行なわれる．細胞質分裂が行なわれず，細胞周期から外れた状態をG_0期と呼ぶ．

3) 減数分裂 減数分裂（meiosis）は真核生物の細胞質分裂の様式であり，染色体数が分裂前の細胞の半分になる配偶子を形成する．減数第一分裂では，染色体の複製の後に相同染色体が対合するが，2本の染色体どうしの一部が交叉する現

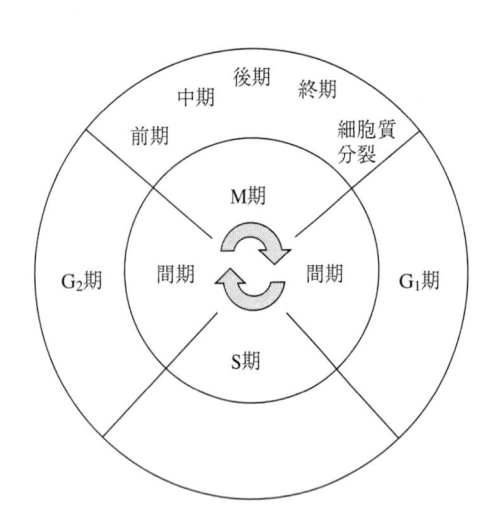

図9-10 細胞周期

象が生じてDNAが交換され，その後連続して第二分裂が生じる．これにより，1倍体（半数体）の染色体を有する細胞が生じる．配偶子が結合して接合子となる．2つの配偶子は別々の親から得られるが，1つの親が両方の配偶子をつくる場合もある．減数分裂は配偶子形成の過程で遺伝的な多様化を生じさせることから，環境変化への適応や進化に貢献すると考えられる．

2-4 アポトーシス

多細胞生物において遺伝的制御機構に従って誘発される細胞の死をアポトーシス（apoptosis）という．自己細胞死またはプログラム細胞死（programmed cell death）とも呼ばれる．アポトーシスに対し，血行不良，外傷などによって細胞を取り巻く環境の悪化が誘発する細胞死は，ネクローシス（necrosis）または壊死と呼ばれる．

アポトーシスによって細胞の形態は急激に変化し，細胞の形状が丸くなり，クロマチンが凝縮し，DNAがヌクレオソーム単位で断片化し，細胞が小片化する（図9-11a）．

生物の発生プログラムに従って，発生段階および組織特異的に細胞死が生じる現象は，プログラム細胞死と呼ばれるが，このような細胞死もアポトーシスの制御機構によって生じるものである．腫瘍壊死因子（tumor necrosis factor, TNF）やサイトカインなど細胞外からのシグナル分

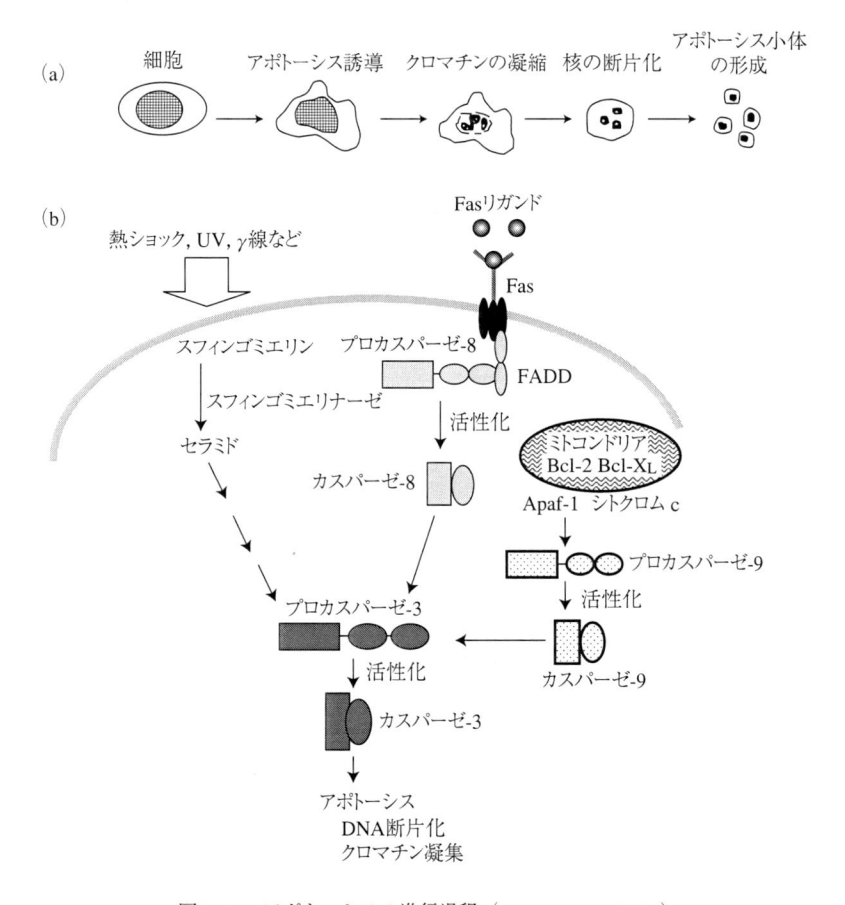

図9-11 アポトーシスの進行過程（Yamashita, 2004）

子によって，受容体が活性化される経路，DNA損傷によりミトコンドリアの崩壊を伴うBcl-2などのタンパク質からなるシグナル経路，小胞体ストレスによって小胞体内で異常タンパク質が生成する経路，など複数のアポトーシス経路がある．アポトーシス誘導のカスケード反応が明らかにされ，カスパーゼ-3がアポトーシスを実行する酵素であることが明らかにされている（図9-11b）．

（山下倫明）

§3. 細胞の情報伝達

多細胞生物の組織や器官が発生・分化し適切に機能するためには，構成している細胞が互いに情報をやりとりする必要がある．このことは，情報交換の欠除が発生・分化の異常や組織や器官の機能不全となって現れ，個体の生存を危うくすることからも明らかである．細胞間の情報伝達物質には，ホルモン，神経伝達物質，サイトカイン，増殖因子などが知られている．これらはタンパク質，ペプチド，アミノ酸，脂溶性物質などからなり，自己分泌（autocrine），傍分泌（paracrine），神経分泌（neurocrine）および内分泌（endocrine）などで細胞外へ分泌される．魚類の内分泌については成書に詳しい（会田ら，1991；小林ら，2002）．情報伝達物質は分泌型のほか，細胞外膜上に存在し細胞間の接触により情報を伝達する細胞接着分子もある（関口・鈴木，2001；本章1-4項参照）．

細胞間の情報伝達物質は，細胞膜上あるいは細胞質に存在する受容体（レセプター，receptor）と特異的に結合し，リガンド（ligand）と呼ばれる．例えば，細胞膜上の受容体に細胞外のリガンドが結合すると，cAMP（第5章4-1項参照）やカルシウムイオンなどの細胞内濃度が上昇して次の生体内反応を引き起こす．このように，細胞外のリガンドが作用して細胞内で新たに生成する情報伝達物質を第二メッセンジャーと呼ぶ．受容体は自らの酵素で，自身あるいは受容体に会合するアダプタータンパク質を修飾して細胞外の情報を細胞内へ伝達する．細胞内の情報伝達に関わる分子は数多く同定されており，反応機構が詳細に調べられている（黒木，1996；Gompertsら，2002；Albertら，2004；山本・仙波，2004）．ここでは，いくつかの主要な細胞の情報伝達経路を受容体の種類に分けて解説する．

3-1 Gタンパク質共役型受容体

受容体には，細胞膜上のものと細胞質に存在するものがある．細胞膜上の受容体は，Gタンパク質共役型と酵素会合型とに分類される．

Gタンパク質共役型受容体は，1本のポリペプチド鎖が7回細胞膜を貫通する構造をとることから7回膜貫通型受容体とも呼ばれ，三量体Gタンパク質（trimeric GTP-binding protein）を介して細胞外の情報を細胞内へと伝達する（図9-12）．Gタンパク質はグアノシン5'-二リン酸（GDP）およびグアノシン5'-三リン酸（GTP）と結合するタンパク質の総称である．三量体Gタンパク質はα，βおよびγサブユニットから構成され，αサブユニットはGDPまたはGTPと結合し，βおよびγサブユニットは$\beta\gamma$複合体として存在する．GDPと結合したαサブユニットは

βγ複合体と三量体を形成して不活性化されているが，リガンドがGタンパク質共役型受容体に結合すると，共役する三量体Gタンパク質のαサブユニットに結合しているGDPはGTPに交換され，αサブユニットとβγ複合体が解離する．αサブユニットはGTP分解活性をもち，結合したGTPを徐々にGDPに分解して次の反応が過度に進行しないように制御されている．GDPと結合したαサブユニットは再びβγ複合体と会合して不活性型となる．

Gタンパク質αサブユニットにはいくつかの種類があり，特異的にアデニル酸シクラーゼ，ホスホリパーゼC（PLC）β，サイクリックグアノシン5'-一リン酸（cGMP）依存性ホスホジエステラーゼ，イオンチャネルなど，次の反応に必要なエフェクタータンパク質の働きを調節する．アデニル酸シクラーゼは，ATPをcAMPに変換する酵素で，α_sサブユニットを含むGタンパク質で活性化され，α_i/α_0サブユニットを含むGタンパク質で阻害される．コレラ菌毒素はα_sサブユニットを活性化することによりアデニル酸シクラーゼを活性化して細胞内のcAMP濃度を上昇させる．百日咳菌毒素はα_i/α_0サブユニットのシステイン残基を修飾し，受容体とGタンパク質との共役能を失わせてアデニル酸シクラーゼの制御を攪乱し，細胞内のcAMP濃度を上昇させる．細胞内ではcAMP濃度の上昇によりcAMP依存性プロテインキナーゼ（プロテインキナーゼA，PKA）が活性化する（図9-12，第5章3-1-5項参照）．PKAは，タンパク質のセリンまたはトレオニン残基のヒドロキシ基のリン酸化を触媒する酵素で，幅広い基質タンパク質に作用し，R-R-x-［S/T］-x（xは任意のアミノ酸）のアミノ酸配列を認識してリン酸化する．cAMP応答配列（cAMP response element, CRE）結合タンパク質（CREB）は，PKAによりリン酸化すると二量体化し，遺伝子上流域に存在するCREに結合してその発現を制御する．

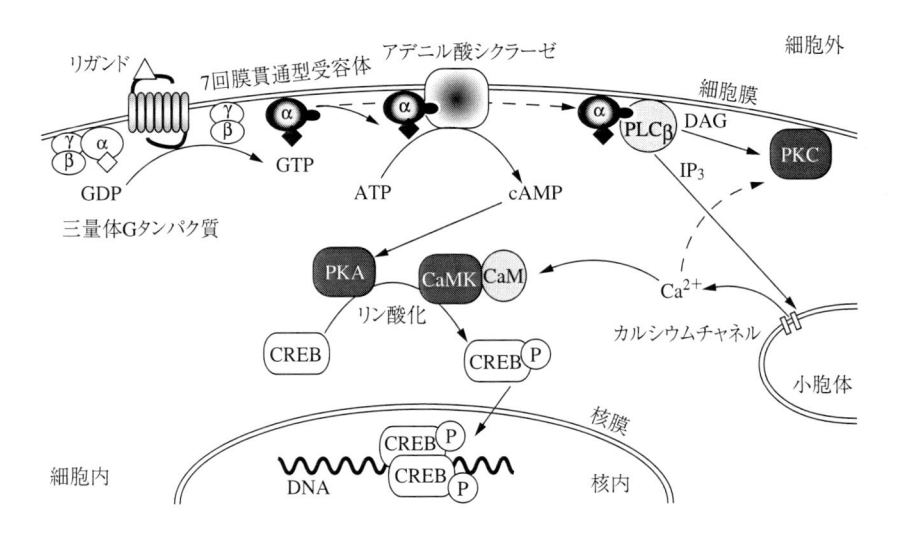

図9-12 Gタンパク質共役型受容体を介した細胞の情報伝達
CaM：カルモジュリン，CaMK：カルモジュリンキナーゼ，CREB：cAMP応答配列結合タンパク質，DAG：ジアシルグリセロール，IP$_3$：イノシトール3リン酸，PKA：プロテインキナーゼA，PKC：プロテインキナーゼC，PLCβ：ホスフォリパーゼCβ．△，◇，◆はそれぞれリガンド，GDP，GTPを表す．Ⓟはタンパク質のリン酸化状態を表す．

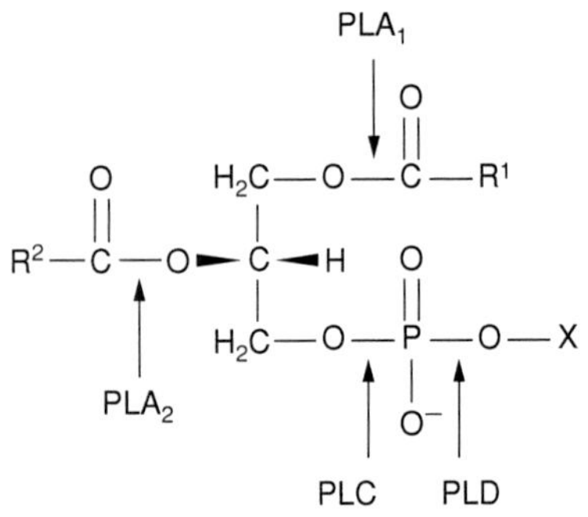

図9-13　ホスホリパーゼのリン脂質の分解部位
PLA_1：ホスホリパーゼA_1, PLA_2：ホスホリパーゼA_2, PLC：ホスホリパーゼC, PLD：ホスホリパーゼD, Rは側鎖を表す.

PLCβは, α_qサブユニットを含む三量体Gタンパク質で活性化される. ホスホリパーゼはグリセロール骨格をもつリン脂質のエステル結合を加水分解する酵素群の総称で, リン脂質の分解部位によりPLA_1, PLA_2, PLCおよびPLDに分類される（図9-13）. PLCはリン脂質を加水分解し, ジアシルグリセロール（DAG）を生成する酵素で, 構造によりβ, γおよびδの3つのクラスに分けられる. DAGはプロテインキナーゼC（PKC）を活性化する. 活性化されたPKCは, PKAと同様にタンパク質のセリンあるいはトレオニン残基をリン酸化する. PKCが関係する反応は多岐におよぶことが知られている.

PLCβがホスファチジルイノシトールビスリン酸［phosphatidylinositol 4, 5-bisphosphate, PIP_2またはPI (4, 5) P_2］を加水分解すると, DAGおよびイノシトール1, 4, 5-トリリン酸（IP_3）が生成する（図9-12, 第4章1-4-1項参照）. 刺激を受けていない細胞では, カルシウムイオンは細胞外に排出されているか細胞内の小胞体あるいはミトコンドリア中に取り込まれるため細胞内濃度は低く抑えられている. IP_3は小胞体膜のカルシウムチャネルを開口し, カルシウムイオンを細胞内に一過的に流出させる. 細胞内でカルシウムイオンと結合したタンパク質は構造が変化し, 酵素活性が変化する. 例えば, カルシウムイオンはDAGとともにPKCを活性化する. 一方, カルモジュリン（calmodulin）はカルシウムイオンと結合し, カルシウム-カルモジュリン依存性プロテインキナーゼII（Ca^{2+}/calmodulin-dependent protein kinase II, CaMキナーゼII）を活性化する. CaMキナーゼIIは, 標的タンパク質のセリンまたはトレオニンをリン酸化して酵素活性やイオンチャネルなどの機能を調節するなど, 細胞内でカルシウムイオンの働きを広く仲介する. CaMキナーゼIIは, 先に述べたCREBのリン酸化にも関わる.

3-2　酵素会合型受容体

酵素会合型受容体は1回のみ膜を貫通する構造の単量体あるいはその多量体からなる. この受容体はそれ自体が酵素活性をもつものと, 非受容体型酵素と会合して機能するものに分けられる.

多くの成長因子の受容体は自己チロシンリン酸化活性をもつ. この受容体は, リガンド結合に伴い二量体化するか, あるいは単量体のまま構造変化して細胞内領域のSH2（Src homology region 2）ドメインに存在するチロシン残基をリン酸化する（図9-14）. リン酸化したSH2ドメインには他の酵素あるいはアダプタータンパク質が結合し, 次の段階の反応を制御する. 例えば, PLCγは受容体のリン酸化したSH2ドメインを認識して活性化する. 活性化したPLCγは, 前述のPLCβの場合と同様にDAGおよびIP_3を生成し, PKCを活性化して細胞内カルシウムイオン濃度を上昇させることにより次の段階の反応を制御する.

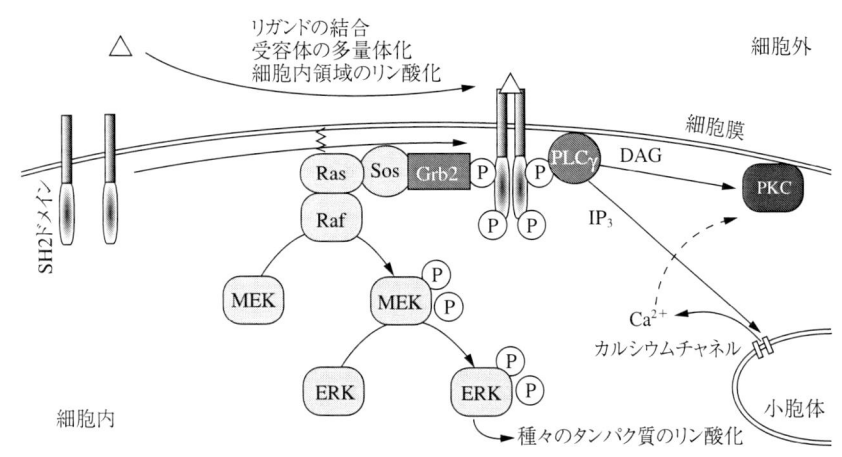

図9-14 チロシンキナーゼ型受容体を介した細胞の情報伝達
ERK：extracellular signal regulated protein kinase，Grb2, growth factor receptor-binding protein-2，MEK：mitogen activated protein キナーゼ-ERK キナーゼ，PKC：プロテインキナーゼC，PLCγ：ホスホリパーゼCγ，Ras：Rasタンパク質，Raf：Rafタンパク質，Sos：Sosタンパク質．△はリガンドを表す．Ⓟはタンパク質のリン酸化状態を表す．

　Grb2（growth factor receptor-binding protein2）は，受容体のリン酸化したSH2ドメインを認識してSOS（son of sevenless）と会合する（図9-14）．Grb2/SOS複合体はRasのGDP/GTP交換反応を触媒する．Rasはがん遺伝子*ras*の遺伝子産物で，低分子量Gタンパク質の一種である．低分子量Gタンパク質は20～30 kDaの単量体で，ほとんどはN末端あるいはC末端で脂質と結合して細胞内膜上に存在するが，一部は細胞質にも存在する．低分子量Gタンパク質にはRasのほか，Rho，Rab，ArfおよびRanがあり，それぞれ数種類のタンパク質からなる分子ファミリーを形成する．いずれのタンパク質も通常はGDPと結合して不活性化されているが，前述のGrb2/SOS複合体のようなGDP/GTP交換反応促進タンパク質によりGDPがGTPと交換されて活性型となる．活性型Rasは，MAP（mitogen activated protein）キナーゼカスケードを経て情報を伝達する．すなわち，MAPキナーゼキナーゼキナーゼ（MAPKKK）であるRafが，活性型Rasと結合することで活性化し，活性型RafがMAPKKであるMAPK-ERK（extracellular signal regulated プロテインキナーゼ）キナーゼ（MEK）をリン酸化する．最終的にはMEKによりERKがリン酸化される．いずれの反応経路においてもセリンまたはトレオニン残基がリン酸化される．リン酸化ERK（extracellular signal regulated protein kinase）は，様々なタンパク質のセリンおよびトレオニン残基をリン酸化し，細胞増殖に関わる初期遺伝子群の転写を活性化する．MAPキナーゼカスケードには，ERKを活性化する古典的経路のほかに，様々なストレスで活性化されるJNK（Jun-N-terminal kinase）およびp38を最終的に活性化する経路があり，それぞれ異なるMAPKKKおよびMAPKKをもつことが知られる．

　他の主要なアダプタータンパク質として，インスリンをリガンドとする情報伝達のホスファチジルイノシトール3（PI3）キナーゼ（PI3K）がある（図9-15）．PI3Kは，PIのC-3位をリン酸化する酵素で，SH2ドメインを含む調節サブユニットと，酵素活性をもつ触媒サブユニットからなる．受容体にインスリンが結合すると，その細胞内領域のチロシンがリン酸化する．この部位へ

複数のインスリン受容体基質（insulin receptor substrate, IRS）がPTB（phosphotyrosine binding）ドメインを介して結合し，IRSがリン酸化する．次に，PI3KがIRSに結合し，細胞内膜に存在するPI (4, 5) P_2をリン酸化し，ホスファチジルイノシトール3, 4, 5-トリリン酸［PI (3, 4, 5) P_3］（PIP_3）を生成する．プロテインキナーゼB（PKB）およびプロテインキナーゼD（PKD）は細胞内膜上に生成したPIP_3へ集合する．これは，PKBおよびPKD分子中のPH（pleckstrin homology）ドメインがホスファチジルポリリン酸と結合することによる．PKBは2種類のPKDによりセリンおよびトレオニン残基がリン酸化されることにより活性化する．このようにインスリンをリガンドとして細胞内情報伝達で活性化したPKBは細胞内のタンパク質合成やグルコース代謝を調節する．インスリン以外の成長因子もPI3Kを介してPKBを活性化するが，インスリンの場合とは異なりグルコース代謝にはほとんど影響しない．これは，インスリンからの情報伝達が特異的にIRSを介していることによる．

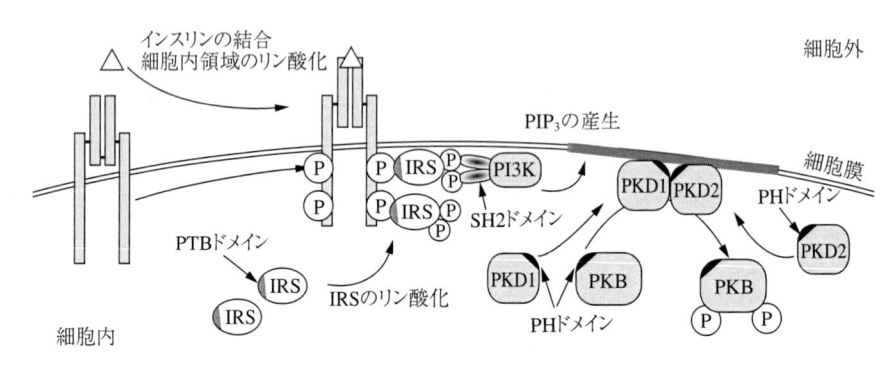

図9-15　インシュリン受容体を介した細胞の情報伝達
IRS：インスリン受容体基質，PH：pleckstrin homology，PI3K：ホスファチジルイノシトール3キナーゼ，PIP3：ホスファチジルイノシトール3, 4, 5-トリリン酸，PKB：プロテインキナーゼB，PKD1：プロテインキナーゼD1，PKD2：プロテインキナーゼD2，PTB：ホスホチロシン結合，SH2：Src homology region 2．△はリガンドを表す．⑪はタンパク質のリン酸化状態を表す．

　TGFβ（transforming growth factor-β）ファミリー成長因子の受容体は，それ自体のセリンおよびトレオニン残基をリン酸化する酵素活性をもつ（図9-16）．この受容体は1型および2型に分類される．1型受容体がリン酸化により活性化するのに対し，2型受容体は恒常的に活性化型である．これら2つのタイプの受容体がリガンドとの結合に伴い会合すると，1型受容体が2型受容体によりリン酸化を受ける．このように活性化した受容体は，ショウジョウバエ*mad*遺伝子産物であるMadおよび線虫*sma*遺伝子産物であるSmaの脊椎動物の相同タンパク質Smadをリン酸化する．SmadにはDNAの転写を調節するものと，他のSmadファミリー分子の働きを調節するものがある．前者のSmadは二量体を形成し，他の転写調節因子と共同して遺伝子の転写を調節する．

　成長因子や一部のホルモンの受容体がチロシンあるいはセリン／トレオニンキナーゼとして働くのに対し，インターロイキンやインターフェロンなどサイトカインの受容体は，それ自体は酵素活性をもたない．後者の受容体はリガンドとの結合で二量体あるいはそれ以上の多量体を形成し，細胞内の非受容体型チロシンキナーゼの会合を介して細胞内に情報を伝達する（図9-17）．非

§3. 細胞の情報伝達　219

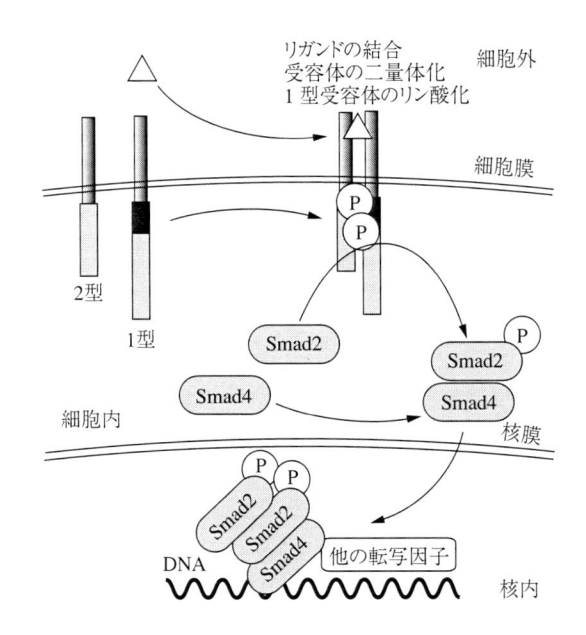

図9-16　TGFβスーパーファミリー受容体を介した細胞の情報伝達
Smad2：Smad2タンパク質，Smad4：Smad4タンパク質．△はリガンドを表す．
Ⓟはタンパク質のリン酸化状態を表す．

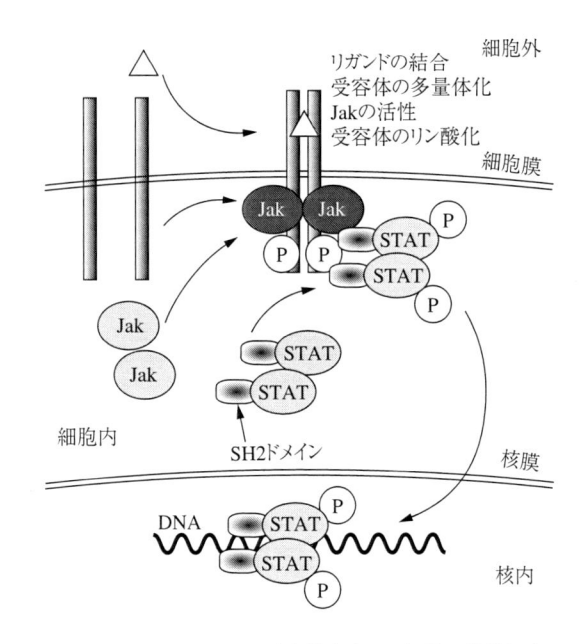

図9-17　サイトカイン受容体を介した細胞の情報伝達
Jak：Janus kinase, STAT：signal transducer and activator of transcription.
△はリガンドを表す．Ⓟはタンパク質のリン酸化状態を表す．

受容体型チロシンキナーゼにはJak（Janusキナーゼ）およびチロシンキナーゼ（Tyk）が知られている．これらの酵素は受容体の細胞内チロシン残基をリン酸化し，このリン酸化部位にSTAT（signal transducer and activator of transcription）がSH2ドメインを介して会合する．STATはさらにJakによりリン酸化され核内へ移行し，転写因子として種々の遺伝子発現を調節する．

以上のように，タンパク質のリン酸化は細胞内の情報伝達に非常に重要である．一方，再び刺激に応答するためには，タンパク質リン酸化により情報が伝達された後に，速やかに細胞内のリン酸化タンパク質を脱リン酸化することが必須である．この機能を果たすホスホプロテインホスファターゼ（タンパク質脱リン酸化酵素）は，チロシンホスファターゼおよびセリン／トレオニンホスファターゼに分類される．チロシンホスファターゼはチロシン残基のみを標的とするもののほか，チロシンおよびセリン／トレオニン残基のいずれをも脱リン酸化することができる基質特異性の広いものがある．チロシンホスファターゼには膜貫通領域をもつ受容体型のものと細胞質の非受容体型のものがあるが，前者の受容体のリガンドはほとんど明らかにされていない．

3-3　その他の受容体

受容体の細胞内領域や，受容体と会合するアダプタータンパク質がタンパク質分解酵素で切断されることにより，細胞外の情報が細胞内に伝達される例も見つかっている．発生，分化で重要な役割を果たすNotch受容体は隣接する細胞表面のDeltaをリガンドとする．Deltaと結合したNotchは，タンパク質分解酵素により細胞内領域が切断され，切断部位は核内に移行して遺伝子上流域に結合し転写を調節する．プログラムされた細胞死であるアポトーシスを制御するFas受容体は，Fasリガンドと結合すると細胞内のアダプター分子を介してカスパーゼ8と会合しDISC（death-inducingd signaling complex）と呼ばれる複合体を形成する．この状態でカスパーゼ8は自己消化し活性型となりアポトーシスを誘導する（本章2-4項参照）．

リガンド依存的なイオンチャネルも受容体として働く．イオンチャネル型受容体は，2つのαサブユニットとそれぞれ1つずつのβ，γおよびδサブユニットからなる五量体を形成し，多くは神経シナプスで働く．神経筋接合部に多く存在するイオンチャネル型アセチルコリン受容体は，アセチルコリンが2つのαサブユニットに結合することで立体構造が変化し，細胞外のナトリウムイオンを通すようになる．細胞内にナトリウムイオンが流入すると，局所的な脱分極が起こり，この情報が筋細胞に伝達されて筋収縮が起こる．

3-4　核内受容体

細胞外のタンパク質やペプチド性の情報伝達物質は細胞膜を通過できないが，脂溶性低分子は通過することができる．後者の物質をリガンドとする受容体はC末端側のリガンド結合領域でリガンドと結合した後，単量体のまま，あるいは二量体を形成して細胞質から核に移行し，分子中央部が遺伝子5'上流域と結合してその転写を調節する（図9-18）．これらは核内受容体（nuclear receptor）と呼ばれ，リガンドは異なっても受容体の構造はよく保存されており，核内受容体ファミリーを形成する．核内受容体のリガンドには，性ステロイド，甲状腺ホルモン，ビタミンA，

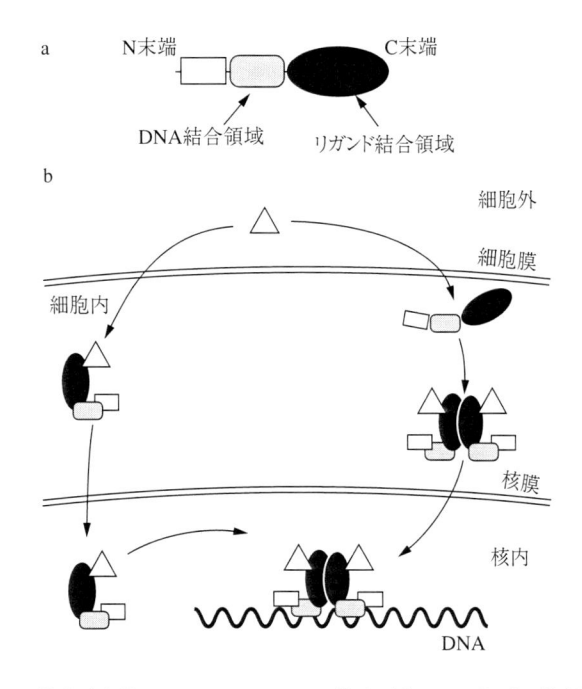

図9-18 核内受容体スーパーファミリーの構造（a）および細胞の情報伝達（b）．△はリガンドを表す．

ビタミンD，脂肪酸などが知られている．

3-5 その他の情報伝達

細胞内の一酸化窒素（nitric oxide，NO）合成酵素（NOシンターゼ）によりアルギニンが脱アミノ化されてできるNOは情報伝達物質として重要である．NOは溶液中に速やかに拡散し，細胞膜を容易に通過できるものの，細胞外での分解が速いため局所的にしか働かない．NOは標的細胞内でグアニル酸シクラーゼの活性中心にある鉄と反応し，GTPからcGMPの産生を促進する．生成したcGMPは細胞内で第二メッセンジャーとして働く．

以上のように，細胞の情報伝達には数多くの分子が関わっている．これらの分子の機能や構造は生物種を超えて保存されている場合が多い．例えば，上述のMAPキナーゼカスケードに関わる分子は多細胞生物のみならず，真核単細胞生物の酵母においても相同タンパク質が同定されており，多細胞生物の場合と同じようにMAPキナーゼカスケードを介した情報伝達を担う．近年の大規模遺伝子解析により，魚介類においても情報伝達に関わる他生物の相同タンパク質が同定されているが，機能については不明な点が多く，今後の解析が待たれる． 　　　　　　　　　　　　　　（近藤秀裕）

文　献

会田勝美・小林牧人・金子豊二（1991）：内分泌，魚類生理学（板沢靖男・羽生　功編），恒星社厚生閣，pp167-241．

Alberts, B., A. Johnson, J. Lewis, M. Raff, K. Roberts and P.

Walter（2004）：細胞の分子生物学，第4版（中村桂子・松原謙一監訳），ニュートンプレス，1681pp.
藤本宏隆・馬渕一誠（2002）：細胞骨格，分子生物学イラストレイテッド（田村隆明・山下雅編），羊土社，p.231.
Gomperts, B.D., I.J.M. Kramer and P.E.R. Tatham（2004）：シグナル伝達（上代淑人監訳），メディカル・サイエンス・インターナショナル，452pp.
林　利彦（1998）：細胞の動的機能，細胞機能と代謝マップII，（日本生化学会編），東京化学同人，p.35.
小林牧人・金子豊二・会田勝美（2002）：内分泌，魚類生理学の基礎（会田勝美編），恒星社厚生閣，pp128-153.
黒木登志夫編（1996）：細胞のシグナル伝達．日経サイエンス，115pp.
野中順三九編（1987）：水産利用原料，恒星社厚生閣，p146.
坂本順司（2003）：ゲノムから始める生物学，培風館，201pp.
関口清俊・鈴木信太郎（2001）：多細胞体の構築と細胞接着システム，共立出版，208pp.
Singer, S. J. and G. L. Nicolson（1972）： Fluid mosaic model of structure of Cell-membranes, *Science*, 175, 720
社団法人日本生化学会編（1997）：細胞機能と代謝マップI，細胞の代謝・物質の動態，東京化学同人．
山下倫明（1997）：ストレス応答に関与する遺伝子，魚類のDNA－分子遺伝学的アプローチ（青木宙・隆島史夫・平野哲也編），恒星社厚生閣，pp.219-243.
Yamashita, M.（2004）： Apoptosis in zebrafish development, *Comp. Biochem. Physiol.* 136, 731-742
山本　雅・仙波憲太郎編（2004）：シグナル伝達イラストマップ，羊土社，288pp.
八杉龍一・小関治男・古谷雅樹・日高敏隆編（1996）：岩波生物学辞典 第4版，岩波書店，p.1618.

解　説

3章

3-1　タンパク質の構造変化を調べる方法

タンパク質に含まれる二次構造（αヘリックスやβシート）の含量は円二色性（circular dichroism, CD）スペクトルや赤外分光分析により測定することができる．二次構造の減少はタンパク質の立体構造の崩壊を間接的に示している．タンパク質の安定性をみるために，温度や変性剤の濃度を上げたときなどにおける二次構造の変化が調べられる．示差走査熱量分析（differential scanning calorimetry, DSC）は，タンパク質の変性過程における吸熱現象を鋭敏にとらえる方法で，構造が崩壊する温度が正確に測定できるばかりではなく，エンタルピーや自由エネルギーの変化など，熱力学的パラメータを求めることもできる．

（落合芳博）

3-2　タンパク質の立体構造の解き方

タンパク質の立体構造の決定には主として2つの方法が用いられている．1つは目的のタンパク質の結晶を得た後，X線解析などに付し，構成原子の立体配置を求める方法であり，もう1つはタンパク質の溶液を核磁気共鳴（NMR）装置に付して行う方法である．X線解析においては結晶化できないタンパク質は分析不可能であり，またNMRでは分子量3万以上のタンパク質は通常，分析困難とされる．それぞれの方法には対象となるタンパク質の種類や大きさなどについて一長一短はあるが，データベース（Protein Data Bank, PDB）上で得られるものはほとんどがX線解析によるものである．一方，機能が未知のタンパク質をコードするDNAを大腸菌などに組み込み，発現させてから，その立体構造を決定し，構造面から機能の推定を行う構造ゲノム学も発展した．全ゲノムなどの解読で得られた情報を基盤とした研究，いわゆるポストゲノム研究の流れの1つである．機能が不明ながら，クローン化された遺伝子をもとに組換えタンパク質（recombinant protein）が作られ，立体構造の方が先に明らかにされたタンパク質もある．例は少ないが，電子顕微鏡を用いた立体構造解析も行われている．

（落合芳博）

3-3　タンパク質のアミノ酸配列を調べる

泳動後のタンパク質をゲルからニトロセルロース膜などに転写し染色後，目的のタンパク質のバンドを切り出し，エドマン分解（Edman degradation，タンパク質のN末端からアミノ酸を1つずつ切り離し同定する方法，現在，アミノ酸配列の解析に最も多く用いられる）により部分アミノ酸配列を決定することができる．構造解析においてタンパク質のアミノ酸配列情報は不可欠であるが，多くのタンパク質ではN末端が翻訳後修飾を受けており，そのままではエドマ

ン法による配列分析には用いることができない．そこで，各種タンパク質分解酵素や化学試薬により目的タンパク質分子の切断を行って断片を得て，それぞれについてエドマン法やマススペクトルにより配列情報を得る．C末端からアミノ酸配列を分析する方法もあるが，効率が悪く，実用化には至っていない．一部の配列情報が得られれば，それを基に適切なプライマーをデザインし，cDNAクローニング（巻末解説8-3参照）により当該遺伝子の塩基配列を決定し，アミノ酸配列を演繹する．
　　　　　　　　　　　　　　　　　　　　　　　　　　　　　　　　　　　（落合芳博）

3-4　タンパク質間の相互作用を調べる

　相互作用により複数のタンパク質が結合すると見かけの分子量が大きくなる．結合したもの（複合体）を遠心力により選択的に沈殿させるのが共沈法である．分子量の大小はゲル濾過法や超遠心分析により適切な条件下で分離することができるので，結合型と非結合型の区別ができる．相互作用による微細な構造変化を捉える方法として，光散乱法，表面プラズモン共鳴法，水晶発振子マイクロバランス法などが用いられる．等温滴定カロリメトリー（ITC）はタンパク質どうしの結合に伴う熱変化を直接測定する方法である．two-hybrid法（one-hybrid, three-hybridも含む），ファージディスプレイ法はタンパク質そのものではなく，その遺伝子を用いる．後者は，ファージにより翻訳され表面に露出したタンパク質の相互作用を生細胞内やファージを介して調べるところに特徴がある．しかし，非特異的な結合によって本来，結合するはずのないタンパク質間に擬陽性が認められる場合もあるので，得られた結果の解釈には注意が必要である．
　　　　　　　　　　　　　　　　　　　　　　　　　　　　　　　　　　　（落合芳博）

3-5　酵素の精製

　酵素は，組織や細胞の磨砕物（ホモジェネート）から抽出し，硫安分画や各種の液体クロマトグラフィー（疎水クロマトグラフィー，イオン交換クロマトグラフィー，ゲル濾過など）によって精製できる．また，基質や特異的阻害剤をリガンドとしたアフィニティークロマトグラフィー（生物学的親和性を利用したクロマトグラフィー）も有効な手段である．酵素が十分に精製されたかどうかは，比活性の上昇の程度やSDS-ポリアクリルアミドゲル電気泳動（SDS-PAGE）によるポリペプチドの純度検定によって判定する．複数のサブユニットからなるオリゴマー酵素や，数種類の酵素が集合体となった多酵素複合体の場合には，サブユニットが解離しない穏やかな操作によって精製する必要がある．不安定なオリゴマー酵素では，イオン交換クロマトグラフィーに供しただけでサブユニットが解離し失活することもある．室温に放置することや，極端な酸性あるいはアルカリ条件にさらすことは，酵素タンパク質の立体構造や荷電状態を変え，変性を起こすこともあるので避けなければならない．精製した酵素については，至適温度，熱安定性，至適pH，pH安定性などの基本的な性質を調べ，変性の起こらない適切な反応条件を明らかにしておくことも必要である．
　　　　　　　　　　　　　　　　　　　　　　　　　　　　　　　　　　　（尾島孝男）

4章

4-1 けん化

アシルグリセロール脂質などのエステルが塩基によって加水分解されて，脂肪酸塩（石けん）とグリセロールを生成する反応．

$$\begin{array}{c} H_2COCOR_1 \\ | \\ HCOCOR_2 \\ | \\ H_2COCOR_3 \end{array} + 3NaOH \longrightarrow \begin{array}{c} H_2COH \\ | \\ HCOH \\ | \\ H_2COH \end{array} + \begin{array}{c} NaOCOR_1 \\ NaOCOR_2 \\ NaOCOR_3 \end{array}$$

けん化反応を受けない不けん化物には，炭化水素，遊離ステロール，トコフェロール，カロテノイドなどがある．

（大島敏明）

4-2 R, S

右手と左手のように互いに重なり合わない1対のものはキラル（掌性）であるといわれる．キラル化合物には鏡像異性体（エナンチオマー）と呼ばれる1対の立体異性体が存在し，両者の生物活性は通常大きく異なる（第2章2-2項参照）．キラル炭素（キラル中心）のまわりの三次元的な立体配置はRまたはSで示される．以下に示すカーン-インゴールド-プレログ（Cahn-Ingold-Prelog）の順位則に従ってキラル炭素上の4つの原子または原子団（置換基）に優先順位をつけ，これをもとにR, Sが決定される（詳細は有機化学の教科書，例えば，McMurry, 2007を参照されたい）．

規則1：キラル中心に結合している原子が4つとも異なる場合，より原子番号の大きい原子が優先する．すなわち，最も大きい原子番号をもつ原子を1位，最も小さい原子番号の原子を4位とする．2個の原子が同一元素の同位体の場合は質量数の大きい同位体が優先する．

規則2：優先順位が規則1で決められないときは，各置換基の2番目の原子について比べる（差が見られなければ3番目，4番目と続ける）．

規則3：二重結合または三重結合の原子は，同じ数の単結合した原子と等価とみなす．

規則1～3で優先順位が決まったら，優先順位の最も小さい4位の置換基を紙面の裏側に向くように分子を配置して残りの3つの置換基を眺める．1位，2位，3位の置換基に目を回したとき，この順に右回りであればR，左回りであればSとする．具体例を図4-5に記した(R)-3-ヒドロキシブチリルACPとその鏡像体について見てみよう．ヒドロキシブチリル部のキラル炭素に結合した原子または置換基の優先順位は，規則1により，－OHが最上位の1位，－CH$_2$COSACPが2位，－CH$_3$が3位，－Hが4位である．したがって，左がR配置，右がS配置となる（実線は紙面上，点線は紙面の裏，くさび形は紙面の前を示す）．

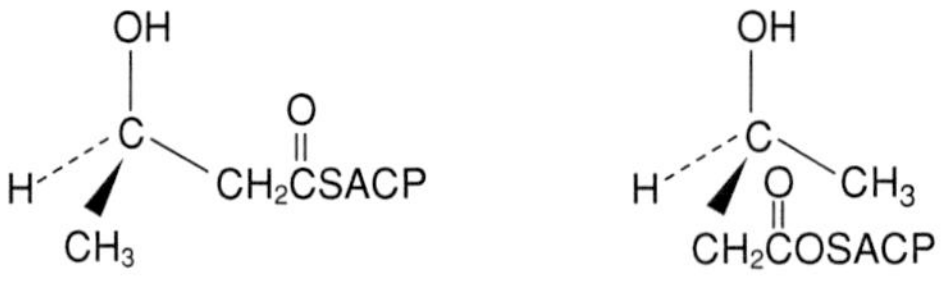

(R)-3-ヒドロキシブチリルACP　　　(S)-3-ヒドロキシブチリルACP

(板橋　豊)

4-3　プロキラル

　キラル炭素をもたないためにキラルではないが，単一の化学反応によって2つの同じ原子または原子団（置換基）のうち1つが別のものに置き換わってキラルになる場合，元の分子は「プロキラル（prochiral）」であるといわれる．これら2つの同一の置換基を区別するために，2つのうち片方がもう一方よりも順位が上であると仮定して，上で述べたカーン-インゴールド-プレログの順位則に従って優先順位をつけることを考える．2つの同じ置換基が水素の場合，その1つを例えば重水素（水素より順位が上）に置き換えてみる．その結果，不斉炭素の絶対配置が R になったら，重水素の位置にもともとあった水素はプロ-R（pro-R）の水素と呼ばれる．もう一方の水素はプロ-S（pro-S）である．ステアリン酸（18：0）からオレイン酸（シス-Δ9-18：1）が生成する場合，以下に示すようにC9とC10の2つのプロ-R水素が取れてシス二重結合が生成する（第4章3-2-3項参照）．

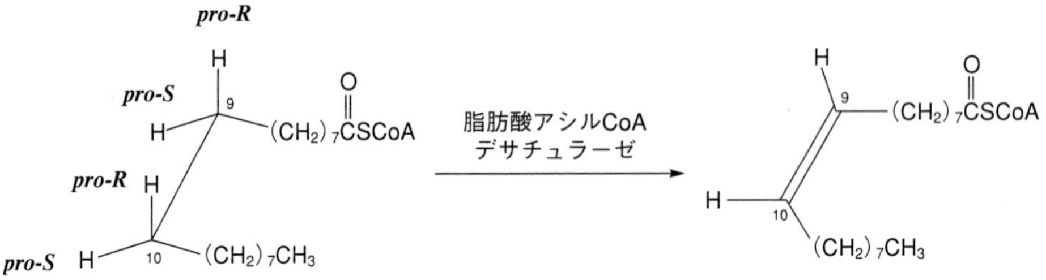

ステアロイル（18：0）CoA　　→　脂肪酸アシルCoAデサチュラーゼ　→　オレオイル（シス-Δ9-18：1）CoA

(板橋　豊)

4-4　カロテノイドからビタミンAへの転換

哺乳類および魚類のカロテノイドからビタミンAへの転換に違いがある．哺乳類ではカロテノイドのヒドロキシ基やケト基を還元的に取り除き，非置換β末端基に変換することができない．

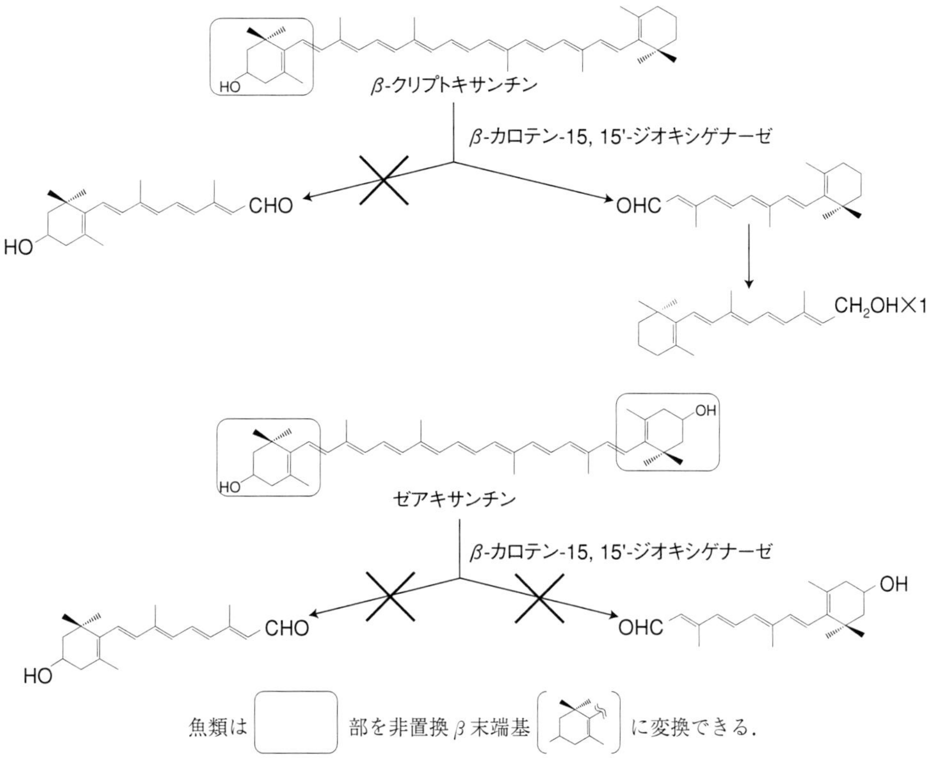
HO
β-クリプトキサンチン
β-カロテン-15, 15'-ジオキシゲナーゼ
HO
CHO
OHC
CH2OH×1
OH
HO
ゼアキサンチン
β-カロテン-15, 15'-ジオキシゲナーゼ
HO
CHO
OHC
OH
魚類は
部を非置換β末端基
に変換できる．

（岡田　茂）

5章

5-1　光合成の電子伝達系とATP合成系

酸素発生型光合成では，2種類の光化学系（PSIとPSII）反応中心複合体が光化学反応を行い，これらの間をシトクロム b_6f 複合体がつないでいる（図5-32）．各複合体内の電子伝達成分の酸化還元電位を反応順にしたがって示したものをZスキームと呼ぶ（図1）．光エネルギーの吸収により光化学系反応中心複合体中の反応中心（電子供与体）P680やP700が励起状態（高還元力，高エネルギーのP680*あるいはP700*）になると，励起分子の電子は電荷分離によって受容分子へと渡される（励起分子はより正の酸化還元電位をもつ受容分子を還元して自らは酸化される）．この光化学反応は光エネルギーを化学的産物に変換するもので，光合成におけるエネルギー変換の中核をなす．

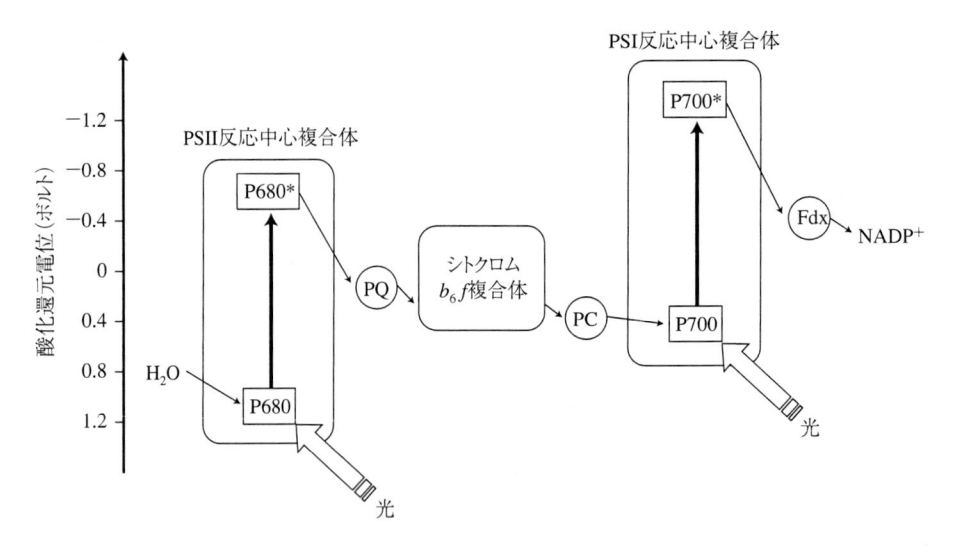

図1 光合成の電子伝達系の酸化還元電位と光化学反応
矢印は電子の流れを示す．上向きの電子移動にはエネルギーが必要であり，酸化還元電位が負電位であるほど高還元力（高エネルギー）であることを示す．PSI：光化学系I，PSII：光化学系II，PQ：プラストキノン，PC：プラストシアニン，Fdx：フェレドキシン．

　酸素発生型光合成の光エネルギーの化学エネルギーへの変換（NADPHとATPの生産）は次のように起こる．光エネルギーを吸収した集光性色素複合体の光合成色素は励起状態に変わる．励起状態は最終的にPSII反応中心複合体の電子供与体であるP680に伝えられ，電子が放出される．放出された電子は電子伝達成分（クロロフィルやキノンなど）を移動してプラストキノンへと移るが，このときに生じた酸化力（電子を失った状態）により水から電子が得られて酸素ができる（図5-32）．また，プラストキノンによるシトクロムb_6f複合体への電子移動に共役してプロトン輸送が行われ，電子はプラストシアニンを通じてPSI反応中心複合体に渡される．光エネルギーを吸収したPSI反応中心複合体の反応中心（P700）により電子の還元力が再び高められ，電子伝達成分を移動してフェレドキシンが還元され，フェレドキシン-$NADP^+$レダクターゼによるNADPの還元に利用される（佐藤，1992；伊藤，2002）．チラコイド膜にはATP合成酵素が存在し，光合成の光化学反応と電子伝達系によってチラコイド膜の内側と外側に形成されたプロトンの濃度勾配を利用してアデノシン5'-二リン酸（ADP）とリン酸からATPが合成される（図5-32）．生成した高還元力化合物NADPHや高エネルギー化合物ATPは炭酸固定反応に利用される．

〔柿沼　誠〕

8章

8-1 DNAの分離

DNAの分離には，アガロースあるいはポリアクリルアミドのゲル中の移動度の違いを利用する電気泳動が用いられる．電気泳動では，負に帯電したDNAが陽極に引っ張られるとき，ゲル内での移動度はサイズの大きなDNAほど遅れることを利用している（図2）．泳動されたDNAの検出に最もよく用いられる試薬に臭化エチジウムがある．臭化エチジウムが電離して生じるエチジウムは平面な多環構造をもつ陽イオンで，DNA二重らせん鎖の溝の中に入り込みやすく，入り込んだ状態で紫外線を当てると強い蛍光を発する（図3）．

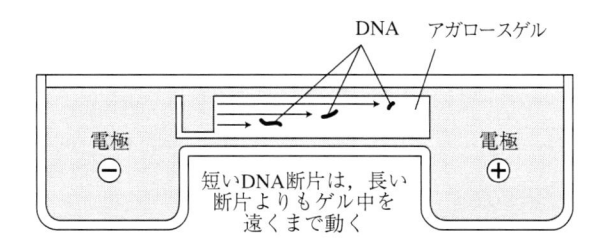

図2 アガロース電気泳動によるDNAの分離
（Watson J.ら，2006：Molecular Biology of the gene 5th edition Pearson Education, Benjamin Cummings.）

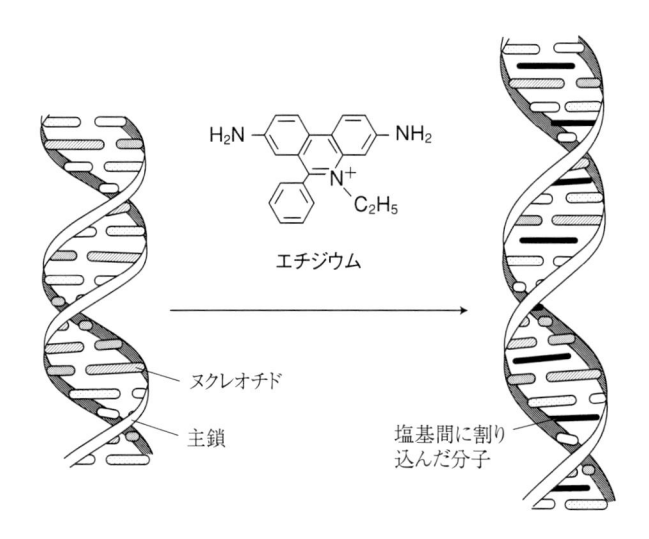

図3 エチジウムによるDNA二本鎖の染色の原理
（Watson J.ら，2006：Molecular Biology of the gene 5th edition Pearson Education, Benjamin Cummings.）

（豊原治彦）

8-2 遺伝子の検出方法と組換え技術

DNA二重らせんは塩基間の水素結合でジッパーのように閉じられているが，このジッパー構造は加熱などで変性させると開く．しかし塩基配列の相補性による相互認識（ハイブリッド形

成：一本鎖にした核酸同士が相補性をもつ塩基対間の水素結合により二本鎖を形成すること）は極めて厳密なため，温度を徐々に下げることで二本鎖を完全に再生させることができる．このようにDNA二本鎖の相互認識が厳密かつ可逆的であることを利用して，特異的な塩基配列を検出するためにさまざまな分子生物学的な実験手法が開発されてきた．

　サザンブロット法は，DNA二本鎖を熱変性させ一本鎖とし，その中に含まれる特定の塩基配列をその配列と相補的な配列をもつDNA断片（プローブ：放射能や蛍光物質などで標識されている）とハイブリッド形成させることで検出する方法である．この方法では，電気泳動したDNAをフィルターに写し（この操作をブロッティングと呼ぶ），そのフィルターに対して放射性同位体^{32}Pなどの放射能標識したプローブをハイブリッド形成反応させる（ハイブリダイゼーション）．最近では，免疫反応を用いた放射能を用いない検出方法も使用される．同様の方法で，DNAの代わりにRNAを検出する方法はノーザンブロット法と呼ばれている（ちなみに同様の方法でタンパク質を抗体で検出する方法をウエスタンブロット法，DNA結合タンパク質をDNAプローブで検出する方法をサウスウエスタンブロット法と呼ぶ）．最近では短時間で多数の遺伝子発現を調べる方法として，DNAマイクロアレイ（DNAチップ）が用いられるようになってきた．この方法では，小型のスライドガラスなどの上に数千から数万個のDNAをスポットし，それに対しmRNAの塩基配列をもとに逆転写酵素を用いて合成したcDNA（巻末解説8-3参照）をプローブとしてハイブリダイゼーションさせることで，網羅的な遺伝子発現情報を得ることが可能となっている．

　DNA二本鎖の相互認識が厳密かつ可逆的であることを利用した画期的なDNA増幅法として，1987年にマリスが開発したポリメラーゼ連鎖反応（polymerase chain reaction，PCR）法がある．この方法の基本原理は，耐熱性のDNAポリメラーゼを用いて，特定の領域の塩基配列を指数関数的に増幅させることにある．この方法では，まずDNA二本鎖を90℃以上の高温で一本鎖に変性・分離させ（加熱変性ステップ），次に増幅させたい領域の両側の塩基配列をもとにデザインした短いDNA断片（プライマーと呼ぶ通常20塩基前後のオリゴヌクレオチドを用いることが多い）を加えて相補的なハイブリダイゼーションを行う（アニーリングステップ，通常50〜60℃で行うことが多い）．次に耐熱性DNAポリメラーゼを加えてDNA合成反応を行う（伸長ステップ，通常70℃前後で行うことが多い）．標的DNA鎖の加熱変性，プライマーのアニーリング，耐熱性DNAポリメラーゼによる伸長の3ステップを1サイクルの反応として，通常，30サイクル程度繰り返す．これらの操作には遺伝子組換え操作は含まれないので特別な実験室で行う必要はなく，温度を変化させる簡単な装置さえあれば行うことができる．この過程（通常数時間程度）で標的DNAの領域を10億倍以上に増幅することができ，塩基配列の決定などさまざまな分析操作に供することが可能となる．

　DNAやmRNA（mRNAのままでは扱いにくいので，逆転写して合成したcDNAとして分析することが多い）は微量なため，塩基配列を調べるために従来はプラスミド（バクテリア由来の環状二本鎖DNA）などに組み込んで，大腸菌を用いて増幅させていた．しかし，最近では，大腸菌を用いた遺伝子組換え実験に代わって，もっぱらPCRが用いられるようになってきた

（巻末解説8-3参照）．PCRは法医学（DNA鑑定による親子鑑定や犯罪現場に残された微量血痕などからの犯人の特定）や考古学（発掘された極微量のDNAからの遺伝子増幅）などの分野でも威力を発揮している．水生生物の系群解析など，資源解析や生態学の分野への貢献も大きい．

　PCRを用いることで人為的に遺伝子に変異を入れることも簡単にできるようになった．この技術を用いてある遺伝子の特定のアミノ酸に相当するコドンを別のアミノ酸のコドンに入れ換え，その遺伝子を動植物に導入する遺伝子組換え（トランスジェニック）生物を作製することも医学分野（特定の遺伝子に変異を入れて遺伝子機能を破壊し，マウスを用いて個体レベルでその効果を調べるノックアウトマウスが有名）で行われている．農学分野では従来は長期間かけて行っていた交配による品種改良を優良遺伝子の導入により短期間に行うことなどで行われるようになっている．成長ホルモンを導入したジャイアントサーモンが1994年に作製され，その後，サケ科魚類やコイ科魚類を中心に多くの遺伝子組換え魚が作製されてきたが，マダイやヒラメのような産業的に重要な海産魚については，導入遺伝子の染色体ゲノムへの組み込みが困難なため実用レベルの技術は確立されていない．一方，脊椎動物の発生研究のモデル生物としてメダカやゼブラフィッシュのような小型魚類が遺伝子組換え実験によく用いられており，初期発生機構の解明などに利用されている．なお，これらの実験で作製された組換え生物の取り扱いについては，2000年に採択された「バイオセーフティに関するカルタヘナ議定書」に基づき，わが国においても2003年に「遺伝子組換え生物等の使用等の規制による生物の多様性の確保に関する法律」が公布され，生物多様性の保護の観点から法的に厳しく規制されている．

（豊原治彦）

8-3　逆転写反応を利用したmRNAの解析

　mRNAは構造的には安定であるが，普遍的に存在するRNA分解酵素の働きなどにより，速やかに失われてしまう．また，一本鎖であるため高次構造をとりやすいなど試料としては扱い難い．そこで，mRNAを鋳型に逆転写（reverse transcription）を行いDNAを合成する．これには逆転写酵素（reverse transcriptase）が用いられる．逆転写酵素は，レトロウィルスで発見された．ゲノムとしてRNAをもつレトロウィルスが，宿主のゲノムに組み込まれるためのDNAを合成する際に使用され，これらウィルスに特異な酵素と考えられていたが，その後広く生物種一般にもレトロポゾン（retroposon）に由来する逆転写酵素活性が存在することが明らかになっている．これは，遺伝情報がDNAから一方向的にRNAに伝えられる（セントラルドグマ）のみでなく，その逆の場合もあることを示している．こうした逆転写酵素により作られたDNAはmRNAと相補的な配列をもつ，いわゆる相補的DNA（complementary DNA，cDNA）である．ある細胞や組織で発現しているmRNAの網羅的な集団をcDNAライブラリーと呼ぶ．また，特定のcDNAをクローン化することをcDNAクローニングと呼ぶ．cDNAにすることでPCRによる増幅が可能になり，mRNAからcDNA合成，PCRまでの一連の過程を逆転写（RT）-PCRと呼ぶ．こうして得られたcDNAの塩基配列を決定すれば，mRNAの配列を知ることができる．

mRNAの配列からは，遺伝子のイントロン-エキソン構造や選択的スプライシングの様子，転写開始点，タンパク質のアミノ酸配列など多くの情報を得ることができる．

また，遺伝子の発現を評価するには，最終産物であるタンパク質の組成や量を調べる必要があるが，転写されたmRNAの組成や量からも遺伝子の発現の状態を知ることができる．タンパク質と比べて作業が容易なこと，RT-PCRにより増幅できるので検出感度がよいことが大きな利点である．PCR法は増幅産物量がもとの鋳型DNA量を反映せず定量性に問題があったが，リアルタイムPCRは2本鎖DNAを検出する蛍光色素や増幅産物と特異的に結合する蛍光プローブを用いて，PCR反応中の対数増幅しているPCR産物の量を経時的に観察する手法で，増幅率から鋳型となったDNA量を定量することができる．RT-PCRと組み合わせることで，mRNA量の定量が可能となる．特に，微量のmRNAの検出と定量に力を発揮する．ただし，遺伝子の発現はmRNAへの転写後にも様々な段階で調節を受ける（第8章-4）．mRNAの量が必ずしもタンパク質の量に比例しないことも理解しておく必要がある．
〔木下滋晴〕

8-4 転写の制御機構の解析法

転写の制御機構の解析には，種々の手法が開発されている．レポーターアッセイはプロモーターやリプレッサー配列の同定に使用される．例えば，ある遺伝子の上流のプロモーター活性を調べる場合，上流配列をレポーター遺伝子に連結した組換えDNAを作製する．これを細胞や個体に導入し，レポーター遺伝子の発現からプロモーターとしての機能を評価する．レポーター遺伝子には，蛍光タンパク質であるGFP（green fluorescent protein，第3章5-4-4項参照）遺伝子やルシフェラーゼ遺伝子など，産物の量が簡単に観察あるいは定量できるものが使用される．ゲルシフトアッセイは電気泳動度シフトアッセイ（electro-mobility shift assay，EMSA）とも呼ばれ，転写因子を検出する方法である．放射性同位体などで標識したDNA断片と核抽出タンパク質を混合し，電気泳動に供する．タンパク質が結合したDNA断片は遊離DNAよりゲル内の移動が遅れるため，特異的バンドとして検出される．塩基配列に突然変異を導入することで，結合の塩基配列特異性も検討できる．また，特定のタンパク質が結合するDNA領域を同定する手法がクロマチン免疫沈降法（chromatin immunoprecipitation，ChIP）である．まず細胞にホルムアルデヒドを加え，DNAとタンパク質の結合を架橋し固定する．検討したいタンパク質に対する特異抗体をDNAとタンパク質の複合体に結合させ，遠心分離で沈殿させる．沈殿したDNAを鋳型に特定の領域を増幅するプライマーを用いてPCRを行う．増幅産物が得られれば，そのタンパク質とDNA領域の相互作用があることになる．これまでに，多くの転写因子とその結合配列がこれら手法により同定されている．
〔木下滋晴〕

8-5 分子進化を利用したゲノム解析

中立説で考えるとき，DNA塩基配列中，機能に関連する部位には選択圧がかかり変異の蓄積

が小さくなり，機能に関連しない部位は変異が起きても中立的であるため，変異が次々に蓄積される．逆にいうと，複数生物種間で分子の配列を比較し，配列に変化の少ない部分があると，この部分は機能上，重要で，変化の大きい部分は重要でないか種特異的なものという予測が成り立つ．これはRNAやタンパク質をコードする領域だけではなく，プロモーターなどの遺伝子発現を調節する領域についても同様である．エンハンサーやリプレッサーは遺伝子本体に比して相対的に短い配列であり，さらに制御する遺伝子からゲノム上，遠くはなれたものもあるため，その配列を探すのは困難である．したがって，複数の生物種のゲノムを比較し，よく保存された領域を探すのは遺伝子の機能解析に大変有効な手段である．あるいは，特定の生物群にのみ共通して保存されている遺伝子や配列は，その生物群の特徴を表出するために重要と考えられる．また，配列を比較するのではなく，ゲノム上の遺伝子の位置関係を比較する手法もとられる．これは多数の生物種でゲノムプロジェクトが進行することにより可能となってきた．遺伝子の染色体上での位置関係が生物種間を通じて保存されていることを，シンテニーと呼ぶ（第8章3-1-2項参照）．幅広い生物種間でシンテニーのある遺伝子群は，例えば共通の転写制御を受けているなど，その配置に何らかの意味をもつ場合がある．このような手法は，膨大なゲノム情報の中から意味のある領域を抽出する際に，大きな力を発揮する．

（木下滋晴）

8-6　分子時計を基に作られる分子系統樹の作成法

　分子系統樹の作成法はキャラクター法と距離行列法に大別され，前者には最大節約法と最大尤度法が，後者にはUPGMA法（Unweighted Pair-Group Method with Arithmatic mean）や近隣結合法が知られる．キャラクター法とは，形質そのもの（例えばアミノ酸配列や塩基配列そのもの）の進化的変化を推定するもので，1座位ごとに進化的関係を推定し，これを基に全体の系統樹を作成する．一方，距離行列法は塩基配列やアミノ酸配列間の違いを距離（遺伝的距離）に変換し，距離の短いものから順にクラスターを形成させ，全体の系統樹を作製する．信頼性が高く容易に結果を得られることから，広く用いられている手法である．ここで簡単な例を出して，距離行列法により系統樹を作製する（図4）．10塩基からなる5つの配列を考える．例えば配列1と配列3では，10塩基中1塩基が異なるので遺伝的距離は0.1である．また，配列3と配列5では10塩基中6塩基が異なるので0.6である（実際は塩基置換の起こりやすさなどのファクターが加味されるので，このような単純な値にはならない）．こうして各配列間の遺伝的距離を計算する．UPGMA法では，距離の近いものから順番にクラスターにしていく．その結果，最後はこれら配列の祖先型が示される．このような系統樹を有根系統樹と呼ぶ．近隣結合法では，星状樹形から出発し，すべての配列の一対一の距離の和を計算し，それが最小になるもの同士を近隣としてクラスターを形成させていく．この結果得られる系統樹には根がなく，無根系統樹と呼ばれる．枝長は遺伝的距離を反映している．

　推定された系統樹の確実性を示す指標としてはブートストラップ解析が用いられる．この解析では，与えられたデータに対して再サンプリングを行い，その結果得られた仮想データに対

して系統関係を調べるという作業を繰り返す．実際のデータから得られた系統関係が，仮想データにおいても実現される確率をブートストラップ確率と呼び，その値が高いほどデータの信頼性は高い．また，複数の方法で系統樹を作成し，同一の系統関係が得られれば，その結果の信頼性は高いといえる．

(木下滋晴)

		配列間の遺伝的距離			
		配列1	配列2	配列3	配列4
配列1	AATCGAATGC	配列2	0.2			
配列2	ATTCGAGTGC	配列3	0.1	0.3		
配列3	TATCGAATGC	配列4	0.4	0.3	0.5	
配列4	ATTCGAGTCA	配列5	0.5	0.3	0.6	0.3
配列5	ATTGGTGTCC					

● UPGMA法による系統樹

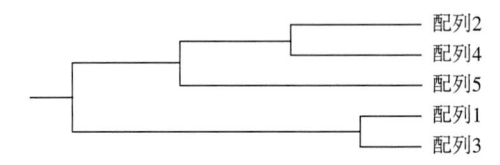

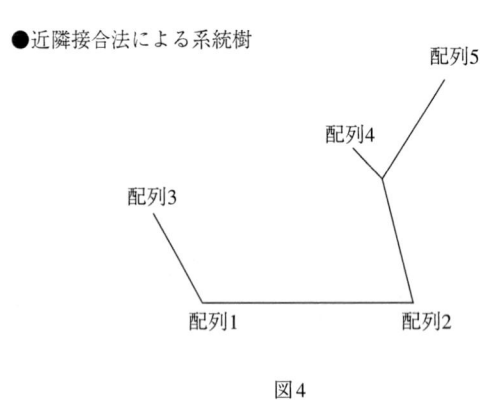

● 近隣接合法による系統樹

図4

索引

あ行

RNA 干渉　*195*
RNA の編集　*195*
RNA プライマーゼ　*183*
RNA ポリメラーゼ　*141, 191*
RGD 配列　*209*
アイソフォーム　*33*
亜鉛　*141, 146, 148*
アオコの毒　*173*
アクチン　*54, 144, 207*
アクチンフィラメント　*207*
アクニオエリスリン　*72*
アザスピロ酸中毒　*171*
アシル基　*66*
アスコルビン酸　*159*
アスタキサンチン　*72, 93*
アスパラギン　*162*
アスパラギン酸　*162*
D-アスパラギン酸　*151*
アスパラギン酸アミノトランスフェラーゼ　*163*
アスポリン　*145*
アセチル CoA　*79, 115*
アデニン　*152, 178*
アデノシン　*152*
アデノシン 5'-一リン酸　*152*
アデノシン 5'-三リン酸　*5, 152*
アデノシン 5'-二リン酸　*152, 228*
アデノシントリホスファターゼ　*43*
アノマー　*101*
アノマー性炭素原子　*101*
アポ酵素　*40*
アポトーシス　*213*
アミド　*25*
5-アミノイミダゾールリボヌクレオチド　*161*
アミノ酸　*28*
アミノ酸スコア　*31*
アミノ酸プール　*48*
アミノ糖　*102*
アミノトランスフェラーゼ　*115*
γアミノ酪酸　*151*
アミラーゼ　*43*
アミン　*20*
アラキドン酸　*84*

アラキドン酸カスケード　*84*
アラゴナイト　*142*
アラニン　*151, 162*
D-アラニン　*151*
βアラニン　*151*
アラニンアミノトランスフェラーゼ　*163*
アラントイン　*164*
アルギニノコハク酸　*163*
アルギニン　*151, 162, 163*
アルギニンリン酸　*166*
アルキル型グリセロリン脂質　*70*
アルキル基　*66*
アルギン酸　*110, 132*
アルギン酸リアーゼ　*43*
アルケン　*20*
アルコール　*18*
アルコキシルラジカル　*75*
アルセノシュガー　*147*
アルセノベタイン　*147*
アルドース　*99*
アルミニウム　*146*
アロキサンチン　*125*
アロステリック酵素　*40*
アロフィコシアニン　*127*
アンセリン　*152, 165*
アンテラキサンチン　*125*
アンフィンセンのドグマ　*42*
アンフィンセンの揺りかご　*46*
アンモニア　*154*
EF ハンド構造　*144*
EPA　*86*
異化作用　*39*
異性化酵素　*42*
異性体　*15*
イソクエン酸　*115*
イソプレン重合体　*71*
イソフロリドシド　*132*
イソペンテニル二リン酸　*87*
イソロイシン　*162, 163*
一次構造　*32*
一重項酸素　*75*
一般成分　*2*
遺伝子の発現　*190*
遺伝子の発現調節　*190*

イノシトール 1, 4, 5-トリスリン酸　*143*
イノシン　*152*
イノシン 5'-一リン酸　*152*
イノシン酸　*152*
イモガイの刺毒　*174*
飲作用　*209*
インテグリン　*209*
イントロン　*187*
ウエスタンブロット法　*230*
ウラシル　*185*
ウリジル酸　*162*
ウリジン 5'-三リン酸　*162*
ウリジン 5'-二リン酸　*162*
ウリジン-二リン酸 (UDP) -グルコース　*117*
ウレアーゼ　*145*
ウロン酸　*102*
永久双極子　*11*
エイコサノイド　*84*
エイコサペンタエン酸　*61*
Hsp　*45*
Hsp60　*45*
Hsp70　*45*
Hsp90　*45*
Hsp100　*45*
栄養多糖　*105*
AMP　*152*
ATP　*5, 129, 152*
ADP　*152, 228*
エーテル　*19*
エキス　*150*
エキス成分　*150*
エキソサイトーシス　*211*
エキソン　*186*
エキソンシャッフリング　*186*
エキネノン　*72*
S-S 結合　*35*
sHsp　*45*
S 期　*212*
SDS-PAGE　*39*
エステル　*25*
エチジウム　*229*
n-3 系脂肪酸　*83*
n-6 系脂肪酸　*83*

NADPH 129
N-結合型糖鎖 107
エネルギー代謝 6
エピマー 101
M期 212
enzyme 40
エンドサイトーシス 209
エンハンサー 192
O-結合型糖鎖 107
オートファゴソーム 49
オートファジー 210
オートファジー系 48
オートリソソーム 49
岡崎フラグメント 184
オキサロ酢酸 115
オクトピン 118, 167
オステオネクチン 143
オピンデヒドロゲナーゼ 167
オリゴ糖 99, 103
オルソロガス 38
オルソロガス遺伝子 199
オルニチン 151, 163
オロチジル酸 162
オロト酸 162
温度 7
オンモクロム 158, 168

か行

ガードルチラコイド 120
介在配列 186
海藻の多糖 109
解糖系 48
解糖系酵素 55
貝類 142
化学反応 17
核 203
核局在化シグナル 212
核酸 177
核内足場構造 190
核様体 203
加水分解酵素 42
カスパーゼ-3 214
カタラーゼ 140
活性酸素 140
活性中心 40
活性化剤 43
カテプシン 49
カドヘリン 208

カドミウム 146, 148
ガラクトース 113
カラゲナン 110
カルサイト 142
カルシウム 142
カルシウム結合タンパク質 145
カルセクエストリン 144
カルニチン 154
カルニチンシャトル 167
カルノシン 152
N-カルバモイルアスパラギン酸 162
カルバモイルリン酸 163
カルボキシソーム 130
カルボニックアンヒドラーゼ 131, 141
カルボニル化合物 23
カルボン酸 24
カルモジュリン 143
カロテノイド 72, 121
α-カロテン 72
γ-カロテン 72
β-カロテン 72
ガングリオシド 108, 112
還元的ペントース-リン酸回路 130
緩衝液 14
カンタキサンチン 72
寒天 110
官能基 18
偽遺伝子 186, 201
記憶喪失性貝毒 170
基質 43
基質特異性 40
キシラン 110
季節変化 2
キチナーゼ 43
キチン 111, 142
キネトコア 187
基本転写因子 191
α-キモトリプシン 42
キャップ構造 196
吸収スペクトル 123, 125
吸熱反応 37
鏡像異性体 29, 102
競争的阻害 45
共有結合 10, 33
筋基質タンパク質 53
筋形質タンパク質 51
筋原線維タンパク質 51

筋収縮 50, 144
筋小胞体 144
筋肉 4
グアニジノ基 153
グアニン 178
クエン酸 115, 155
クエン酸回路 6, 48, 115
クラスリン 210
グラナ 119
グリカン 104
グリコーゲン 2, 110, 113
グリコーゲン合成酵素 117
グリコール酸回路 131
グリコサミノグリカン 106, 111
グリコシルホスファチジルイノシトール 108
グリシン 151, 162
グリシンアミドリボヌクレオチド 161
グリシンベタイン 147, 154, 167
グリセルアルデヒド3-リン酸 113
グリセロ糖脂質 68, 108
グリセロリン脂質 68
クリソラミナラン 132
グルコース 113
グルコース1-リン酸 117
グルコース6-リン酸 113
グルコースイソメラーゼ 43
グルタチオン 151, 165
グルタチオンペルオキシダーゼ 165
グルタミン 151, 162
グルタミン酸 151, 162
クレアチニン 153
クレアチン 153
クレアチンキナーゼ 166
クレアチンリン酸 153, 166
クロマチン 189
クロマチン免疫沈降法 232
クロム 145, 146
クロロバクテン 72
クロロフィル 121, 145
クロロフィルa 123
クロロフィルb 123
クロロフィルc 123
クロロフィルd 123
蛍光タンパク質 36, 57
KDN 112
ケトース 99

αケトグルタル酸 115
ゲノム 186
ゲノム刷り込み 193
ゲノムプロジェクト 188
ケラタン硫酸 111
ゲラニルゲラニル二リン酸 89
下痢性貝毒 169
ゲルシフトアッセイ 232
原核細胞 203
原核生物 203
原子間・分子間相互作用 10
減数分裂 212
コアヒストン 189
コアプロモーター 191
コイルドコイル構造 54
五員環 102
光化学系I 121
光化学系II 121
光学異性体 102
光学対掌体 102
光合成 6, 118
光合成器官 119
光合成細菌 119
光合成色素 121
光呼吸 131
高次構造 33
恒常性 39
甲状腺ホルモン 146
酵素 39
構造多糖 104
酵素活性 43
酵素番号 42
酵素反応速度 44
高度不飽和脂肪酸 4, 61
五炭糖 99
骨格筋 50
コドン 197
コネクチン 55
コハク酸 115, 155
コバルト 145
コラーゲン 2, 56, 208
ゴルジ体 206
コレカルシフェロール 143.158
コレスタノール 73
コンキオリン 142
コンドロイチン 111
コンドロイチン硫酸 111
コンホメーション 36

さ 行

最大反応速度 43
細胞外マトリックス 208
細胞骨格 207
細胞質分裂 212
細胞周期 212
細胞小器官 205
細胞内共生 121
細胞膜 204
サウスウエスタンブロット法 230
サキシトキシン 4
サザンブロット法 230
鎖長延長 79
酸化還元 139
酸化還元酵素 42
酸化還元電位 227
酸化的リン酸化 115
酸化二次生成物 75
残基 31
三重項酸素 75
30 nm 線維 189
ジアシルグリセリルエーテル 65
ジアシルグリセロール 63
シアノコバラミン 138
シアノバクテリア 119
GroES 46
GroEL 45
G_1 期 212
cAMP 依存性プロテインキナーゼ 117
C キナーゼ 144
G_0 期 212
G タンパク質共役受容体 165
G_2 期 212
ジェオスミン 156
シガテラ 172
シグナル配列 47, 211
シグナルペプチド 47, 211
シクロオキシゲナーゼ 84
示差走査熱量分析 38
脂質含量 2
脂質二重膜 204
シス型 61
システイン 147, 162
シス-トランス 82
ジスルフィド結合 35
耳石 142
シチジル酸 162

シチジン 5'-三リン酸 162
自動酸化 75
シトクロム 139
シトクロムオキシダーゼ 141
シトクロム P-450 140
シトクロム $b6f$ 複合体 227
シトシン 178
シトルリン 151, 163
ジヒドロオロト酸 162
ジヒドロキシアセトンリン酸 113
ジビニルクロロフィル a 123
シフォネイン 125
脂肪酸 61
脂肪酸アシル CoA 77
ジホスファチジルグリセロール 69
シホナキサンチン 125, 128
3, 3-ジメチルアリル二リン酸 87
ジメチルスルフィド 156
シャトル機能 166
シャペロニン 45
斜紋筋 51
自由エネルギー 36
臭化エチジウム 229
重金属 147
集光性クロロフィル-タンパク質複合体I 129
集光性クロロフィル-タンパク質複合体II 129
シュウ酸 155
収斂進化 43
受精卵 212
腫瘍壊死因子 213
主要元素 135
小胞体 206
食作用 209, 210
食物連鎖 4, 146
真核細胞 203
真核生物 203
新規合成 79
神経性貝毒 170
シンテニー 188, 233
水銀 146, 148
スーパーオキシドジスムターゼ 140
スーパーファミリー 33
スクアレン 71
スクアレン合成酵素 90
ストロマ 119
ストロンビン 118, 153 167

スフィンゴ糖脂質　68, 107
スフィンゴリン脂質　68
スブチリシン　42
スプライシング　186, 193
ゼアキサンチン　72, 125
性因子　203
精子　212
生触媒　40
生成物　43
静電結合　10
静電的相互作用　35
石灰化　143
接合子　212
ジンクフィンガー　142
Zスキーム　227
セラミド　70, 107
セリン　162
セルラーゼ　43
セルロース　109, 113
セレン　146, 148
全脂質　68
選択的スプライシング　32, 193
セントロメア　186
相同遺伝子　199
藻類　8, 119
阻害剤　43
側鎖　29
疎水性相互作用　12, 35

た 行

ターボベルジン　157
代謝　39
タイチン　55
第二次メッセンジャー　143
タウリン　151, 163
脱離酵素　42
多糖　99, 104, 110
多糖分解酵素　43
炭化水素　71
短鎖干渉RNA　195
炭酸カルシウム　142
炭酸デヒドラターゼ　131, 141
単純拡散　204
単純多糖　104
単糖　99
タンパク質工学　43
タンパク質輸送　47
血合筋　51

チアミン　159
チオールプロテアーゼ　49
チミン　178
中間径フィラメント　207
中性プラスマローゲン　66
チューブリン　207
貯蔵多糖　105
チラコイド膜　119
チロシナーゼ　141
チロシン　162, 163
ツナキサンチン　73
デアミノノイラミン酸　111
ディアディノキサンチン　125
DHA　86
TATA結合タンパク質　191
DNAチップ　230
DNAヘリカーゼ　183
DNAポリメラーゼ　141, 183
DNAマイクロアレイ　230
DNAリガーゼ　184
TNF　213
TMAO　150
DPA　86
定常状態　44
低密度リポタンパク質　210
デオキシウリジル酸　162
デオキシチミジル酸　162
デオキシリボース　177
適合溶質　163
鉄　138, 146
テトラヒドロアスタキサンチン　72
テトロドトキシン　4
de novo 合成　79
デヒドロアスタキサンチン　72
デルマタン硫酸　111
テロメア　186
テロメラーゼ　187
転移因子　186
転移酵素　42
電荷リレー　43
電気泳動度シフトアッセイ　232
電子伝達　139, 140
電子伝達系　115
転写装置　191
転写調節因子　51
天然状態　36
デンプン　109, 113, 132
銅　140, 146

同化作用　39
動原体　186
糖鎖　106
糖脂質　68, 107, 112
糖質分解酵素ファミリー　43
糖タンパク質　107, 111
等電点　31
動力学的パラメータ　43
ドーパミン　141
毒性　147
ドコサヘキサエン酸　61
トコトリエノール　74
トコフェロール　74
α-トコフェロール　158
ドメイン　34
ドメインシャッフリング　186
トラフグ　188
トランジット配列　48
トランスジェニック　231
トランスフェリン　138
トランスポゾン　186
トリアシルグリセロール　63
トリゴネリン　154
トリテルペン　71
トリブチルスズ　148
トリプトファン　162, 163
トリメチルアミン　166
トルレン　72
トレオニン　162
トロポニン　54, 144
トロポニンC　144
トロポミオシン　36, 54
トロンビン　43
貪食作用　210

な 行

ナイアシン　158
内分泌攪乱　148
鉛　146, 148
ニコチンアミド　159
ニコチンアミドアデニンジヌクレオチド　159
ニコチンアミドヂヌクレオチドリン酸　159
ニコチン酸　159
二次構造　33
二重らせん構造　177
ニッケル　145

ニトロゲナーゼ　145
D-乳酸　118
L-乳酸　116, 155
尿酸　164
尿素　150
尿素回路　48, 163
ヌクレオシド　152, 178
ヌクレオソーム　189
ヌクレオチド　152, 177
ヌクレオモルフ　120, 121
ネオキサンチン　125
ネクローシス　213
熱ショックタンパク質　45
ネライストキシン　174
能動輸送　204
ノーザンブロット法　230
ノックアウトマウス　231

は 行

バイオミネラル　143
配偶子　212
ハイブリダイゼーション　230
ハイブリッド形成　229
バナジウム　145
パラミオシン　54
パラミロン　132
パラロガス遺伝子　51, 199
ハリコンドリンB　175
バリン　162
パルブアルブミン　56, 144
バレニン　152
パントテン酸　158
反応中心クロロフィル　129
反復配列　186
半保存的複製　182
PI3　217
PI3K　217
ヒアルロン酸　111
PSI反応中心複合体　129
PSII反応中心複合体　129
ビオラキサンチン　72, 125
比活性　43
光増感酸化　75
非競争的阻害　45
非共役型二重結合　61
非共有結合　34
ヒジキ　146
微小管　207

必須脂肪酸　86
ヒスチジン　151, 162
ヒストン　189
1, 3-ビスホスホグリセリン酸　113
ヒ素　146
ビタミン　158
ビタミンA　74
ビタミンD　143
ビタミンD_3　73
ビタミンB_{12}　138, 145
ビデロゲニン　210
ヒドロペルオキシド　75
非ヒストンタンパク質　189
非ヘム鉄　139
ヒポキサンチン　152
非メバロン酸経路　88
ピラノース（六員環）　102
ビリベルジン　157, 168
ピリミジン環　178
微量元素　136
ビリルビン　168
ビリン色素　128
ピルビン酸　5, 114, 155
ピレノイド　130
ファゴサイトーシス　210
ファミリー　33
ファルネシル二リン酸　89
ファンデルワールス力　35
フィコウロビリン　127
フィコエリトリン　127
フィコエリトロシアニン　127
フィコエリトロビリン　125
フィコシアニン　127
フィコシアノビリン　125
フィコビリソーム　120, 127, 129
フィコビリビオリン　125
フィコビリン　121, 125, 128
フィタン　72
フィトエン合成酵素　90, 93
フィブロネクチン　208
ブートストラップ解析　233
封入体　42
フェニルアラニン　162, 163
フェリチン　139
フェレドキシン　129, 139, 228
フェレドキシン-$NADP^+$レダクターゼ　228
フォールディング　36

複合多糖　104
複合糖質　99, 106
複製開始点　186
複製起点　186
複製フォーク　184
フグ毒　171
フコイダン　110
フコキサンチン　125, 128
不斉炭素　84
不斉炭素原子　29, 101
普通筋　51
物質代謝　5
不凍タンパク質　57
不凍糖タンパク質　112
不飽和化　79
フマル酸　115, 155, 163
プラストキノン　228
プラストシアニン　228
プラスマローゲン　69
プラスミド　203, 230
フラノース　102
フラビンアデニンジヌクレオチド　159
フラビンモノヌクレオチド　159
フラン酸　61
フリーラジカル　75
プリスタン　72
プリン環　178
フルクトース　113
フルクトース1, 6-ビスリン酸　113
フルクトース6-リン酸　113
プレ配列　48
プロ-R水素　82
プロキラル　226
プログラム細胞死　213
ブロッティング　230
プロテアーゼ　141
プロテアソーム　45, 48
プロテオグリカン　106, 208, 209
プロピオン酸　155
フロリドシド　132
プロリン　151, 163
分子間力　11
分子系統樹　233
分子シャペロン　45
分子進化　43, 199
分子進化の中立説　201
分子時計仮説　200

分泌作用　209
分泌タンパク質　47
平滑筋　50
β酸化　77
(Z)-3-ヘキセナール　156
ヘキソース　99
ヘキソキナーゼ　113
ベクター　186
ヘテロ核複合体　196
ヘテロクロマチン　187
ペプシン　43
ペプチダーゼ　141
ペプチドグリカン　203
ペプチド結合　31
ヘム　138, 139
ヘムエリスリン　57
ヘム鉄　139
ヘモグロビン　56, 138, 139
ヘモシアニン　57, 140
ペリディニン　125, 128
ペリディニン-クロロフィルタンパク質　129
ペルオキシソーム　206
ペルオキシダーゼ　43, 140
ペルオキシラジカル　75
変温生物　7
変性　37
変性状態　36
ペントース　99
ペントースリン酸回路　117
飽和脂肪酸　61
補酵素　40
ホスファゲン機能　166
ホスファチジルイノシトール3　217
ホスファチジルイノシトール3キナーゼ　217
ホスファチジルエタノールアミン　68
ホスファチジルグリセロール　69
ホスファチジルコリン　68
ホスファチジルスルホコリン　68
ホスファチジルセリン　68
L-α-ホスファチジン酸　69
ホスホエノールピルビン酸　114
2-ホスホグリセリン酸　114
3-ホスホグリセリン酸　114
ホスホクレアチン　153, 166
ホスホジエステル結合　180

ホスホリパーゼA_2　77
5-ホスホリボシル-1-アミン　161
ホスホリラーゼキナーゼ　117
骨　136
ホマリン　154
ポリエン酸　82
ポリ(A)テール　196
ポリヌクレオチド　177
ポリメラーゼ連鎖反応　230
ポルフィラン　110
ポルフィリン　138, 145
ホルミルグリシンアミジンリボヌクレオチド　161
ホルミルテトラヒドロ葉酸　161
ホロ酵素　40
翻訳後修飾　32

ま 行

マイクロサテライト　186
マグネシウム　145
膜輸送　204
マススペクトル　39
MAPキナーゼ　217
マトリックスターゲッティング配列　211
麻痺性貝毒　168
マンガン　145, 146
マンナン　109
マンニトール　132
ミオグロビン　36, 55, 138, 139
ミオシン　36, 53, 144
ミカエリス　43
ミトコンドリア　205
ミネラル　136
無機質　136
ムコ多糖　106
無性生殖　212
ムチン　107
メタロチオネイン　148
メタンチオール　156
メチオニン　162
2-メチルイソボルネオール　156
メバロン酸経路　87
メラニン　141, 157, 168
メンテン　43
モチーフ　34
モノエン酸　82
モリブデン　145

や 行

薬剤耐性遺伝子　203
有機水銀　148
有機スズ　148
有機態ヒ素　147
有機電子論　15
有糸分裂　212
有性生殖　212
遊離基　75
ユビキチン　48
葉酸　158
葉緑体　119, 207
葉緑体周縁基質　120
葉緑体小胞体　120
葉緑体包膜　119

ら 行

ラインウィーバー-バークのプロット　44
ラギング鎖　184
ラマチャンドラン・ダイアグラム　33
ラミナラン　109, 132
卵　212
リーディング鎖　184
リコペン　72
リシン　163
リソソーム　45, 206
リゾホスホリパーゼ　77
立体特異的番号表示　63
リパーゼ　75
リプレッサー　192
リブロース1,5-ビスリン酸カルボキシラーゼ／オキシゲナーゼ　130
リポキシゲナーゼ　75, 84
リボザイム　40, 185
リボソーム　40
リボヌクレアーゼ　40
リボヌクレオチド　162
リボフラビン　159
硫化水素　156
両逆数プロット　44
リンカーヒストン　189
リンゴ酸　115, 155
リン酸カルシウム　142
リン脂質　68
ルテイン　72, 125

レクチン　107
レチノール　158
レプリコン　183
レポーターアッセイ　232
ロイシン　163
六員環　102

六炭糖　99

わ 行

ワックス　66
ワトソン・クリック型　181

水圏生化学の基礎 (すいけんせいかがくのきそ)	編 者　渡部 終五(わたべ しゅうご)
	発行者　片岡 一成
2008 年 9 月 20 日　初版第 1 刷発行	発行所　恒星社厚生閣
2015 年 9 月 15 日　　　第 2 刷発行	〒160-0008　東京都新宿区四谷三栄町 3-14
2017 年 2 月 20 日　　　第 3 刷発行	電話 03(3359)7371(代)
2019 年 3 月 15 日　　　第 4 刷発行	http://www.kouseisha.com/
2020 年 9 月 10 日　　　第 5 刷発行	印刷・製本：(株)デジタルパブリッシングサービス
	©Shugo Watabe, 2020 Printed in Japan

ISBN978-4-7699-1070-1　C3045

定価はカバーに表示してあります

JCOPY <(社)出版者著作権管理機構　委託出版物>

本書の無断複写は著作権法上での例外を除き禁じられています。
複写される場合は，そのつど事前に，出版者著作権管理機構(電話 03-5244-5088, FAX 03-5244-5089, e-mail:info@jcopy.or.jp)の許諾を得て下さい。

好評発売中

水産利用化学の基礎

渡部終五 編

B5判・224頁・定価（本体3,800円＋税）

魚貝肉の特性、利用技術、衛生管理、安全性など遺伝子組み換え技術も含め、基礎から最新情報までを、わかりやすくまとめた。主な内容と執筆者　1．序論（渡部終五）2．魚介類筋肉の死後変化（渡部・潮秀樹・安藤正史）3．水産物の鮮度保持（潮・金子元）4．魚貝類成分の加工貯蔵中の変化（石崎松一郎・落合芳博・加藤登）5．魚貝類の呈味成分と臭い成分（潮・菅野信弘）6．水産食品の栄養と機能（渡部）7．水産物の調理特性（米田千恵子）8．水産加工品の種類と特徴（加藤・堀貫治・潮）9．水産物の安全性（吉水守・石崎・潮・大嶋雄治・長島裕二・落合・中谷操子・浅川修一）10．水産物製造流通の衛生管理（吉水・加藤）

水圏生物科学入門

会田勝美 編

B5判・256頁・定価（本体3,800円＋税）

水生生物をこれから学ぶ方の入門書。幅広く海洋学、生態学、生化学、養殖などの基礎はもちろん、現在の水産業が直面する問題をも簡潔にまとめた。水主な内容と執筆者　1．水圏の環境（古谷　研・安田一郎）2．水圏の生物と生態系（金子豊二・塚本勝巳・津田　敦・鈴木　譲・佐藤克文）3．水圏生物の資源と生産（青木一郎・小川和夫・山川　卓・良永知義）4．水圏生物の化学と利用（阿部宏喜・渡部終五・落合芳博・岡田　茂・吉川尚子・木下滋晴・金子　元・松永茂樹）5．水圏と社会とのかかわり（黒倉　寿・松島博英・黒萩真悟・山下東子・日野明徳・生田和正・清野聡子・有路昌彦・古谷　研・岡本純一郎・八木信行）

増補改訂版 魚類生理学の基礎

会田勝美・金子豊二 編

B5判・278頁・定価（本体3,800円＋税）

魚類生理学の定番テキストとして好評を得た前書を、新知見が集積されてきたことにふまえ、内容を大幅に改訂。生体防御、生殖、内分泌など進展著しい生理学分野の新知見、そして魚類生理の基本的事項を的確にまとめる。[主な目次]　1章　総論　2章　神経系　3章　呼吸・循環　4章　感覚　5章　遊泳　6章　内分泌　7章　生殖　8章　変態　9章　消化・吸収　10章　代謝　11章　浸透圧調節・回遊　12章　生体防御　[執筆者]　会田勝美・足立伸次・天野勝文・植松一眞・潮　秀樹・大久保範聡・金子豊二・黒川忠英・神原淳・小林牧人・末武弘章・鈴木　譲・田川正朋・塚本勝巳・渡波憲二・半田岳志・三輪　理・山本直之・渡邊壮一・渡部終五

水産物の原料・産地判別

福田裕・渡部終五・中村弘二 編

A5判・146頁・定価（本体2,800円＋税）

水産学シリーズ⑭　食品に対する信頼確保のため原料や産地などの表示が義務づけられた。そして今そのための科学的な判別方法の確立が急がれる。本書はこの課題を実現すべく各領域の専門家が集まり、最新の種・原産地判別技術を紹介する。[主要目次]　1．ミトコンドリアDNA分析による魚類加工品の種別判別　2．リボソームRNA遺伝子スペーサー　3．タンパク質を指標とした魚種判別　4．ミトコンドリアDNAおよび成分分析による加工食品の原料原産地判別　5．有用二枚貝の種別判別　6．ミトコンドリアDNAによるシジミの種判別　7．マイクロサテライトDNAを用いたマガキの集団解析　など

水産食品の加工と貯蔵

小泉千秋・大島敏明 編

A5判・360頁・定価（本体4,200円＋税）

限られた資源を有効に、かつ如何に付加価値をつけるかが、わが国水産加工の緊急の課題である。そのための研究は近年著しく進捗し、その結果は種々の形で報告されている。本書はこうした最新の研究成果を十分に取り込み、水産物の加工適正・消費者嗜好の動向・製造技術・製品貯蔵法を解説する水産加工ハンドブック。[主要目次]　1．水産物の利用　2．水産物の性状　3．冷凍品　4．乾製品　5．燻製品　6．塩蔵品　7．缶詰、瓶詰及びレトルト食品　8．魚肉ねり製品　9．発酵食品　10．調味加工品　11．海藻工業製品　12．フィッシュミール、魚油及びフィッシュソリュブル　13．その他の水産加工品

恒星社厚生閣